→ 参见第5章

→ 参见第5章

→ 参见第3章

→ 参见第1章

→ 参见第1章

→ 参见第2章

→ 参见第2章

→ 参见第3章

→ 参见第5章

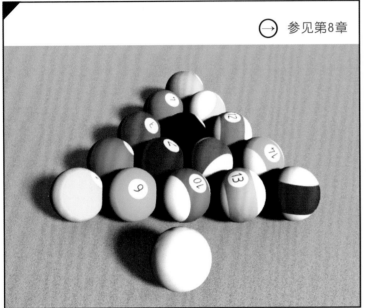

→ 参见第8章

→ 参见第9章

→ 参见第12章

→ 参见第10章

→ 参见第8章

→ 参见第8章

→ 参见第7章

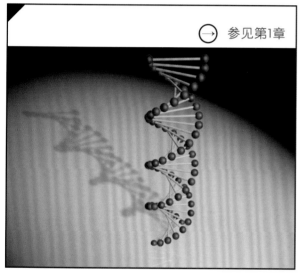

→ 参见第1章

→ 参见第1章

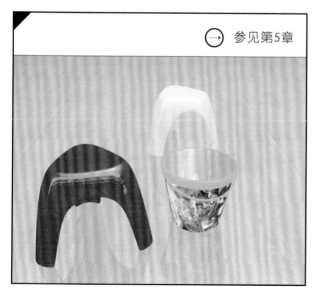

→ 参见第5章

→ 参见第5章

→ 参见第4章

→ 参见第4章

→ 参见第6章

→ 参见第2章

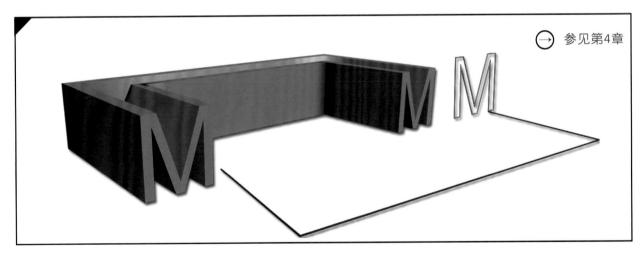

→ 参见第4章

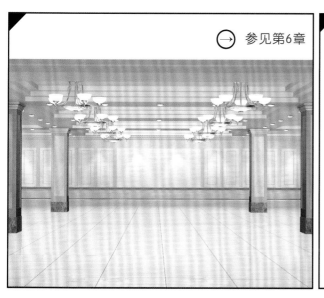

→ 参见第6章

→ 参见第4章

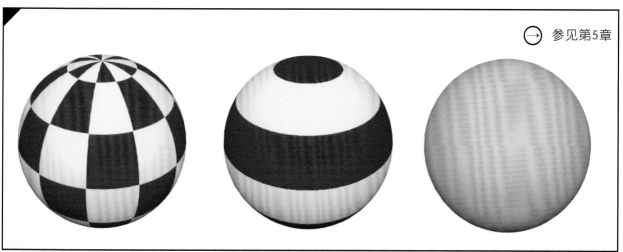

→ 参见第5章

→ 参见第9章

→ 参见第10章

→ 参见第11章

→ 参见第2章

→ 参见第11章

→ 参见第8章

→ 参见第12章

→ 参见第15章

→ 参见第7章

→ 参见第13章

→ 参见第3章

→ 参见第5章

→ 参见第14章

→ 参见第6章

→ 参见第6章

→ 参见第14章

→ 参见第13章

课堂实录

中文版 **3ds Max**

效果图制作 课堂实录

唐琳 邵宝国 张来峰 / 编著

清华大学出版社

北京

## 内容简介

本书由浅入深、循序渐进地介绍3ds Max 2015的使用方法和操作技巧。第1~6章主要讲解3ds Max的重要知识点，包括基本知识、基础物体建模、二维图形的绘制和编辑、三维复合对象的建模、材质与贴图、灯光与摄影机；第7~11章重点讲解VRay渲染器，包括VRay的基础知识、VRay的材质和贴图、VRay的灯光和阴影、VRay物体和修改器、VRay卡通及大气效果；第12~15章为实用项目指导，通过经典案例，包括静物的表现、客餐厅的表现、公共卫生间的表现及住宅楼表现效果图的制作，可以增强读者或学生的实践。

本书内容丰富，语言通俗，结构清晰。适合于初、中级读者学习使用，也可以供从事建筑效果图制作、工业制图和三维设计等从业人员的阅读；同时还可以作为大中专院校相关专业、相关计算机培训班的上机指导教材。

**图书在版编目(CIP)数据**

中文版3ds Mas效果图制作课堂实录/唐琳，邵宝国，张来峰编著.--北京：清华大学出版社，2016
（2017.7重印）
（课堂实录）
ISBN 978-7-302-40924-3

Ⅰ.①中… Ⅱ.①唐… ②邵… ③张… Ⅲ.①三维动画软件-教材 Ⅳ.①TP391.41

中国版本图书馆CIP数据核字（2015）第166235号

责任编辑：陈绿春
封面设计：潘国文
责任校对：徐俊伟
责任印制：刘海龙

出版发行：清华大学出版社
　网　　址：http://www.tup.com.cn，http://www.wqbook.com
　地　　址：北京清华大学学研大厦A座　　　　　邮　　编：100084
　社　总　机：010-62770175　　　　　　　　　邮　　购：010-62786544
　投稿与读者服务：010-62776969，c-service@tup.tsinghua.edu.cn
　质　量　反　馈：010-62772015，zhiliang@tup.tsinghua.edu.cn

印　装　者：清华大学印刷厂
经　　销：全国新华书店
开　　本：188mm×260mm　　印　张：32.75　　插　页：4　　字　数：903千字
　　　　（附光盘1张）
版　　次：2016年4月第1版　　印　次：2017年7月第2次印刷
印　　数：3001～4200
定　　价：79.00元

产品编号：063213-01

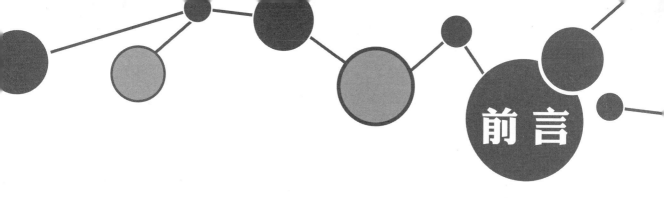

# 前　言

　　3ds Max Design是在建筑效果图和工业制图方面的专业工具，无论是室内建筑装饰效果图，还是室外建筑设计效果图，3dsMax Design强大的功能和灵活性都是实现创造力的最佳选择。3ds Max从2009开始分为两个版本，分别是3ds Max和3ds Max Design，3ds Max Design 2015作为最新版本，在建模技术、材质编辑、环境控制、动画设计、渲染输出和后期制作等方面有巨大的改善；内部算法有很大的改进，提高了制作和渲染输出的速度，渲染效果达到工作站级的水准；功能和界面划分更合理，更人性化，以全新的风貌展现给爱好三维动画制作的人士。

　　我们组织编写这本书的初衷就是为了帮助广大用户快速、全面地学会应用3ds Max Design 2015，后序如果没有特殊说明，3ds Max Design 2015简写为3ds Max 2015。因此在编写的过程中遵循全面完整的知识体系，深入浅出的理论阐述，循序渐进的分析讲解，实用典型的实例引导。全书以软件自身的知识体系作为统领，特别重视软件本身的功能和典型案例的结合，通过典型案例演示软件本身的功能，"拓展训练"项目以富有真实感的设计案例作为练习充实到各个知识点。

　　本书适于3ds Max的新手进行入门学习，同时也可作为使用3ds Max进行设计和制作建筑、工业效果图的人员的参考书，以及3ds Max培训班的教学用书。

　　为便于阅读理解，本书的写作风格遵从如下约定：

★　本书中出现的中文菜单和命令将用【】括起来，以示区分。此外，为了使语句更简洁易懂，本书中所有的菜单和命令之间以竖线 | 分隔，例如，单击【编辑】菜单，再选择【移动】命令，就用【编辑】|【移动】来表示。

★　用加号(+)连接的两个或3个键表示组合键，在操作时要同时按下这两个或3个键。例如，Ctrl+V是指在按下Ctrl键的同时，按下V字母键；Ctrl+Alt+F10是指在按下Ctrl和Alt键的同时，按下功能键F10。

　　在没有特殊指定时，单击、双击和拖动是指用鼠标左键单击、双击和拖动，右击是指用鼠标右键单击。

　　本书的出版可以说凝结了许多人的心血、凝聚了许多人的汗水和思想。在这里我想对每一位曾经为本书付出劳动的人们表达自己的感谢和敬意。

本书由唐琳、邵宝国、张来峰主笔，参加编写的还包括：李娜、陈月娟、李雪芳、李问墙、贾玉印、张花、李少勇、罗冰、赵秉龙、王慧、刘峥、王玉、张云、李乐乐、陈月霞、刘希林、黄健、黄永生、田冰、徐昊、温振宁、刘德生、宋明、刘景君、郑爱华、郑爱连、郑福丁、郑福木、郑桂华、郑桂英、潘瑞兴、林金浪、刘爱华、刘强、刘志珍、马双、唐红连、谢良鹏、郑元君等。

作者

# 目录

# 第1章
# 3ds Max Design 2015基本知识

本章主要介绍了有关中文版3ds Max Design 2015的基础知识及基本操作，包括如何安装、启动、退出3ds Max Design 2015系统。在基本操作部分，首先讲述了3ds Max的个性化界面的设置和界面颜色的设置，然后是建模时常用的辅助命令的应用，还讲述了复制模型的常用方法和快捷键的设置等，通过本章的学习，可以使读者对3ds Max Design 2015有个初步的了解与认识。

# 1.1 3ds Max基础

## 1.1.1 如何学好3ds Max

3ds Max的功能众多，结构复杂，初学者在心理上往往会产生一定的恐惧感，首先一定要消除这种恐惧感，任何事物都有一定的规律可循，掌握好学习技巧就可以起到事半功倍的作用。

学习一门软件前，首先选择一些入门级的教材。先对这个软件在整体上有一个认识，如软件的适用领域、大多数功能，以及常用功能等。

其次再熟悉软件的界面分布与基础操作，初学时不要随意调整软件的布局与结构，也不要随意更改不清楚的设定与参数。这个非常重要，很多初学者往往因为误操作，改变了软件的默认界面与分布，而不知道如何复原，从而影响学习的积极性。

学习不能一蹴而就，没有人能一下子掌握3ds Max的全部功能，读者应该根据自己的需求和方向有目的的学习，并要掌握比较基础和常用的功能与命令再逐步深入地学习其他功能与命令。

一开始不要急切地做一些很复杂的例子，可以选择一些基本的简单的案例，通过参照、临摹的方法学习软件的基本功能。在学完基础知识后，一定要及时总结和归纳，寻找规律与原理，做到举一反三。另外，要善于利用3ds Max的帮助文件，它能提供最权威、最全面的解释。

## 1.1.2 3ds Max概述及应用范围

3ds Max是当前世界上最为流行、最为普遍的三维制作软件，从它推出的第一天就引起了各界极高的赞誉。它是PC平台上可以与高档UNIX工作站产品相媲美的多媒体软件。

3ds Max在广告、影视、工业设计、建筑设计、多媒体制作、辅助教学以及工程可视化等领域，得到了广泛的应用。在它推出后的几年里，已经连续多次荣获大奖，成功地制作了很多著名的作品。

随着电脑科技的发展，动画的制作已迈向一个充满创意及商品化的时代。因此，现代动画的制作与成长都跟我们的生活环境息息相关。

熟悉3D制作的人都知道，与其他的3D程序相比，在建模、渲染和动画等许多方面，3ds Max提供了全新的制作方法。通过使用该软件，可以很容易地制作出大部分对象，并把它们放入经过渲染的类似真实的场景中，从而创造出美丽的3D世界。但是与学习其他的软件一样，要想灵活地应用3ds Max，应该从基本概念入手。

### 1.广告（企业动画）

动画广告是广告普遍采用的一种表现方式，动画广告中一些画面有的是纯动画的，也有实拍和动画结合的。在表现一些实拍无法完成的画面效果时，就要用到动画来完成或两者结合。例如广告用的一些动态特效就是采用3D动画完成的。我们所看到的广告，从制作的角度看，几乎都或多或少地用到了动画。致力于三维数字技术在广告动画领域的应用和延伸，让最新的技术和最好的创意在广告中得到应用，各行各业的广告传播将创造出更多的价值。数字时代的到来，将深刻地影响着广告的制作模式和广告发展趋势。

### 2.媒体、影视娱乐

影视三维动画涉及影视特效创意、前期拍摄、影视3D动画、特效后期合成、影视剧特效动画等。随着计算机在影视领域的延伸和制作软件的增加，三维数字影像技术扩展了影视拍摄的局限性，在视觉效果上弥补了拍摄的不足，在一定程度上电脑制作的费用远比实拍所产生的费用要低得多，同时为剧组因预算费用、外景地天气、季节变化而节省时间。在这里不得不提的是中国第一家影视动画公司环球数码，2000年开始投巨资发展中国影视动画事业，从影视动画人才培训、影片制作、院线播放硬件和发行三大方面发展，由环球数码投资的《魔比斯环》是一部国产全三维数字魔幻电影，剧照如图1.1所示。这是中国三维电影史上投资最大、最重量级的史诗巨片，耗资超过1.3亿人民币，400多名动画师参与，历经5年精心打造而成的三维影视惊世之作。制作影视特效动画的计算机设备硬件均为3D制作人员专业有计算机、影视、美术、电影、音乐等。影视三维动画从简单的影视特效到复杂的影视三维场景都能表现得淋漓尽致，如图1.1所示为了3ds Max在影视中的应用效果。

图1.1　影视中的应用

**3.建筑装饰**

　　3D技术在我国的建筑领域得到了广泛的应用。早期的建筑动画由于3D技术上的限制和创意制作上的单一，制作出的建筑动画只是简单的摄影及运动动画。随着现在3D技术的提升与创作手法的多元化，建筑动画从脚本创作到精良的模型制作、后期的电影剪辑手法，以及原创音乐音效、情感式的表现方法，都有提升，使得建筑动画制作综合水准越来越高，建筑动画费用也比以前低，图1.2、图1.3所示分别为三维建筑漫游动画及三维室外建筑模型。

图1.2　三维建筑漫游动画　　　　　图1.3　使用三维软件制作的建筑模型

　　建筑漫游动画包括房地产漫游动画、小区浏览动画、楼盘漫游动画、三维虚拟样板房、楼盘3D动画宣传片、地产工程投标动画、建筑概念动画、房地产电子楼书、房地产虚拟现实等。

**4.机械制造及工业设计**

　　CAD辅助设计在单前已经被广泛地应用在机械制造业中，不光是CAD，3ds Max也逐渐成为产品造型设计中最有效的技术手段，并且它也可以极大地拓展设计师的思维空间，同时在产品和工艺开发中，可以在生产线之前模拟其实际工作情况，检查实际的生产线运行情况，以免造成巨大的损失，如图1.4、图1.5所示。

图1.4 工业设计汽车

图1.5 工业设计自行车

### 5.医疗卫生

三维动画可以形象地演示人类大脑的结构和变化，如图1.6所示，给学术交流和教学演示带来了极大的便利。可以将细微的手术放大到屏幕上，进行观察学习，对医疗事业具有重大的现实意义。

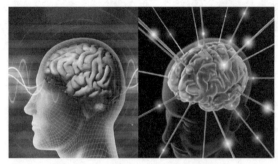

图1.6 三维模拟人类大脑后的效果

### 6.军事科技及教育

三维技术最早应用于飞行员的飞行模拟训练，除了可以模拟现实中飞行员要遇到的恶劣环境，同时也可以模拟战斗机飞行员在空战中的格斗及投弹等训练。

现在三维技术的应用范围更为广泛，不单单可以使飞行学习更加安全，同时在军事上，三维动画用于导弹的弹道的动态研究、爆炸后的爆炸强度及碎片轨迹研究等。此外，在军事上还可以通过三维动画技术来模拟战场，进行军事部署和演习，航空航天，以及导弹变轨等技术上，图1.7所示为三维模拟坦克运动效果。

图1.7 模拟坦克运动效果

### 7.生物化学工程

生物化学领域较早就引入了三维技术，用于研究生物分子之间的结构组成。复杂的分子结构无法靠想象来研究，所以三维模型可以给出精确的分子构成，相互的组合方式可以利用计算机进行计算，简化了大量的研究工作。遗传工程利用三维技术对DNA分子进行结构重组，产生新的化合物，给研究工作带来了极大的帮助，图1.8所示为三维模拟化学工程效果。

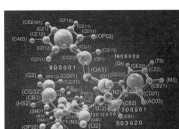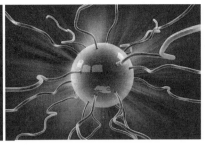

图1.8　三维模拟化学工程效果

**8.虚拟现实**

虚拟现实的英文名称是Virtual Reality，简写为"VR"，也称灵境技术或人工环境。应用于旅游、房地产、大厦、别墅公寓、写字楼、景点展示、观光游览、酒店饭店、宾馆餐饮、园林景观、公园展览展示、博物馆、地铁、机场、车站、码头等行业项目展示、宣传。虚拟现实的最大特点是用户可以与虚拟环境进行人机交互，将被动式观看变成更逼真的体验互动。

360度实景、虚拟漫游技术已在网上看房、房产建筑动画片、虚拟楼盘电子楼书、虚拟现实演播室、虚拟现实舞台、虚拟场景、虚拟写字楼、虚拟营业厅、虚拟商业空间、虚拟酒店、虚拟现实环境表现等诸多项目中采用，如图1.9所示。

图1.9　虚拟现实模拟

**9.角色动画**

角色动画制作涉及：3D游戏角色动画、电影角色动画、广告角色动画、人物动画等。电脑角色动画制作一般通过以下步骤完成。

01 根据创意剧本绘制出画面分镜头运动，为三维制作做铺垫。

02 在3ds Max中建立故事的场景、角色、道具的简单模型，如图1.10所示。

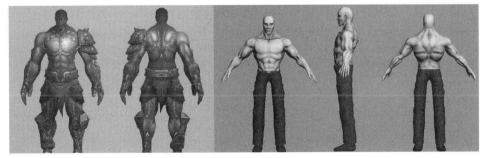

图1.10　3D角色

03 将3D简单模型根据剧本和分镜故事板简单渲染，制作出3D故事板。

04 在三维软件中进行角色模型、3D场景、3D道具模型的精确制作。

05 根据剧本的设计对3D模型进行色彩、纹理、质感等的设定工作。

06 根据故事情节分析，对3D中需要动画的模型（主要为角色）进行动画前的一些动作设置。

07 根据分镜故事板的镜头和时间，给角色或其他需要活动的对象制作出每个镜头的表演动画。

08 对动画场景进行灯光的设定，以渲染气氛。

**09** 动画特效的设定。

**10** 后期将配音、背景音乐、音效、字幕和动画一一匹配合成，最终完成整部角色动画片制作。

### 10.产品演示

二维动画的主要作用就是用来模拟，通过动画的方式展示想要达到的预期效果。例如在数字城市建设中，在各个领域的应用是不同的，那么如何向参观者形象地介绍数字城市的成果呢？那就需要制作一个三维动画，通过动画的形式还原现实的情况，从而让参观者更加直观地了解这项技术的应用。

产品动画涉及：工业产品动画，如汽车动画、飞机动画、轮船动画、火车动画、舰艇动画、飞船动画；电子产品动画，如手机动画、医疗器械动画、监测仪器仪表动画、治安防盗设备动画；机械产品动画，如机械零部件动画、油田开采设备动画、钻井设备动画、发动机动画；产品生产过程动画，如产品生产流程、生产工艺等三维动画制作，如图1.11所示。

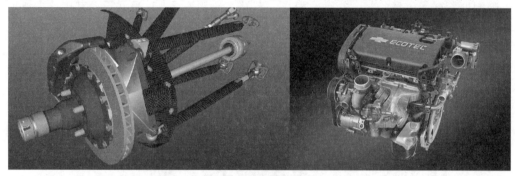

图1.11　产品演示

### 11.园林景观领域

园林景观动画涉及景区宣传、旅游景点开发、地形地貌表现，国家公园、森林公园、自然文化遗产保护、历史文化遗产记录，园区景观规划、场馆绿化、小区绿化、楼盘景观等动画表现的制作。

园林景观3D动画是将园林规划建设方案，用3D动画表现的一种方案演示方式。其效果真实、立体、生动，是传统效果图所无法比拟的，如图1.12所示。园林景观动画将传统的规划方案，从纸上或沙盘上演变到了电脑中，真实还原了一个虚拟的园林景观。目前，动画在三维技术制作大量植物模型上有了一定的技术突破和制作方法，使得用3D软件制作出的植物更加真实，动画在植物种类上也积累了大量的数据资料，使得园林景观植物动画更加生动。

图1.12　园林景观领域

### 12.规划领域

规划领域包括道路、桥梁、隧道、立交桥、街景、夜景、景点、市政规划、城市规划、城市形象展示、数字化城市、虚拟城市、城市数字化工程、园区规划、场馆建设、机场、车站、公园、广场、报亭、邮局、银行、医院、数字校园建设、学校等，如图1.13、图1.14所示分别为体育场馆和学校规划图。

图1.13 体育场馆

图1.14 鸟瞰图

## 1.1.3 常用文件格式

在没有正式进入主题之前，首先讲一下有关计算机图形图像格式的相关知识，因为它在某种程度上将决定你所设计创作的作品输出质量的优劣。另外在输出效果图时，你会用到大量的图像以用于素材、材质贴图或背景。当你将一个作品完成后，输出的文件格式也将决定你所制作作品的播放品质。

在作品的输出过程中，我们同样也可以从容地将它们存储为所需要的文件格式，而不必再因为播放质量或输出品质的问题而困扰。

下面我们就将对日常中所涉及到的图像格式进行简单介绍。

### 1.BMP格式

BMP，全称为Windows Bitmap。它是微软公司Paint的自身格式，可以被多种Windows和OS/2应用程序所支持。Photoshop中，最多可以使用16兆的色彩渲染BMP图像。因此，BMP格式的图像可以具有极其丰富的色彩。

### 2.GIF格式

GIF，Graphics Interchange Format，图形交换格式。此类格式是一种压缩的8位图像文件。正因为它是经过压缩的，而且又是8位的，所以这种格式的文件大多用在网络传输上，速度要比传输其他格式的图像文件快得多。

此格式的文件最大的缺点是最多只能处理256种色彩。它绝不能用于存储真彩的图像文件。也正因为其体积小，而曾经一度被应用在计算机教学、娱乐等软件中，也是人们较为喜爱的8位图像格式。

### 3.TGA格式

TGA，Targa，是由True Vision设计的图像格式。此种格式支持32位图像，其中包括8位Alpha通道用于显示实况电视。此种格式已经广泛地应用于PC机领域，而且该种格式的文件使Windows与3ds Max相互交换图像文件成为可能。你可以在3ds Max中生成色彩丰富的TGA文件，然后在Windows的应用程序中，Photoshop、Painter等，都可调出此种格式文件进行修改、渲染。

在3ds Max中，你可以将当前场景渲染成为含有Alpha通道的16位、24位、32位图像。另外，由于TGA是一种无损压缩格式，所以在对画面质量要求较高时可以采用该格式输出。特别是在一些要求非常高的视频输出的前提下，往往不是渲染生成AVI视频文件，而是将动态的画面逐张渲染生成单独的"TGA序列"。

### 4.JPEG格式

JPEG，Joint Photographic Experts Group，直译为联合图片专家组。JPEG是Macintosh机上常用的存储类型，但是，无论你是从Photoshop、Painter、FreeHand、Illustrator等平面软件还是在3ds或3ds Max中都能够开启此类格式的文件。

JPEG格式是所有压缩格式中最卓越的。在压缩前，你可以从对话框中选择所需图像的最终质量，这样，就有效地控制了JPEG在压缩时的损失数据量。并且可以在保持图像质量不变的前提下，产生惊人的压缩比率，在没有明显质量损失的情况下，它的体积能降到原BMP图片的1/10。这样，可使你不必再为图像文件的质量及硬盘的大小而头疼苦恼了。

另外，用JPEG格式，可以将当前所渲染的图像输入到Macintosh机上做进一步处理。或将Macintosh制作的文件以JPEG格式再现于PC机上。总之JPEG是一种极具价值的文件格式。

## 5.TIFF格式

TIFF，Tag Image File Format，直译为标签图像文件格式，是由Aldus为Macintosh机开发的文件格式。目前，它是Macintosh和PC机上使用最广泛的位图格式。它也是桌面印刷系统通用格式。文件占用空间较大，但图像质量非常好，主要用于分色印刷和打印输出等用途，属于C、M、Y、K型。

在Photoshop中，TIFF格式已支持到了24个通道，它是除Photoshop自身格式外唯一能存储多个4个通道的文件格式。

另外，在3ds Max中你也可以渲染生成TIFF格式的文件，由于TIFF的诸多特性，尤其是它在压缩时绝不影响图像像素这一点上，TIFF文件多被用于存储一些色彩绚丽、构思奇妙的贴图文件。而且你还能够将图像渲染成为单色显示，使其可以产生一种黑白照片的效果。现在，它将3ds Max、Macintosh、Photoshop有机地结合到了一起。

## 6.PNG 文件

现在有越来越多的程序设计人员建立以PNG格式替代GIF格式的倾向。像GIF 一样，PNG也使用无损压缩方式来减小文件的尺寸。越来越多的软件开始支持这一格式，有可能不久的将来它将会在整个Web上流行。

PNG图像可以是灰阶的（位深可达16bit）或彩色的（位深可达48bit），为缩小文件尺寸，它还可以是8-bit的索引色。PNG使用的新的高速的交替显示方案，可以迅速地显示，只要下载1/64的图像信息就可以显示出低分辨率的预览图像。与GIF不同，PNG格式不支持动画。在3ds max中既可以渲染，也可以使用此中模式用作效果贴图。

## 7.PSD文件

PSD文件是Adobe Photoshop的专用格式，可以储存成RGB或CMYK模式，更能自定颜色数目储存，还可以将不同的物件以层级分离存储，以便于修改和制作各种特效。

## 8.EPS格式

EPS（Encapsulated PostScript）格式是专门为存储矢量图形而设计的，用于PostScript输出设备上打印。

Adobe公司的Illustrator是绘图领域中一个极为优秀的程序。它既可用来创建流动曲线、简单图形，也可以用来创建专业级的精美图像。它的作品一般存储为EPS格式。通常它也是CorelDRAW等软件支持的一种格式。在3ds Max中一般很少使用。

## 9.AVI格式

AVI（Audio Video Interleaved〈Microsoft标准〉），此种格式是Windows平台内置的支持视频文件的格式，采用Audio Video Interleaved方式（视频音频交织方式AVI）。AVI支持灰度、8bit彩色和插入声音，还支持与JPEG相似的变化压缩方法，是一种通过Internert传送多媒体图像和动画的常用格式。

另外，此种文件格式可以作为下载用的格式（Windows Only）。

## 10.FLC、FLI格式

早期标准的8位（256色）PC机动画格式，由3ds、Autodesk Animator、Animator Pro、Animator Studio等制作生成，而现在的3ds Max同样也可以设置渲染此类型文件。目前很少使用此种类型的文件进行动画渲染存储了。

FLI 则是Autodesk Animator所生成的文件，它只局限于320×320个像素点，较不同的是，其他的FLC文件可适用于任意的分辨率。

## 11.CEL格式

CEL是Autodesk Animator系列软件生成的一种胶片格式，它在图像质量上与FLC、FLI格式相同，只是能尽量减少文件的尺寸，使得占用内存小，播放更加容易。另外贴图时也会大量用到这种文件。

#### 12.MOV**格式**

MOV（Movie<Apple标准>），MOV原来是苹果公司开发的专用视频格式，后来被移植到PC机上。它与AVI大体上属于同一级别（画面的品质、压缩比等），同样，它与AVI都属于网络上的视频格式之一，但是在PC机上不如AVI普及，因为播放MOV要用专用的软件QuickTime，另外，IE4.0等网络浏览器也都支持MOV。

#### 13.WAV**格式**

WAV是Windows记录声音用的文件格式。

### ■ 1.1.4　3ds Max Design 2015中文版的安装、启动与退出

对初次使用3ds Max Design 2015软件的用户来说，软件的安装是非常重要的。本节将通过详细的安装步骤来指导用户安装3ds Max Design 2015，并在安装完毕后进行3ds Max Design 2015的启动与退出，使读者顺利地按照书中的指导进入3ds Max Design 2015中进行实际应用。

#### 1. 3ds Max Design 2015**的安装**

安装3ds Max Design 2015的操作步骤如下。

**01** 首先将安装光盘插入到光驱中，打开【我的电脑】，找到3ds Max Design 2015的安装系统，双击安装程序，弹出【正在初始化】对话框，如图1.15所示。

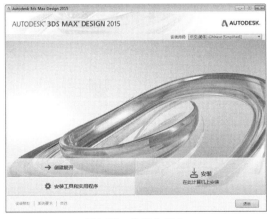

图1.15　安装初始化

**02** 初始化完成后，弹出图1.16所示的对话框，单击【安装】按钮。

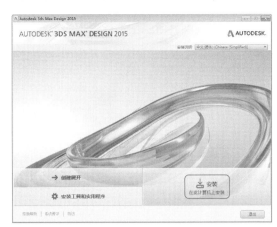

图1.16　单击【安装】按钮

**03** 在弹出的【许可协议】对话框中单击【我接受】单选按钮，然后单击【下一步】按钮，如图1.17所示。

图1.17　单击【下一步】单选按钮

**04** 在弹出的【产品信息】对话框中选择许可类型并输入序列号与产品密钥，如图1.18所示。

图1.18　【产品信息】对话框

**05** 单击【下一步】按钮，在弹出的【配置安装】对话框中选择要安装的路径，如图1.19所示。

图1.19　选择安装路径

**06** 单击【安装】按钮，即可弹出图1.20所示的【安装进度】对话框。

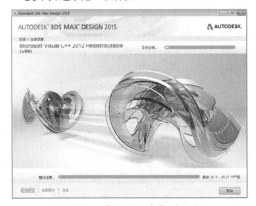

图1.20　【安装进度】对话框

**07** 安装完成后，在弹出的1.21所示的对话框中单击【完成】按钮即可。

图1.21　安装完成

## 2. 3ds Max Design 2015的启动

在系统的左下角单击 图标，在弹出的菜单中选择【所有程序】选项，再在出现的程序列表中选择【Autodesk】|【Autodesk 3ds Max Design 2015】|【3ds Max Design 2015 -

Simplified Chinese】选项，即可启动3ds Max Design 2015，如图1.22所示。

图1.22　选择启动程序

另外一种方法比较方便快捷，那就是在桌面上直接双击3ds Max Design 2015的快捷图标，即可启动3ds Max Design 2015。

## 3. 3ds Max Design 2015的退出

如果应用完软件后，需要关闭该软件，单击屏幕右上方的 【关闭】按钮，即可将3ds Max Design 2015软件关闭，或者是单击，然后在弹出的下拉菜单中选择【退出3ds Max】选项，同样也可以关闭3ds Max Design 2015软件，如图1.23所示。

图1.23　选择【退出3ds Max】命令

## 4. 3ds Max 2015新增功能

★　人群填充增强

在新版本中人群的创建和填充得到增

强，现在可以对人物进行细分，得到更精细的人物模型，有更多的动态，比如坐着喝茶的动作，走路动画也有修正，创建了更有说服力的人群。在新版本中还能给人变脸，提供了一些预置的脸部，但是整体感觉还是比较粗糙。

★ 支持点云系统

创建面板增加了点云系统的支持，点云就是使用三维激光扫描仪或照相式扫描仪得到的点云点，因为点非常密集，所以叫做点云。通过这个扫描出来的模型，直接用在建模或者渲染上，非常快速有效。

★ ShaderFX着色器

这是之前dx硬件材质的增强。现在在载入dx材质的时候可以应用ShaderFX，并且有个独立的面板可以调节。但是我们看到这部分还是英文界面，说明还不太成熟。这些材质类型都是和dx11相匹配的。能实现一些游戏中实时的显示方式。

★ 放置工具

可以在物体的表面拖动物体，相当于吸附于另一个物体，然后可以进行移动旋转缩放。

★ 倒角工具

增加了四边倒角和三边倒角方式，适合制作环形的切线效果。

★ 增强的实时渲染

增加了NVIDIA iray和NVIDIA MENTALREY渲染器的实时渲染效果，可以实时地显示大致的效果，并且随着时间不断更新，效果越来越好。

★ 视口显示速度增强

展示上，使用3ds Max 2014显示的场景只有几帧每秒，同样的场景到了3ds Max 2015就变成了二百帧每秒。

★ 立体相机

增加了立体相机功能。

★ 相套层面板

增加了相套层管理器，可以更好地管理场景，但是这个工具不知道习惯了h面板和层面板的用户能用到多少。

★ python脚本语言

新版3ds Max 2015的脚本语言已经改成了python语言。python是一个通用语言，使用python可以快速生成程序结构，提高脚本效率。

## 1.1.5　3ds Max Design 2015中文版界面详解

3ds Max Design 2015启动完成后，即可进入该应用程序的主界面，如图1.24所示。3ds Max Design 2015的操作界面是由标题栏、菜单栏、工具栏、命令面板、视图区、视图控制区、状态栏与提示行、时间轴、动画控制区等部分组成。该界面集成了3ds Max Design 2015的全部命令和上千条参数，因此在学习3ds Max Design 2015之前，有必要对其工作环境有一个基本的了解。

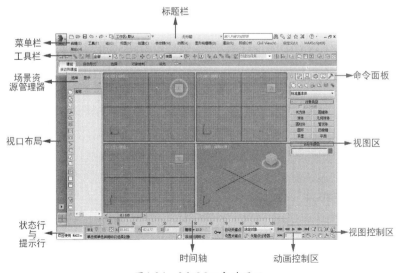

图1.24　3ds Max启动界面

## 1.标题栏

标题栏位于3ds Max Design 2015界面的最顶部，它显示了当前场景文件的软件版本、文件名等基本信息。位于标题栏最左边的是快速启动工具栏，单击它们可执行相应的命令，紧随其右侧的是软件名，然后是文件名，在标题栏最右边的是3个基本控制按钮，分别是【最小化】按钮■、【最大化】按钮□和【关闭】按钮■，如图1.25所示。

快速访问工具栏　　软件名称　文件名　　　　　　基本按钮

图1.25　标题栏

## 2.菜单栏

3ds Max Design 2015共有14组菜单，这些菜单包含了3ds Max Design 2015的大部分操作命令，如图1.26所示。下面介绍它们的主要功能。

图1.26　菜单栏

★　编辑：主要用于进行一些基本的编辑操作，如【撤销】和【重做】命令分别用于撤销和恢复上一次的操作，【克隆】和【删除】命令分别用于复制和删除场景中选定的对象，它们都是建模制作过程中很常用的命令集。

★　工具：主要用于提供各种各样常用的命令，其中的命令选项大多对应工具栏中相应按钮，主要用于对象的各种操作，如对齐、镜像和间隔工具等命令。

★　组：主要用于对3ds Max中的群组进行控制，如将多个对象成组和解除对象成组等。

★　视图：主要用于控制视图区和视图窗口的显示方式，如是否在视图中显示网格和还原当前激活的视图等。

★　创建：主要用于创建基本的物体、灯光和粒子系统，如长方体、圆柱体和泛光灯等。

★　修改器：主要用于调整物体，如NURBS编辑、弯曲、噪波等。

★　动画：该菜单中的命令选项归纳了用于制作动画的各种控制器及动画预览功能，如IK解算器、变换控制器及生成预览等。

★　图形编辑器：主要用于查看和控制对象运动轨迹、添加同步轨迹等。

★　渲染：主要用于渲染场景和环境的设置。

★　照明分析：提供了调用【照明分析助手】功能及添加灯光源和照明分析工具的命令。

★　Givil View：在该菜单中提供了【初始化Givil View】命令。

★　自定义：主要用于自定义制作界面的相关选项，如自定义用户界面、配置系统路径和视图设置等。

★　MAXScript：主要用于提供操作脚本的相关选项，如新建脚本和运行脚本等。

★　帮助：该菜单包括了丰富的帮助信息和3ds Max 2015中的新功能等相关信息。

## 3.工具栏

3ds Max的工具栏位于菜单栏的下方，由若干个工具按钮组成，包括主工具栏和标签工具栏两部分。其中有变动工具、着色工具等，还有一些是菜单中的快捷键按钮，可以直接打开某些控制窗口，例如材质编辑器、渲染设置等，如图1.27所示。

图1.27　工具栏

**提示**

　　一般在1024×768分辨率下【工具栏】中的按钮不能全部显示出来，将鼠标光标移至【工具栏】上光标会变为【小手】，这时对【工具栏】进行拖动可将其余的按钮显示出来。命令按钮的图标很形象，用过几次就能记住它们。将鼠标光标在工具按钮上停留几秒钟后，会出现当前按钮的文字提示，有助于了解该按钮的用途。

　　在3ds Max中还有一些工具在工具栏中没有显示，它们会以浮动工具栏的形式显示。在菜单栏中选择【自定义】|【显示UI】|【显示浮动工具栏】命令，如图1.28所示，执行操

作后，即可打开【捕捉】、【容器】、【动画层】等浮动工具栏。

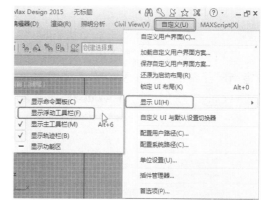

图1.28　选择【显示浮动工具栏】选项

## 4.视图区

　　视图区在3ds Max操作界面中占据主要面积，是进行三维创作的主要工作区域。一般分为【顶】视图、【前】视图、【左】视图和【透视】视图4个工作窗口，通过这4个不同的工作窗口，可以从不同的角度去观察创建的各种造型。

　　ViewCube 3D 导航控件提供了视口当前方向的视觉反馈，使用户可以调整视图方向以及在标准视图与等距视图间进行切换，ViewCube显示如图1.29所示。

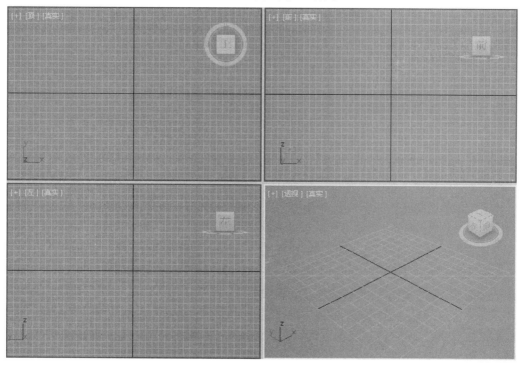

图1.29　ViewCube 导航控件

　　ViewCube显示时，默认情况下会显示在活动视口的右上角；如果处于非活动状态，则会叠加在场景之上。它不会显示在摄影机、灯光、图形视口或者其他类型的视图（如 ActiveShade或Schematic）中。当ViewCube处于非活动状态时，其主要功能是根据模型的北向显示场景方向。

　　当将光标置于ViewCube上方时，它将变成活动状态。使用鼠标左键，可以切换到一种可用的预设视图中、旋转当前视图。用右键单击可以打开具有其他选项的快捷菜单，如图1.30所示。

（1）控制ViewCube的外观

ViewCube显示的状态可以是下列之一：非活动和活动。

当ViewCube处于非活动状态时，默认情况下它在视口上方显示为透明，这样不会完全遮住模型视图。当ViewCube处于活动状态时，它是不透明的，并且可能遮住场景中对象的视图。

当ViewCube为非活动状态时，用户可以控制其不透明度级别以及大小、显示它的视口和指南针显示。这些设置位于【视图】|【视图设置】，在弹出的【视图设置】对话框中选择【ViewCube】选项卡，ViewCube选项卡如图1.31所示。

图1.30　弹出的快捷菜单

图1.31　ViewCube 选项卡

（2）使用指南针

ViewCube 指南针指示场景的北方。用户可以切换ViewCube下方的指南针显示，并且使用指南针指定其方向。

（3）显示或隐藏 ViewCube

下面介绍4种方法。

★　按下默认的键盘快捷键：Alt+Ctrl+V。

★　在【视口配置】对话框中的ViewCube选项卡中勾选【显示ViewCube】复选框。

★　使用鼠标右键单击【视图】标签，在弹出的快捷菜单中选择【视口配置】选项，弹出【视口配置】对话框，然后在ViewCube选项卡中进行设置。

★　在菜单栏中单击【视图】按钮，在弹出的下拉菜单中选择【ViewCube】选项，然后在弹出的子菜单中选择【显示ViewCube】选项，如图1.32所示。

（4）控制ViewCube 的大小和非活动不透明度

①在弹出的【视口配置】对话框中选择【ViewCube】选项卡。

②在【显示选项】组中，单击【ViewCube大小】右侧的下三角按钮，在弹出的下拉菜单中选择一个选项。其中包括：大、普通、小和细小。

③另外，可以在【显示选项】组中单击【非活动不透明度】右侧的下三角按钮。在弹出的下拉菜单中选择一个不透明度值。选择范围介于0%（非活动时不可见）和100%（始终完全不透明）之间。

④设置完成后，单击【确定】按钮即可。

（5）显示ViewCube的指南针

①在弹出的【视口配置】对话框中选择【ViewCube】选项卡。

②在【指南针】组中，勾选【在ViewCube下方显示指南针】复选框。指南针将显示于ViewCube下方，并且指示场景中的北向。

③设置完成后，单击【确定】按钮即可。

**5.命令面板**

命令面板由【创建】 ![img] 、【修改】 ![img] 、【层次】 ![img] 、【运动】 ![img] 、【显示】 ![img] 和【实用程序】 ![img] 六部分构成，这6个命令面板可以分别完成不同的工作。该部分是3ds Max的核心工作区，命令面板区包括了大多数的造型和动画命令，为用户提供了丰富的工具及修改命令，它们分别用于创建对象、修改对象、链接设置和反向运动设置、运动变化控制、显示控制和应用程序的选择，外部插件窗口也位于这里，是3ds Max中使用频率较高的工作区域。命令面板如图1.33所示。

图1.32　选择【显示 ViewCube】选项　　　图1.33　命令面板

**6.视图控制区**

视图控制区位于视图右下角，其中的控制按钮可以控制视窗区各个视图的显示状态，例如视图的放缩、旋转、移动等。另外，视图控制区中的各按钮会因所用视图不同而呈现不同状态，例如在顶（前、左）视图、透视图、摄影机视图，视图控制区的显示分别如图1.34所示。

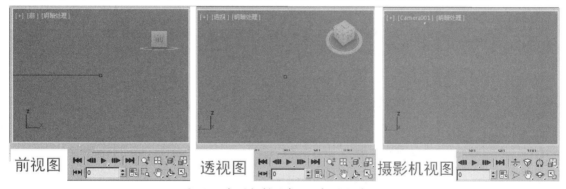

图1.34　视图控制区在不同视图下的显示

**7.状态栏与提示栏**

状态栏与提示栏位于3ds Max工作界面底部的左侧，主要用于显示当前所选择的物体数目、坐标位置和目前视图的网格单位等内容。另外，状态栏中的坐标输入区域经常用到，通常用来精确调整对象的变换细节，如图1.35所示。

图1.35　状态栏与提示栏

★　当前状态：显示当前选择对象的数目和类型。

★　提示信息：针对当前选择的工具和程序，提示下一步的操作指导。

★　锁定选择：默认状态它是关闭的，如果打开它，将会对当前选择集合进行锁定，这样无论切换视图或调整工具，都不会改变当前操作对象，在实际操作时，这是一个使用频率很高的按钮。

★ 当前坐标：显示当前鼠标的世界坐标值或变换操作时的数值。

★ 栅格尺寸：显示当前栅格中一个方格的边长尺寸，不会因为镜头的推拉产生栅格尺寸的变化。

★ 时间标记：通过文字符号指定特定的帧标记，使用户能够迅速跳到想去的帧。时间标记可以锁定相互间的关系，这样移动一个时间标记时，其他的标记也会相应做出变化。

### 8.动画时间控制区

动画时间控制区位于状态行与视图控制区之间，以及视图区下的时间轴，它们用于对动画时间的控制。通过动画时间控制区可以开启动画制作模式，可以随时对当前的动画场景设置关键帧，并且完成的动画可在处于激活状态的视图中进行实时播放。图1.36所示为动画时间控制区。

图1.36 动画时间控制区

## 1.1.6 3ds Max Design的项目工作流程

安装了 3ds Max Design 2015后，在【开始】菜单中将其打开运行。下图显示了加载场景文件的应用程序窗口，如图1.37所示。

提示

> 3ds Max Design是单文档应用程序，这意味着一次只能编辑一个场景。可以运行多个3ds Max Design软件，在每个软件中打开一个不同的场景，但这样做将需要大量的内存。要获得最佳性能，建议每次只对一个场景进行操作。

### 1.建立对象模型

在视口中建立对象模型并设置对象动画，视口的布局是可配置的。用户可以从不同的 3D 几何基本体开始，也可以使用 2D 图形作为放样或挤出对象的基础，并可以将对象转变成多种可编辑的曲面类型，然后通过拉伸顶点或使用其他工具进一步建模，如图1.38所示。

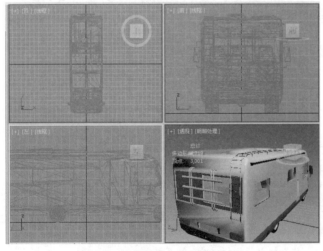

图1.37 加载场景文件的效果

图1.38 建立模型对象

另一个建模工具是将修改器应用于对象。修改器可以更改对象几何体。如【弯曲】和【扭曲】是修改器的两种类型。

## 2.使用材质

在3ds Max中可以使用【材质编辑器】对话框设置材质。使用【材质编辑器】对话框定义曲面特性的层次可以创建有真实感的材质。曲面特性可以表示静态材质，也可以表示动画材质，如图1.39所示。

## 3.创建灯光和摄影机

完成了模型的创建，并设置材质后，用户可以创建带有各种属性的灯光来为场景提供照明。灯光可以投射阴影、投影图像，以及为大气照明创建体积等效果，基于自然的灯光让您在场景中使用真实的照明数据，而光能传递在渲染中也提供了无比精确的灯光模拟，如图1.40所示。

图1.39　为模型设置材质　　　　　　　　图1.40　创建灯光并投射阴影后的效果

在3D场景中，摄影机就像我们的眼睛，可以在不同角度来观察和表现场景中的对象，而创建的摄影机可以如同在真实世界中一样控制镜头长度、视野和运动控制（例如，平移、推拉和摇移镜头）。

## 4.设置场景动画

任何时候只要打开【自动关键点】按钮，就可以设置场景动画。关闭该按钮可以返回到建模状态。同时也可以对场景中对象的参数进行动画设置以实现动画建模效果。

【自动关键点】按钮处于启用状态时，3ds Max会自动记录在场景中所做的移动、旋转和比例变化，但不是记录为对静态场景所做的更改，而是记录为表示时间的特定帧上的关键点。此外，还可以设置其他参数，例如调整灯光和摄影机的变化，调整完成后，用户可以在 3ds Max Design 视口中直接预览动画，为对象添加动画关键帧后的效果如图1.41所示。

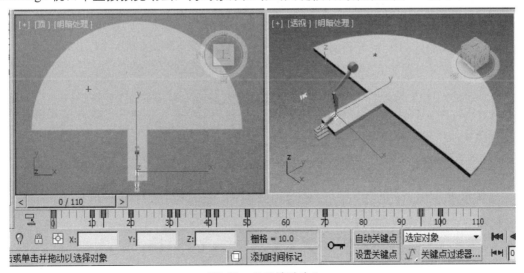

图1.41　设置模型动画

**5.渲染场景**

渲染会在制作的场景中添加颜色并进行着色。3ds Max Design 中的渲染器包含下列功能，例如，选择性光线跟踪、分析性抗锯齿、运动模糊、体积照明和环境效果，如图1.42所示。

图1.42　渲染输出模型

当使用默认的扫描线渲染器时，光能传递解决方案能在渲染中提供精确的灯光模拟，包括由于反射灯光所带来的环境照明。当使用 mental ray 渲染器时，全局照明会提供类似的效果。

使用【视频后期处理】，用户也可以将场景与已存储在硬盘上的动画进行合成。

## 1.1.7　个性化界面的设置

3ds Max 2015的人性化设计允许用户根基自身使用习惯来更改软件界面。

**1.改变及增加文件路径**

对于3ds Max 2015的初学者，大家都有过这样的经历。当打开光盘上的一个场景文件后，自己场景中所显示的模型效果及颜色设置与参考书中介绍的不一样，或者在进行场景着色渲染过程中经常提示一些关于文件没有找到的错误信息。所发生的这些问题跟没有添加相应的文件路径设置有关。

一些场景中材质和贴图无法显示是因为系统默认的Map（贴图素材）库文件夹中不存在这些贴图（打开Win 7的资源管理器，在安装到硬盘中3ds Max 2015的目录下可以看到此文件夹），解决问题有两种方法：第一种是将光盘贴图文件直接拷入3ds Max 2015下的Map子目录中；第二种则是为系统增加光盘上贴图文件所在的路径。

**2.改变文件的启动目录**

下面将介绍如何改变文件的启动目录，其具体操作步骤如下所述。

**01** 在菜单栏中选择【自定义】|【配置用户路径】命令，弹出【配置用户路径】对话框，此对话框包括【文件I/O】、【外部文件】、【外部参照】3项，如图1.43所示。

图1.43　选择【配置用户路径】选项

**02** 双击MaxStart\scenes选项（Max启动默认场景文件目录），弹出【选择目录MaxStart】对话框，如图1.44所示。

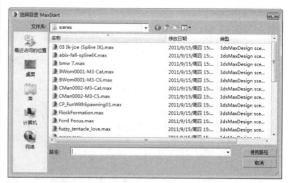

图1.44　【选择目录MaxStart】对话框

**03** 在弹出的对话框中选择希望改变的文件路

径，单击【使用路径】按钮，即可使用选择的路径，如图1.45所示。

图1.45 选择路径

### 3.增加位图目录

下面将介绍如何增加位图目录，其具体操作步骤如下所述。

**01** 在菜单栏中选择【自定义】|【配置用户路径】命令，选择BitmapProxies\proxies选项，单击【修改】按钮，如图1.46所示。

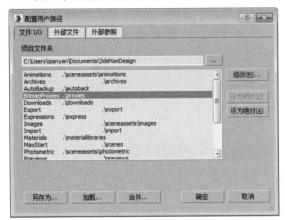

图1.46 选择BitmapProxies\proxies选项

**02** 在弹出的对话框中选择要启动的目录，然后单击【使用路径】按钮即可。

### 4.使用Max中的资源管理器

涉及文件及路径的编辑还需要对Max中的资源管理器进行介绍，它位于实用程序面板中，使用起来非常方便，它提供了场景文件和图像的提前浏览功能。

单击【实用程序】按钮，进入【实用程序】命令面板，然后单击 资源浏览器 按钮，弹出【资源浏览器】对话框，在对话框

的左侧选择路径，在右侧浏览文件，如图1.47所示。

图1.47 【资源管理器】命令

从管理器中可以直接完成场景文件的调用。用鼠标选择该文件，按住左键不放将其拖动到任意视图中。如果操作正确，系统会弹出一个快捷菜单，来询问用户是进行打开文件操作，还是进行合并文件操作，如图1.48所示。使用管理器打开文件与通过文件菜单中的打开命令最终结果一样。

图1.48 弹出的快捷菜单

### 5.改变系统默认名字及颜色

在3ds Max Design 2015中建立的每一个物体都会有一个默认的名字，对于相同类型的模型物体，系统会根据建立时间的先后顺序在它们名称后面增加数字以示区别。例如建立3个长方体模型，系统默认长方体的名称为Box001、Box002、Box003。

使用【对象颜色】对话框可以改变对象的颜色，如图1.49所示。

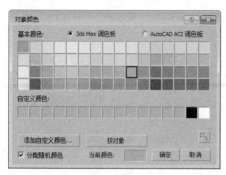

图1.49 【对象颜色】对话框

放置鼠标在屏幕右侧命令面板中的颜色框上单击，即可开启【对象颜色】对话框，模型物体名称对话框位于颜色框左侧，如图1.50所示，在标有Box001位置的文本框输入文字，即可改变其名字，当场景中没有任何物体时，此框呈不可选状态。

图1.50 单击颜色框

### 6.改变界面的外观

同前期的版本相比较，3ds Max 2015的用户界面有了很大的改进，增加了许多访问工具和命令。可控的标签面板和右击菜单提供了快速的工具选择方式，使工作更加方便，大大提高了工作效率。

### 7.改变和定制工具栏

工具栏上的图标有大小之分，根据用户的习惯，可自行定制工具栏，下面将介绍如何改变和定制工具栏，学完本节后可以使您对工具栏操纵自如，提高工作效率。

（1）改变工具栏

在高分辨率显示器下使用主工具栏的按钮更加容易，在小尺寸屏幕上它们将超出屏幕的可视部分，可以拖动面板得到所需要的部分。另外可单击【自定义】|【首选项】面板，单击【常规】选项卡，将其中的【使用大工具栏按钮】复选框取消选择，这样在工具栏中将使用小图标显示主工具栏，确保屏幕尽可能地显示工具图标，并保存有足够的工作空间，如图1.51所示。

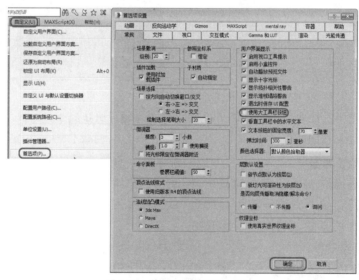

图1.51 使用小图标显示工具

命令可以被显示为图标按钮，也可以作为文本按钮。用户现在可以创建自己的工具和工具栏，只需将操作过程记录为宏，再将它们转换为工具栏上的工具图标即可。

3ds Max Design 2015界面的各个元素现在可以被重新排列，用户可以根据自己的爱好去定义界面，而且可以对设定的用户界面进行保存、调入和输出。

（2）定制工具栏

选择菜单栏中的【自定义】|【自定义用户界面】命令，在弹出的【自定义用户界面】对话框中单击【工具栏】选项卡，如图1.52所示，接下来将介绍该选项卡中的一些名称。

图1.52　自定义用户界面

★　组：将3ds Max 2015包含的全部构成用户界面元素划分为几大组，以树状结构显示。组中包含类别，类别下又有功能项目。选择一个组时，该组所包含的类别及功能项目也同时显示在各自的窗口中，如图1.53所示。

★　类别：将【组】选定的项目进一步细分，如图1.54所示。

图1.53　显示【组】　　图1.54　显示【列列】

★　操作：列出可执行的命令项目，如图1.55所示。

★　新建：单击该按钮，在弹出的对话框中输入工具行的名称，视图中会出现新建的工具行名称。为工具行增加命令项目可直接从【功能】列表中拖动命令名称到工具行。按住Ctrl键拖动其他，工具行的项目到当前工具行，命令被复制在当前工具

行；按住Alt键拖动时，命令被剪切到当前工具行。

图1.55　显示【操作】项目

★　删除：删除选择的工具行。

★　重命名：为指定的工具行重新命名。

★　隐藏：隐藏选择的工具行。

★　【快速访问工具栏】组：拖动【操作】列表中的相应操作，并将其放在【快速访问工具栏】组的列表中。工具栏将更新以显示新按钮。如果您选择的操作没有关联图标，则工具栏中将显示通用按钮，如图1.56所示。

图1.56　【快速访问工具栏】

●　上移：在列表中向上移动选定按钮，这样会将该按钮移动到工具栏的左侧。

●　下移：在列表中向下移动选定按钮，这样会将该按钮移动到工具栏的右侧。

●　移除：从列表和工具栏中移除选定按钮。

★　加载：用于从一个.ui文件中导入自定义的工具行设置。

★　保存：将当前的工具行设置为以.ui格式进行保存。

★　重置：恢复工具行的设置为默认设置。

## 1.1.8 界面颜色的设置

选择菜单栏中的【自定义】|【加载自定义用户界面方案】命令，如图1.57所示，在弹出的【加载自定义用户界面方案】对话框中选择3ds Max Design 2015|UI| ame-Light.ui文件，如图1.58所示，然后单击【打开】按钮，这时3ds Max的界面就变成了灰色，如果想要恢复到默认界面，按照同样的步骤打开DefaultUI.ui文件即可。3ds Max 2015提供了4种界面，用户可以根据自己的喜好进行选择。

图1.57 选择【加载自定义用户界面方案】选项

图1.58 选择界面方案

## 1.1.9 常用建模辅助命令的应用

使用Max建模时，一些常用的辅助命令是不可或缺的，如单位设置、捕捉工具、对齐工具、隐藏和冻结和调整轴点等命令，下面就来详细介绍这些辅助命令。

**1.单位设置**

创建对象时，有时为了达到一定的精确程度，必须设置图形单位，选择菜单栏中的【自定义】命令，在弹出的下拉列表中选择【单位设置】命令，如图1.59所示，弹出【单位设置】对话框中，在【显示单位比例】选项组中单击【公制】单选按钮，并在下拉列表中选择【厘米】选项，如图1.60所示，它表示在3ds Max 2015的工作区域中实际显示的单位。单击【系统单位设置】按钮，在弹出的对话框中也选择【厘米】选项，它表示系统内部实际使用的单位，如图1.61所示，设置完成后，单击【确定】按钮即可。

图1.60 【单位设置】对话框

图1.61 【系统单位设置】对话框

图1.59 选择【单位设置】命令

提示

根据我国的GB标准，如果没有明确要求，单位默认为"毫米"。

**2.捕捉工具的使用和设置**

3ds Max为我们提供了更加精确地创建和放置对象的工具——捕捉工具。捕捉就是根据栅格和物体的特点放置光标的一种工具，使用捕捉可以将光标精确地放置到你想要的地方。下面就来介绍3ds Max的各种捕捉工具。

（1）捕捉与栅格设置

只要在工具栏的 按钮中的任一个按钮上单击鼠标右键，就可以调出不同的设置对话框。对于捕捉与栅格设置，可以从【捕捉】、【选项】、【主栅格】、【用户栅格】几个方面进行设置。

依据造型方式可将【捕捉】类型分成Standard（标准）类型、Body Snaps和NURBS捕捉类型，其中Standard（标准）类型、NURBS捕捉类型选项的功能说明如下所述：

①Standard（标准）类型（图1-62）如下所述。

图1.62 Standard（标准）类型

★ 栅格点：捕捉栅格的交点。

★ 栅格线：捕捉栅格线上的点。

★ 轴心：捕捉物体的轴心。

★ 边界框：捕捉物体边界框的8个角。

★ 垂足：在视图中绘制曲线的时候，捕捉与上一次垂直的点。

★ 切点：捕捉样条曲线上相切的点。

★ 顶点：捕捉网格物体或可编辑网格物体的顶点。

★ 端点：捕捉样条曲线或物体边界的端点。

★ 边/线段：捕捉物体边界上的线段。

★ 中点：捕捉样条曲线或物体边界的中点。

★ 面：捕捉某一面正面的点，背面无法进行捕捉。

★ 中心面：捕捉三用面的中心。

②NURBS捕捉类型如下所述。

这里主要用于NURBS类型物体的捕捉，NURBS是一种曲面建模系统，对于它的捕捉类型，主要在这里进行设置，如图1.63所示。

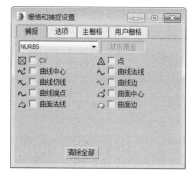

图1.63 NURBS 捕捉类型

★ CV：捕捉NURBS曲线或曲面的CV次物体。

★ 点：捕捉NURBS次物体的点。

★ 曲线中心：捕捉NURBS曲线的中心点。

★ 曲线法线：捕捉NURBS曲线法线的点。

★ 曲线切线：捕捉NURBS曲线相切的切点。

★ 曲线边：捕捉NURBS曲线的边界。

★ 曲线端点：捕捉NURBS曲线的端点。

★ 曲面中心：捕捉NURBS曲面的中心点。

★ 曲面法线：捕捉NURBS曲面法线的点。

★ 曲面边：捕捉NURBS曲面的边界。

【选项】选项卡是用来设置显示、大小、捕捉半径等项目，如图1.64所示。

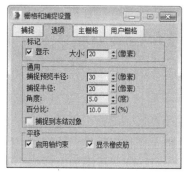

图1.64 【选项】选项卡

【选项】标签面板各选项功能说明如下所述。

★ 显示：控制在捕捉时是否显示指示光标。

★ 大小：设置捕捉光标的尺寸大小。

★ 捕捉预览半径：当光标与潜在捕捉到的点的距离在【捕捉预览半径】值和【捕捉半径】值之间时，捕捉标记跳到最近的潜在捕捉到的点，但不发生捕捉。默认设置是 20。

★ 捕捉半径：设置捕捉光标的捕捉范围，值越大越灵敏。

★ 角度．用来设置旋转时递增的角度。

★ 百分比：用来设置放缩时递增的百分比例。

★ 捕捉到冻结对象：勾选该复选框可以捕捉到冻结的对象。

★ 启用轴约束：将选择的物体沿着指定的坐标轴向移动。

★ 显示橡皮筋：当启用此选项并且移动一个选择时，在原始位置和鼠标位置之间显示橡皮筋线。微调模型时，使用该可视化辅助可提高精确度。默认设置为启用。

【主栅格】是用来控制主栅格特性的，如图1.65所示。

图1.65 【主栅格】选项卡

【主栅格】选项卡中各选项的功能说明如下所述。

★ 栅格间距：设置主栅格两根线之间的间距，以内部单位计算。

★ 每N条栅格线有一条主线：栅格线有粗细之分，和坐标纸一样，这里是设置每两根粗线之间有多少个细线格。

★ 透视视图栅格范围：设置透视图中粗线格中所包含的细线格数量。

★ 禁止低于栅格间距的栅格细分：勾选该复选框，可以在对视图放大或缩小时，栅格不会自动细分。取消勾选时，在对视图放大或缩小时栅格会自动细分。

★ 禁止透视视图栅格调整大小：勾选时，在对透视图放大或缩小时，栅格数保持不变。取消勾选时，栅格会根据透视图的变化而变化。

★ 活动视口：改变栅格设置时，仅对激活的视图进行更新。

★ 所有视口：改变栅格设置时，所有视图都会更新栅格显示。

【用户栅格】用于控制用户创建的辅助栅格对象，如图1.66所示。

图1.66 【用户栅格】选项卡

该选项卡中各选项的功能说明如下所述。

★ 创建栅格时将其激活：打开此项就可以在创建栅格物体的同时将其激活。

★ 世界空间：设定物体创建时自动与世界空间坐标系统对齐。

★ 对象空间：设定物体创建时自动与物体空间坐标系统对齐。

（2）空间捕捉

3ds Max为我们提供了3种空间捕捉的类型，（2D、1.5D和3D）。使用空间捕捉可以精确地创建和移动对象。当使用2D或1.5D捕捉创建对象时，只能捕捉到直接位于绘图平面上的节点和边。当用空间捕捉移动对象的时候，被移动的对象是移动到当前栅格上还是相对于初始位置按捕捉增量移动，就由捕捉的方式来决定了。

例如，只选择【栅格点】选项捕捉移动对象时，对象将相对于初始位置按设置的捕捉增量移动；如果将【栅格点】捕捉和【顶点】捕捉选项都选择后再移动对象时，对象将捕捉并移动到当前栅格上或者场景中的对象的点上。

（3）角度捕捉

【角度捕捉切换】按钮 主要是用于精确地旋转物体和视图，可以在【栅格和捕捉设置】对话框中进行设置，可以在【选项】选项卡中的【角度】文本框中输入用于设置旋转时递增的角度，系统默认值为5度。

在不打开角度捕捉的情况下，我们在视图中旋转物体，系统会以0.01度作为旋转时递增的角度。当打开角度捕捉后，可对角度捕捉的旋转度数进行设置，可设置为30、45、60、90或180度等整数，设置完成后，我们在视图中旋转物体，系统旋转的度数正是我们设置的度数，所以打开角度捕捉按钮为精确旋转物体提供了方便。

（4）百分比捕捉

在不打开百分比捕捉的情况下，我们进行缩放或挤压物体，将默认的1%的比例进行变化。如果打开百分比捕捉，将以系统默认的10%的比例进行变化。当然也可以在【栅格和捕捉设置】对话框中的【百分比】文本框中进行百分比捕捉的设置。

### 3. 对齐工具

【对齐】工具就是通过移动操作使物体自动与其他对象对齐，所以它在物体之间并没有建立什么特殊的关系。选择需要与其他对象对齐的对象，在工具栏中单击【对齐】按钮 ，然后在视图中选择目标对象，可以打开【对齐当前选择】对话框，如图1.67所示。

图1.67　【对齐当前选择】对话框

【对齐当前选择】对话框中各选项的功能说明如下所述。

★ 对齐位置（屏幕）：根据当前的参考坐标系来确定对齐的方式。

● X/Y/Z位置：特殊指定位置对齐依据的轴向，可以单方向对齐，也可以多方向对齐。

★ 【当前对象】或【目标对象】：分别设定当前对象与目标对象对齐的设置。

● 最小：以对象表面最靠近另一对象选择点的方式进行对齐。

● 中心：以对象中心点与另一对象的选择点进行对齐。

● 轴点：以对象的轴心点与另一对象的选择点进行对齐。

● 最大：以对象表面最远离另一对象选择点的方式进行对齐。

★ 对齐方向（局部）：特殊指定方向对齐依据的轴向，方向的对齐是根据对象自身坐标系完成的，三个轴向可任意选择。

★ 匹配比例：将目标对象的缩放比例沿指定的坐标轴向施加到当前对象上。要求目标对象已经进行了缩放修改，系统会记录缩放的比例，将比例值应用到当前对象上。

### 4. 隐藏和冻结

隐藏是将所选择物体的形体不显示在视图上，它们仍然存在，但是在视图中无法看到，渲染时也不会显示（除非打开Render Hidden渲染隐藏物体选项），它位于【显示】命令面板中，主要用于加快显示速度，防止当前不需要的物体阻碍视线。【隐藏】卷展栏如图1.68所示。

图1.68　【隐藏】卷展栏

下面简要介绍【隐藏】卷展栏中的选项命令。

★ 隐藏选定对象：将当前视图中已经选择的物体进行隐藏。

★ 隐藏未选定对象：将当前视图中所有未选择的物体进行隐藏。

★ 按名称隐藏：弹出名称选择框，它与一般的名称选择框相同，左侧列表框中显示当前视图中存在的物体，允许自由选择要隐藏的物体名称。

★ 按点击隐藏：按下此钮打开点击隐藏模式，这时可以在视图中点取要隐藏的物体将它隐藏，再次按下它可以关闭此钮。

★ 全部取消隐藏，将所有已经隐藏的物体全部显示出来。

★ 按名称取消隐藏：弹出名称选择框，它与一般的名称选择框相同，左侧列表框中显示出当前已经隐藏的物体，可以通过名称选择重新显示的物体。

★ 隐藏冻结对象：控制是否将冻结的物体在视图中隐藏。

冻结是将所选择的物体固定，任何操作（解冻除外）都不会再对它有影响，它将以灰色方式显示，防止它们阻碍操作，也避免对它们产生误操作。对于灯光、摄影机，冻结并不会影响其照明和摄影功能。冻结的好处是不像隐藏那样，被冻结的物体仍可以存在于视图中，只是无法进行选择和其他操作，显示的形态可以是灰色也可以是本色，但由于已经被冻结，所以不会占用系统的显示资源，大大提升显示速度。所以在大场景的整合制作中，一般都将目前不操作的物体冻结，只保留正在操作中的物体，这样就可以在视图上流畅地进行编辑操作了，【冻结】卷展栏如图1.69所示。

图1.69 【冻结】卷展栏

下面简要介绍【冻结】卷展栏中的选项命令。

★ 冻结选定对象：将当前视图中已经选择的物体进行冻结。

★ 冻结未选定对象：将当前视图中所有未选择的物体进行冻结。

★ 按名称冻结：弹出名称选择框，它与一般的名称选择框相同，左侧列表框中显示当前视图中所有未冻结的物体，可以有选择地进行冻结。

★ 按点击冻结：按下此钮开启点击冻结模式，这时可以在视图中点击要冻结的物体，将它冻结，再次按下它可以关闭此钮。

★ 全部解冻：将所有已经冻结的物体全部解除冻结状态。

★ 按名称解冻：弹出名称选择框，它与一般的名称选择框相同，左侧列表框中显示当前视图中已冻结的物体，可以有选择地进行解冻。

★ 按点击解冻：按下此钮开启点击解冻模式，这时可以在视图中点取已经冻结的物体将它解冻，再次按下它可以关闭此钮。

**5.调整轴**

【调整轴】命令位于【层级】命令面板中，【层级】命令面板主要用于调节物体之间的层级关系。【层级】命令面板如图1.70所示。

图1.70 【层次】命令面板

下面主要来介绍【层级】命令面板中的【调整轴】卷展栏。

★ 【移动/旋转/缩放】选项组：其下包括3个控制项目，每个项目被选择后将显示为蓝色，下面的对齐项目也会根据当前不同的项目而变换不同的命令，便于轴心的对齐操作。

- 仅影响轴：仅对当前选择物体的轴产生变换影响，这时使用【选择并移动】和【选择并旋转】工具，可以调节物体的位置和方向。
- 仅影响对象：仅对当前选择物体产生变换影响，其轴保持不变，这时使用【选择并移动】和【选择并旋转】工具可以调节物体的位置和方向。
- 仅影响层次：仅对当前选择物体的子物体产生旋转和缩放变换影响，不改变它的轴位置和方向。

**提示**

在工具栏中的【对齐】、【法线对齐】、【对齐视图】3个命令会根据层级面板上3个不同的影响命令产生不同的影响效果；捕捉模式允许捕捉轴到它自身物体上或场景中的其他物体上。

★ 【对齐】选项组：这里的选项仅对上面的【仅影响轴】和【仅影响对象】两个命令起作用，用于轴的自动对齐。

当选择【仅影响轴】命令时，其内容如下所述。

- 居中到对象：移动轴到物体的中心处。
- 对齐到对象：旋转轴使它与物体的变换坐标轴方向对齐。
- 对齐到世界：旋转轴使它与世界坐标系的坐标轴方向对齐。

当选择【仅影响对象】命令时，其内容如下所述。

- 居中到对象：移动物体的中心点到轴处。
- 对齐到对象：旋转物体使它的坐标轴向与轴方向对齐。
- 对齐到世界：旋转物体使它的坐标轴向与世界坐标系的坐标轴方向对齐。
- 重置轴：恢复物体的轴到刚创建时的状态。

## 1.1.10 复制的方法

在制作一些大型场景的过程中，有时会遇到大量相同的物体，这就需要对一物体进行复制，在3ds Max中复制的方法有很多种，

下面进行详解。

**1.运用【克隆】命令原位置复制**

单击菜单栏中的【编辑】按钮，在弹出的下拉列表中选择【克隆】命令或按Ctrl+V快捷键，弹出【克隆选项】对话框，如图1.71所示，在【对象】选项组中选择复制类型，并在下方的【名称】文本框中输入复制后的对象的名称，设置好参数后单击【确定】按钮。克隆出的对象与原对象是重叠的。

图1.71 【克隆选项】对话框

**2.Shift键组合复制法**

选择需要复制的对象，按住Shift键，再使用【选择并移动】工具沿着需要的轴向拖动对象，就会看到在指定的轴向上复制出了一个新的对象，松开鼠标时会弹出【克隆选项】对话框，如图1.72所示，在【对象】选项组中指定复制类型，在【副本数】文本框中指定复制对象的数量，在【名称】文本框中输入复制对象的名称，设置完成后单击【确定】按钮即可。

图1.72 【克隆选项】对话框

**3.用【阵列】工具复制**

【阵列】工具可以大量有序地复制对象，它可以控制产生一维、二维、三维的阵列复制。选择要进行阵列复制的对象，选择菜单栏中的【工具】|【阵列】命令，可以打

开【阵列】对话框，如图1.73所示。【阵列】对话框中各项目的功能说明如下所述。

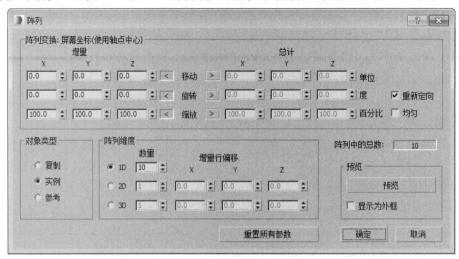

图1.73 【阵列】对话框

★ 阵列变换：用来设置在1D阵列中3种类型阵列的变量值，包括位置、角度和比例。左侧为增量计算方式，要求设置增值数量；右侧为总计计算方式，要求设置最后的总数量。如果想在X轴方向上创建间隔为10个单位一行的对象，就可以在【增量】下【移动】左侧的X文本框中输入10。如果想在X轴方向上创建总长度为10的一串对象，那么就可以在【总计】下【移动】右侧的X文本框中输入10。

● 移动：分别设置3个轴向上的偏移值。

● 旋转：分别设置沿3个轴向旋转的角度值。

● 缩放：分别设置在3个轴向上缩放的百分比例。

● 重新定向：在以世界坐标轴旋转复制原对象时，同时也对新产生的对象沿其自身的坐标系统进行旋转定向，使其在旋转轨迹上总保持相同的角度，否则所有的复制对象都与原对象保持相同的方向。

● 均匀：勾选该复选框后，在【增量】下的【缩放】中只有X轴允许输入参数，这样可以锁定对象的比例，使对象只发生体积的变化，而不产生变形。

★ 对象类型：设置产生的阵列复制对象的属性。

● 复制：标准复制属性。

● 实例：产生关联复制对象，与原对象息息相关。

● 参考：产生参考复制对象。

★ 阵列维度：增加另外两个维度的阵列设置，这两个维度依次对前一个维度产生作用。

● 1D：设置第一次阵列产生的对象总数。

● 2D：设置第二次阵列产生的对象总数，右侧X、Y、Z用来设置新的偏移值。

● 3D：设置第三次阵列产生的对象总数，右侧X、Y、Z用来设置新的偏移值。

★ 阵列中的总数：设置最后阵列结果产生的对象总数目，即1D、2D、3D3个【数量】值的乘积。

★ 重置所有参数：将所有参数还原为默认设置。

**4.镜像复制**

　　【镜像】工具可以移动一个或多个选择的对象沿着指定的坐标轴镜像到另一个方向，同时也可以产生具备多种特性的复制对象。选择要进行镜像复制的对象，在工具栏中单击【镜像】按钮，或者在菜单栏中选择【工具】|【镜像】命令，打开【镜像：世界 坐 标】对话框，如图1.74所示，在【镜像

轴】选项组中指定镜像轴，在【偏移】微调框中指定镜像对象与源对象之间的间距，并在【克隆当前选择】组中设置是否复制，以及复制的类型，设置好参数后单击【确定】按钮，最后效果如图1.75所示。

图1.74　【镜像：世界 坐标】对话框

图1.75　镜像的效果图

【镜像：世界 坐标】对话框中各项目的功能说明如下所述。

★　镜像轴：提供了6种对称轴用于镜像，每当进行选择时，视图中的选择对象就会显示出镜像效果。

★　偏移：指定镜像对象与原对象之间的距离，距离值是通过两个对象的轴心点来计算的。

★　克隆当前选择：确定是否复制以及复制的方式。

●　不克隆：只镜像对象，不进行复制。

●　复制：复制一个新的镜像对象。

●　实例：复制一个新的镜像对象，并指定为关联属性，这样改变复制对象将对原始对象也产生作用。

●　参考：复制一个新的镜像对象，并指定为参考属性。

★　镜像IK限制：勾选该复选框可以连同几何体一起对IK约束进行镜像。IK所使用的末端效应器不受镜像工具的影响，所

以想要镜像完整的IK层级的话，需要先在运动命令面板下的IK控制参数卷展栏中删除末端效应器，镜像完成之后，再在相同的面板中建立新的末端效应器。

**5.用间隔工具复制**

【间隔工具】可以让一个对象沿着指定的路径进行复制。首先选择要复制的对象，选择菜单栏中的【工具】|【对齐】|【间隔工具】命令，弹出【间隔工具】对话框，在该对话框中，单击【拾取路径】按钮，在视图中点击指定的路径，然后设置好复制的数量，再单击【应用】按钮即可。复制后的效果如图1.76所示。

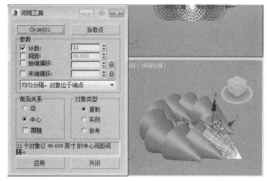

图1.76　使用【间隔】工具

**6.用快照工具复制**

快照复制是创建多重复制的另外一种方法，它同样可以为动画对象创建复制、关联复制或参考复制。

创建快照复制时，选择一个动画对象，选择菜单栏中的【工具】|【快照】命令，打开【快照】对话框，其中【副本】用于指定复制的数量，设置好参数后单击【确定】按钮，即可沿该动画对象的运动轨迹进行复制，如图1.77所示。

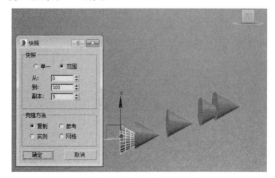

图1.77　使用【快照工具】

## 1.1.11 快捷键的设置

选择菜单栏中的【自定义】|【自定义用户界面】命令，在弹出的【自定义用户界面】对话框中选择【键盘】选项卡，在左侧的列表中选择要设置快捷键的命令，然后在【热键】文本框中输入快捷键字母，如图1.78所示，单击【指定】按钮后设置成功。其中【指定到】文本框中显示的是已经使用了该快捷键的命令，以防止用户重复设置，【移除】按钮可以移除已设置的快捷键。

图1.78 【自定义用户界面】对话框

**提示**

对于常用的命令，3ds Max 2015已经自动为其分配了快捷键，而大多数命令都是没有可借鉴的，用户可以根据自己的实际需要和使用习惯来设置快捷键，以提高工作效率。

## 1.1.12 自动备份功能的优化

选择【自定义】|【首选项】命令，在【首选项设置】对话框中选择【文件】选项卡，可以设置与文件处理相关的选项。用户可以选择用于归档的程序，并控制日志文件维护选项，并且，自动备份功能可以在设定的时间间隔内自动保存工作。【首选项设置】对话框中的【文件】选项卡如图1.79所示。

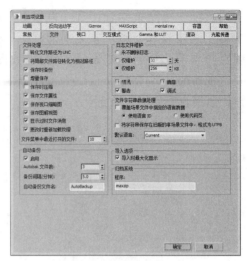

图1.79 【文件】选项卡对话框

默认情况下，3ds Max Design 自动备份功能处于活动状态，并且在编辑场景时为总的3个文件每5分钟写一次备份文件。这些文件存储在"\autoback"文件夹下。默认情况下，此文件夹存储在"C:\Users\用户名\Documents\ 3dsMaxDesign \ autoback"中。如果文件是由于系统故障或电源中断而受损，使用备份文件非常有用。

**01** 启动Autodesk 3ds Max Design 2015，验证是否无法加载场景。

**02** 打开Windows资源管理器，浏览至autoback文件夹。

**03** 即可看到AutoBackup01.max序列，然后复制文件（执行【编辑】|【复制】命令或者按Ctrl+C快捷键）。

**04** 浏览至scenes 文件夹，此文件可以在"C:\Users\用户名\Documents \ 3dsMaxDesign \"中或程序安装文件夹中找到，并粘贴该文件。如果需要的话，可以对其重命名。

**05** 在Autodesk 3ds Max Design 2015中，按Ctrl+O快捷键尝试加载刚才从"My Documents \ 3dsMaxDesign \ autoback"文件夹中复制的文件。

如果文件打开了，则先保存该场景，然后重建最后 5 分钟丢失的内容。

## 1.1.13 文件的打开与保存

文件的打开与保存是操作过程中最重要的环节之一，本小节将重点讲解文件的打开与保存。

### 1.打开文件

单击【应用程序】按钮，在弹出的下拉列表中选择【打开】命令，即可弹出【打开文件】对话框，在该对话框中选择3ds Max 2015支持的场景文件，单击【打开】按钮即可将需要的文件打开。

> **提示**
>
> Max文件包含场景的全部信息，如果一个场景使用了当前3ds Max软件不具备的特殊模块，那么打开该文件时，这些信息将会丢失。

具体操作步骤如下所述。

**01** 启动3ds Max后，单击【应用程序】按钮，在弹出的下拉列表的右侧显示出了最近使用过的文件，在文件上单击即可将其打开，如图1.80所示。

图1.80 最近使用的文档

**02** 或者在下拉列表中选择【打开】选项，弹出【打开文件】对话框，如图1.81所示。

**03** 在【打开文件】对话框中选择要打开的文件后，单击【打开】按钮或者双击该文件名即可打开文件。

> **提示**
>
> 在快速访问工具栏中单击【打开文件】按钮，或者按Ctrl+O快捷键，同样可以弹出【打开文件】对话框。

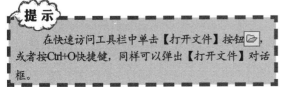

图1.81 【打开文件】对话框

### 2.保存文件

【保存】命令同【另存为】命令在3ds Max 2015中都是用于对场景文件的保存。但它们在使用和存储方式上又有不同之处。

选择【保存】命令，将当前场景进行快速保存，覆盖旧的同名文件，这种保存方法没有提示。如果是新建的场景，第一次使用【保存】命令和【另存为】命令效果相同，系统都会弹出【文件另存为】对话框，用于指定文件的存储路径和名称等。

> **提示**
>
> 当使用【保存】命令进行保存时，所有场景信息也将一并保存，例如视图划分设置、视图放缩比例、捕捉和栅格设置等。

而使用【另存为】命令进行场景文件的存储，系统将以一个新的文件名称来存储当前场景，以便不改动旧的场景文件。

单击【应用程序】按钮，在弹出的下拉列表中将鼠标移至【另存为】选项上，此时，会在右侧显示出另存为文件的4种方式，包括【另存为】、【保存副本为】、【保存选定对象】和【归档】，如图1.82所示。

图1.82 另存为文件的4种方式

★ 选择【另存为】命令，可以弹出【文件另存为】对话框，首选需要设置存储路径，并输入文件名称，然后在【保存类型】下拉列表中，可以选择3ds Max 的早期版本，设置完成后单击【保存】按钮即可，如图1.83所示。

图1.83 　【文件另存为】对话框

★ 【保存副本为】命令用来以不同的文件名保存当前场景的副本。该选项不会更改正在使用的文件的名称。【保存副本为】不会同【保存】那样更新原始文件名，并且【保存】不会更新您上次使用【保存副本为】保存的文件。

★ 使用【保存选定对象】命令可以另存为当前场景中选择的对象，而不保存未被选择的对象。

★ 使用【存档】命令可以创建列出场景位图及其路径名称的压缩存档文件或文本文件。

### 3.新建场景

单击【应用程序】按钮按钮，在弹出的下拉列表中选择【新建】选项，可以清除当前屏幕内容，但保留当前系统设置。如视口配置、栅格和捕捉设置、材质编辑器、环境和效果等。

新建场景的具体操作步骤如下所述。

01 单击【应用程序】按钮，在弹出的下拉列表中单击【新建】选项右侧的按钮，再在子菜单中选择所需要的场景，或按Ctrl+N快捷键，打开【新建场景】对话框，如图1.84所示。

图1.84 【新建场景】对话框

02 指定要保留的对象类型，然后单击【确定】按钮。

【新建场景】对话框中各选项的功能说明如下。

★ 保留对象和层次：保留所有对象以及它们之间的层次连接关系，但是删除所有的动画关键点，以便重新制作动画。

★ 保留对象：保留当前场景中的全部对象，但是删除它们彼此之间的层次连接关系，以及动画关键点。

★ 新建全部：清除所有对象以便重新开始，该选项为系统默认设置。

### 4.重置场景

单击【应用程序】按钮，在弹出的下拉列表中选择【重置】选项，可以清除所有的数据，恢复到系统初始的状态。

如果场景保存后又做了一些改动，则选择【重置】命令后，系统会提示是否保存当前场景，如图1.85所示。

图1.85 　提示是否保存更改

重置当前所使用的场景的具体操作步骤如下。

01 单击【应用程序】按钮，在弹出的下拉列表中选择【重置】选项。

02 选择是否保存当前场景。

### 5.合并文件

在3ds Max中经常需要把其他场景中的一个对象加入到当前场景中，这称之为合并文件。

单击【应用程序】  按钮，在弹出的下拉列表中选择【导入】|【合并】选项，在弹出的【合并文件】对话框中选择要合并的场景文件，单击【打开】按钮，如图1.86所示。

图1.86 【合并文件】对话框

然后在弹出的【合并】对话框中选择要合并的对象，单击【确定】按钮完成合并，如图1.87所示。

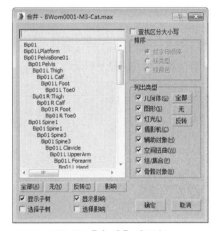

图1.87 【合并】对话框

> **提示**
>
> 在列表中可以按住Ctrl键选择多个对象，也可以按住Alt键从选择集中减去对象。

### 6.导入与导出文件

要在3ds Max中打开非MAX类型的文件（如DWG格式等），则需要用到【导入】命令；要把3ds Max中的场景保存为非MAX类型的文件（如3DS格式等），则需要用到【导出】命令。它们的操作与打开和文件另存为的操作十分类似，如图1.88所示。

在3ds Max中，可以导入的文件格式有3DS、PRJ、AI、DEM、XML、DWG、DXF、FBX、HTR、IGE、IGS、IGES、IPT、IAM、LS、VW、LP、MTL、OBJ、SHP、STL、TRC、WRL、WRZ、XML等。

在3ds Max中，可以导出的文件格式有3DS、AI、ASE、ATR、BLK、DF、DWF、DWG、DXF、FBX、HTR、IGS、LAY、LP、M3G、MTL、OBJ、STL、VW、W3D、WRL等。

图1.88 选择【导入】或【导出】命令

### 1.1.14 场景中物体的创建

在3ds Max 2015中创建一个简单的三维物体可以有多种方式，下面就以最常用的命令面板方式创建一个【半径】为50的球体对象。

**01** 首先，使用鼠标右键激活【顶】视图。

**02** 选择【创建】 |【几何体】 |【球体】工具。

**03** 在【顶】视图中按住鼠标左键并拖动鼠标，拉出底圆的半径模型，并释放鼠标，效果如图1.89所示。

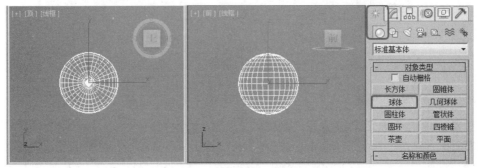

图1.89 创建球体对象

**04** 切换到【修改】命令面板 中，在【参数】卷展栏中将【半径】设置为50，将【分段】设置为32，这样场景中的圆柱体对象的表面细节增加，同时表面也更加光滑了，如图1.90所示。

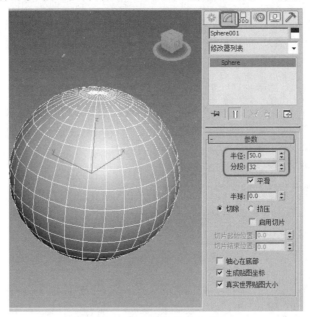

图1.90 修改圆柱体对象参数

3ds Max提供了多种三维模型创建工具。对于基础模型，可以通过【创建】命令面板 直接建立标准的几何体和几何图形，包括标准几何体、特殊几何体、二维图形、灯光、摄影机、辅助物体、空间扭曲物体、特殊系统等。对于复杂的几何体，可以通过【放样】造型、【面片】造型、【曲面】造型、粒子系统等特殊造型方法，以及通过【修改】 命令面板对物体进行修改。

### 1.1.15 对象的选择

选择对象可以说是3ds Max最基本的操作。无论对场景中的任何物体做何种操作、编辑，首先要做的就是选择该对象。为了方便用户，3ds Max提供了多种对象的选择方式。

### 1.单击选择

单击选择对象就是使用工具栏中的【选择对象】工具，然后通过在视图中单击相应的物体来选择对象。一次单击只可以选择一个对象或一组对象。在按住Ctrl键的同时，可以单击选择多个对象，在按住Alt键的同时，在选择的对象上单击，可以取消选择该对象。

### 2.按名称选择

在选择工具中有一个非常好的工具，它就是【按名称选择】工具，该工具可以通过对象名称进行选择，所以该工具要求对象的名称具有唯一性，这种选择方式快捷准确，通常用于复杂场景中对象的选择。

在工具栏中单击【按名称选择】按钮，也可以通过按下键盘上的快捷键H直接打开【从场景选择】对话框，在该对话框中选择对象时，按住Shift键可以选择多个连续的对象，按住Ctrl键可以选择多个非连续对象，选择完成后单击【确定】按钮，即可在场景中选择相应的对象，如图1.91所示。

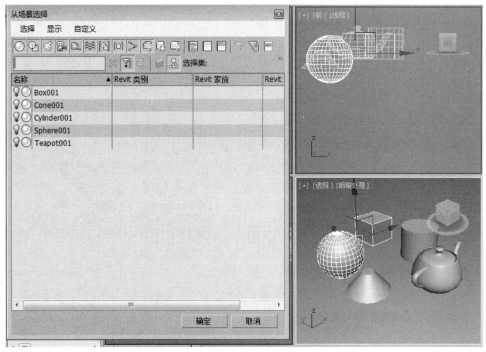

图1.91　使用按名称选择工具选择对象

### 3.工具选择

在3ds Max中选择工具有单选工具、组合选择工具。

单选工具为【选择对象】工具。

组合选择工具包括：【选择并移动】工具、【选择并旋转】工具、【选择并均匀缩放】工具、【选择并链接】工具、【断开当前选择链接】工具等。

### 4.区域选择

在3ds Max 2015中提供了5种区域选择工具：【矩形选择区域】工具、【圆形选择区域】工具、【围栏选择区域】工具、【套索选择区域】工具和【绘制选择区域】工具。其中，【套索选择区域】工具用来创建不规则选区，如图1.92所示。

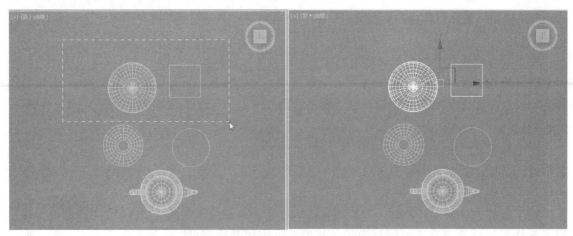

图1.92 使用【套索选择区域】工具选择对象

**5.范围选择**

范围选择有两种方式：一种是窗口范围选择方式，一种是交叉范围选择方式，通过3ds Max工具栏中的【交叉】按钮可以进行两种选择方式的切换。若选择【交叉】按扭状态，则选择场景中对象时，对象物体不管是局部还是全部被框选，只要有部分被框选，则整个物体将被选择，如图1.93所示。单击【交叉】按扭，即可切换到【窗口】按钮状态，只有对象物体全部被框选，才能选择该对象。

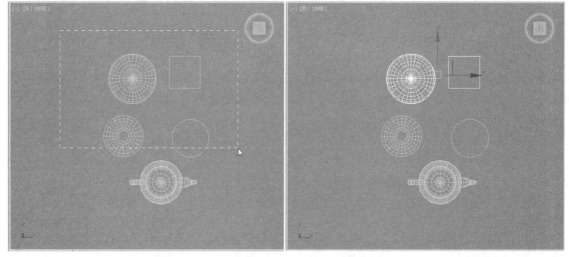

图1.93 使用【交叉】工具选择对象

## 1.1.16 使用组

组，顾名思义就是由多个对象组成的集合。成组以后不会对原对象做任何修改。但对组的编辑会影响到组中的每一个对象。成组以后，只要单击组内的任意一个对象，整个组都会被选择，如果想单独对组内的对象进行操作，必须先将组暂时打开。组存在的意义就是使用户同时对多个对象进行同样的操作成为可能，如图1.94所示。

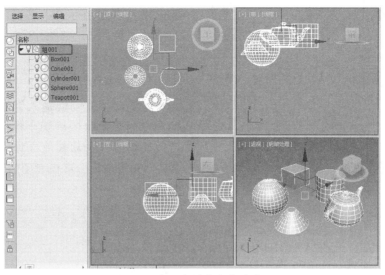

图1.94　成组与单个实体的对比

### 1.组的建立

在场景中选择两个以上的对象，在菜单栏中选择【组】|【组】命令，在弹出的对话框中输入组的名称（默认组名为【组001】并自动按序递加），单击【确定】按钮即可，如图1.95所示。

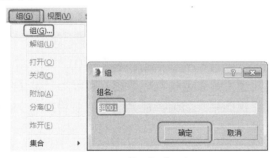

图1.95　【组】对话框

### 2.打开组

若需对组内对象单独进行编辑，则需将组打开。每执行一次【组】|【打开】命令，只能打开一级群组。

在菜单栏中选择【组】|【打开】命令，这时群组的外框会变成粉红色，可以对其中的对象进行单独修改。移动其中的对象，则粉红色边框会随着变动表示该物体正处在该组的打开状态中。

### 3.关闭组

在菜单栏中选择【组】|【关闭】命令，可以将暂时打开的组关闭，返回到初始状态。

### 4.附加组

先选择一个将要加入的对象（或一个组），再选择菜单栏中的【组】|【附加】命令，然后单击要加入的群组中的任何成员都可以把新的对象加入到群组中去。

### 5.解组

在菜单栏中选择【组】|【解组】命令，只将当前选择组的最上一级打散。

### 6.炸开组

在菜单栏中选择【组】|【炸开】命令，将打散所选择组的所有层级，不再包含任何组。

### 7.分离组

在菜单栏中选择【组】|【分离】命令，可将组中个别对象分离出组。

## 1.1.17　移动、旋转和缩放物体

在3ds Max中，对物体进行编辑修改最常用到的就是物体的移动、旋转和缩放。移动、旋转和缩放物体有3种方式。

一种是直接在主工具栏选择相应的工具：【选择并移动】工具、【选择并旋转】工具、【选择并均匀缩放】工具，然后在视图

区中用鼠标实施操作。也可在工具按钮上单击右键弹出变换输入浮动框，直接输入数值进行精确操作。

一种是通过【编辑】|【变换输入】菜单命令打开变换输入框对对象进行精确的位移、旋转、放缩操作，如图1.96所示。

图1.96　移动变换输入框

第三种就是在状态栏的【坐标显示】区

域中输入调整坐标值，这也是一种方便快捷的精确调整方法，如图1.97所示。

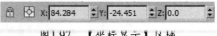

图1.97　【坐标显示】区域

【绝对模式变换输入】按钮用于设置世界空间中对象的确切坐标，单击该按钮，可以切换到【偏移模式变换输入】状态，如图1.98所示。偏移模式相对于其现有坐标来变换对象。

图1.98　偏移模式

## 1.1.18　坐标系统

若要灵活地对对象进行移动、旋转、缩放，就要正确地选择坐标系统。

3ds Max 2015提供了9种坐标系统可供选择，如图1.99所示。

图1.99　坐标系统

各个坐标系的功能说明如下所述。

★ 【视图】坐标系统：这是默认的坐标系统，也是使用最普遍的坐标系统，实际上它是【世界】坐标系统与【屏幕】坐标系统的结合。在正视图中（如顶，前、左等）使用屏幕坐标系统，在【透】视图中使用世界坐标系统。

★ 【屏幕】坐标系统：在所有视图中都使用同样的坐标轴向，即X轴为水平方向，Y轴为垂直方向，Z轴为景深方向，这正是我们所习惯的坐标轴向，它把计算机屏幕作为X、Y轴向，计算机内部延伸为Z轴向。

★ 【世界】坐标系统：在3ds Max中从前方看，X轴为水平方向，Z轴为垂直方向，Y轴为景深方向。这个坐标方向轴在任何视图中都固定不变，以它为坐标系统可以固定在任何视图中都有相同的操作效果。

★ 【父对象】坐标系统：使用选择物体的父物体的自身坐标系统，这可以使子物体保持与父物体之间的依附关系，在父物体所在的轴向上发生改变。

★ 【局部】坐标系统：使用物体自身的坐标轴作为坐标系统。物体自身轴向可以通过【层次】命令面板中【轴】|【仅影响轴】内的命令进行调节。

★ 【万向】坐标系统：万向用于在视图中使用欧拉XYZ控制器的物体的交互式旋转。应用它，用户可以使XYZ轨迹与轴的方向形成一一对应关系。其他的坐标系统会保持正交关系，而且每一次旋转都会影响其他坐标轴的旋转，但万向旋转模式则不会产生这种效果。

★ 【栅格】坐标系统：以栅格物体的自身坐标轴作为坐标系统，栅格物体主要用来辅助制作。

★ 【工作】坐标系统：使用工作轴坐标系。可以随时使用坐标系，无论工作轴处于活动状态与否。

★ 【拾取】坐标系统：自己选择屏幕中的任意一个对象，它的自身坐标系统作为当前坐标系统。这是一种非常有用的坐标系统。例如我们想要将一个球体沿一块倾斜的木板滑下，就可以拾取木板的坐标系统作为球体移动的坐标依据。

# 1.2 实例应用：DNA分子

本例将介绍DNA分子的具体制作方法。在这一实例中，利用阵列复制工具来制作DNA分子，制作完成后的效果如图1.100所示。

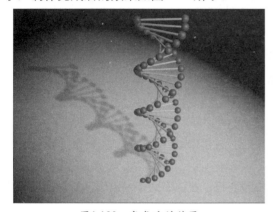

图1.100　完成后的效果

**01** 启动3ds Max Design 2015后，选择【应用程序】 ![icon] 【重置】选项，如图1.101所示，重设定场景。

图1.101　重置场景

**02** 选择【创建】 ![icon] |【几何体】 ![icon] |【球体】工具按钮，在【左】视图中创建一个【半径】为40球体，如图1.102所示。

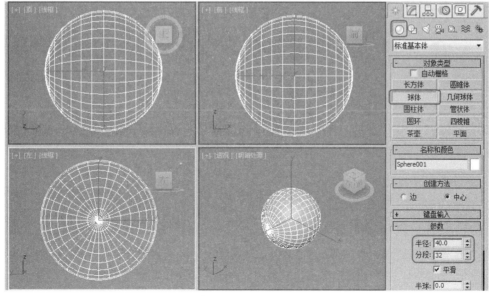

图1.102　创建球体

**03** 在【前】视图中将球体选中，在工具栏中单击【镜像】按钮，在弹出的【镜像：屏幕 坐标】对话框中单击【X】单选按钮，在【偏移】文本框中输入500，然后单击【复制】单选按钮，如图1.103所示。

**04** 单击【确定】按钮，完成对球体的镜像，如图1.104所示。

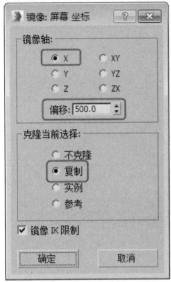

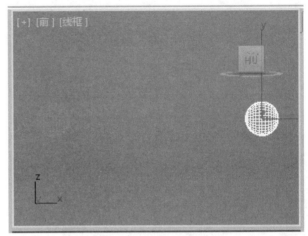

图1.103 【镜像：屏幕 坐标】对话框　　　　　　　图1.104 镜像对象

**05** 选择【创建】【几何体】【圆柱体】工具按钮，在【左】视图中创建一个【半径】为10、【高度】为-500的圆柱体，如图1.105所示。

**06** 选中圆柱体对象，在【名称和颜色】卷展栏中单击颜色框，在弹出的【对象颜色】对话框中选择图1.106所示的颜色，并使用同样的方法更改球体的颜色。

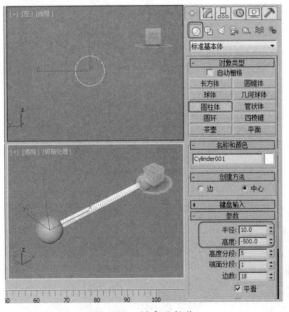

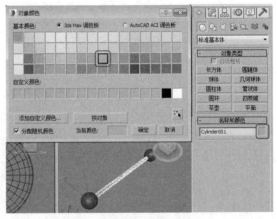

图1.105 创建圆柱体　　　　　　　　　　图1.106 更改颜色

**07** 单击【确定】按钮，在各个视图中调整圆柱体的位置，调整后在【前】视图中将所有对象全部选中，在菜单栏中单击【组】|【成组】选项，在弹出的【组】对话框中的【组名】文本框中输入【DNA】，如图1.107所示。

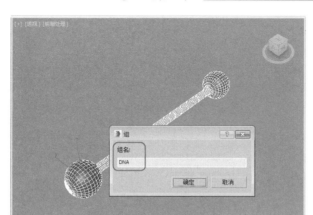

图1.107　对选择的对象成组

**08** 单击【确定】按钮，在菜单栏中选择【工具】|【阵列】命令，弹出 【阵列】对话框，将【增量】区域中【移动】左侧的【Y】轴参数设置为60，将【旋转】左侧的【Y】轴参数设置为21，将【阵列维度】区域下的【数量】的【1D】值设置为30，如图1.108所示。

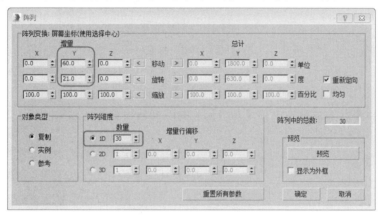

图1.108　【阵列】对话框

**09** 单击【确定】按钮，完成分子结构的阵列，如图1.109所示。

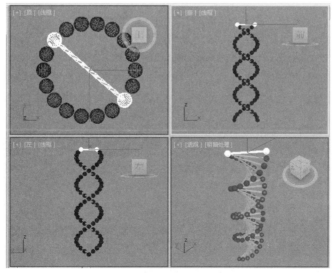

图1.109　阵列后的效果

**10** 选择【创建】 【几何体】 【平面】工具按钮，在【顶】视图中创建一个长度、宽度都为10000的平面，如图1.110所示。

图1.110　创建平面

**11** 在视图中将创建的平面进行选中，在工具栏中单击【材质编辑器】按钮，在弹出的【材质编辑器】对话框中选择一个新的材质样本球，然后单击【Arch&Design】按钮 Arch & Design ，在弹出的【材质/贴图浏览器】对话框中双击【标准】选项，如图1.111所示。

**12** 在【Blinn基本参数】卷展栏中将【环境光】的RGB值设置为（125、140、255），如图1.112所示。

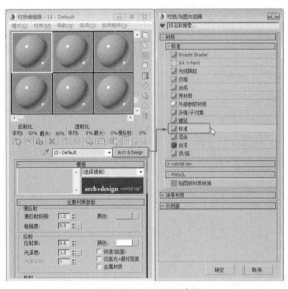

图1.111　设置环境光

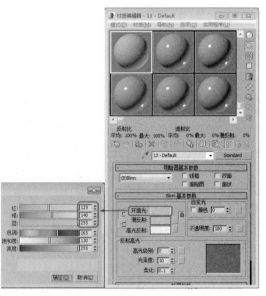

图1.112　设置平面镜参数

**13** 在【贴图】卷展栏中，将【反射】设置为30，单击【反射】右侧的【无】按钮，在弹出的【材质/贴图浏览器】对话框中双击【光线跟踪】选项，如图1.113所示。

**14** 使用默认设置，单击【转到父对象】按钮，在【材质编辑器】对话框中分别单击【将材质指定给选定对象】按钮和【视口中显示明暗处理材质】按钮，将材质指定为平面对象，如图1.114所示。

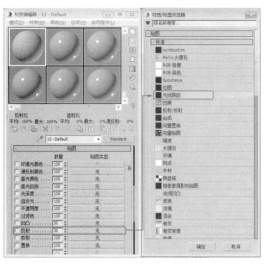

图1.113　设置反射

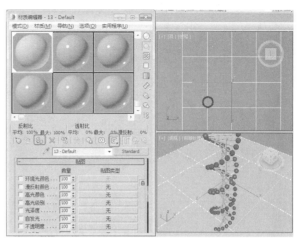

图1.114　制定材质

**15** 关闭【材质编辑器】，选择【创建】 ![icon] |【摄影机】 ![icon] |【目标】工具按钮，在【顶】视图创建一个摄影机，激活【透视】视图，然后按C键将当前激活的视图转为【摄影机】视图，如图1.115所示。

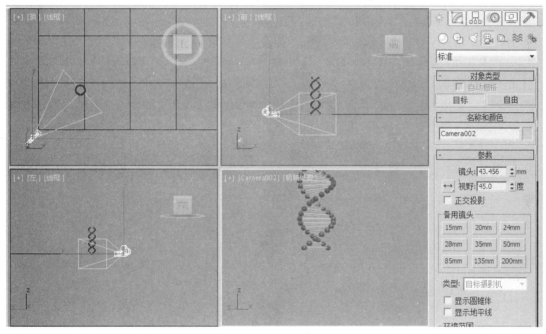

图1.115　创建摄影机

**16** 切换至【修改】 ![icon] 命令面板中，将【镜头】设置为40mm，并在除【摄影机】视图外的其他视图中调整摄影机的位置，调整后的效果1.116所示。

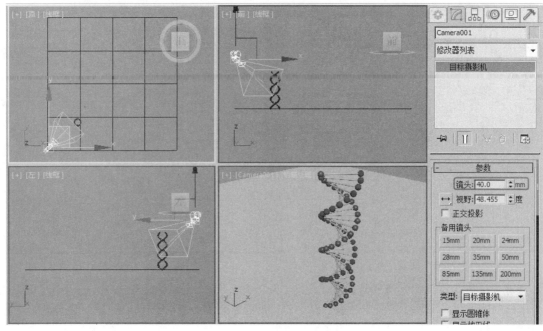

图1.116 调整并设置摄影机

**17** 选择【创建】 ■ |【灯光】 ■ |【标准】|【目标聚光灯】工具按钮，在【顶】视图中创建一个目标聚光灯，切换至【修改】 ■ 命令面板，在【常规参数】卷展栏中，确认勾选【阴影】选项组中的【启用】复选项，将【阴影类型】设置为【阴影贴图】，在【聚光灯参数】卷展栏中的【聚光区/光束】文本框中输入1，在【衰减区/区域】文本框中输入45，在【阴影参数】卷展栏中的将【对象阴影】选项组中的【密度】设置为0.5，并使用【选择并移动】工具 ■ 调整其位置，如图1.117所示。

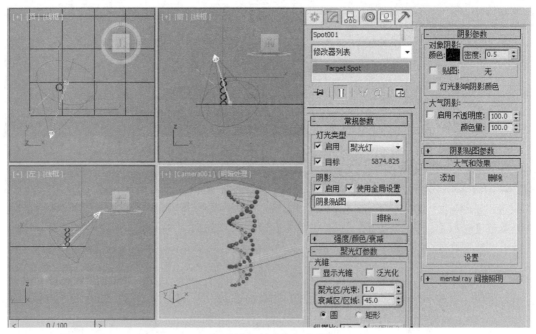

图1.117 创建目标聚光灯

**18** 至此，DNA分子就制作完成了，激活摄影机视图，按F9键即可对视图进行渲染，对完成后的场景进行保存即可。

# 1.3 拓展训练：挂表的制作

下面介绍使用【阵列】命令制作挂表的操作，效果如图1.118所示，具体操作步骤如下。

图1.118 挂表的效果

**01** 选择【创建】 ■ |【几何体】 ○ |【圆柱体】工具按钮，在【前】视图中创建圆柱体，将其命名为【表】，在【参数】卷展栏中设置【半径】为50，【高度】为10，【边数】为50，如图1.119所示。

**02** 在视图中选中圆柱体并右击鼠标，在弹出的快捷菜单中选择【转换为】|【转换为可编辑多边形】命令，如图1.120所示。

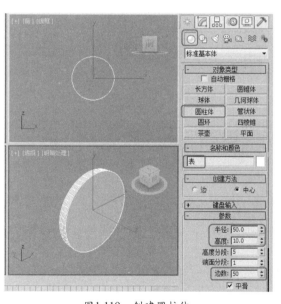

图1.119 创建圆柱体

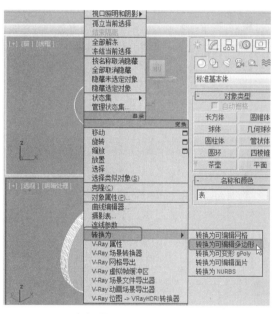

图1.120 选择【转换为可编辑多边形】选项

**03** 将当前选择集定义为【多边形】，在【前】视图中选择图1.87所示的多边形，并按Delete键将其进行删除，删除后的效果如图1.121所示。

**04** 关闭当前选择集，在【修改器列表】中选择【壳】修改器，在【参数】卷展栏中的【内部量】文本框中输入3，在【外部量】文本框中输入5，并按Enter键确认，如图1.122所示。

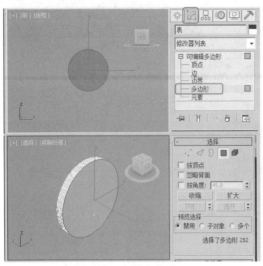

图1.121 选择多边形

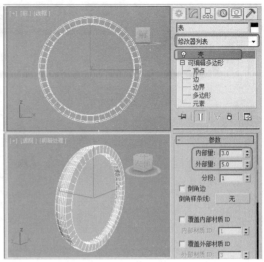

图1.122 添加【壳】修改器

**05** 选择【创建】 |【图形】 |【圆】工具按钮，在【前】视图中创建一个圆，将其命名为【内部装饰001】，在【参数】卷展栏中设置半径为7，并按Enter键确认，如图1.123所示。

**06** 在视图中用右键单击，在快捷菜单中选择【转换为】|【转换为可编辑样条线】命令，如图1.124所示。

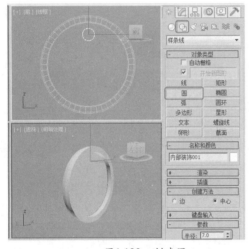

图1.123 创建圆

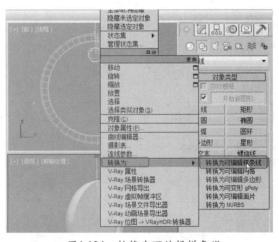

图1.124 转换为可编辑样条线

**07** 在【修改】命令面板中，将当前选择集定义为【顶点】，使用【选择并移动】工具选中顶点，用右键单击，在弹出的快捷菜单中选择【Bezier角点】命令，如图1.125所示。

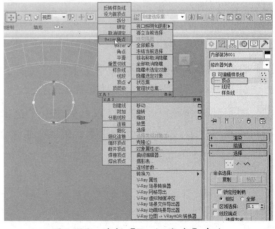

图1.125 选择【Bezier角点】命令

**08** 然后对选中的控制点的控制手柄进行调整，调整完成后的效果如图1.126所示。

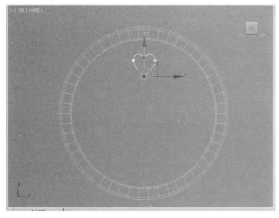

图1.126　调整顶点和控制柄

**09** 关闭当前选择集，继续使用【选择并移动】工具，在【顶】视图或【左】视图中对其位置进行调整，调整后的效果如图1.127所示。

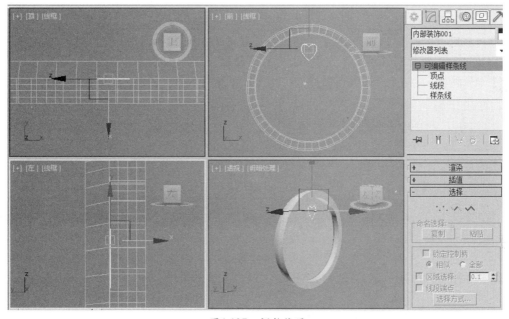

图1.127　调整位置

**10** 确定【内部装饰001】处于选中状态，在【修改器列表】中选择【挤出】修改器，在【参数】卷展栏中的【数量】文本框中输入1，按Enter键确认，并使用【选择并移动】工具调整其位置，调整后的效果如图1.128所示。

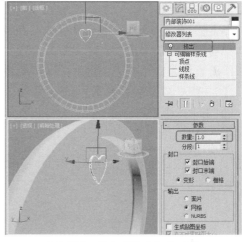

图1.128　添加【挤出】修改器

11 在【前】视图中选择【内部装饰001】，切换到【层次】命令面板，在【调整轴】卷展栏中单击【仅影响轴】按钮，在【前】视图将轴的位置调整到【表】的中心位置，如图1.129所示。

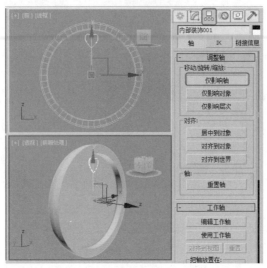

图1.129　调整轴位置

12 调整完成后再次单击【仅影响轴】按钮，将其关闭，在菜单栏中选择【工具】|【阵列】命令，在弹出的对话框中将【旋转】左侧Z轴下的值设置为30，在【对象类型】选项组中选择【复制】单选按钮，在【阵列维度】选项组中将【1D】的【数量】设置为12，如图1.130所示。

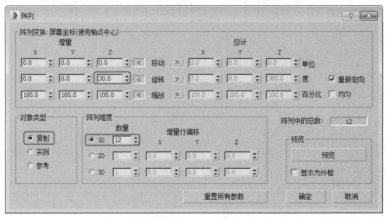

图1.130　【阵列】对话框

13 单击【确定】按钮，选择【创建】|【图形】|【文本】工具，在【参数】卷展栏中将字体设置为【经典趣体简】，将【大小】设置为10，在【文本】文本框中输入【12】，在【前】视图中的【内部装饰001】上单击鼠标左键，即可创建出文字曲线，如图1.131所示。

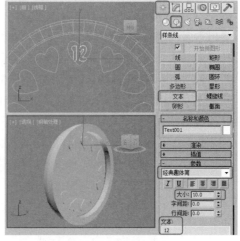

图1.131　创建文本

**14** 在【前】视图中选择文本，切换至【修改】命令面板中，在【修改器列表】中选择【挤出】修改器，在【参数】卷展栏中的【数量】文本框中输入1，按Enter键确认，并在其他视图中调整文本的位置，如图1.132所示。

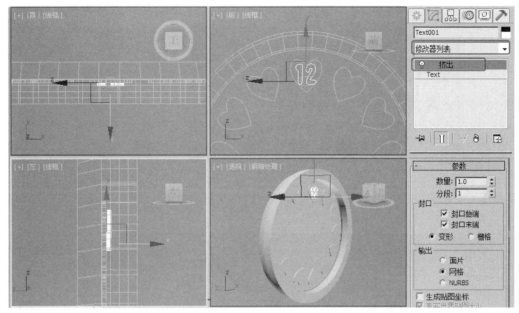

图1.132　添加【挤出】修改器

**15** 在【前】视图中选择创建的文本，切换到【层次】命令面板 ，单击【轴】按钮，在【调整轴】卷展栏中单击【仅影响轴】按钮，在【前】视图将轴的位置调整到【表】的中心位置，如图1.133所示。

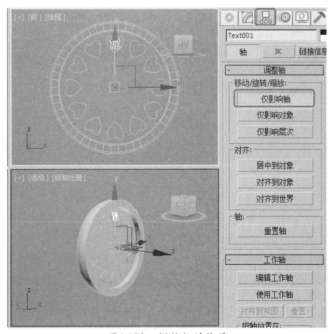

图1.133　调整轴的位置

**16** 再次单击【仅影响轴】按钮，将其关闭，在菜单栏中选择【工具】|【阵列】命令，在弹出的对话框中将【旋转】左侧Z轴下的值设置为30，在【对象类型】选项组中选择【复制】单选按钮，在【阵列维度】选项组中将【1D】的【数量】设置为12，如图1.134所示。

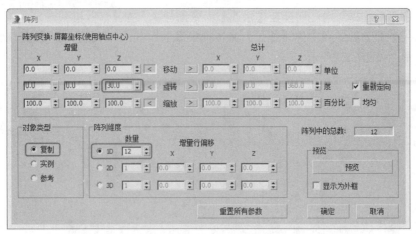

图1.134 【阵列】对话框

**17** 单击【确定】按钮，切换【修改】命令面板，在堆栈中选择【Text】，在【文本】文本框中输入1，如图1.135所示。

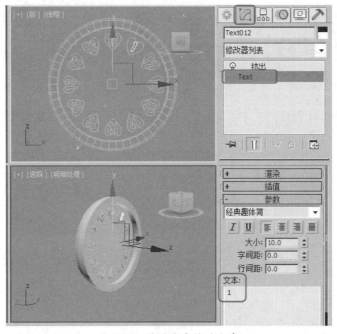

图1.135 修改文本修改文字

**18** 并以同样的方法修改其他的文字，在工具栏中选择【选择并旋转】 工具，单击【角度捕捉】 按钮，对文字进行适当的旋转，效果如图1.136所示。

**提示**

在对文字进行旋转时，还需对其轴心位置进行调整，使轴心居中到对象。

**19** 在【前】视图中选择【表】，在工具栏中单击【材质编辑器】按钮，在弹出的【材质编辑器】对话框中选择一个新的材质样本球，单击 Arch & Design 按钮，在弹出的【材质/贴图浏览器】对话框中双击【标准】选项，如图1.137所示。

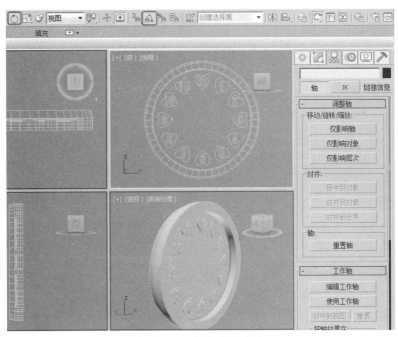

图1.136　调整后的效果

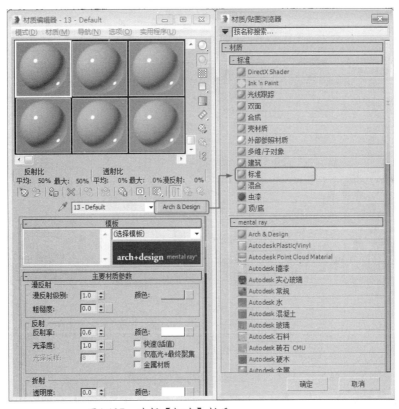

图1.137　选择【标准】材质

**20** 在【明暗器基本参数】卷展栏中将明暗器类型设置为【（A）各向异性】，在【各向异性基本参数】卷展栏中将【环境光】的RGB值设置为（140、250、0），将【自发光】选项组中的【颜色】设置为20，在【高光级别】、【光泽度】、【各向异性】文本框中分别输入95、65、85，并按Enter键确认，如图1.138所示。

**21** 然后单击【将材质指定给选定对象】按钮，将材质指定给【表】对象，效果如图1.139所示。

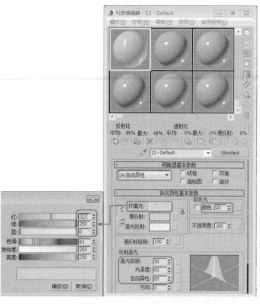

图1.138 设置材质

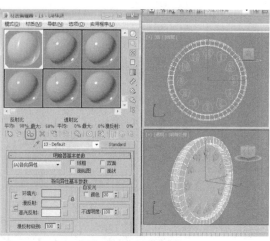

图1.139 指定材质

**22** 在【场景资源管理器】面板中，按住Shift键选择【内部装饰001】到【内部装饰012】，如图1.140所示。

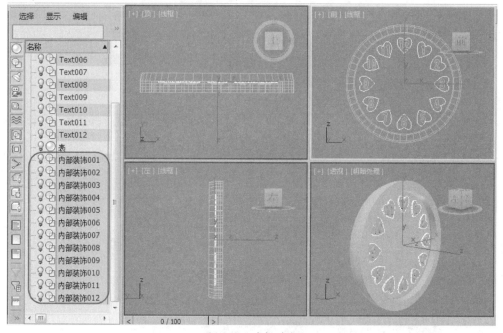

图1.140 选择对象

**23** 在【材质编辑器】对话框中选择一个新的材质样本球，单击 Arch & Design 按钮，在弹出的【材质/贴图浏览器】对话框中双击【标准】选项，在【明暗器基本参数】卷展栏中，将明暗器类型设置为【（A）各向异性】，在【各向异性基本参数】卷展栏中将【环境光】的RGB值设置为（0、0、255），在【颜色】文本框中输入20，在【高光级别】、【光泽度】、【各向异性】文本框中分别输入95、65、85，并按Enter键确认，如图1.141所示。

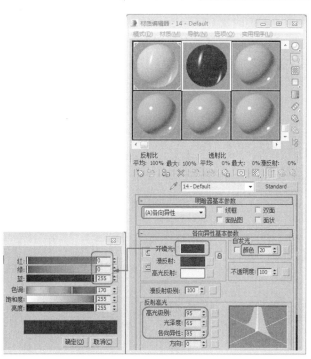

图1.141　输入参数

**24** 然后单击【将材质指定给选定对象】 按钮，指定给所选的【内部装饰】对象，在【场景资源管理器】面板中，按住Shift键选择全部的文字对象，如图1.142所示。

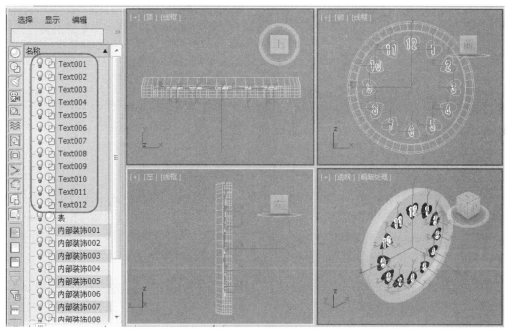

图1.142　选择文字对象

**25** 按M键打开【材质编辑器】，选择一个新的材质样本球，单击 Arch & Design 按钮，在弹出的【材质/贴图浏览器】对话框中双击【标准】选项，在【明暗器基本参数】卷展栏中将【明暗器】类型设置为【（A）各向异性】，在【各向异性基本参数】卷展栏中将【环境光】设置为白色，在【颜色】文本框中输入20，在【高光级别】、【光泽度】、【各向异性】文本框中分别输入95、65、85，并按Enter键确认，如图1.143所示。

**26** 然后单击【将材质指定给选定对象】🞄按钮，并将【材质编辑器】关闭，选择【创建】🌣|【几何体】◎|【长方体】工具按钮，在【前】视图中创建一个长方体，将其命名为【秒针】，在【参数】卷展栏中的【长度】、【宽度】、【高度】文本框中分别输入50、2、0.5，如图1.144所示。

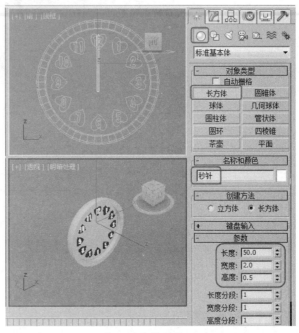

图1.143　输入参数　　　　　　图1.144　创建长方体

**27** 在【前】视图中选择【秒针】，切换到【层次】命令面板🞄，在【调整轴】卷展栏中单击【仅影响轴】按钮，在【前】视图将轴的位置调整到【表】的中心位置，如图1.145所示。

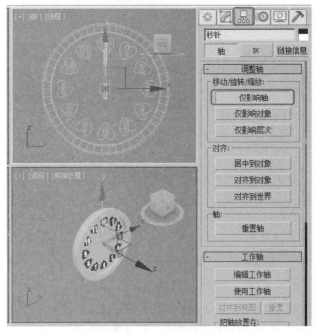

图1.145　调整轴位置

**28** 再次单击【仅影响轴】命令，将其关闭，在【前】视图中使用【选择并旋转】工具🞄对其进行旋转，再使用【选择并移动】工具调整其位置，调整后的效果如图1.146所示。

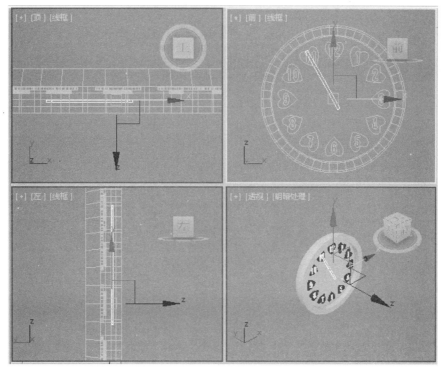

图1.146　调整【秒针】位置

**29** 在前视图中按住Shift键的同时，继续使用【选择并旋转】工具 对其进行旋转，顺时针旋转120度，松开鼠标即可弹出【克隆选项】对话框，选择【对象】选项组中的【复制】单选按钮，将【副本数】设置为2，单击【确定】按钮，如图1.147所示。

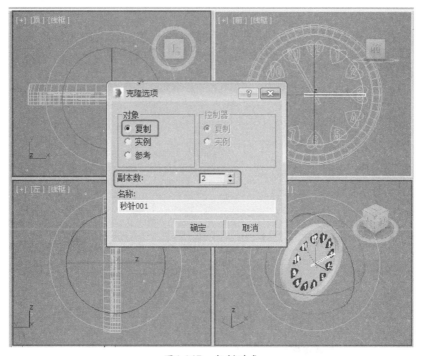

图1.147　复制对象

**30** 然后为复制出的对象，分别命名为【分针】和【时针】，并分别对【时针】与【分针】的【长度】、【宽度】、【高度】进行设置，在【前】视图中使用【选择并移动】工具对其进行调整，如图1.148所示。

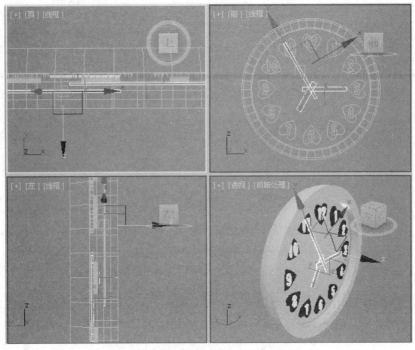

图1.148 调整【时针】与【分针】

**31** 在【前】视图中选择【时针】和【分针】，在工具栏中单击【材质编辑器】按钮 ，在弹出的【材质编辑器】对话框中选择一个新的材质样本球，单击 【Arch&Design】按钮 Arch & Design ，在弹出的【材质/贴图浏览器】对话框中双击【标准】选项，在【明暗器基本参数】卷展栏中将【明暗器】类型设置为【（A）各向异性】，在【各向异性基本参数】卷展栏中将【环境光】的RGB值设置为（0、0、0），在【颜色】文本框中输入20，在【高光级别】、【光泽度】、【各向异性】文本框中分别输入95、65、85，并按Enter键确认，如图1.149所示。

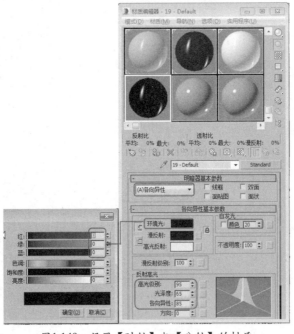

图1.149 设置【时针】与【分针】的材质

**32** 然后单击【将材质指定给选定对象】按钮 即可。在【前】视图中选择【秒针】，在【材质编辑器】对话框中选择一个新的材质样本球，单击【Arch&Design】按钮 Arch & Design ，在弹出的【材质/贴图浏览器】对话框中双击【标准】选项，在【明暗器基本参数】卷展栏中将【明暗器】类型设置为【（A）各向异性】，在【各向异性基本参数】卷展栏中将【环境光】的RGB值设置为（255、0、0），在【颜色】文本框中输入20，在【高光级别】、【光泽度】、【各向异性】文本框中分别输入95、65、85，并按Enter键确认，如图1.150所示。

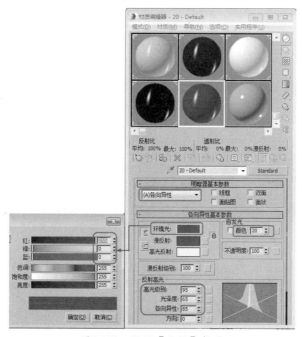

图1.150　设置【秒针】材质

**33** 然后单击【将材质指定给选定对象】按钮 ，将材质指定给对象后的效果如图1.151所示。

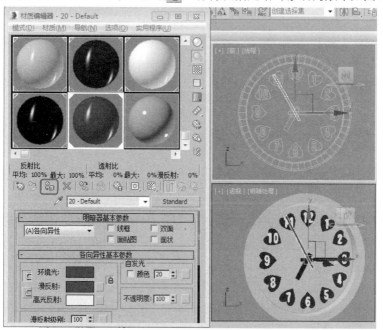

图1.151　指定材质后的效果

**34** 将【材质编辑器】关闭，选择【创建】 ｜【几何体】 ｜【圆柱体】工具按钮，在【前】视图中创建一个【半径】为3，【高度】为2的圆柱体，将其命名为【轴】，如图1.152所示。

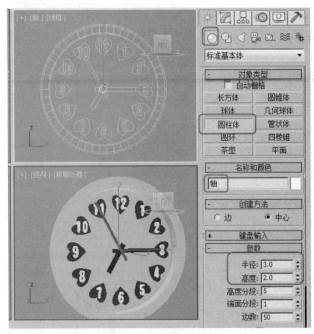

图1.152　创建圆柱体

**35** 然后使用【选择并移动】工具进行调整，选择【创建】【几何体】【平面】按钮，在【前】视图中创建一个长度为500、宽度为500的平面，将其命名为【背景】，如图1.153所示。

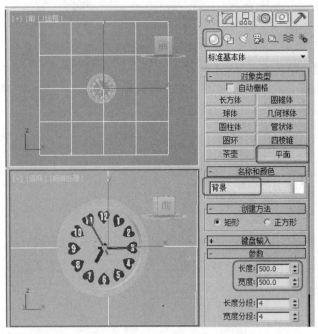

图1.153　创建平面

**36** 选择【背景】选项，并使用【选择并移动】工具调整其位置，然后在工具栏中单击【材质编辑器】按钮，在弹出的【材质编辑器】对话框中将已经设置好的白色材质指定给选中的【背景】和【轴】对象，如图1.154所示。

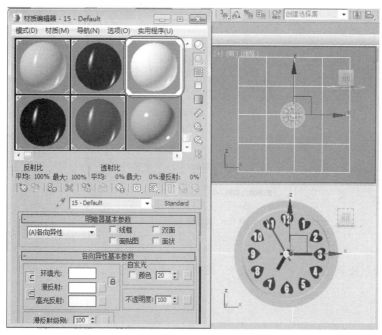

图1.154　为平面指定材质

**37** 选择【创建】 ⬡ 【摄影机】 📷 【目标】工具按钮，在【顶】视图创建一个摄影机，激活【透视】视图，然后按C键将当前激活的视图转为【摄影机】视图，并在除【摄影机】视图外的其他视图中调整摄影机的位置，调整后的效果如图1.155所示。

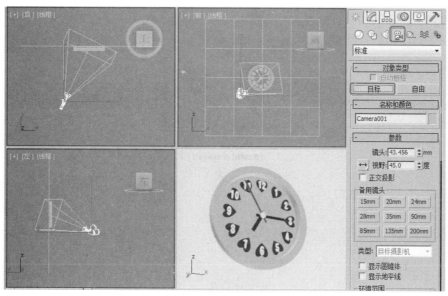

图1.155　创建摄影机并进行调整

**38** 选择【创建】 ⬡ 【灯光】 ☀ 【标准】|【天光】工具按钮，在【顶】视图中创建一个天光，如图1.156所示。

**39** 在工具栏中单击【渲染设置】按钮 🔧 ，在弹出的【渲染设置】对话框中展开【指定渲染器】卷展栏，单击【产品级】右侧的…按钮，在弹出的【选择渲染器】对话框中，选择【默认扫描线渲染器】，如图1.157所示。

**40** 单击【确定】按钮，选择【高级照明】选项卡，在【选择高级照明】卷展栏中将高级照明设置为【光跟踪器】选项，如图1.158所示。

图1.156　创建天光

图1.157　指定渲染器

图1.158　设置高级照明

**41** 至此，挂钟就制作完成了，对完成后的场景进行保存即可。

# 1.4 课后练习 ───────────────○

1. 如何改变文件的启动目录？

2. 如何为命令指定快捷键？

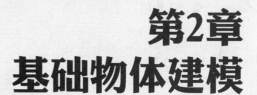

# 第2章
# 基础物体建模

在3ds Max Design 2015里提供了建立三维模型的更简单快捷的方法，本章通过具体操作实例来介绍三维模型的构建，使初学者切实掌握创建模型的基本技能。

# 2.1 三维模型基础

## 2.1.1 认识三维模型

3ds Max 2015最主要的功能是创建三维模型，三维模型是由点、线、面构成几何图形。在3ds Max 2015里提供了建立三维模型的更简单快捷的方法，那就是通过命令面板下的创建工具在视图中拖动，就可以制作出漂亮的基本三维模型。

三维模型是三维动画制作中的主要模型，三维模型的种类也是多种多样的，制作三维模型的过程即是建模的过程。在基本三维模型的基础上通过多边形建模、面片建模及NURBS建模等方法可以组合成复杂的三维模型。如图2.1所示，这幅室内效果图便是用其中的多边形建模的方法完成的。

图2.1 使用三维建模技术制作的三维室内效果图

## 2.1.2 几何体的调整

三维模型的创建离不开基本的几何体，而几何体的创建非常简单，只要选中创建工具，然后在视窗中单击并拖动，重复几次即可完成。

在创建简单模型之前我们先来认识一下创建命令面板。【创建】命令面板是其中最复杂的一个命令面板，内容巨大，分支众多，仅在【几何体】的次级分类项目里就有标准基本体、扩展基本体、复合对象、粒子系统、面片栅格、NURBS曲面、门、窗、Mental Ray、AEC扩展、动力学对象、楼梯等十余种基本类型。同时又有【创建方法】、【对象类型】、【名称和颜色】、【键盘输入】、【参数】等参数控制卷展栏，如图2.2所示。

图2.2 【创建】命令面板

### 1. 创建几何体的工具

在【对象类型】卷展栏下以按钮方式列出了所有可用的工具，单击相应的工具按钮就可以建立相应的对象，如图2.3所示。

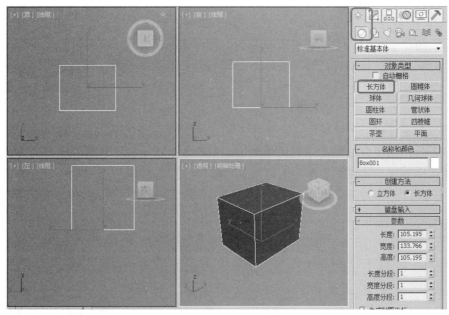

图2.3 单击【长方体】按钮可以在场景中创建球体

**2. 对象的名称和颜色**

在【名称和颜色】卷展栏下，左框显示对象名称，一般在视图中创建一个物体，系统会自动赋予一个表示自身类型的名称，如Box001、Sphere003等，同时允许自定义对象名称。名称右侧的颜色块显示对象颜色，单击它可以调出【对象颜色】对话框，如图2.4所示，在此可以为对象定义颜色。

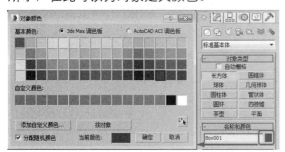

图2.4 【对象颜色】对话框

**3. 精确创建**

一般都是使用拖动的方式创建物体，这样创建的物体的参数及位置等往往不会一次性达到要求，还需要对它的参数和位置进行修改。除此之外，还可以通过直接在【键盘输入】卷展栏中输入对象的坐标值以及参数来创建对象，输入完成后单击【创建】按钮，具有精确尺寸的造型就呈现在你所安排的视图坐标点上。其中【球体】的【键盘输

入】卷展栏如图2.5所示。

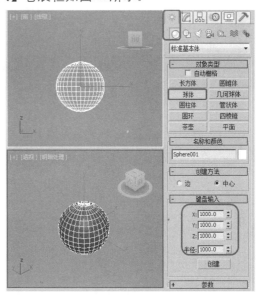

图2.5 球体的【键盘输入】卷展栏

**4. 参数的修改**

在命令面板中，每一个创建工具都有自己的可调节参数，这些参数可以在第1次创建对象时在【创建】命令面板中直接进行修改，也可以在【修改】命令面板中修改。通过修改这些参数可以产生不同形态的几何体，如锥体工具就可以产生圆锥、棱锥、圆台、棱台等。大多数工具都有切片参数控制，允许像切蛋糕一样切割物体，从而产生不完整的几何体。

## 2.1.3 标准基本体

3ds Max 2015中提供了非常容易使用的基本几何体建模工具，只需拖曳鼠标，即可创建一个几何体，这就是标准基本体。标准基本体是3ds Max 中最简单的一种三维物体，用它可以创建长方体、球体、圆柱体、圆环、茶壶等。图2.6中所示的物体都是利用标准基本体创建的。

### 1.长方体

【长方体】工具可以用来制作正六面体或长方体，如图2.7所示。其中长、宽、高的参数控制立方体的形状，如果只输入其中的两个数值，则产生矩形平面。片段的划分可以产生栅格长方体，多用于修改加工的原型物体，例如波浪平面、山脉地形等。

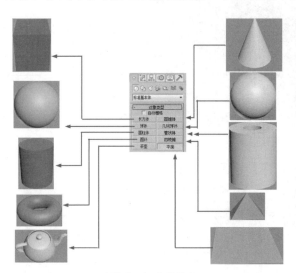

图2.6 标准基本体

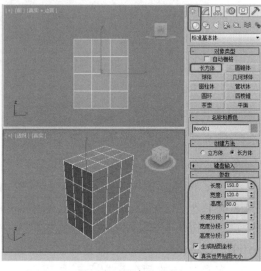

图 2.7 创建长方体

（1）选择【创建】 ※ |【几何体】 ○ |【标准基本体】|【长方体】工具，在【顶】视图中单击鼠标左键并拖动鼠标，创建出长方体的长、宽之后松开鼠标。

（2）移动鼠标并观察其他3个视图，创建出长方体的高。

（3）单击鼠标左键，完成制作。

> **提示**
>
> 配合Ctrl键可以建立正方形底面的立方体。在【创建方法】卷展栏中单击【立方体】单选按钮，在视图中拖动鼠标可以直接创建正方体模型。

在【参数】卷展栏中各项参数功能如下。

★ 长/宽/高：确定三边的长度。

★ 分段数：控制长、宽、高三边的片段划分数。

★ 生成贴图坐标：自动指定贴图坐标。

### 2.球体

球体可以生成完整的球体、半球体或球体的其他部分，还可以围绕球体的垂直轴对其进行【切片】，如图2.8所示。

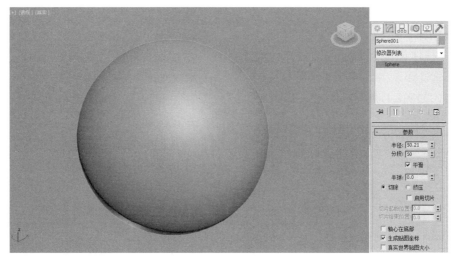

图2.8 创建球体

选择【创建】🔅|【几何体】◯|【标准基本体】|【球体】工具，在视图中单击鼠标左键并拖动鼠标，创建球体。

球体各项参数的功能说明如下所述。

★ 创建方法
- 边：指在视图中拖动创建球体时，鼠标移动的距离是球的直径。
- 中心：以中心放射方式拉出球体模型（默认），鼠标移动的距离是球体的半径。

★ 参数
- 半径：设置半径大小。
- 分段：设置表面划分的段数，值越高，表面越光滑，造型也越复杂。
- 平滑：是否对球体表面进行自动平滑处理（默认为开启）。
- 半球：值由0到1可调，默认为0，表示建立完整的球体；增加数值，球体被逐渐减去；值为0.5时，制作出半球体，如图2.9所示。值为1时，什么都没有了。
- 切除/挤压：在进行半球参数调整时，这两个选项发挥作用，主要用来确定球体被削除后，原来的网格划分数也随之削除，或者仍保留挤入部分球体。
- 轴心点在底部：在建立球体时，默认方式球体重心设置在球体的正中央，勾选此复选框会将重心设置在球体的底部；还可以在制作台球时把它们一个个准确地建立在桌面上。

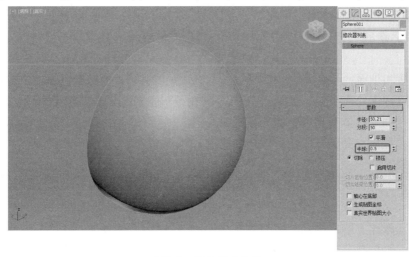

图2.9 设置半球参数

## 3.圆柱体

选择【创建】  |【几何体】 |【标准基本体】|【圆柱体】工具来制作圆柱体，如图2.10所示。通过修改参数可以制作出棱柱体、局部圆柱等，如图2.11所示。

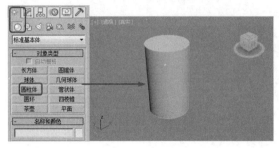

图2.10　创建圆柱体

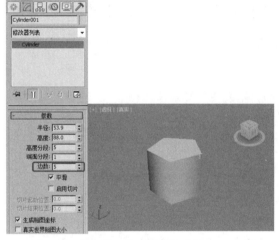

图2.11　设置圆柱体参数

（1）在视图中单击鼠标左键并拖动鼠标，拉出底面圆形，释放鼠标，移动鼠标确定柱体的高度。

（2）单击鼠标左键确定，完成柱体的制作。

（3）调节参数改变柱体类型即可。

在【参数】卷展栏中，圆柱体的各项参数功能如下。

★ 半径：底面和顶面的半径。

★ 高度：确定柱体的高度。

★ 高度分段：确定柱体在高度上的分段数。如果要弯曲柱体，高的分段数可以产生光滑的弯曲效果。

★ 端面分段：确定在两端面上沿半径的片段划分数。

★ 边数：确定圆周上的片段划分数（即棱柱的边数），边数越多越光滑。

★ 平滑：是否在建立柱体的同时进行表面自动平滑，对圆柱体而言应将它打开，对棱柱体而言要将它关闭。

★ 切片启用：设置是否开启切片设置，打开它，可以在下面的设置中调节柱体局部切片的大小。

★ 切片起始位置/ 切片结束位置：控制沿柱体自身Z轴切片的度数。

★ 生成贴图坐标：生成将贴图材质用于圆柱体的坐标。默认设置为启用。

★ 真实世界贴图大小：控制应用于该对象的纹理贴图材质所使用的缩放方法。缩放值由位于应用材质的【坐标】卷展栏中的【使用真实世界比例】设置控制。默认设置为禁用。

## 4.圆环

【圆环】工具可以用来制作立体的圆环圈，截面为正多边形，通过对正多边形边数、光滑度及旋转等控制来产生不同的圆环效果，切片参数可以制作局部的一段圆环，如图2.12所示。

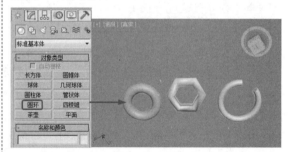

图2.12　圆环

（1）选择【创建】 |【几何体】 |【标准基本体】|【圆环】工具，在视图中单击鼠标左键并拖动鼠标，创建一级圆环。

（2）释放并移动鼠标，创建二级圆环，单击鼠标左键，完成圆环的创作，如图2.13所示。

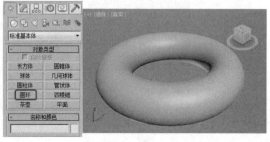

图2.13　创建一级和二级圆环

圆环的【参数】卷展栏如图2.14所示。其各项参数功能说明如下。

图2.14 圆环的【参数】卷展栏

★ 半径1：设置圆环中心与截面正多边形的中心距离。
★ 半径2：设置截面正多边形的内径。
★ 旋转：设置每一片段截面沿圆环轴旋转的角度，如果进行扭曲设置或以不光滑表面着色，可以看到它的效果。
★ 扭曲：设置每个截面扭曲的度数，产生扭曲的表面。
★ 分段：确定圆周上片段划分的数目，值越大，得到的圆形越光滑，较少的值可以制作几何棱环，例如台球桌上的三角框。
★ 边数：设置圆环截面的光滑度，边数越大越光滑。
★ 平滑：设置平滑属性。
  ● 全部：对整个表面进行光滑处理。
  ● 侧面：平滑相邻面的边界。
  ● 无：不进行光滑处理。
  ● 分段：平滑每个独立的片段。
★ 启用切片：是否进行切片设置，打开它可以进行下面设置，制作局部的圆环。
★ 切片起始位置/切片结束位置：分别设置切片两端切除的幅度。
★ 生成贴图坐标：自动指定贴图坐标。
★ 真实世界贴图大小：勾选此复选框，贴图大小将由绝对尺寸决定，与对象的相对尺寸无关；若不勾选，则贴图大小符合创建对象的尺寸。

### 5.茶壶

【茶壶】因为复杂弯曲的表面特别适合材质的测试及渲染效果的评比，可以被作为计算机图形学中的经典模型。用【茶壶】工具可以建立一只标准的茶壶造型，或者是它的一部分（例如壶盖、壶嘴等），如图2.15所示。

图2.15 创建茶壶

茶壶的【参数】卷展栏如图2.16所示，茶壶各项参数的功能说明如下所述。

图2.16　茶壶【参数】卷展栏

★　半径：确定茶壶的大小。

★　分段：确定茶壶表面的划分精度，值越高，表面越细腻。

★　平滑：是否自动进行表面平滑处理。

★　茶壶部件：设置茶壶各部分的取舍，分为【壶体】、【壶把】、【壶嘴】和【壶盖】4部分，勾选前面的复选框则会显示相应的部件。

★　生成贴图坐标：生成将贴图材质应用于茶壶的坐标。默认设置为启用。

★　真实世界贴图大小：控制应用于该对象的纹理贴图材质所使用的缩放方法。缩放值由位于应用材质的【坐标】卷展栏中的【使用真实世界比例】设置控制。默认设置为禁用。

#### 6.圆锥体

【圆锥体】工具可以用来制作圆锥、圆台、棱锥和棱台，以及创建它们的局部模型（其中包括圆柱、棱柱体），但习惯用【圆柱体】工具更方便，也包括【四棱锥】体和【三棱柱体】工具，如图2.17所示。

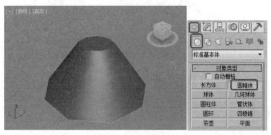

图2.17　圆锥体

（1）选择【创建】 |【几何体】 |【标准基本体】|【圆锥体】工具，在【顶视图】中单击鼠标左键并拖动鼠标，创建出圆锥体的一级半径。

（2）释放并移动鼠标，创建圆锥的高。

（3）单击鼠标并向圆锥体的内侧或外侧移动鼠标，创建圆锥体的二级半径。

（4）单击鼠标左键，完成圆锥体的创建，如图2.18所示。

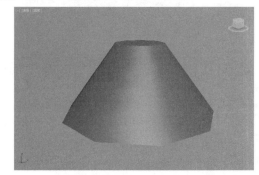

图2.18　创建圆锥体的效果

圆锥体的【参数】卷展栏如图2.19所示，圆锥体工具各项参数的功能说明如下所述。

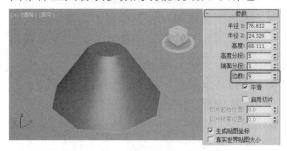

图2.19　圆锥体的参数设置

★　半径1/半径2：分别设置锥体两个端面（顶面的底面）的半径。如果两个值都不为0，则产生圆台或棱台体；如果有一个值为0，则产生锥体；如果两值相等，则产生柱体。

★　高度：确定锥体的高度。

★　高度分段：设置锥体高度上的划分段数。

★　端面分段：设置两端平面沿半径辐射的片段划分数。

★　边数：设置端面圆周上的片段划分数。值越高，锥体越光滑，对棱锥来说，边数决定它属于几棱锥。

★　平滑：是否进行表面平滑处理。开启它，产生圆锥、圆台；关闭它，产生棱锥、棱台。

★ 启用切片：是否进行局部切片处理，制作不完整的锥体。

★ 切片起始位置/切片结束位置：分别设置切片局部的起始和终止幅度。对于这两个设置，正数值将按逆时针移动切片的末端；负数值将按顺时针移动它。这两个设置的先后顺序无关紧要。端点重合时，将重新显示整个圆锥体。

★ 生成贴图坐标：生成将贴图材质用于圆锥体的坐标。默认设置为启用。

★ 真实世界贴图大小：控制应用于该对象的纹理贴图材质所使用的缩放方法。缩放值由位于应用材质的【坐标】卷展栏中的【使用真实世界比例】设置控制。默认设置为禁用。

## 7.几何球体

建立以三角面拼接成的球体或半球体，如图2.20所示。它不像球体那样可以控制切片局部的大小，【几何球体】的长处在于：在点面数一致的情况下，几何球体比球体更光滑；它是由三角面拼接组成的，在进行面的分离特技时（例如爆炸），可以分解成三角面或标准四面体、八面体等，无秩序而易混乱。

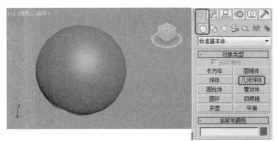

图2.20　几何球体

几何球体的【创建方法】卷展栏及【参数】卷展栏如图2.21所示，其各项参数的功能设置说明如下所述。

图2.21　几何球体参数设置

★ 创建方法
  ● 直径：指在视图中拖动创建几何球体时，鼠标移动的距离是球的直径。
  ● 中心：以中心放射方式拉出几何球体模型（默认），鼠标移动的距离是球体的半径。

★ 参数
  ● 半径：确定几何球体的半径大小。
  ● 分段：设置球体表面的划分复杂度，值越大，三角面越多，球体也越光滑。
  ● 基点面类型：确定由哪种规则的多面体组合成球体，包括【四面体】、【八面体】和【二十面体】，如图2.22所示。

图2.22　不同规则的几何球体

● 平滑：是否进行表面平滑处理。
● 半球：是否制作半球体。
● 轴心在底部：设置球体的中心点位置在球体底部，该选项对半球体不产生作用。

● 生成贴图坐标：生成将贴图材质应用于几何球体的坐标。默认设置为启用。
● 真实世界贴图大小：控制应用于该对象的纹理贴图材质所使用的缩放方法。缩放值由位于应用材质的【坐标】卷展栏中的【使用真实世界比例】设置控制。默认设置为禁用。

### 8.管状体

【管状体】用来建立各种空心管状物体，包括圆管、棱管，以及局部圆管，如图2.23所示。

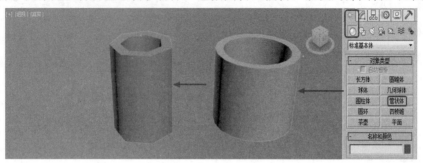

图2.23 管状体

（1）选择【创建】 |【几何体】 |【标准基本体】|【管状体】工具，在视图中单击鼠标并拖动鼠标，拖曳出一个圆形线圈。

（2）释放鼠标并移动鼠标，确定圆环的大小。单击鼠标左键并移动鼠标，确定管状体的高度。

（3）单击鼠标左键，完成圆管的制作。

管状体的【参数】卷展栏如图2.24所示，其各项参数说明如下。

图2.24 管状体参数卷展栏

★ 半径1/半径2：分别确定圆管的内径和外径大小。
★ 高度：确定圆管的高度。

★ 高度分段：确定圆管高度上的片段划分数。
★ 端面分段：确定上下底面沿半径轴的分段数目。
★ 边数：设置圆周上边数的多少。值越大，圆管越光滑；对圆管来说，边数值决定它是几棱管。
★ 平滑：对圆管的表面进行光滑处理。
★ 启用切片：是否进行局部圆管切片。
★ 切片起始位置/切片结束位置：分别限制切片局部的幅度。
★ 生成贴图坐标：生成将贴图材质应用于管状体的坐标。默认设置为启用。
★ 真实世界贴图大小：控制应用于该对象的纹理贴图材质所使用的缩放方法。缩放值由位于应用材质的【坐标】卷展栏中的【使用真实世界比例】设置控制。默认设置为禁用状态。

### 9.四棱锥

【四棱锥】工具可以用于创建类似于金字塔形状的四棱锥模型，如图2.25所示。

【四棱锥】的【参数】卷展栏如图2.26所示，其各项参数功能说明如下。

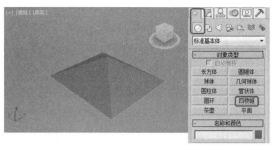

图2.25　四棱锥

图2.26　四棱锥参数卷展栏

★ 宽度/深度/高度：分别确定底面矩形的
　长、宽及锥体的高。

★ 宽度/深度/高度分段：确定3个轴向片段
　的划分数。

★ 生成贴图坐标：生成将贴图材质用于四
　棱锥的坐标。默认设置为启用。

★ 真实世界贴图大小：控制应用于该对象
　的纹理贴图材质所使用的缩放方法。缩
　放值由位于应用材质的【坐标】卷展栏
　中的【使用真实世界比例】设置控制。
　默认设置为禁用。

> **提示**
>
> 　在制作底面矩形时，配合Ctrl键可以建立底
> 面为正方体的四棱锥。

### 10.平面

　　【平面】工具用于创建平面，再通过编
辑修改器进行设置制作出其他的效果，例如
制作崎岖的地形，如图2.27所示。与使用【长
方体】命令创建平面物体相比较，【平面】
命令更显得非常的特殊与实用。首先是使用
【平面】命令制作的对象没有厚度，其次可
以使用参数来控制平面在渲染时的大小，如

果将【参数】卷展栏中【渲染倍增】选项组
中的【缩放】设置为2，那么在渲染中【平
面】的长宽分别被放大了2倍输出。

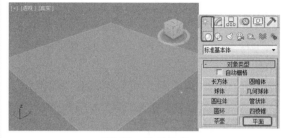

图2.27　平面效果

　　【平面】工具的【参数】卷展栏如图2.28
所示，【平面】工具各参数的功能说明如下。

图2.28　【参数】卷展栏

★ 创建方法

● 矩形：以边界方式创建长方形平面
　对象。

● 正方形：以中心放射方式拉出正方形
　的平面对象。

★ 参数

● 长度/宽度：确定长和宽两个边缘的
　长度。

● 长度分段/宽度分段：控制长和宽两
　个边上的片段划分数。

● 渲染倍增：设置渲染效果缩放值。

◆ 缩放：将当前平面在渲染过程中
　缩放的倍数。

◆ 密度：设置平面对象在渲染过程
　中的精细程度的倍数，值越大，
　平面将越精细。

## 2.1.4 扩展基本体

扩展基本体包括切角长方体、切角圆柱体、胶囊体等形体，它们大都比标准基本体复杂，边缘圆润，参数也比较多。

### 1.切角长方体

现实生活中，物体的边缘普遍是圆滑的，即有倒角和圆角，于是3ds Max 2015提供了【切角长方体】，模型效果如图2.29所示。参数与长方体类似，如图2.30所示。其中的【圆角】控制倒角大小，【圆角分段】控制倒角段数。

图2.29　创建切角长方体　　　　图2.30　切角长方体参数卷展栏

其各项参数的功能说明如下。

★　长度/宽度/高度：分别用于设置长方体的长、宽、高。

★　圆角：设置圆角大小。

★　长度分段/宽度分段/高度分段：设置切角长方体三边上片段的划分数。

★　圆角分段：设置倒角的片段划分数。值越大，切角长方体的角就越圆滑。

★　平滑：设置是否对表面进行平滑处理。

★　生成贴图坐标：生成将贴图材质应用于切角长方体的坐标。默认设置为启用。

★　真实世界贴图大小：控制应用于该对象的纹理贴图材质所使用的缩放方法。默认设置为禁用。

> **提示**
>
> 如果要想使倒角长方体其倒角部分变得平滑，可以选中其下方的【平滑】复选框。

### 2.切角圆柱体

【切角圆柱体】效果如图2.31所示，与圆柱体相似，它也有切片等参数，同时还多出了控制倒角的【圆角】和【圆角分段】参数，如图2.32所示。

图2.31　创建切角圆柱体　　　　图2.32　切角圆柱体参数卷展栏

其各项参数的功能说明如下。

★ 半径：设置切角圆柱体的半径。

★ 高度：设置切角圆柱体的高度。

★ 圆角：设置圆角大小。

★ 高度分段：设置柱体高度上的分段数。

★ 圆角分段：设置圆角的分段数，值越大，圆角越光滑。

★ 边数：设置切角圆柱体圆周上的分段数。分段数越大，柱体越光滑。

★ 端面分段：设置以切角圆柱体顶面和底面的中心为同心，进行分段的数量。

★ 平滑：设置是否对表面进行平滑处理。

★ 启用切片：勾选该复选框后，切片起始位置、切片结束位置两个参数选项才会体现效果。

★ 切片起始位置/切片结束位置：分别用于设置切片的开始位置与结束位置。对于这两个设置，正数值将按逆时针移动切片的末端；负数值将按顺时针移动它。这两个设置的先后顺序无关紧要。端点重合时，将重新显示整个切角圆柱体。

★ 生成贴图坐标：生成将贴图材质应用于切角圆柱体的坐标。默认设置为启用。

★ 真实世界贴图大小：控制应用于该对象的纹理贴图材质所使用的缩放方法。默认设置为禁用状态。

### 3.胶囊

　　【胶囊】顾名思义它的形状就像胶囊，如图2.33所示，我们其实可以将胶囊看作是有两个半球体与一段圆柱组成的，其中，【半径】值是用来控制半球体大小的，而【高度】值则是用来控制中间圆柱段的长度的，参数如图2.34所示。

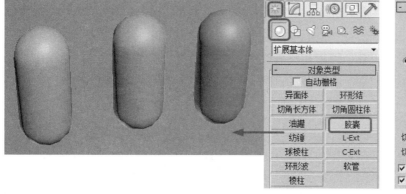

图2.33　创建胶囊　　　　　　图2.34　胶囊参数卷展栏

其各项参数的功能说明如下。

★ 半径：设置胶囊的半径。

★ 高度：设置胶囊的高度。负数值将在构造平面下面创建胶囊。

★ 总体/中心：决定【高度】参数指定的内容。【总体】指胶囊整体的高度；【中心】指胶囊圆柱部分的高度，不包括其两端的半球。

★ 边数：设置胶囊圆周上的分段数。值越大，表面越光滑。

★ 高度分段：设置胶囊沿主轴的分段数。

★ 平滑：混合胶囊的面，从而在渲染视图中创建平滑的外观。

★ 启用切片：启用【切片】功能。默认设置为禁用。创建切片后，如果禁用【启用切片】，则将重新显示完整的胶囊。您可以使用此复选框在两个拓扑之间切换。

★ 切片起始位置/切片结束位置：设置从局部 X 轴的零点开始围绕局部 Z 轴的度数。对于这两个设置，正数值将按逆时针移动切片的末端；负数值将按顺时针移动它。这两个设置的先后顺序无关紧要。端点重合时，将重新显示整个胶囊。

★ 生成贴图坐标：生成将贴图材质应用于胶囊的坐标。默认设置为启用。

★ 真实世界贴图大小：控制应用于该对象的纹理贴图材质所使用的缩放方法。

### 4.棱柱

【棱柱】用来创建三棱柱，效果如图2.35所示，参数如图2.36所示。

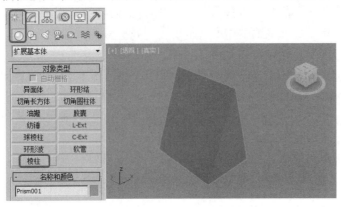

图2.35　创建棱柱　　　　　　　　图2.36　棱柱参数卷展栏

其各项参数的功能说明如下。

★ 侧面1长度/侧面2长度/侧面3长度：分别设置底面三角形三边的长度。

★ 高度：设置棱柱的高度。

★ 侧面1分段/侧面2分段/侧面3分段：分别设置三角形对应面的长度，以及三角形的角度。

★ 生成贴图坐标：自动产生贴图坐标。

### 5.软管

软管是个比较特殊的形体，可以用来做诸如洗衣机的排水管等用品，效果如图2.37所示，其主要参数如图2.38所示。

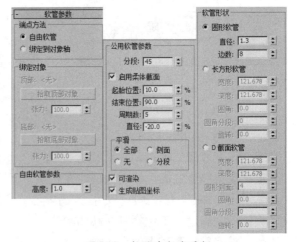

图2.37　创建软管　　　　　　　　图2.38　软管参数卷展栏

其各项参数的功能说明如下。

★ 端点方法

　● 自由软管：选择此选项则只是将软管作为一个单独的对象，不与其他对象绑定。

　● 绑定到对象轴：选择此选项可激活【绑定对象】的使用。

★ 绑定对象

在【端点方法】区域下选择【绑定到对象轴】单选项可激活该命令，使用该命令可将软管绑定到物体上，并设置对象物体之间的张力。两个绑定对象之间的位置可彼此相关。软管的每个端点由总直径的中心定义。进行绑定时，端点位于绑定对象的轴点。可在【层次面板】中使用【仅影响效果】选项，可通过转换绑定对象来调整绑定对象与软管的相对位置。

- 顶部：显示【顶部】绑定对象的名称。
- 拾取顶部对象：单击该按钮，然后选择【顶部】对象。
- 张力：设置当软管靠近底部对象时顶部对象附近的软管曲线的张力。减小张力，则底部对象附近将产生弯曲；增大张力，则远离顶部对象的地方将产生弯曲。默认设置为100。
- 底部：显示【底】绑定对象的名称。
- 拾取底部对象：单击该按钮，然后选择【底】对象。
- 张力：确定当软管靠近顶部对象时底部对象附近的软管曲线的张力。减小张力，则底部对象附近将产生弯曲；增大张力，则远离底部对象的地方将产生弯曲。默认值为100。

★ 自由软管参数
- 高度：设置自由软管的高度。只有当【自由软管】启用时才起作用。

★ 公用软管参数
- 分段：设置软管长度上的段数。值越高，软管变曲时越平滑。
- 启用柔体截面：设置软管中间伸缩剖面部分的以下4项参数。关闭此选项后，软管上下保持直径统一。
- 起始位置：设置伸缩剖面起始位置同软管顶端的距离。用软管长度的百分比表示。
- 结束位置：设置伸缩剖面结束位置同软管末端的距离。用软管长度的百分比表示。
- 周期数：设置伸缩剖面的褶皱数量。

- 直径：设置伸缩剖面的直径。取负值时小于软管直径，取正值时大于软管直径，默认值为-20%，范围从-50%~-500%。
- 平滑：设置是否进行表面平滑处理。
    - 全部：对整个软管进行平滑处理。
    - 侧面：沿软管的轴向，而不是周向进行平滑。
    - 无：未应用平滑。
    - 分段：仅对软管的内截面进行平滑处理。
- 可渲染：设置是否可以对软管进行渲染。
- 生成贴图坐标：设置是否自动产生贴图坐标。

★ 软管形状
- 圆形软管：设置截面为圆形。
    - 直径：设置软管截面的直径。
    - 边数：设置软管边数。
- 长方形软管：设置截面为长方形的软管。
    - 宽度：设置软管的宽度。
    - 深度：设置软管的高度。
    - 圆角：设置圆角大小。
    - 圆角分段：设置圆角的片段数。
    - 旋转：设置软管沿轴旋转的角度。
- D截面软管：设置截面为D的形状。
    - 宽度：设置软管的宽度。
    - 深度：设置软管的高度。
    - 圆角侧面：设置圆周边上的分段。
    - 圆角：设置圆角大小。
    - 圆角分段：设置圆角的片段数。
    - 旋转：设置软管沿轴旋转的角度。

### 6.异面体

【异面体】是用基础数学原则定义的扩展几何体，利用它可以创建四面体、八面体、十二面体，以及两种星体，如图2.39所示。

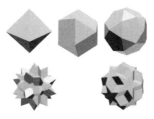

图2.39 创建各种异面体

各项参数功能如下。

★ 系列：提供了【四面体】、【立方体/八面体】、【十二面体/二十面体】、【星形1】、【星形2】等5种异面体的表面形状。

★ 系列参数：P、Q是可控制异面体的点与面进行相互转换的两个关联参数，它们的设置范围是【0.0~1.0】。当P、Q值都为0时处于中点；当其中一个值为1.0时，那么另一个值为0.0，它们分别代表所有的顶点和所有的面。

★ 轴向比率：异面体是由三角形、矩形和五边形这3种不同类型的面拼接而成的。在这里的P、Q、R3个参数是用来分别调整它们各自的比例的。单击【重置】按钮将P、Q、R值恢复到默认设置。

★ 顶点：用于确定异面体内部顶点的创建方法，可决定异面体的内部结构。

● 基点：超过最小值的面不再进行细划分。

● 中心：在面的中心位置添加一个顶点，按中心点到面的各个顶点所形成的边进行细划分。

● 中心和边：在面的中心位置添加一个顶点，按中心点到面的各个顶点和边中心所形成的边进行细划分。用此方法要比使用【中心】方式多产生一倍的面。

★ 半径：通过设置半径来调整异面体的大小。

● 生成贴图坐标：设置是否自动产生贴图坐标。

**7.环形结**

　　【环形结】与【异面体】有点相似，在【半径】和【分段】参数下面是P值和Q值，这些值可以用来设置变形的环形结。P值是计算环形结绕垂直弯曲的数学系数，最大值为25，此时的环形结类似于紧绕的线轴；Q值是计算环形结绕水平轴弯曲的弯曲系数，最大值也是32，如图2.40所示。如果两个数值相同，环形结将变为一个简单的圆环。

图2.40　设置参数

其各项参数功能说明如下。

★ 基础曲线：在【基础曲线】组中提供了影响基础曲线的参数。

● 结：选择该选项，环形结将基于其他各种参数自身交织，图2.41所示为结曲线不同参数的环形结。

图2.41　结曲线不同参数的效果

● 圆：选择该选项，基础曲线是圆形，如果使用默认的【偏心率】和【扭曲】参数，则创建出环形物体，图2.42所示是圆曲线不同参数的圆环形结。

图2.42　圆曲线不同参数的效果

- 半径：设置曲线的半径。
- 分段：设置曲线路径上的分段数，最小值为2。
- P/Q：用于设置曲线的缠绕参数。在选择【结】方式后，该项参数才会处于有效状态。
- 扭曲数：设置在曲线上的点数，即弯曲数量。在选择【圆】方式后，该项参数才会处于有效状态。
- 扭曲高度：设置弯曲的高度。在选择【圆】方式后，该项参数才会处于有效状态。
- ★ 横截面：提供影响环形结横截面的参数。
  - 半径：设置横截面的半径。
  - 边数：设置横截面的边数，边数越大越圆滑。
  - 偏心率：设置横截面主轴与副轴的比率。值为1将提供圆形横截面，其他值将创建椭圆形横截面。
  - 扭曲：设置横截面围绕基础曲线扭曲的次数。
  - 块：设置环形结中的块的数量。只有当块高度大于0时才能看到块的效果。
  - 块高度：设置块的高度。
  - 块偏移：设置块沿路经移动。
- ★ 平滑：提供用于改变环形结平滑显示或渲染的选项。这种平滑不能移动或细分几何体，只能添加平滑组信息。
  - 全部：对整个环形结进行平滑处理。
  - 侧面：只对环形结沿纵向【路径方向】的面进行平滑处理。
  - 无：不对环形结进行平滑处理。
- ★ 贴图坐标：提供指定和调整贴图坐标的方法。
  - 生成贴图坐标：基于环形结的几何体指定贴图坐标。默认设置为应用。
  - 偏移U/V：沿U向和V向偏移贴图坐标。
  - 平铺U/V：沿U向和V向平铺贴图坐标。

**8.环形波**

使用【环形波】创建的对象可以设置环

形波对象增长动画，也可以使用关键帧来设置所有数字设置动画。环形波如图2.43所示。

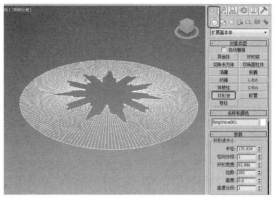

图2.43　环形波

（1）选择【创建】 ▓ |【几何体】 ◯ |【扩展基本体】|【环形波】工具，在视口中拖动可以设置环形波的外半径。

（2）释放鼠标按钮，然后将鼠标移回环形中心以设置环形内半径。

（3）然后单击鼠标左键可以创建环形波对象。

环形波的参数面板如图2.44所示，各项参数的功能说明如下。

图2.44　环形波参数面板

- ★ 【环形波大小】组：使用这些设置来更改环形波基本参数。
  - 半径：设置圆环形波的外半径。
  - 径向分段：沿半径方向设置内外曲面之间的分段数目。
  - 环形宽度：设置环形宽度，从外半径向内测量。
  - 边数：给内、外和末端（封口）曲面沿圆周方向设置分段数目。
  - 高度：沿主轴设置环形波的高度。

- 高度分段：沿高度方向设置分段数目。
★ 【环形波计时】组：在环形波从零增加到其最大尺寸时，使用这些环形波动画的设置。
  - 无增长：在起始位置出现，到结束位置消失。
  - 增长并保持：设置单个增长周期。环形波在【开始时间】开始增长，并在【开始时间】及【增长时间】处达到最大尺寸。
  - 循环增长：环形波从【开始时间】到【开始时间】及【增长时间】重复增长。
  - 开始时间/增长时间/结束时间：分别用于设置环形波增长的开始时间、增长时间、结束时间。
★ 【外边波折】组：使用这些设置来更改环形波外部边的形状。
  - 启用：启用外部边上的波峰。仅启用此选项时，此组中的参数处于活动状态。默认设置为禁用。
  - 主周期数：对围绕环形波外边缘运动的外波纹数量进行设置。
  - 宽度光通量：设置主波的大小，以调整宽度的百分比表示。
  - 爬行时间：外波纹围绕环形波外边缘运动时所用的时间。
  - 次周期数：对外波纹之间随机尺寸的

内波纹数量进行设置。
  - 宽度光通量：设置小波的平均大小，以调整宽度的百分比表示。
  - 爬行时间：对内波纹运动时所使用的时间进行设置。
★ 【内边波折】组：使用这些设置来更改环形波内部边的形状。
  - 启用：启用内部边上的波峰。仅启用此选项时，此组中的参数处于活动状态。默认设置为启用。
  - 主周期数：设置围绕内边的主波数目。
  - 宽度光通量：设置主波的大小，以调整宽度的百分比表示。
  - 爬行时间：设置每一主波绕环形波内周长移动一周所需的帧数。
  - 次周期数：在每一主周期中设置随机尺寸次波的数目。
  - 宽度光通量：设置小波的平均大小，以调整宽度的百分比表示。
  - 爬行时间：设置每一次波绕其主波移动一周所需的帧数。
★ 【曲面参数】组
  - 纹理坐标：设置将贴图材质应用于对象时所需的坐标。默认设置为启用。
  - 平滑：通过将所有多边形设置为平滑组1将平滑应用到对象上。默认设置为启用。

### 9.创建油罐

使用【油罐】工具可以创建带有凸面封口的圆柱体，如图2.45所示。

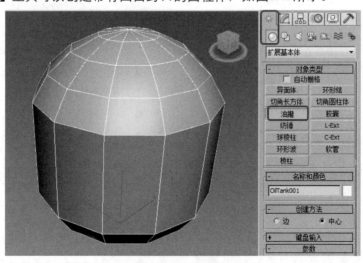

图2.45 创建油罐

（1）选择【创建】|【几何体】|【扩展基本体】|【油罐】工具，在视图中拖曳鼠标，定义油罐底部的半径。

（2）释放鼠标，然后垂直移动鼠标以定义油罐的高度，单击以设置高度。

（3）对角移动鼠标可定义凸面封口的高度（向左上方移动可增加高度；向右下方移动可减小高度）。

（4）再次单击可完成油罐的创建。

油罐的参数面板如图2.46所示，参数功能说明如下。

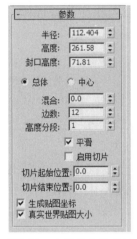

图2.46　油罐的参数面板

★ 半径：设置油罐的半径。

★ 高度：设置沿着中心轴的维度。负数值将在构造平面下面创建油罐。

★ 封口高度：设置凸面封口的高度。

★ 总体/中心：决定【高度】值指定的内容。【总体】是对象的总体高度。【中心】是圆柱体中部的高度，不包括其凸面封口。

★ 混合：大于 0 时将在封口的边缘创建倒角。

★ 边数：设置油罐周围的边数。

★ 高度分段：设置沿着油罐主轴的分段数量。

★ 平滑：混合油罐的面，从而在渲染视图中创建平滑的外观。

★ 启用切片：启用【切片】功能。默认设置为禁用状态。创建切片后，如果禁用【启用切片】，则将重新显示完整的油罐。因此，可以使用此复选框在两个拓扑之间切换。

★ 切片起始位置/切片结束位置：设置从局部 X 轴的零点开始围绕局部 Z 轴的度数。对于这两个设置，正数值将按逆时针移动切片的末端；负数值将按顺时针移动它。这两个设置的先后顺序无关紧要。端点重合时，将重新显示整个油罐。

**10.纺锤**

使用【纺锤】工具可创建带有圆锥形封口的圆柱体。选择【创建】|【几何体】|【扩展基本体】|【纺锤】工具，在视图中创建纺锤，如图2.47所示。

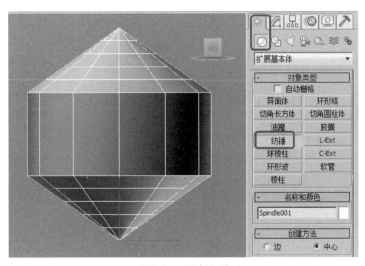

图2.47　创建油罐

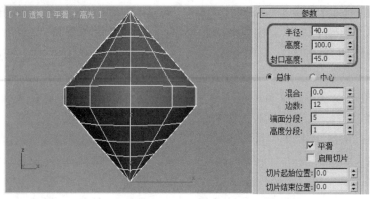

图2.48 修改纺锤参数

【纺锤】参数卷展如图2.48所示，参数功能说明如下。

★ 半径：设置纺锤的半径。

★ 高度：设置沿着中心轴的维度。负数值将在构造平面下面创建纺锤。

★ 封口高度：设置圆锥形封口的高度。最小值是 0.1；最大值是【高度】设置绝对值的一半。

★ 总体/中心：决定【高度】值指定的内容。【总体】指定对象的总体高度。【中心】指定圆柱体中部的高度，不包括其圆锥形封口。

★ 混合：大于 0 时将在纺锤主体与封口的会合处创建圆角。

★ 边数：设置纺锤周围边数。启用【平滑】时，较大的数值将着色和渲染为真正的圆。禁用【平滑】时，较小的数值将创建规则的多边形对象。

★ 端面分段：设置沿着纺锤顶部和底部的中心，同心分段的数量。

★ 高度分段：设置沿着纺锤主轴的分段数量。

★ 平滑：混合纺锤的面，从而在渲染视图中创建平滑的外观。

★ 启用切片：启用【切片】功能。默认设置为禁用。创建切片后，如果禁用【启用切片】功能，则将重新显示完整的纺锤。因此，可以使用此复选框在两个拓扑之间切换。

★ 切片起始位置/切片结束位置：设置从局部 X 轴的零点开始围绕局部 Z 轴的度数。对于这两个设置，正数值将按逆时针移动切片的末端；负数值将按顺时针移动它。这两个设置的先后顺序无关紧要。端点重合时，将重新显示整个纺锤。

### 11.球棱柱

使用【球棱柱】工具可以利用可选的圆角面边创建挤出的规则面多边形。

（1）选择【创建】 ※ |【几何体】 ◎ |【扩展基本体】|【球棱柱】工具，在视图中创建球棱柱，如图2.49所示。

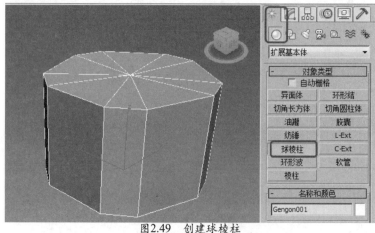

图2.49 创建球棱柱

（2）完成创建后，切换至【修改】命令面板中，在【参数】卷展栏中将【边数】设置为5，将【半径】设置为500，将【圆角】设置为24.8，将【高度】设置为1000，如图2.50所示。

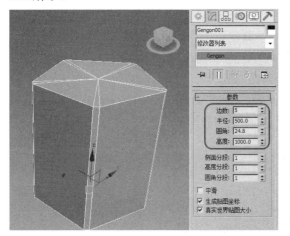

图2.50 修改球棱柱的参数

球棱柱的参数功能介绍如下。

★ 边数：设置球棱柱周围边数。

★ 半径：设置球棱柱的半径。

★ 圆角：设置切角化角的宽度。

★ 高度：设置沿着中心轴的维度。负数值将在构造平面下面创建球棱柱。

★ 侧面分段：设置球棱柱周围的分段数量。

★ 高度分段：设置沿着球棱柱主轴的分段数量。

★ 圆角分段：设置边圆角的分段数量。提高该设置将生成圆角，而不是切角。

★ 平滑：混合球棱柱的面，从而在渲染视图中创建平滑的外观。

★ 生成贴图坐标：为将贴图材质应用于球棱柱设置所需的坐标。默认设置为启用。

★ 真实世界贴图大小：控制应用于该对象的纹理贴图材质所使用的缩放方法。缩放值由位于应用材质的【坐标】卷展栏中的【使用真实世界比例】设置控制。默认设置为禁用状态。

### 12.L-Ext

使用【L-Ext】可创建挤出的 L 形对象，如图2.51所示。

（1）选择【创建】|【几何体】|【扩展基本体】|【L-Ext】工具，拖动鼠标以定义底部。（按Ctrl键可将底部约束为方形。）

（2）释放鼠标并垂直移动可定义 L 形挤出的高度。

（3）单击后垂直移动鼠标可定义 L 形挤出墙体的厚度或宽度。

（4）单击以完成 L 形挤出的创建。

L-Ext的参数面板如图2.52所示，参数功能说明如下。

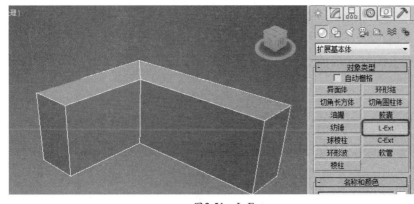

图2.51 L-Ext

图2.52 L-Ext参数面板

★ 侧面/前面长度：指定 L 形侧面和前面的长度。

★ 侧面/前面宽度：指定 L 形侧面和前面的宽度。

★ 高度：指定对象的高度。

★ 侧面/前面分段：指定 L 形侧面和前面的分段数。

★ 宽度/高度分段：指定整个宽度和高度的分段数。

**13.C-Ext**

使用【C-Ext】工具可创建挤出的 C 形对象，如图2.53所示。

（1）选择【创建】 ☀ |【几何休】 ◎ |【扩展基本体】|【C-Ext】工具，拖动鼠标以定义底部。（按Ctrl键可将底部约束为方形。）

（2）释放鼠标并垂直移动可定义 C 形挤出的高度。

（3）单击后垂直移动鼠标可定义 C 形挤出墙体的厚度或宽度。

（4）单击以完成 C 形挤出的创建。

C-Ext的参数面板如图2.54所示，参数功能说明如下。

★　背面/侧面/前面长度：指定3个侧面的每一个长度。

★　背面/侧面/前面宽度：指定3个侧面的每一个宽度。

★　高度：指定对象的总体高度。

★　背面/侧面/前面分段：指定对象特定侧面的分段数。

★　宽度/高度分段：指定对象的整个宽度和高度的分段数。

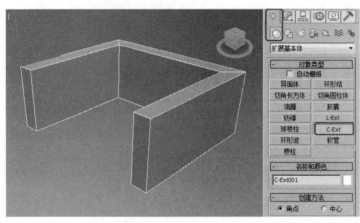

图2.53　C-Ext

图2.54　C-Ext参数面板

## ▌2.1.5　建筑建模的构建 ———○

在【几何体】 ◎ 组中单击标准基本体右侧的下三角按钮，在弹出的下拉列表中包括很多选项，其中就有楼梯、门等。

运用建筑构建建模，可以快速地创建出很多模型独特的建筑构建模型。

**1.楼梯**

运用建筑构建建模，可以创建【L型楼梯】、【U型楼梯】、【直线楼梯】、【螺旋楼梯】等模型，如图2.55所示。

单击任意一种楼梯按钮，如单击 **螺旋楼梯** 按钮，然后在顶视图中拖曳鼠标确定楼梯的【半径】数值，再松开鼠标，然后将鼠标向上或向下移动以确定出楼梯的总体高度数值，单击鼠标完成创建，其参数面板如图2.56所示。

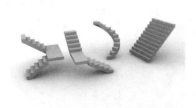

图2.55　创建不同类型的楼梯

图2.56　设置楼梯的各项参数

（1）L型楼梯

要创建L型楼梯，请执行以下操作。

① 在任何视图中拖动以设置第一段的长度。释放鼠标按钮，然后移动光标并单击以设置第二段的长度、宽度和方向。

② 将鼠标指针向上或向下移动以定义楼梯的升量，然后单击结束。

③ 使用【参数】卷展栏中的选项调整楼梯。

现实生活中的L型楼梯，如图2.57所示。

图2.57　楼梯的效果图

【L型楼梯】对象中各组件的参数介绍如下。

【参数】卷展栏如图2.58所示。

2.58　【参数】卷展栏

★ 【类型】选项组

● 开放式：创建一个开放式的梯级竖板楼梯。

● 封闭式：创建一个封闭式的梯级竖板楼梯。

● 落地式：创建一个带有封闭式梯级竖板和两侧有封闭式侧弦的楼梯。

★ 【生成几何体】选项组

● 侧弦：沿着楼梯的梯级的端点创建侧弦。

● 支撑梁：在梯级下创建一个倾斜的切口梁，该梁支撑台阶或添加楼梯侧弦之间的支撑。

● 扶手：创建左扶手和右扶手。

● 扶手路径：创建楼梯上用于安装栏杆的左路径和右路径。

★ 【布局】选项组

● 长度1：控制第一段楼梯的长度。

● 长度2：控制第二段楼梯的长度。

● 宽度：控制楼梯的宽度，包括台阶和平台。

● 角度：控制平台与第二段楼梯的角度，范围为-90至90度。

● 偏移：控制平台与第二段楼梯的距离，相应调整平台的长度。

★ 【梯级】选项组

● 总高：控制楼梯段的高度。

● 竖板高：控制梯级竖板的高度。

● 竖板数：控制梯级竖板数。梯级竖板总是比台阶多一个。隐式梯级竖板位于上板和楼梯顶部台阶之间。

★ 【台阶】选项组

● 厚度：控制台阶的厚度。

● 深度：控制台阶的深度。

【侧弦】卷展栏：只有在【参数】卷展栏的【生成几何体】选项组中启用【侧弦】复选项时，这些控件才可用，如图2.59所示。

图2.59　【侧弦】卷展栏

★ 深度：控制侧弦离地板的深度。

★ 宽度：控制侧弦的宽度。

★ 偏移：控制地板与侧弦的垂直距离。

★ 从地面开始：控制侧弦是从地面开始，还是与第一个梯级竖板的开始平齐，或是否延伸到地面以下。使用【偏移】选项可以控制侧弦延伸到地面以下的量。

【支撑梁】卷展栏：只有在【参数】卷展栏的【生成几何体】选项组中启用【支撑梁】复选项时，这些控件才可用，如图2.60所示。

图2.60 【支撑梁】卷展栏

★ 深度：控制支撑梁离地面的高度。

★ 宽度：控制支撑梁的宽度。

★ 支撑梁间距 ┅：设置支撑梁的间距。单击该按钮时，将会显示【支撑梁间距】对话框。使用【计数】选项指定所需的支撑梁数。

★ 从地面开始：控制支撑梁是从地面开始，还是与第一个梯级竖板的开始平齐，或是否延伸到地面以下。使用【偏移】微调框可以控制支撑梁延伸到地面以下的量。

【栏杆】卷展栏：仅当在【参数】卷展栏的【生成几何体】选项组中启用一个或多个【扶手】或【栏杆路径】复选项时，这些选项才可用。另外，如果启用任何一个【扶手】复选项，则【分段】和【半径】不可用，如图2.61所示。

图2.61 【栏杆】卷展栏

★ 高度：控制栏杆离台阶的高度。

★ 偏移：控制栏杆离台阶端点的偏移。

★ 分段：指定栏杆中的分段数目。值越高，栏杆显得越平滑。

★ 半径：控制栏杆的厚度。

（2）直线楼梯

使用直线楼梯对象可以创建一个简单的楼梯，侧弦、支撑梁和扶手可选。

要创建直线楼梯，请执行以下操作。

① 在任一视图中，拖动可设置长度。释放鼠标按键后移动指针并单击即可设置想要的宽度。

② 将鼠标指针向上或向下移动可定义楼梯的升量，然后单击可结束。

其参数设置可参考L型楼梯的参数设置，这里不再介绍，图2.62所示为直线楼梯效果。

图2.62 直线楼梯

（3）U型楼梯

要创建U型楼梯，请执行以下操作。

① 在任一视图中单击并拖动以设置第一段的长度。释放鼠标按键，然后移动指针并单击可设置平台的宽度或分隔两段的距离。

② 向上或向下拖动以定义楼梯的升量，然后单击可结束。

③使用【参数】卷展栏中的选项调整楼梯。图2.63所示为U型楼梯效果图。

图2.63 U型楼梯

其参数可参考L型楼梯的参数设置。

（4）螺旋楼梯

使用螺旋楼梯对象可以指定旋转的半径和数量，添加侧弦和中柱，甚至更多，如图2.64所示的螺旋楼梯效果图。

【参数】卷展栏中的【布局】选项组如图2.65所示。

图2.64 螺旋楼梯的效果

图2.65 【布局】选项组

★ 逆时针：使螺旋楼梯面向楼梯的右手端。

★ 顺时针：使螺旋楼梯面向楼梯的左手端。

★ 半径：控制螺旋的半径大小。

★ 旋转：指定螺旋中的转数。

★ 宽度：控制螺旋楼梯的宽度。

**2.门**

运用建筑构建建模，可以制作【枢轴门】、【推拉门】、【折叠门】模型，效果如图2.66所示。

图2.66 创建【门】对象

单击任意一种门按钮，如单击【折叠门】按钮，在顶视图中拖曳鼠标确定出门的宽度，然后松开鼠标，继续移动鼠标以确定门的厚度，再单击鼠标，继续向上或向下移动鼠标，确定出门的高度，最后单击鼠标从而完成门的创建，其参数面板如图2.67所示。

（1）枢轴门

枢轴门只在一侧用铰链接合。还可以将门制作成为双门，该门具有两个门元素，每个元素在其外边缘处用铰链接合，如图2.68所示。

图2.67 设置【门】参数

图2.68 枢轴门的效果

创建枢轴门的操作如下。

① 选择【创建】※|【几何体】○|【门】|【枢轴门】按钮。

② 在【顶】视图中拖曳出门的宽度，松开鼠标按键后移动鼠标指针调整门的高度，再次单击，创建枢轴门模型。

③在卷展栏中设置门的参数，如图2.69所示。

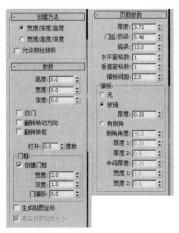

图2.69 枢轴门设置参数

各项参数的具体功能介绍如下。

★ 【创建方法】卷展栏

● 宽度/深度/高度：前两个点定义门的宽度和门脚的角度。通过在视图中拖动来设置这些点。第一个点（在拖动之前单击并按住的点）定义单框轴门和折叠门（两个侧柱在双门上都有铰链，而推拉门没有铰链）的铰链上的点。第二个点（拖动后在其上释放鼠标按键的点）定义门的宽度，以及从一个侧柱到另一个侧柱的方向。这样，就可以在放置门时使其与墙或开口对齐。第三个点（移动鼠标指针后单击的点）指定门的深度，第四个点（再次移动鼠标指针后单击的点）指定高度。

● 宽度/高度/深度：与"宽度/深度/高度"单选按钮的作用方式相似，只是最后两个点首先创建高度，然后创建深度。

● 允许侧柱倾斜：打开此选项，可以创建倾斜的门。默认为禁用状态。

**提示**

> 该选项只有在启用3D捕捉功能后才生效，通过捕捉构造平面之外的点，创建倾斜的门。

★ 【参数】卷展栏

● 高度：设置门装置的总体高度。

● 宽度：设置门装置的总体宽度。

● 深度：设置门装置的总体深度。

● 双门：选中该选项，所创建的门为对开双门。

● 翻转转动方向：选中该选项，将更改门转动的方向。

● 翻转转枢：在与门相对的位置上放置门转枢。此选项不能用于双门。

● 打开：使用框轴门时，指定以角度为单位的门打开的程度。使用推拉门和折叠门时，指定门打开的百分比。

★ 【门框】选项组：用于门框的控件。打开或关闭门时，门框不会移动。

● 创建门框：默认为启用，以显示门框。禁用此选项可以在视图中不显示门框。

● 宽度：设置门框与墙平行的宽度。只有启用了【创建门框】时可用。

● 深度：设置门框从墙投影的深度。只有启用了【创建门框】时可用。

● 门偏移：设置门相对于门框的位置。只有启用了"创建门框"时可用。

★ 【页扇参数】卷展栏

● 厚度：设置门的厚度。

● 门挺/顶梁：设置顶部和两侧的面板框的宽度。仅当门是面板类型时，才会显示此设置。

● 底梁：设置门脚处的面板框的宽度。仅当门是面板类型时，才会显示此设置。

● 水平窗格数：设置面板沿水平轴划分的数量。

● 垂直窗格数：设置面板沿垂直轴划分的数量。

● 镶板间距：设置面板之间的间隔宽度。

● 无：门没有面板。

● 玻璃：创建不带倒角的玻璃面板。

● 厚度：设置玻璃面板的厚度。

● 有倒角：选中此单选按钮可以使创建的门面板具有倒角效果。

◆ 倒角角度：指定门的外部平面和面板平面之间的倒角角度。

◆ 厚度1：设置面板的外部厚度。

◆ 厚度2：设置倒角从该处开始的厚度。

◆ 中间厚度：设置倒角中间的厚度。

◆ 宽度1：设置倒角外框的宽度。

◆ 宽度2：设置倒角内框的宽度。

（2）推拉门

推拉门可以进行滑动，如图2.70所示，就像在轨道上一样。该门有两个门元素：一个保持固定，而另一个可以移动。

图2.70　推拉门的效果

创建推拉门的操作如下。

① 单击【创建】 ▓|【几何体】 ○|【门】|【推拉门】按钮。

② 在【顶】视图中拖曳出门的宽度，松开鼠标按键后移动鼠标指针调整门的高度，再次单击，创建模型。

③ 在卷展栏中设置门的参数，如图2.71所示。

图2.71 推拉门参数

推拉门的面板中的一些参数与枢轴门一样这里就不再介绍了。只介绍【参数】卷展栏中的两个选项。

★ 前后翻转：设置哪个元素位于前面，与默认设置相比较而言。

★ 侧翻：将当前滑动元素更改为固定元素，反之亦然。

（3）折叠门

折叠门在中间转枢也在侧面转枢，该门有两个门元素。也可以将该门制作成有四个门元素的双门，如图2.72所示，其参数面板如图2.73所示。

图2.72 折叠门的效果

图2.73 折叠门设置参数

【参数】卷栏中部分选项介绍如下。

★ 双门：将该门制作成有4个门元素的双门，从而在中心处汇合。

★ 翻转转动方向：默认情况下，以相反的方向转动门。

★ 翻转转枢：默认情况下，在相反的侧面转枢门。选中【双门】复选项的状态下，【翻转转枢】复选项不可用。

### 3.窗

运用建筑构建建模，可以快速创建各种窗户模型。旋开窗的垂直或水平轴位于其窗框的中心；伸出式窗有3扇窗框，其中两扇窗框打开时像反向的遮篷；推拉窗有两扇窗框，其中一扇窗框可以沿着垂直或水平方向滑动；固定式窗户不能打开；遮篷式窗户有一扇通过铰链与顶部相连的窗框，如图2.74所示。

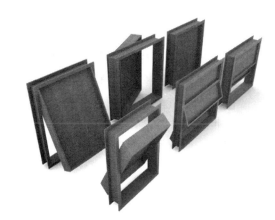

图2.74 【窗】对象

单击任意一种窗按钮，如单击 遮篷式窗 按钮，在顶视图中拖曳鼠标确定窗的宽度，然后松开鼠标，继续移动鼠标以确定窗的深度，再单击鼠标一次，继续向上或向下移动鼠标，确定窗的高度，最后单击鼠标完成窗的创建。其参数面板如图2.75所示。

图2.75 设置【窗】参数

各种类型窗的共有参数介绍如下。

★ 【名称和颜色】卷展栏：设置对象的名称和颜色。

★ 【创建方法】卷展栏：可以使用4个点来定义每种类型的窗。拖动前两个，后面两个跟随移动，然后单击，即可创建出窗户模型。设置【创建方法】卷展栏，可以确定执行这些操作时定义窗尺寸的顺序。

● 宽度/深度/高度：前两个点用于定义窗底座的宽度和角度。通过在视图中拖动鼠标来设置宽度、深度、高度，如创建窗的第一步中所述。这样，便可在放置窗时，使其与墙或开口对齐。第三个点（移动鼠标指针后单击的点）用于指定窗的深度，而第四个点（再次移动鼠标指针后单击的点）用于指定高度。

● 宽度/高度/深度：与【宽度/深度/高度】选项的作用方式相似，只是最后两个点首先创建高度，然后创建深度。

● 允许非垂直侧柱：选中该复选框后可以创建倾斜窗。设置捕捉以定义构造平面之外的点。默认设置为禁用状态。

★ 【参数】卷展栏

● 高度/宽度/深度：指定窗的大小。

★ 【窗框】选项组：包括3个选项，用于设置窗口框架。

● 水平宽度：设置窗口框架水平部分的宽度（顶部和底部）。该设置也会影响窗宽度的玻璃部分。

● 垂直宽度：设置窗口框架垂直部分的宽度（两侧）。

● 厚度：设置框架的厚度。该设置还可以控制窗框中遮篷或栏杆的厚度。

★ 【玻璃】选项组：用于设置窗玻璃。

● 厚度：指定玻璃的厚度。

★ 【窗格】选项组：由于设置窗格。

● 宽度：设置窗框中窗格的宽度（深度）。

● 窗格数：设置窗框数，范围从1到10。

★ 【开窗】选项组：用于设置窗打开的大小。

● 打开：指定窗打开的百分比。此参数可设置动画效果。

（1）遮篷式窗

遮篷式窗具有一个或多个可在顶部转枢的窗框，如图2.76所示。

图2.76 遮篷式

遮篷式窗的参数介绍如图2.77所示。

图2.77 遮篷式窗参数

- ★ 【窗格】选项组
  - ● 宽度: 设置窗框中的窗格的宽度(深度)。
  - ● 窗格数: 设置窗中的窗框数。范围从1到10。
- ★ 【开窗】选项组
  - ● 打开: 指定窗打开的百分比。此参数可设置动画。

(2) 固定窗

固定窗不能打开, 如图2.78所示, 因此没有【开窗】控件。除了标准窗对象参数之外, 固定窗还提供了【窗格】选项组, 如图2.79所示。

图2.78 固定窗效果

图2.79 【参数】卷展栏

- ★ 宽度: 设置窗框中窗格的宽度(深度)。
- ★ 水平窗格数: 设置窗框中水平划分的数量。
- ★ 垂直窗格数: 设置窗框中垂直划分的数量。
- ★ 切角剖面: 设置玻璃面板之间窗格的切角, 就像常见的木质窗户一样。如果禁用【切角剖面】复选项, 窗格将拥有一个矩形轮廓。

(3) 伸出式窗

伸出式窗具有3个窗框: 顶部窗框不能移动, 底部的两个窗框像遮篷式窗那样旋转打

开, 但是打开方向相反, 如图2.80所示。

图2.80 伸出式窗

伸出式窗的参数介绍如图2.81所示。

图2.81 伸出式窗参数

- ★ 【窗格】选项组
  - ● 宽度: 设置窗框中窗格的宽度(深度)。
  - ● 中点高度: 设置中间窗框相对于窗架的高度。
  - ● 底部高度: 设置底部窗框相对于窗架的高度。
- ★ 【打开窗】选项组
  - ● 打开: 指定两个可移动窗框打开的百分比。此参数可设置动画。

(4) 平开窗

平开窗具有一个或两个可在侧面转枢的窗框(像门一样), 如图2.82所示。

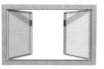

图2.82 平开窗效果

平开窗的参数介绍如图2.83所示。

图2.83 平开窗参数

★ 【窗扉】选项组
- 隔板宽度：在每个窗框内更改玻璃面板之间的大小。
- 一/二：设置单扇或双扇窗户。

★ 【打开窗】选项组
- 打开：指定窗打开的百分比。此参数可设置动画。
- 翻转转动方向：选中此复选框可以使窗框以相反的方向打开。

（5）旋开窗

旋开窗只具有一个窗框，中间通过窗框接合，可以垂直或水平旋转打开，如图2.84所示。

图2.84 旋开窗效果

旋开窗的参数介绍如图2.85所示。

图2.85 旋开窗参数

★ 【窗格】选项组
- 宽度：设置窗框中窗格的宽度。

★ 【轴】选项组
- 垂直旋转：将轴坐标从水平切换为垂直。

★ 【打开窗】选项组
- 打开：指定窗打开的百分比。此控件可设置动画。

（6）推拉窗

推拉窗具有两个窗框：一个固定的窗框，一个可移动的窗框，可以垂直移动或水平移动滑动部分，如图2.86所示。

图2.86 推拉窗的效果

推拉窗的参数介绍如图2.87所示。

图2.87 推拉窗参数

★ 【窗格】选项组
- 窗格宽度：设置窗框中窗格的宽度。
- 水平窗格数：设置每个窗框中水平划分的数量。
- 垂直窗格数：设置每个窗框中垂直划分的数量。
- 切角剖面：设置玻璃面板之间窗格的切角，就像常见的木质窗户一样。如果取消选中【切角剖面】复选框，窗格将拥有一个矩形轮廓。

★ 【打开窗】选项组
- 悬挂：选中该复选框后，窗将垂直滑动。取消选中该复选框后，窗将水平滑动。
- 打开：指定窗打开的百分比。此控件可设置动画。

## 4.墙

运用建筑构建建模，可以制作简单户型的墙体模型，如图2.88所示。

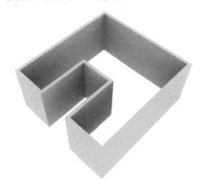

图2.88　创建【墙】对象

单击【标准基本体】右侧的 ▼ 按钮，从弹出的下拉列表中选择【AEC扩展】选项，在弹出的【对象类型】卷展栏中单击 墙 按钮，然后在顶视图中拖曳鼠标绘制出一面墙的长度，合适后单击鼠标，然后继续移动鼠标以创建另一面墙体的长度，如此重复操作。回到起点后单击鼠标，系统会弹出【是否要焊接点】对话框询问是否要焊接顶点，如果希望将墙分段通过该角焊接在一起，以便在移动其中一堵墙时另一堵墙也能保持与角的正确相接，则单击【是】按钮，否则单击【否】按钮。右击鼠标以结束墙的创建，或继续添加更多的墙分段，其提示框及参数面板如图2.89所示。

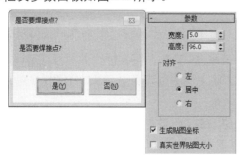

图2.89　设置【墙】参数

## 5.栏杆

运用建筑构建建模，可以创建栏杆、立柱和栅栏等模型。在效果图制作过程中主要用来制作围栏模型，如图2.90所示。

图2.90　创建【栏杆】

单击 栏杆 按钮，然后在顶视图中移动鼠标拖曳出栏杆的宽度，然后松开鼠标，继续移动鼠标以确定栏杆的高度，单击鼠标完成栏杆的创建，其参数面板如图2.91所示。

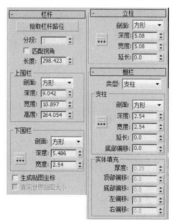

图2.91　设置【栏杆】参数

## 6.植物

运用建筑构建建模，3ds Max将生成网格表示方法，以快速、有效地创建漂亮的植物。植物可产生各种植物对象，如树种。在效果图制作过程中主要用来制作室内装饰植物等，如图2.92所示。

图2.92　创建【植物】模型

单击标准基本体右侧的 ▾ 按钮，从弹出的下拉列表中选择【AEC扩展】选项，在弹出的【对象类型】卷展栏中单击 植物 按钮，并在【收藏植物】卷展栏中选择要创建的植物类型，然后在顶视图中单击鼠标即可以创建出一种植物，其参数面板如图2.93所示。

图2.93 设置【植物】参数

# 2.2 实例应用

本案例将讲解如何制作灯笼，其中主要应用了【长方体】和【弯曲】修改器，完成后的效果如图2.94所示，具体操作方法如下.

**01** 重置一个新的场景。单击【创建】|【几何体】|【标准基本体】|【长方体】按钮，在【前】视图中创建一个长方体，将它命名为【灯笼】，在【参数】卷展栏中将【长度】、【宽度】和【高度】分别设置为160、500和1，将【长度分段】和【宽度分段】分别设置为18、36，如图2.95所示。

图2.94 灯笼效果

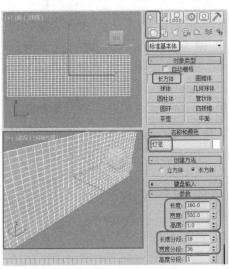

图2.95 创建长方体

**02** 切换到【修改】命令面板，在修改器下拉列表中选择【UVW 贴图】修改器，为灯笼指定贴图坐标，在【参数】卷展栏中取消【真实世界贴图大小】复选框的选择，其他保持默认，如图2.96所示。

**03** 再在修改器下拉列表中选择【弯曲】修改器进行添加，在【参数】卷展栏中将【弯曲】选项组的【角度】和【方向】分别设置为180和90，在【弯曲轴】选项组中选中Y单选按钮，如图2.97所示。

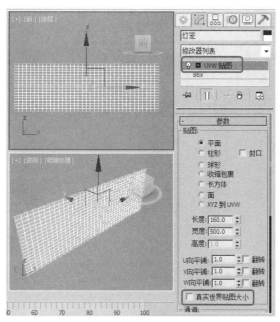

图2.96 添加【UVW贴图】修改器

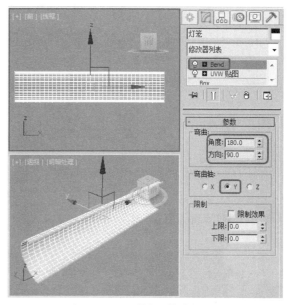

图2.97 添加【弯曲】修改器

**04** 再次在修改器下拉列表中选择【弯曲】修改器进行添加，在【参数】卷展栏中将【弯曲】选项组的【角度】和【方向】分别设置为-360和0，在【弯曲轴】选项组中单击X单选按钮，如图2.98所示。

**05** 单击【创建】 【几何体】 【标准基本体】|【管状体】按钮，在【顶】视图中创建【管状体】，在【参数】卷展栏中设置【半径1】为29、【半径2】为20、【高度】为5，如图2.99所示。

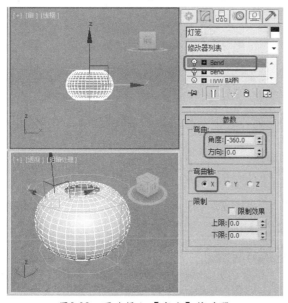

图2.98 再次添加【弯曲】修改器

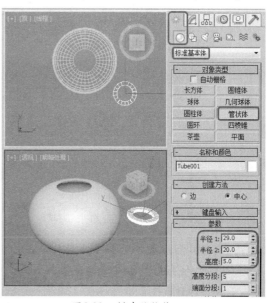

图2.99 创建管状体

**06** 确定管状体处于选择状态，在场景中按Ctrl+V快捷键，在弹出的对话框中选中【复制】单选按钮，单击【确定】按钮，复制出管状体，在【参数】卷展栏中重新设置【半径1】为12、【半径2】为5、【高度】为10、【边数】为8，如图2.100所示。

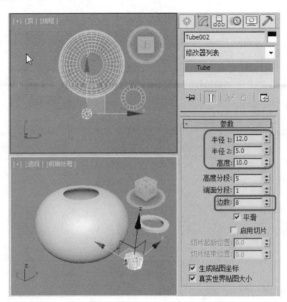

图2.100 进行复制

> **提示**
>
> 为了便于观察，将灯笼模型的颜色进行适当修改。

**07** 在场景中对创建的两个【管状体】的位置进行调整，完成后的效果如图2.101所示。

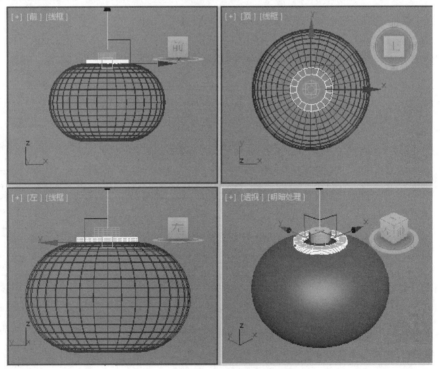

图2.101 调整位置

**08** 激活【顶】视图，选择【创建】|【图形】|【样条线】|【线】工具，在【顶】视图中进行绘制，如图2.102所示。

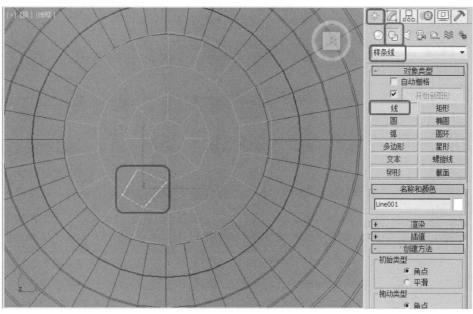

图2.102 创建【线】

**09** 选择上一步创建的【线】，切换到【修改】命令面板，选择【挤出】修改器进行添加，在【参数】卷展栏中将【数量】设为5，如图2.103所示。

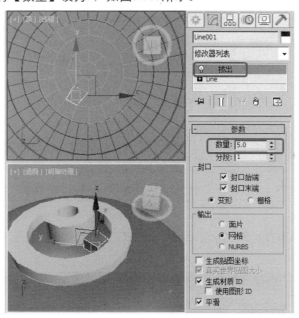

图2.103 添加【挤出】修改器

**10** 选择上一步创建的对象，单击【层次】按钮，选择【轴】选项，并单击【仅影响轴】按钮，对轴进行调整，如图2.104所示。

**11** 再次单击【仅影响轴】按钮，将其关闭，选择创建的上一步调整的对象，切换到【顶】视图中，在菜单栏中执行【工具】|【阵列】命令，如图2.105所示。

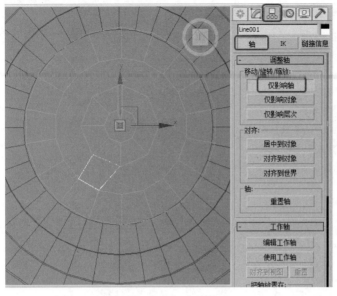

图2.104 调整轴点位置

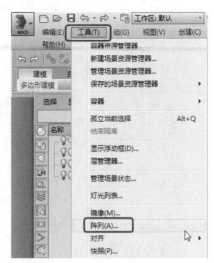

图2.105 选择【阵列】命令

**12** 弹出【阵列】对话框,将【旋转】下的【Z】设为90,将【1D】后面的【数量】设为4,并单击【确定】按钮,如图2.106所示。

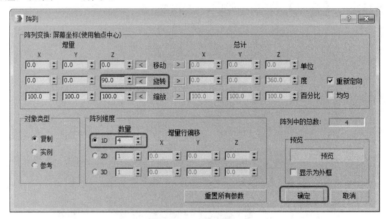

图2.106 进行阵列

**13** 选择除【灯笼】外的所有对象,在菜单栏中执行【组】|【成组】命令,将名称设为【灯笼装饰01】,如图2.107所示。

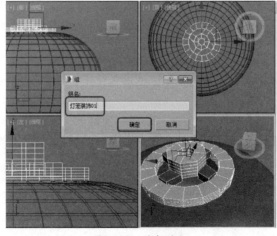

图2.107 进行编组

14 选择【灯笼装饰01】对象，在【名称和颜色】卷展栏中单击名称后面的色块按钮，弹出【对象颜色】对话框，单击【添加自定义颜色】按钮，弹出【颜色选择器：添加颜色】对话框，将RGB值设为（177、88、27），单击【添加颜色】按钮，返回到【对象颜色】对话框，单击【确定】按钮，如图2.108所示。

15 在【前】视图中选择【灯笼装饰01】对象，在工具栏中单击【镜像】按钮 ，在弹出的对话框中选择【镜像轴】为Y，设置【偏移】参数合适即可，选中【克隆当前选择】选项组中的【复制】单选按钮，单击【确定】按钮，如图2.109所示。

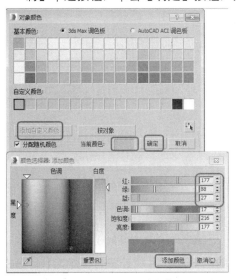

图2.108　设置对象颜色

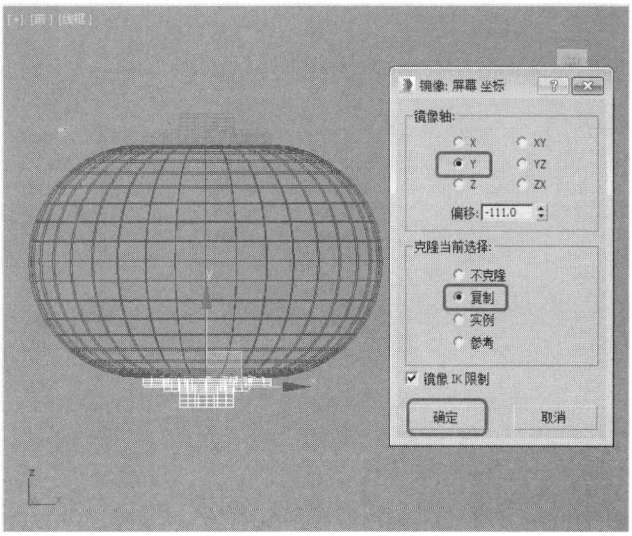

图2.109　进行镜像

16 选择【创建】　【图形】　【样条线】|【线】工具，在【前】视图中创建线，在【渲染】卷展栏中勾选【在渲染中启用】和【在视口中启用】复选框，设置【厚度】参数为2，并设置其颜色为黄色，在场景中调整模型的位置，如图2.110所示。

17 继续创建【线】，在【渲染】卷展栏中勾选【在渲染中启用】和【在视口中启用】复选框，设置【厚度】参数为2，并设置其颜色为黄色，在场景中调整模型的位置，如图2.111所示。

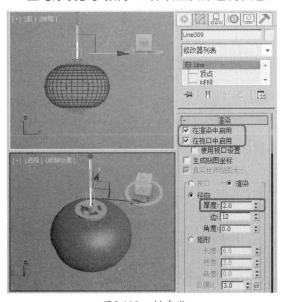

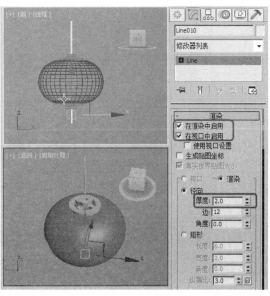

图2.110　创建线

图2.111　创建线

18 继续创建【线】，在【渲染】卷展栏中勾选【在渲染中启用】和【在视口中启用】复选框，设置【厚度】参数为15，并设置其颜色为红色，在场景中调整模型的位置，如图2.112所示。

19 继续创建【线】，使用前面介绍的方法在【渲染】卷展栏中选中【在渲染中启用】和【在视口中启用】复选框，设置【厚度】参数为1，并设置其颜色为黄色，在场景中调整模型的位置，并进行多次复制，如图2.113所示。

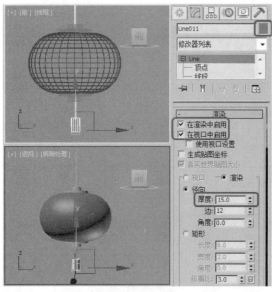

图2.112　创建线

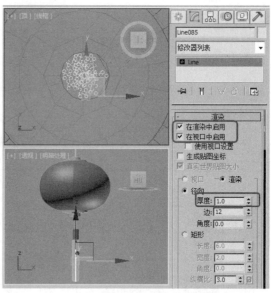

图2.113　进行复制

20 按M键打开【材质编辑器】对话框，选择一个新的样本球，并将其名称设置为【灯笼】，单击【Arch&Design】按钮，在弹出【材质/贴图浏览器】对话框中选择【材质】|【标准】|【标准】选项，如图2.114所示。

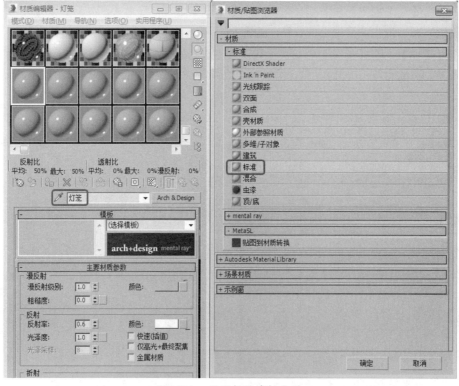

图2.114　设置材质球材类型

**21** 在【明暗器基本参数】卷展栏中将【明暗器类型】设为【Blinn】，将【Blinn基本参数】卷展栏中将【自发光】下的【颜色】设为50，如图2.115所示。

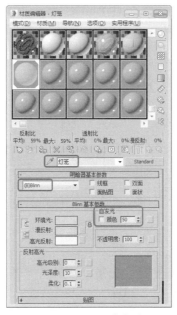

图2.115 设置参数值

**22** 在【贴图】卷展栏中单击【漫反射颜色】后面的【无】按钮，在弹出的【材质/贴图浏览器】对话框中选择【贴图】|【标准】|【位图】选项，单击【确定】按钮，弹出【选择位图图像文件】对话框，选择贴图文件夹中的【灯笼贴图.jpg】素材，单击【打开】按钮，进入材质的子集，在【坐标】卷展栏中取消对【使用真实世界比例】复选框的选择，将【瓷砖】下的值都设为2和1，如图2.116所示。

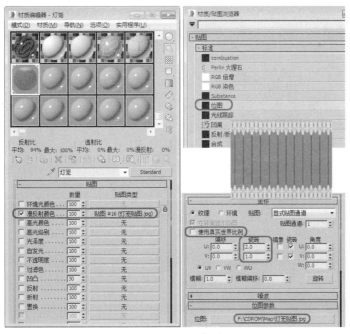

图2.116 设置材质

**23** 按8键，弹出【环境和效果】对话框，选择【环境】选项，单击【环境贴图】下的【无】按钮，弹出【材质/贴图浏览器】对话框，选择【贴图】|【标准】|【位图】选项，弹出【选择位图图像

文件】对话框中选择素材文件夹下的【192-2892.jpg】，并单击【打开】按钮，如图2.117所示。

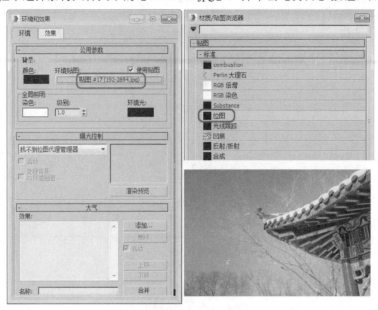

图2.117　设置环境贴图

**24** 按M键弹出【材质编辑器】，在【环境和效果】对话框中选择添加贴图，按着鼠标左键将其拖至【材质编辑器】对话框的空白样本球上，弹出【实例（副本）贴图】对话框，选择【实例】单选按钮，并单击【确定】按钮，在【坐标】卷展栏中将【贴图】设为【屏幕】，如图2.118所示。

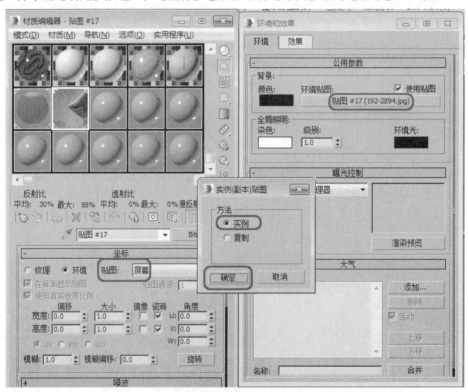

图2.118　设置环境材质

**25** 激活【透视】视图，在菜单栏中执行【视图】|【视口背景】|【环境背景】命令，然后将灯笼材质指定给灯笼对象，如图2.119所示。

**26** 选择【创建】 |【摄影机】 |【标准】|【目标】工具，在【顶】视图中进行创建【目标摄

影机】，激活【透视】视图，按C键，将其转换为【摄影机】视图，对摄影机进行调整，如图2.120所示。

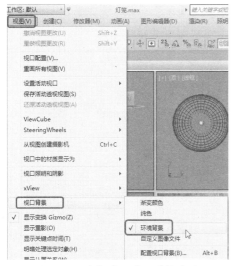

图2.119 选择【环境背景】命令

图2.120 创建【目标摄影机】

# 2.3 拓展训练

本案例将讲解如何制作吧椅，本案例的制作主要通过标准基本体、样条线组合而成的，完成后的效果如图2.121所示，具体操作方法如下：

图2.121 吧椅

**01** 选择【创建】 |【几何体】 |【扩展基本体】|【切角圆柱体】工具，在【顶】视图中创建一个切角圆柱体，命名为【坐垫】，在【参数】卷展栏中将【半径】、【高度】、【圆角】值分别设置为50、10、3；将【圆角分段】和【边数】分别设

置为3和36，效果如图2.122所示。

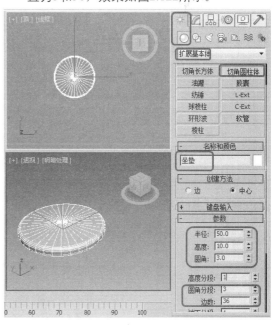

图2.122 创建【切角圆柱体】

02 选择【创建】 ✳ |【几何体】 ◎ |【标准基本体】|【长方体】工具，在【前】视图中创建一个长方体，将其命名为【椅圈】，在【参数】卷展栏中将【长度】、【宽度】、【高度】值分别设置为100、300、25，将【长度分段】、【宽度分段】、【高度分段】值分别设置为3、12和3，效果如图2.123所示。

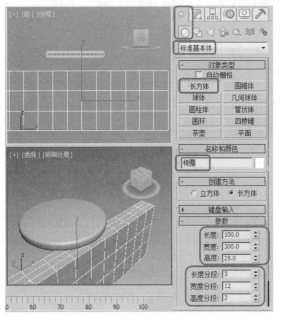

图2.123　创建【长方体】

03 选择【修改】命令面板 ⬚，在修改器列表中选择【编辑网格】修改器进行添加，将当前选择集定义为【顶点】，在【前】视图中对【顶点】进行调整，如图2.124所示。

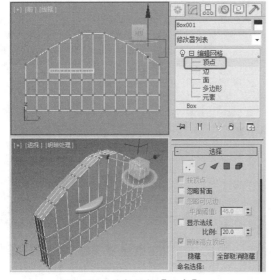

图2.124　进行调整【顶点】

04 关闭当前选择集，在修改器列表中选择【松弛】修改器，在【参数】卷展栏中将【松弛值】和【迭代次数】值设置为0.88和21，效果如图2.125所示。

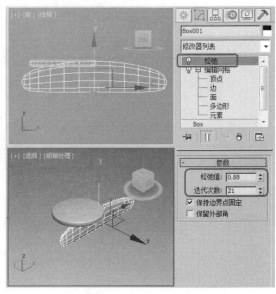

图2.125　添加【松弛】修改器

05 再在修改器列表中选择【弯曲】修改器，为模型添加弯曲效果，在【参数】卷展栏中将弯曲【角度】设置为-200，将弯曲轴定义为【X】，效果如图2.126所示。

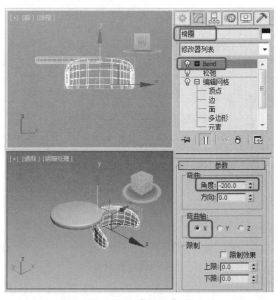

图2.126　添加【弯曲】修改器

06 在视图中对【椅圈】的位置进行调整，如图2.127所示。

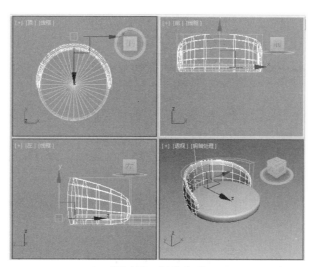

图2.127  调整位置

**07** 在修改器列表中选择【网格平滑】修改器进行添加，为模型施加平滑效果，效果如图2.128所示。

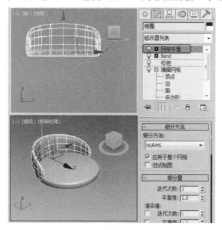

图2.128  添加【网格平滑】修改器

**08** 在场景中选择【坐垫】和【椅圈】对象，在菜单栏执行【组】|【成组】命令，弹出【组】对话框，将【组名】设为【坐垫】，如图2.129所示。

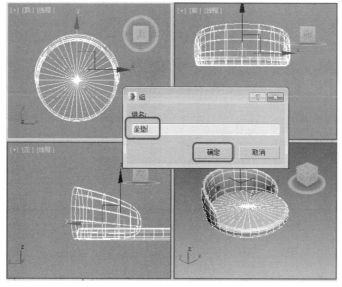

图2.129  进行编组

**09** 选择【创建】 ▓ ‖【几何体】 ◎ ‖【标准基本体】|【圆柱体】工具，在【顶】视图创建圆柱体，
将其命名为【支柱】，在【参数】卷展栏中将【半径】和【高度】值分别设置为5和-165，效果
如图2.130所示。

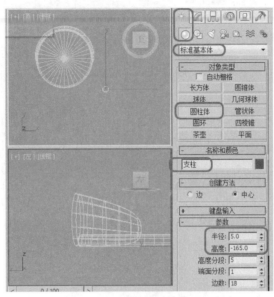

图2.130　创建【支柱】

**10** 在视图中对【支柱】的位置进行调整，选择【创建】 ▓ ‖【几何体】 ◎ ‖【标准基本体】|【圆柱
体】工具，在【顶】视图创建圆柱体，将其命名为【接头】，在【参数】卷展栏中将【半径】
和【高度】值分别设置为6和11.8，并在场景中调整它的位置，效果如图2.131所示。

**11** 选择【创建】 ▓ ‖【几何体】 ◎ ‖【标准基本体】|【圆柱体】工具，在【前】视图创建【圆柱
体】，将其命名为【脚架支架001】，在【参数】卷展栏中将【半径】和【高度】分别设置为
2.5和40，效果如图2.132所示。

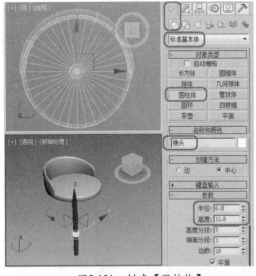

图2.131　创建【圆柱体】

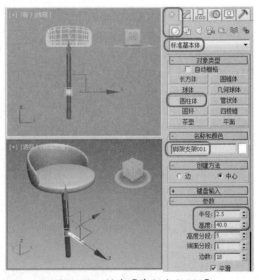

图2.132　创建【脚架支架001】

**12** 确定【脚架支架001】处于选中的状态下，选择【层次】面板 ▦ ，在【轴】选项中单击【仅影
响轴】按钮，将其移动到轴点中心，如图2.133所示。

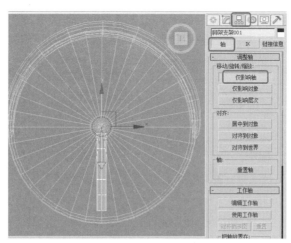

图2.133  调整轴心的位置

**13** 再次单击【仅影响轴】按钮，将其关闭，激活【顶】视图，然后在菜单栏中选择【工具】|【阵列】命令，打开【阵列】对话框，将Z轴的旋转增量设置为120，在【阵列维度】选项组中将ID的数量设置为3，单击【确定】按钮，如图2.134所示。

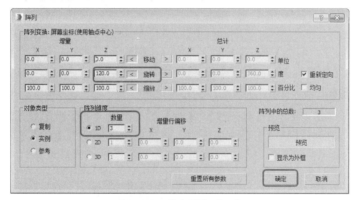

图2.134  【阵列】对话框

**14** 选择【创建】 |【图形】 |【样条线】|【线】工具，在【左】视图中绘制样条线，并将其命名为【底部接头】，效果如图2.135所示。

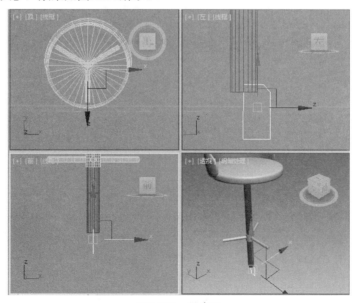

图2.135  创建线

**15** 选择【修改】命令面板 ，在修改器列表中选择【车削】修改器，在参数卷展栏中将【方向】定义为【Y】，在【对齐】范围下选择【最小】，如图2.136所示。

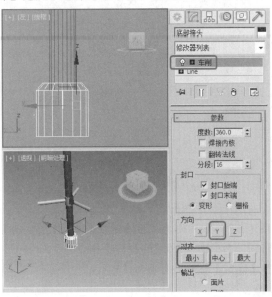

图2.136 添加【车削】修改器

**16** 选择【创建】 ||【几何体】 ||【标准基本体】|【圆环】工具，在【顶】视图中创建一个圆环，将其命名为【脚架环】，在【参数】卷展栏中将【半径1】和【半径2】值分别设置为42和3，并调整它的位置，如图2.137所示。

**17** 选择【创建】 ||【图形】 ||【样条线】|【线】工具，在【前】视图中绘制样条线，将其命名为【椅脚01】，然后在【修改】命令面板中，将当前选择集设为【顶点】，进行调整，完成后的效果如图2.138所示。

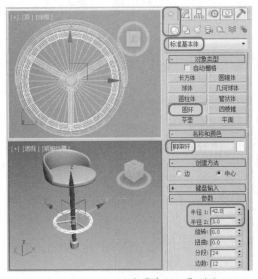

图2.137 创建【脚架环】对象

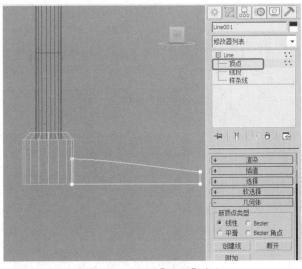

图2.138 设置【植物】参数

**18** 选择【修改】命令面板 ，在修改器列表中添加【倒角】修改器，在【倒角值】卷展栏中，将【级别1】下的【高度】和【轮廓】值分别设置为1和0.65，勾选【级别2】复选框，将【高度】值设置为3，勾选【级别3】复选框，将【高度】和【轮廓】值分别设置为1和-0.65，效果如图2.139所示。

**19** 选择【创建】 ||【几何体】 ||【扩展基本体】|【油罐】工具，在【顶】视图创建【油罐】，

将其命名为【转轮01】，在【参数】卷展栏中将【半径】、【高度】、【封口高度】值分别设置为4、8.67和3.3，效果如图2.140所示。

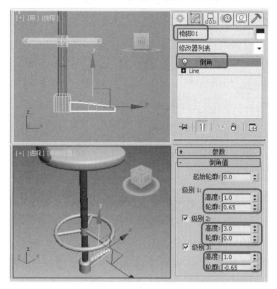

图2.139　添加【倒角】修改器

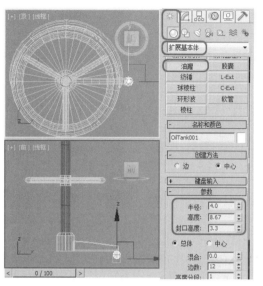

图2.140　创建【转轮01】

**20** 在场景中选择【椅脚01】和【转轮01】对象，然后在菜单栏中选择【组】|【成组】命令，将其命名为【腿01】，效果如图2.141所示。

**21** 激活【顶】视图，单击【层次】按钮，单击【仅影响轴】按钮，调整轴点位置，如图2.142所示。

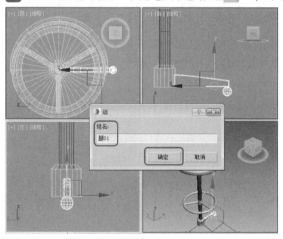

图2.141　进行编组

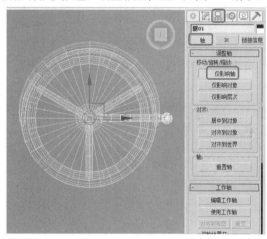

图2.142　调整轴

**22** 再次单击【仅影响轴】将其关闭，激活【顶】视图，在菜单栏中选择【工具】|【阵列】命令，打开【阵列】对话框，将Z轴的旋转增量设置为90，在【阵列维度】选项组中将ID的数量设置为4，单击【确定】按钮，如图2.143所示。

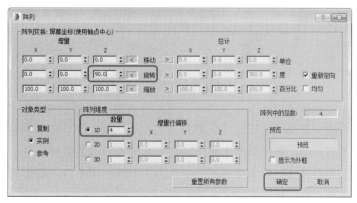

图2.143　进行【阵列】

**23** 在场景中将【腿】的所有对象，在菜单栏中执行【组】|【解组】命令，将其解组，在场景中选择【转轮】、【底部接头】、【接头】对象，如图2.144所示。

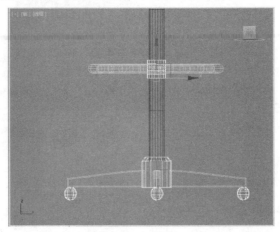

图2.144　创建【转轮01】

**24** 按M键打开【材质编辑器】，选择一个空的样本球并将其命名为【接头】，将材质球的类型设为【标准】，在【明暗器基本参数】卷展栏中将明暗类型设置为【Phong】。在【Phong基本参数】卷展栏中，将【环境光】和【漫反射】的RGB值分别设置为（0、0、0）；在【反射高光】组中将【高光级别】和【光泽度】的值分别设置为100和30，将其指定上一步选定的对象，如图2.145所示。

**25** 在场景中选择【支柱】、【脚架环】、【脚架支架】、【椅角】对象，打开【材质编辑器】选择一个空的样本球，将其命名为【不锈钢】，将材质球类型设为【标准】，将【明暗器类型】设为【金属】，在【金属基本参数】卷展栏中取消【环境光】和【漫反射】的锁定，将【环境光】的RGB值设为（0、0、0），将【漫反射】的RGB值设为（255、255、255），将【高光级别】设为100，将【光泽度】设为68，如图2.146所示。

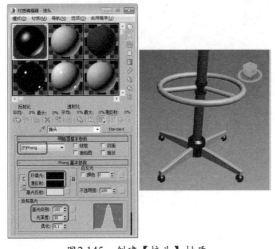

图2.145　创建【接头】材质

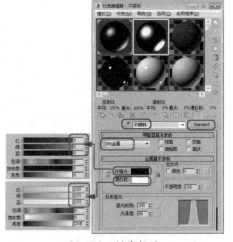

图2.146　创建材质

**26** 切换到【贴图】卷展栏中，单击【反射】后面的【无】按钮，弹出【材质/贴图浏览器】对话框，选择【贴图】|【标准】|【位图】选项，并单击【确定】按钮，弹出【选择位图图像文件】对话框，选择贴图文件夹中的【Gold04B.jpg】素材文件，并单击【打开】按钮，进入位图的子集，在【坐标】卷展栏中将【大小】下的两个数值都设为1，单击【转到父对象】按钮，将制作好的材质指定给选定对象，如图2.147所示。

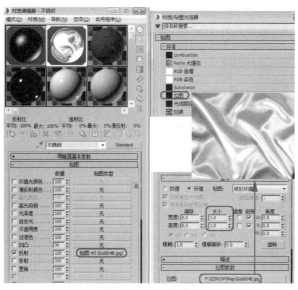

图2.147 设置贴图

**27** 继续选择一个空的样本球，将其命名为【红色坐垫】，将材质球类型设为【标准】，将【明暗器类型】设为【Phong】，将【Phong基本参数】卷展栏中将【环境光】和【漫反射】的RGB值设为（229、26、26），将【自发光】下的【颜色】设为40，将【高光级别】设为100，将【光泽度】设为91，如图2.148所示。

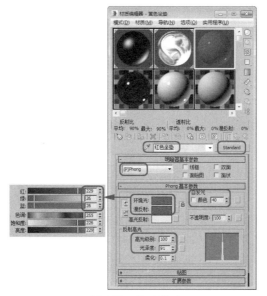

图2.148 设置材质

**28** 将制作好的【红色坐垫】材质，按着鼠标左键将其拖到一个空的样本球上，并将新的样本球名称设为【黄色坐垫】，打开【Phong基本参数】卷展栏，将【环境光】和【漫反射】的RGB值都设为（255、255、0），如图2.149所示。

**29** 按8键弹出【环境和效果】对话框，在【环境】选项卡，在【公用参数】卷展栏中单击【环境贴图】下的【无】按钮，弹出【材质/贴图浏览器】，选择【贴图】|【标准】|【位图】，单击【确定】按钮，弹出【选择位图图像文件】对话框，选择贴图文件中【126.jpg】文件，单击【打开】按钮，如图2.150所示。

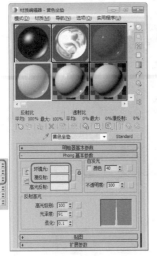

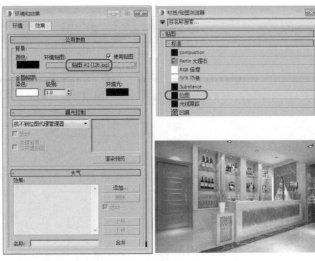

图2.149 设置材质

图2.150 设置环境贴图

**30** 按M键弹出【材质编辑器】，选择一个空的样本球，选择上一步添加的环境贴图，将其添加到空的样本球上，在弹出的【实例（副本）贴图】对话框中，选择【实例】单选按钮，单击【确定】按钮，在【坐标】卷展栏中将【贴图】设为【屏幕】，如图2.151所示。

**31** 激活【透视】视图，在菜单栏中执行【视图】|【视口背景】|【环境背景】命令，如图2.152所示。

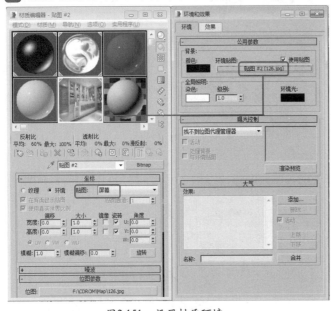

图2.151 设置材质环境

图2.152 执行【环境背景】命令

**32** 选择【创建】 |【几何体】 |【标准基本体】|【平面】对象，在【顶】视图中进行创建，如图2.153所示。

**33** 按M键打开【材质编辑器】，选择一个空的样本球，将材质类型设为【无光投影】，并将创建好的材质指定给平面对象，如图2.154所示。

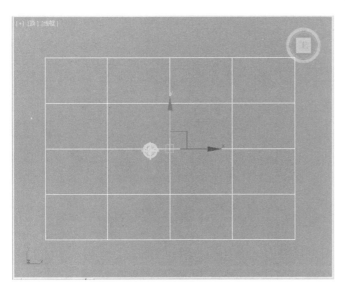

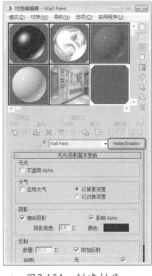

图2.153 创建平面      图2.154 创建材质

**34** 确认对象处于选择状态，单击鼠标右键，在弹出的快捷菜单中选择【对象属性】命令，弹出【对象属性】对话框，在【常规】卷展栏中的【显示属性】选项组中单击【按层】按钮，勾选【透明】复选框，并单击【确定】按钮，如图2.155所示。

**35** 选择【创建】❋‖【摄影机】❙‖【标准】|【目标】命令，创建【目标】摄影机，在【参数】卷展栏中将【镜头】设为44mm，激活【透视】视图，按C键将其转换为【摄影机】视图，并对其进行调整，如图2.156所示。

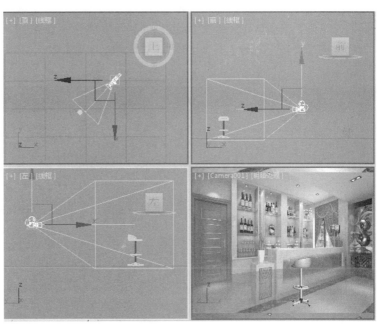

图2.155 勾选【透明】复选框      图2.156 创建摄影机

**36** 对吧椅对象进行复制，并调整位置，并对吧椅的坐垫分别添加制作好的材质，效果如图2.157所示。

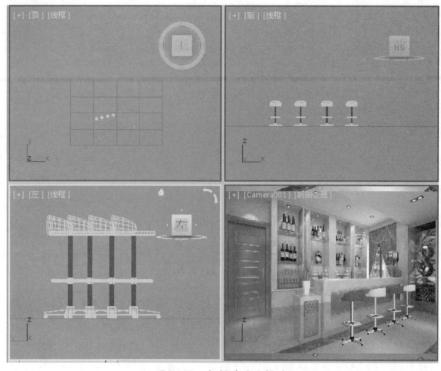

图2.157　复制并赋予材质

**37** 选择【创建】【灯光】【标准】|【目标聚光灯】选项，在【前】视图中创建【目标聚光灯】，在【常规参数】卷展栏的【阴影】选项组中勾选【启用】复选框，并设置阴影为【光线跟踪阴影】选项，在【强度/颜色/衰减】卷展栏中将【倍增】设为0.5，在【聚光灯参数】卷展栏中将【聚光区/光束】设为0.5，将【衰减区/区域】设为94，并在视图中进行调整，如图2.158所示。

图2.158　设置聚光灯参数

**38** 选择【创建】 ☀️ |【灯光】 🔦 |【标准】|【泛光】选项，在【前】视图中进行创建【泛光灯】，在【常规参数】卷展栏中取消选中【阴影】选项下的【启用】复选框，在【强度/颜色/衰减】卷展栏中将【倍增】设为0.5，并对该泛光灯进行复制，调整位置如图2.159所示。

**39** 按F10键，弹出【渲染设置】对话框，在【指定渲染器】卷展栏中将【产品级】和【ActiveShade】都设为【默认扫描线渲染器】，如图2.160所示，单击【渲染】按钮，进行渲染即可。

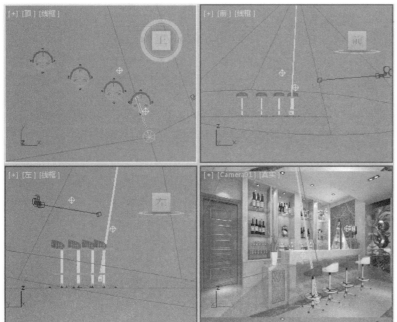

图2.159 创建泛光灯

图2.160 设置渲染器

# 2.4 课后练习

1. 标准基本体包括几种对象？分别是哪几种？
2. 在Max中共提供了几种楼梯对象？分别是哪几种？

# 第3章
# 二维图形的创建与编辑

二维图形是指由一条或多条样条线构成的平面图形，或由两个及两个以上节点构成的线/段所组成的组合体。二维图形建模是三维造型的一个重要基础，本章将简单地为大家介绍二维图形的创建与编辑。

# 3.1 二维图形基础

## 3.1.1 二维图形的绘制

在Max中共提供了12种二维图形，其中包括线、矩形、圆、椭圆、弧、圆环、多边形、星形、文本、螺旋线等。2D图形的创建是通过【创建】 ※ |【图形】 ◎ 下的选项实现的，如图3.1所示。

大多数的曲线类型都有共同的设置参数，如图3.2所示。下面将对其进行简单的讲解，各项通用参数的功能说明如下。

图3.1 图形选项

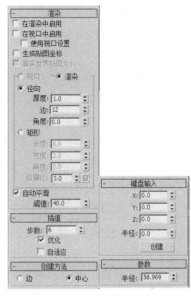

图3.2 图形的通用参数

★ 渲染：用来设置曲线的可渲染属性。

- 在渲染中启用：勾选此复选框，可以在视图中显示渲染网格的厚度。
- 在视口中启用：可以与【显示渲染网格】选项一起选择，它可以控制以视窗设置参数在场景中显示网格（该选项对渲染不产生影响）。
- 使用视口设置：控制图形按视图设置进行显示。
- 生成贴图坐标：对曲线指定贴图坐标。
- 真实世界贴图大小：用于控制该对象的纹理贴图材质所使用的缩放方法。
- 视口：基于视图中的显示来调节参数（该选项对渲染不产生影响）。当【显示渲染网格】和【使用视口设置】两个复选框被选择时，该选项可以被选择。
- 渲染：基于渲染器来调节参数，当【渲染】选项被勾选时，图形可以根据【厚度】参数值来渲染图形。
- 厚度：设置曲线渲染时的粗细大小。
- 边：控制被渲染的线条由多少个边的圆形作为截面。
- 角度：调节横截面的旋转角度。

★ 插值：用来设置曲线的光滑程度。

- 步数：设置两顶点之间有多少个直线片段构成曲线，值越高，曲线越光滑。
- 优化：自动检查曲线上多余的【步数】片段。
- 自适应：自动设置【步数】数，以产生光滑的曲线，对直线【步数】将设置为0。

★ 键盘输入：使用键盘方式建立，只要输入所需要的坐标值、角度值以及参数值即可，不同的工具会有不同的参数输入方式。

另外，除了【文本】、【截面】和【星形】工具之外，其他的创建工具都有一个【创建方法】卷展栏，该卷展栏中的参数需要在创建对象之前选择，这些参数一般用来确定是以边缘作为起点创建对象，还是以中心作为起点创建对象。只有【弧】工具的两种创建方式与其他对象有所不同。

### 1.线

【线】工具可以绘制任何形状的封闭或开放型曲线（包括直线），如图3.3所示。

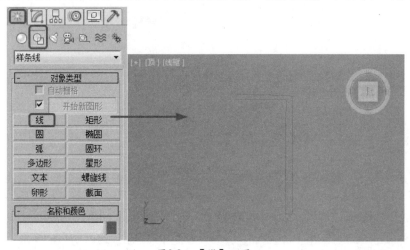

图3.3　【线】工具

**01** 选择【创建】 ✳ |【图形】 ◑ |【样条线】|【线】工具，在视图单击鼠标确定线条的第一个节点。

**02** 移动鼠标达到想要结束线段的位置单击鼠标创建一个节点，单击鼠标右键结束直线段的创建。

> **提示**
>
> 在绘制线条时，当线条的终点与第一个节点重合时，系统会提示是否关闭图形，单击【是】按钮时即可创建一个封闭的图形；如果单击【否】按钮，则继续创建线条。在创建线条时，通过按住鼠标拖动，可以创建曲线。

【线】拥有自己的参数设置，如图3.4所示，【创建方法】卷展栏中的参数需要在创建线条之前选择，其中各选项的功能说明如下所述。

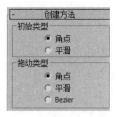

图3.4　【创建方法】组

★ 初始类型：单击鼠标后，拖曳出的曲线类型，包括【角点】和【平滑】两种，可以绘制出直线和曲线。

★ 拖动类型：设置按压并拖动鼠标时引出的曲线类型，包括【角点】、【平滑】和

【Bezier】3种，其中【Bezier】（贝赛尔曲线）是最优秀的曲度调节方式。

**2.圆形**

使用圆形可以创建由4个顶点组成的闭合圆形样条线，如图3.5所示。

选择【创建】 * |【图形】 ⊙|【圆】工具，然后在场景中单击拖动鼠标创建圆形。在【参数】卷展栏中只有一个半径参数可以设置，如图3.6所示。

★ 半径：设置圆形的半径大小。

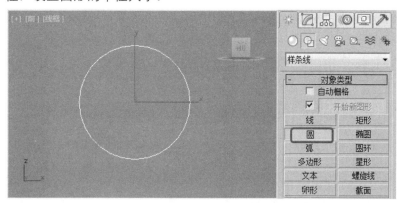

图3.5　圆形　　　　　　　　　　　　　　　图3.6　【参数】卷展栏

**3.弧**

【弧】工具用来制作圆弧曲线和扇形，如图3.7所示。

**01** 选择【创建】 * |【图形】 ⊙|【样条线】|【弧】工具，在视图中单击鼠标并拖动鼠标，拖出一条直线。

**02** 达到一定的位置后松开鼠标，移动并单击鼠标确定圆弧的大小。

当完成对象的创建之后，可以在【参数】卷展栏中对其参数进行修改，如图3.8所示。

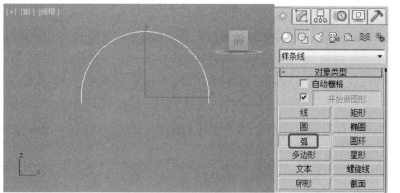

图3.7　【弧】工具　　　　　　　　　　　　图3.8　【参数】卷展栏

【弧形】工具各项目的功能说明如下所述。

★ 【创建方法】

● 端点-端点-中央：这种建立方式是先引出一条直线，以直线的两端点作为弧的两端点，然后移动鼠标，确定弧长。

● 中间-端点-端点：这种建立方式是先引出一条直线，作为圆弧的半径，然后移动鼠标，确定弧长，这种建立方式对扇形的建立非常方便。

★ 【参数】

● 半径：设置圆弧的半径大小。

● 从/到：设置弧起点和终点的角度。

● 饼形切片：勾选此复选框，将建立封闭的扇形。

● 反转：将弧线方向反转。

## 4.多边形

【多边形】工具可以制作任意边数的正多边形，也可以产生圆角多边形，图3.9所示为创建的多边形图形。

选择【创建】 ⁂ |【图形】 ⊙ |【样条线】|【多边形】工具，然后在视图中单击鼠标并拖动鼠标创建多边形。在【参数】卷展栏中可以对多边形的半径、边数等参数进行设置，其参数面板如图3.10所示。

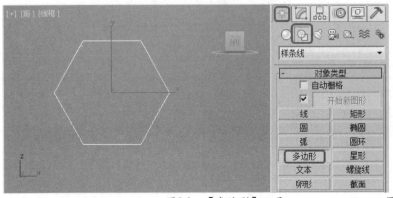

图3.9 【多边形】工具        图3.10 【参数】卷展栏

★ 半径：设置多边形的半径大小。

★ 内接/外接：确定以外切圆半径还是内切圆半径作为多边形的半径。

★ 边数：设置多边形的边数。

★ 角半径：制作带圆角的多边形，设置圆角的半径大小。

★ 圆形：设置多边形为圆形。

## 5.文本

【文本】工具可以直接产生文字图形，在中文Windows平台下可以直接产生各种字体的中文字形，字形的内容、大小、间距都可以调整，在完成了动画制作后，仍可以修改文字的内容。

选择【创建】 ⁂ |【图形】 ⊙ |【文本】工具，然后在【参数】卷展栏中的文本框中输入文本，在视图中单击鼠标即可创建文本图形，如图3.11所示。在【参数】卷展栏中可以对文本的字体、字号、间距，以及文本的内容进行修改，文本的【参数】卷展栏如图3.12所示。

图3.11 创建文本        图3.12 【参数】卷展栏

★ 大小：设置文字的大小尺寸。

★ 字间距：设置文字之间的间隔距离。

★ 行间距：设置文字行与行之间的距离。

★ 文本：用来输入文本文字。

★ 更新：设置修改参数后，视图是否立刻进行更新显示。遇到大量文字处理时，为了加快显示速度，可以勾选【手动更新】复选框，自行指示更新视图。

**6. 矩形**

　　【矩形】工具是经常用到的一个工具，它可以用来创建矩形，如图3.13所示。

　　创建矩形与创建圆形的方法基本上一样，都是通过单击拖动鼠标来创建。在【参数】卷展栏中包含3个常用参数，如图3.14所示。

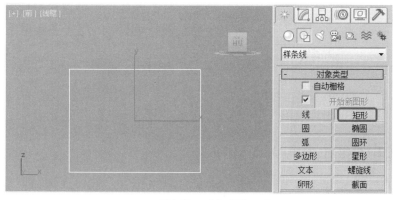

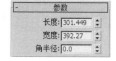

图3.13　【矩形】工具　　　　　　图3.14　【参数】卷展栏

★ 长度/宽度：设置矩形长宽值。

★ 角半径：设置矩形的四角是直角还是有弧度的圆角。

**7. 星形**

　　【星形】工具可以建立多角星形，尖角可以钝化为圆角，制作齿轮图案；尖角的方向可以扭曲，产生倒刺状矩齿；参数的变换可以产生许多奇特的图案，因为它是可以渲染的，所以即使交叉，也可以用作一些特殊的图案花纹，如图3.15所示。

　　星形创建方法如下。

**01** 单击【创建】 ✳ |【图形】 ⊙ |【样条线】|【星形】按钮，在视图中单击并拖动鼠标，拖曳出一级半径。

**02** 松开鼠标并移动鼠标，拖曳出二级半径，单击鼠标完成星形的创建。

　　【参数】卷展栏如图3.16所示，各个选项的功能说明如下。

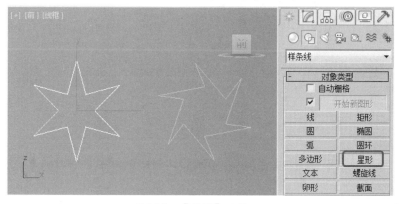

图3.15　【星形】工具　　　　　　图3.16　【参数】卷展栏

★ 半径1/半径2：分别设置星形的内径和外径。

★ 点：设置星形的尖角个数。

★　扭曲：设置尖角的扭曲度。

★　圆角半径1/圆角半径2：分别设置尖角的内外倒角圆半径。

### 0.螺旋线

【螺旋线】工具用来制作平面或空间的螺旋线，常用于弹簧、线轴、蚊香等造型的创建，如图3.17所示，或用来制作运动路径。

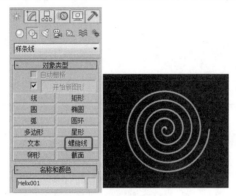

图3.17　螺旋线工具

螺旋线创建方法如下：

01　选择【创建】　【图形】　【样条线】| 【螺旋线】工具，在【顶视图】中单击鼠标并拖动鼠标，拉出一级半径。

02　松开鼠标并移动鼠标，拖曳出螺旋线的高度。

03　单击鼠标，确定螺旋线的高度，然后再移动鼠标，拉出二级半径后单击鼠标，完成螺旋线的创建。

在【参数】卷展栏中可以设置螺旋线的两个半径、圈数等参数，【参数】卷展栏如图3.18所示。

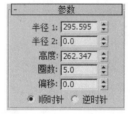

图3.18　【参数】卷展栏

★　半径1/ 半径2：设置螺旋线的内径和外径。

★　高度：设置螺旋线的高度，此值为0时，是一个平面螺旋线。

★　圈数：设置螺旋线旋转的圈数。

★　偏移：设置在螺旋高度上，螺旋圈数的偏向强度。

★　顺时针/逆时针：分别设置两种不同的旋转方向。

### 9.创建卵形

使用【卵形】工具可以通过两个同心圆创建封闭的形状，而且每个圆都由4个顶点组成。

选择【创建】　【图形】　【样条线】|【卵形】工具，在视图中单击鼠标并进行拖动，松开鼠标再次单击完后多边形的创建，如图3.19所示。在【参数】卷展栏中包含5个常用参数，如图3.20所示。

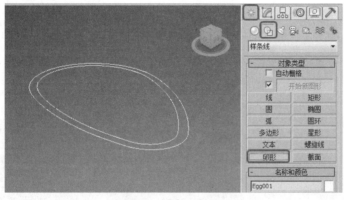

图3.19　【卵形】工具

图3.20　【参数】卷展栏

卵形工具【参数】卷展栏中各项参数的作用如下。

★　长度：设定卵形的长度（其长轴）。

★　宽度：设定卵形的宽度（其短轴）。

★　轮廓：启用后，会创建一个轮廓，这是与主图形分开的另外一个卵形图形。默认设为启用。

★ 厚度：启用【轮廓】后，设定主卵形图形与其轮廓之间的偏移。

★ 角度：设定卵形的角度；即，绕图形的局部 Z 轴的旋转。当角度为 0.0 时，卵形的长度是垂直的，较窄的一端在上。

**10.创建截面**

使用【截面】工具可以通过截取三维造型的截面而获得二维图形，使用此工具建立一个平面，可以对其进行移动、旋转和缩放，当它穿过一个三维造型时，会显示出截获的截面，在命令面板中单击【创建图形】按钮，可以将这个截面制作成一个新的样条曲线。

下面来制作一个截面图形，操作步骤如下。

**01** 在场景中创建一个茶壶，大小可自行设置，如图3.21所示。

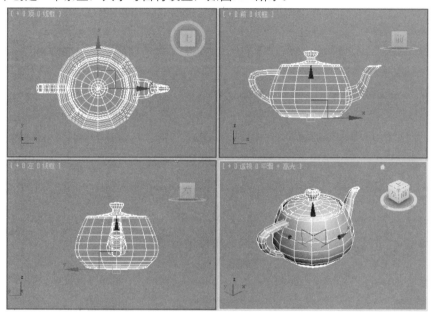

图3.21　创建茶壶

**02** 选择【创建】 ✳ |【图形】 ⊙ |【样条线】|【截面】工具，在【前】视图中拖动鼠标，创建一个平面，如图3.22所示。

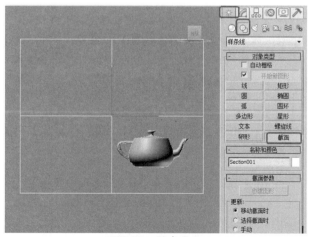

图3.22　创建截面

**03** 在【截面参数】卷展栏中单击【创建图形】按钮，在打开的【命名截面图形】对话框中为截面命名，单击【确定】按钮即可创建一个模型的截面，如图3.23所示。

**04** 使用【选择并移动】工具调整模型的位置，可以看到创建的截面图形，如图3.24所示。

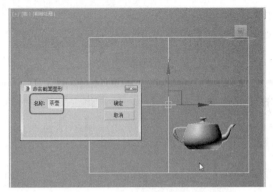

图3.23 单击【创建图形】按钮

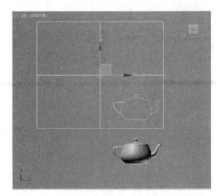

图3.24 截面图形

【界面参数】卷展栏说明如下。

★ 创建图形：基于当前显示的相交线创建图形。将显示一个对话框，可以在此命名新对象。结果图形是基于场景中所有相交网格的可编辑样条线，该样条线由曲线段和角顶点组成。

★ 更新：提供指定何时更新相交线的选项。

● 移动截面：在移动或调整截面图形时更新相交线。

● 选择截面：在选择截面图形但未移动时，更新相交线。单击【更新截面】按钮可更新相交线。

● 手动：仅在单击【更新截面】按钮时更新相交线。

● 更新截面：在使用"选择截面时"或"手动"选项时，更新相交点，以便与截面对象的当前位置匹配。

★ 截面范围：选择以下选项之一可指定截面对象生成的横截面的范围。

● 无限：截面平面在所有方向上都是无限的，从而使横截面位于其平面中的任意网格几何体上。

● 截面边界：仅在截面图形边界内或与其接触的对象中生成横截面。

● 禁用：不显示或生成横截面。禁用"创建图形"按钮。

● 色样：单击此选项可设置相交的显示颜色

## 11.创建椭圆

使用【椭圆】工具可以绘制椭圆形，如图3.25所示。

同圆形的创建方法相同，只是椭圆形使用【长度】和【宽度】两个参数来控制椭圆形的大小形态，若将轮廓勾选并设置厚度值即可创建如圆环的椭圆，其【参数】卷展栏如图3.26所示。

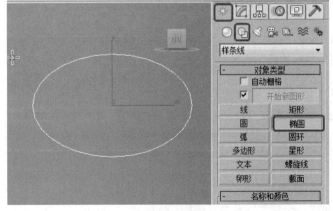

图3.25 创建椭圆

图3.26 【参数】卷展栏

**12.创建圆环**

使用【圆环】工具可以制作同心的圆环，如图3.27所示。

圆环的创建要比圆形麻烦一点，它相当于创建两个圆形，下面我们来创建一个圆环。

**01** 选择【创建】 ※ |【图形】 ◎ |【样条线】|【圆环】工具，在视图中单击并拖动鼠标，拖曳出一个圆形后放开鼠标。

**02** 再次移动鼠标，向内或向外再拖曳出一个圆形，至合适位置处单击鼠标，即可完成圆环的创建。

在【参数】卷展栏中，圆环有两个半径参数（半径1、半径2），分别用于控制两个圆形的半径，如图3.28所示。

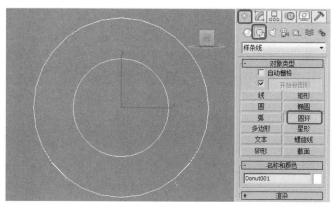

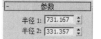

图3.27 【圆环】工具　　　　　　　　　　　　　　图3.28 【参数】卷展栏

## 3.1.2 二维图形的编辑与修改

使用【图形】工具直接创建的二维图形不能够直接生成三维物体，需要对它们进行编辑修改才可转换为三维物体。在对二维图形进行编辑修改时，通常会选择【编辑样条线】修改器，它为我们提供了对顶点、分段、样条线3个次物体级别的编辑修改，如图3.29所示。

在对使用【线】工具绘制的图形进行编辑修改时，不必为其指定【编辑样条线】修改器，因为它包含了对顶点、线段、样条线3个次物体级别的编辑修改等，与【编辑样条线】修改器的参数和命令相同，不同的是，它还保留了【渲染】、【插值】等基本参数项的设置，如图3.30所示。

图3.29 【编辑样条线】修改器　　　　　　图3.30 【线】的编辑修改器

下面将分别对【编辑样条线】修改器的3个次物体级别的修改进行讲解。

**1.修改【顶点】选择集**

在对二维图形进行编辑修改时，最基本、最常用的就是对【顶点】选择集的修改。通常会对图形进行添加点、移动点、断开点和连接点等操作，以至调整到我们所需的形状。

下面通讨为矩形指定【编辑样条线】修改器来学习【顶点】选择集的修改方法，以及常用修改命令。

**01** 选择【创建】| 【图形】| 【样条线】|【矩形】工具，在【前】视图中创建矩形。

**02** 单击【修改】按钮，进入【修改】命令面板，在修改器下拉列表中选择【编辑样条线】修改器，并将当前选择集定义为【顶点】。

**03** 在【几何体】卷展栏中单击【优化】按钮，然后在矩形线段的适当位置上单击鼠标左键，为矩形添加控制点，如图3.31所示。

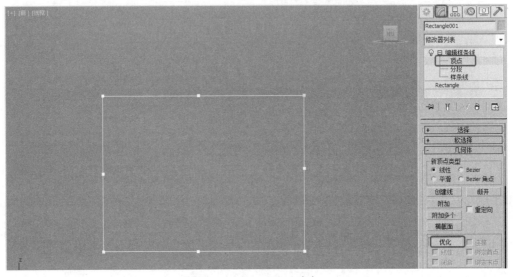

图3.31 为矩形添加节点

**04** 添加完节点后单击【优化】按钮，或直接在视图中单击鼠标右键，关闭【优化】按钮。使用【选择并移动】按钮，在节点处单击鼠标右键，在弹出的快捷菜单中选择相应的命令，然后对节点进行调整，如图3.32所示。

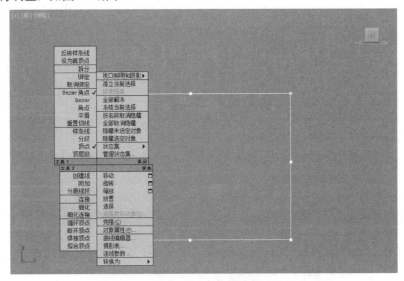

图3.32 节点类型

将节点设置为【Bezier角点】后，在节点上有两个控制手柄。当在选择的节点上单击鼠标右键时，在弹出的快捷菜单中的【工具1】区内可以看到点的5种类型：【Bezier角点】、【Bezier】、【角点】、【平滑】，以及【重置切线】，如图3.32所示。其中被勾选的类型是当前选择点的类型。

★ Bezier角点：这是一种比较常用的节点类型，通过分别对它的两个控制手柄进行调节，可以灵活地控制曲线的曲率。

★ Bezier：通过调整节点的控制手柄来改变曲线的曲率，以达到修改样条曲线的目的，它没有【Bezier角点】调节起来灵活。

★ 角点：使各点之间的【步数】按线性、均匀方式分布，也就是直线连接。

★ 平滑：该属性决定了经过该节点的曲线为平滑曲线。

★ 重置切线：在可编辑样条线【顶点】层级时，可以使用标准方法选择一个和多个顶点并移动它们。如果顶点属于【Bezier】或【Bezier 角点】类型，还可以移动和旋转控制柄，从而影响在顶点连接的任何线段的形状。还可以使用切线复制/粘贴操作在顶点之间复制和粘贴控制柄，同样也可以使用【重置切线】重置控制柄或在不同类型之间切换。

> **提 示**
>
> 在对一些二维图形进行编辑修改时，最好将一些直角处的点类型改为【角点】类型，这有助于提高模型的稳定性。

在对二维图形进行编辑修改时，除了【优化】外，还有如下所示的一些命令常被用到。

★ 连接：连接两个断开的点。

★ 断开：使闭合图形变为开放图形。通过【断开】按钮使点断开，先选中一个节点后单击【断开】按钮，此时单击并移动该点，会看到线条被断开。

★ 插入：该功能与【优化】按钮相似，都是加点命令，只是【优化】是在保持原图形不变的基础上增加节点，而【插入】是一边加点一边改变原图形的形状。

★ 设为首顶点：第一个节点用来标明一个二维图形的起点，在放样设置中各个截面图形的第一个节点决定【表皮】的形成方式，此功能就是使选中的点成为第一个节点。

★ 焊接：此功能可以将两个断点合并为一个节点。

★ 删除：删除节点。

**2.修改【分段】选择集**

【分段】是连接两个节点之间的边线，当对线段进行变换操作时，就相当于在对两端的点进行变换操作。下面对【分段】中常用的命令按钮进行介绍。

★ 断开：将选择的线段打断，类似点的打断。

★ 优化：与【顶点】选择集中的【优化】功能相同。

★ 拆分：通过在选择的线段上加点，可将选择的线段分成若干条线段，通过在其后面的文本框中输入要加入节点的数值，然后单击该按钮，即可将选择的线段细分为若干条线段。

★ 分离：将当前选择的线段与原图形分离。

**3.修改【样条线】选择集**

【样条线】级别是二维图形中另一个功能强大的次物体修改级别，相连接的线段即为一条样条曲线。在样条线级别中，【轮廓】与【布尔】运算的设置最为常用，尤其是在建筑效果图的制作当中。

01 选择【创建】 |【图形】 |【样条线】|【线】工具，在场景中绘制墙体的截面图形，如图3.33所示。

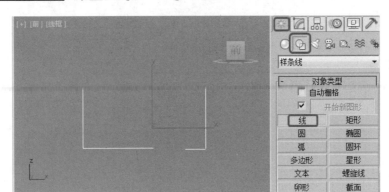

图3.33　创建样条线

02 单击【修改】按钮，进入修改命令面板，将当前选择集定义为【样条线】，在场景中选择绘制的样条线。

03 在【几何体】卷展栏中单击【轮廓】按钮，在场景中按住鼠标左键拖曳出轮廓，如图3.34所示。

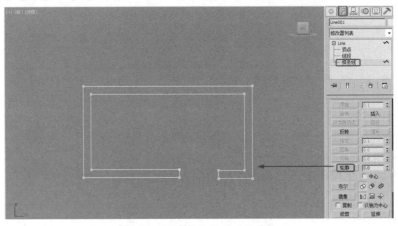

图3.34　设置样条线的【轮廓】

04 通常制作出样条线的截面后会为其施加【挤出】修改器，挤出截面的高度，这里就不详细介绍了。

## 3.1.3　修改面板的结构

在制作模型的过程中，往往会碰到这种情况，运用前面学习的方法所创建的对象满足不了目前的需要，那该怎么办呢？在这里，3ds Max 2015为设计者提供了一系列的修改命令，这些命令又称为修改器，修改器集放置在修改面板中。在这里，可以对不满意的对象进行修改。

选择需要修改的对象，单击【修改】按钮，进入修改命令面板，其结构如图3.35所示。

图3.35　修改命令面板的结构

在修改器下拉列表中选择可以应用于当前对象的修改器。另外，并不是所有的修改器都可以添加任意模型的，初始对象的属性不同，能施加给该对象的修改器就不同。例如，有的修改器是二维图形的专用修改器，就不能施加给三维对象。

**1.名称和颜色**

名称文本框可以显示被修改三维模型的名称，在此模型建立时就已存在，可以在文本框中输入新的名称。在3ds Max中允许同一场景中有相同名称的模型共存。单击其右侧的颜色框，可以弹出【对象颜色】对话框，用于重新确定模型的线框颜色。

**2.修改器堆栈**

堆栈是计算机术语，在3ds Max中被称为【修改器堆栈】，如图3.36所示。主要用来管理修改器。修改器堆栈可以理解为对各道加工工序所做的记录，修改器堆栈是场景物体的档案。它的功能主要包括3个方面：第一，堆栈记录物体从创建至被修改完毕这一全过程所经历的各项修改内容，包括创建参数、修改工具，以及空间变型，但不包含移动、旋转和缩放操作。第二，在记录的过程中，保持各项修改过程的顺序，即创建参数在最底层，其上是各修改工具，最顶层是空间变型。第三，堆栈不但按顺序记录操作过程，而且可以随时返回其中的某一步骤进行重新设置。

图3.36 修改器堆栈面板

★ 子物体：子物体就是指构成物体的元素。对于不同类型的物体，子物体的划分也不同，如二维物体的子物体分为【顶点】、【线段】和【样条线】，而三维物体的子物体分为【顶点】、【边】、【面】、【多边形】、【元素】等。

【修改器堆栈】中的工具按钮含义如下所述。

★ 【锁定堆栈】按钮：在对物体进行修改时，选择哪个物体，在堆栈中就会显示哪个物体的修改内容，当激活此项时，会把当前物体的堆栈内容固定在堆栈表内不做改变。

★ 【显示最终结果开/关切换】按钮：单击该按钮后，将显示场景物体的最终修改结果（作图时经常使用）。

★ 【使唯一】按钮：单击该按钮后，当前物体会断开与其他被修改物体的关联关系。

★ 【从堆栈中移除修改器】按钮：从堆栈列表中删除所选择的修改命令。

★ 【配置修改器集】按钮：单击该按钮后会弹出修改器分类列表。

**3.修改器列表**

3ds Max中的所有修改命令都被集中到修改器列表中，单击其右侧的下三角按钮将会出现修改命令的下拉列表，单击相应的命令名称，可对当前物体施加选中的修改命令。

**4.修改器命令按钮组的建立**

在为模型施加修改命令时，有时候会因为修改列表中的命令太多而一时半会儿找不到想要的修改命令，那么有没有一种快捷的方法，可以将平时常用的修改命令存储起来，在用的时候就可以快速找到呢？在这里，3ds Max 2015为我们提供了可以建立修改命令面板的功能，它是通过【配置修改器集】对话框来实现的。通过该对话框，用户可以在一个对象的修改器堆栈内复制、剪切和粘贴修改器，或将修改器粘贴到其他对象堆栈中，还可以给修改器取一个新名字以便记住编辑的修改器。

01 单击【修改】按钮，进入修改命令面板，然后单击【配置修改器集】按钮，在弹出的下拉菜单中选择【显示按钮】命令，如图3.37所示。

02 此时在【修改】命令面板中出现了修改器命令按钮组，如图3.38所示。

图3.37　选择【显示按钮】命令

图3.38　修改器命令按钮组

这个按钮组中提供的修改命令，是系统默认的一些命令，基本上是用不到的。下面来设置一下，将常用的【修改】命令设置为一个面板，如挤出、车削、倒角、弯曲、锥化、晶格、编辑网格、FFD长方体等命令。

**03** 单击【配置修改器集】按钮，在弹出的下拉菜单中选择【配置修改器集】命令，此时弹出【配置修改器集】对话框，在【修改器】列表框中选择所需要的命令，然后将其拖曳到右面的按钮上，如图3.39所示。

图3.39　拖曳命令到按钮上

**04** 用同样的方法将所需要的命令拖过去，按钮的个数也可以设置，设置完成后单击【保存】按钮，将这个命令面板保存起来，最

后单击【确定】按钮，如图3.40所示。

图3.40　添加完成单击【保存】按钮

这样，修改器命令按钮组就建立好了，用户操作时就可以直接单击修改器命令按钮组中的相应按钮，即可执行该命令。一个专业的设计师或绘图员，都是设置一个自己常用的修改器命令组，这样会直观、方便地找到所需要的修改命令，而不需要到修改器下拉列表中寻找了。

> **提示**
> 如果不想显示修改器命令按钮组，可以单击【配置修改器集】按钮，在弹出的下拉菜单中选择【显示按钮】命令，即可将其隐藏起来。

## 3.1.4　常用修改器

上面讲述了【修改】命令面板的基本结构，以及如何建立修改器命令按钮组等，但是如果想让模型的形体发生一些变化，以生成一些奇特的模型，那么必须给该物体施加相应的修改器。常用的修改器有【挤出】修改器、【车削】修改器、【倒角】修改器和【倒角剖面】修改器。下面就来学习一些常用的修改器。

### 1.【挤出】修改器

【挤出】修改器可以为一个闭合的样条线曲线图形增加厚度，将其挤出成为三维实体，如果是为一条非闭合曲线进行挤出处理，那么挤出后的物体就会是一个面片。

利用【挤出】修改器挤出的物体效果如图3.41所示。在【修改】命令面板中选择【挤出】修改器，【挤出】修改器的【参数】卷展栏如图3.42所示。

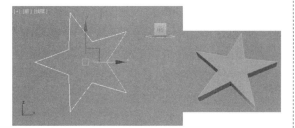

图3.41 将二维图形转换为三维图形

图3.42 【参数】卷展栏

★ 数量：设置挤出的深度。

★ 分段：设置挤出厚度上的片段划分数。

★ 【封口】选项组

● 封口始端：在顶端加面，封盖物体。

● 封口末端：在底端加面，封盖物体。

● 变形：勾选该单选按钮以可预测、可重复的方式排列封口面，这是创建变形目标所必需的操作。渐进封口可以产生细长的面，而不像栅格封口需要渲染或变形。如果要挤出多个渐进目标，主要使用渐进封口的方法。

**2. 【车削】修改器**

　　【车削】修改器可以通过旋转二维图形产生三维造型，如图3.43所示，或通过NURBS曲线来创建3D对象。接下来将介绍【车削】修改器，【车削】修改器的【参数】卷展栏如图3.44所示。

　　在修改器堆栈中，将【车削】修改器展开，通过【轴】调整车削效果，如图3.45所示。

● 栅格：在图形边界上的方形修剪栅格中排列封口面。此方法将产生一个由大小均等的面构成的表面，这些面可以被其他修改器很容易地变形。当选中【栅格】封口选项时，栅格线是隐藏边而不是可见边。这主要影响使用【关联】选项指定的材质，或使用晶格修改器的任何对象。

★ 【输出】选项组

● 面片：单击该单选按钮后，可生成一个可以塌陷到面片对象的对象。

● 网格：单击该单选按钮后，可生成一个可以塌陷到网格对象的对象。

● NURBS：单击该单选按钮后，可生成一个可以塌陷到NURBS曲面的对象。

★ 生成贴图坐标：勾选该复选框后，可将贴图坐标应用到挤出对象中。默认设置为禁用状态。

★ 真实世界贴图大小：该复选框用于对象的纹理贴图材质所使用的缩放方法。

★ 生成材质ID：将不同的材质ID指定给挤出对象侧面与封口。

★ 使用图形ID：勾选该复选框后，将材质ID指定给在挤出产生的样条线中的线段，或指定给在NURBS挤出产生的曲线子对象。

★ 平滑：勾选该复选框后，可以为挤出的图形应用平滑处理。

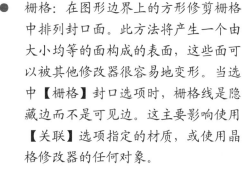

图3.43 设置三维造型　图3.44 车削修改器参数　图3.45 轴

轴：在此子对角层级上，可以进行变换和设置绕轴旋转动画。

在【参数】卷展栏中可以通过以下参数进行设置。

★ 度数：设置旋转成型的角度，360°为一个完整环形，小于360°为不完整的扇形。

★ 焊接内核：通过将旋转轴中的顶点焊接来简化网格，如果要创建一个变形目标，禁用此选项。

★ 翻转法线：将模型表面的法线方向反向。

★ 分段：设置旋转圆周上的片段划分数，值越高，模型越平滑。

★ 【封口】选项组
● 封口始端：将顶端加面覆盖。
● 封口末端：将底端加面覆盖。
● 变形：不进行面的精简计算，以使用于变形动画的制作。
● 栅格：进行面的精简计算，不能用于变形动画的动作。

★ 【方向】选项组
● X、Y、Z：分别设置不同的轴向。

★ 【对齐】选项组
● 最小：将曲线内边界与中心轴对齐。
● 中心：将曲线中心与中心轴对齐。
● 最大：将曲线外边界与中心轴对齐。

★ 【输出】选项组
● 面片：将放置成型的对象转化为面片模型。
● 网格：将旋转成型的对象转化为网格模型。

● NURBS：将放置成型的对象转化为NURBS曲面模型。

★ 生成贴图坐标：将贴图坐标应用到车削对象中。当【度数】值小于360，并勾选【生成贴图坐标】复选框时，将另外的图坐标应用到末端封口中，并在每一封口上放置一个1×1的平铺图案。

★ 真实世界贴图大小：控制应用于该对象的纹理贴图材质所使用的缩放方法。

★ 生成材质ID：为模型指定特殊的材质ID，两端面指定为ID1和ID2，侧面指定为ID3。

★ 使用图形ID：旋转对象的材质ID号分配以封闭曲线继承的材质ID值决定。只有在对曲线指定材质ID后才可用。

★ 平滑：勾选该复选框时自动平滑对象的表面，产生平滑过渡，否则会产生硬边。图3.46所示为勾选与不勾选【平滑】复选框的效果。

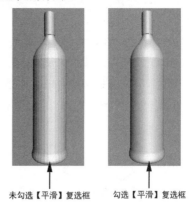

未勾选【平滑】复选框　　勾选【平滑】复选框

图3.46　勾选【平滑】复选框的效果

使用【车削】修改器的操作步骤如下所述。

01 在【前视图】中使用【线】工具绘制一条如图3.47所示的样条线。

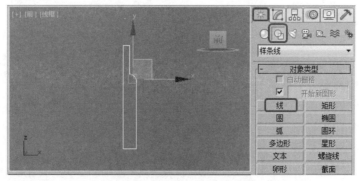

图3.47　绘制二维图形并调整

**02** 切换到【修改】 命令面板，在修改器下拉列表中选择【车削】修改器，如图3.48所示。

图3.48 施加【车削】修改器

**03** 在【参数】卷展栏中设置【分段】值为35，然后单击【对齐】选项组中的【最小】按钮，将当前选择集定义为【轴】，在视图中调整出瓶子的形状，如图3.49所示。

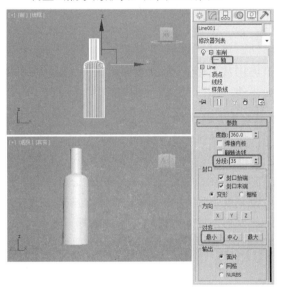

图3.49 设置参数并调整瓶子形状

### 3.【倒角】修改器

【倒角】修改器是通过对二维图形进行挤出成形，并且在挤出的同时，在边界上加入直形或圆形的倒角，如图3.50所示，一般用来制作立体文字和标志。

图3.50 倒角效果

在【倒角】修改器面板中包括【参数】和【倒角值】两个卷展栏，如图3.51所示。

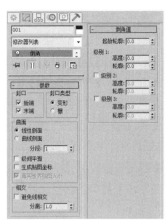

图3.51 倒角的参数选项

### 4.【倒角剖面】修改器

【倒角剖面】修改器与【倒角】修改器有很大的区别，【倒角剖面】修改器要求提供一个截面路径作为倒角的轮廓线，但在制作完成后这条剖面线不能删除，否则斜切轮廓后的模型就会一起被删除。【倒角剖面】修改器的【参数】卷展栏如图3.52所示。

图3.52 【参数】卷展栏

【参数】卷展栏中各选项说明如下：

★ 【拾取剖面】按钮：在为图形指定了【倒角剖面】修改器后，单击【拾取剖面】按钮，可以选中一个图形或NURBS曲线用于剖面路径。

★ 始端：对挤出图形的顶部进行封口。

★ 末端：对挤出图形的底部进行封口。

★ 变形：不处理表面，以便进行变形操作，制作变形动画。

★ 栅格：创建更合适封口变形的栅格封口。

★ 避免线相交：勾选该复选框，可以防止尖锐折角产生突出变形。

★ 分离：设置两个边界线之间保持的距离间隔，以防止越界交叉。

使用【倒角剖面】修改器的操作步骤为：首先在视图中创建两个图形，一个作为它的路径，另一个作为它的剖面线，并确认该路径处于被选中状态。然后单击【修改】按钮，进入【修改】命令面板，在修改器下拉列表中选择【倒角剖面】修改器，在【参数】卷展栏中单击【拾取剖面】按钮，然后在视图中单击轮廓线，即可生成物体，效果如图3.53所示。

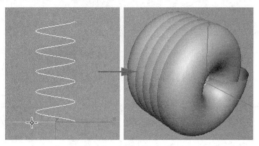

图3.53　倒角剖面效果

### 5.【弯曲】修改器

【弯曲】修改器可以对物体进行弯曲处理，图3.54所示对圆柱体添加该修改器，可以调节弯曲的角度和方向，以及弯曲依据的坐标轴向，还可以限制弯曲在一定区域内，【弯曲】修改器的参数面板如图3.55所示。

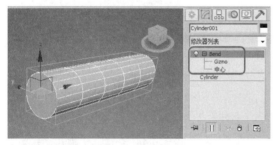

图3.54　为圆柱体添加【弯曲】修改器

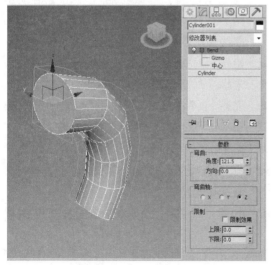

图3.55　【参数】卷展栏

【弯曲】修改器的【参数】卷展栏中的各项参数功能说明如下。

★ 角度：设置弯曲的角度大小。

★ 方向：用来调整弯曲方向的变化。

★ 弯曲轴：设置弯曲的坐标轴向。

★ 限制效果：对物体指定限制效果，影响区域将由下面的上、下限值来确定。

★ 上限：设置弯曲的上限，在此限度以上的区域不会受到弯曲影响。

★ 下限：设置弯曲的下限，在此限度与上限之间的区域都会受到弯曲影响。

除了这些基本的参数之外，【弯曲】修改器还包括两个次物体选择集：Gizmo（线框）和【中心】。对于Gizmo，可以对其进行移动、旋转、缩放等变换操作，在进行这些操作时将影响弯曲的效果。【中心】也可以被移动，从而改变弯曲所依据的中心点。

### 6.【锥化】修改器

使用【锥化】修改器可以通过缩放物体的两端而产生锥形的轮廓，同时还可以加入光滑的曲线轮廓，锥化的倾斜度和曲线轮廓的曲度可以调整，还可以限制局部锥化效果，图3.56所示为圆柱体添加【锥化】修改器。

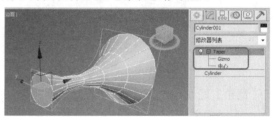

图3.56　为圆柱体添加【锥化】修改器

【锥化】参数卷展栏如图3.57所示，其各项参数的功能说明如下所述。

★ 数量：设置锥化倾斜的程度。

★ 曲线：设置锥化曲线的弯曲程度。

★ 锥化轴：设置锥化依据的坐标轴向。

★ 主轴：设置基本依据轴向。

★ 效果：设置影响效果的轴向。

★ 对称：设置一个对称的影响效果。

★ 限制效果：选中该复选框，可以限制锥化对Gizmo物体上的影响范围。

★ 上限/下限：分别设置锥化限制的区域。

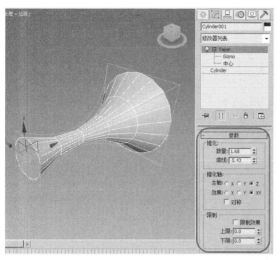

图3.57 【参数】卷展栏

### 7.【扭曲】修改器

【扭曲】修改器可以在对象几何体中产生一个旋转扭曲的效果,图3.58所示为对管状体添加【扭曲】修改器。它可以控制任意3个轴上扭曲的角度,并设置偏移来压缩扭曲相对于轴点的效果,也可以对几何体的一段限制扭曲。【扭曲】修改器的参数卷展栏如图3.59所示。

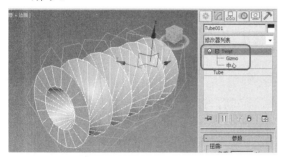

图3.58 为管状体添加【扭曲】修改器

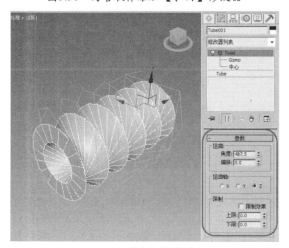

图3.59 【参数】卷展栏

其各项参数的功能说明如下所述。

★ 角度:设置扭曲的角度大小。

★ 偏移:设置扭曲向上或向下的偏向度。

★ 扭曲轴:设置扭曲依据的坐标轴向。

★ 限制效果:选中该复选框,可以限制扭曲对在Gizmo物体上的影响范围。

★ 上限/下限:分别设置扭曲限制的区域。

### 8.【噪波】修改器

【噪波】修改器可以使对象表面产生凹凸不平的效果,多用来制作群山或表面不光滑的物体,图3.60所示为对平面对象添加【噪波】修改器。【噪波】修改器沿着3个轴的任意组合调整对象顶点的位置,它是模拟对象形状随机变化的重要动画工具。【噪波】修改器的【参数】卷展栏如图3.61所示。

图3.60 为平面添加【噪波】修改器

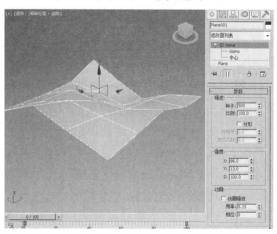

图3.61 【参数】卷展栏

其各项参数功能说明如下。

★ 噪波:控制噪波的出现,及其由此引起的在对象的物理变形上的影响。默认情况下,控制处于非活动状态。

● 种子:从设置的数中生成一个随机起始点。在创建地形时尤其有用,因为每种设置都可以生成不同的配置。

● 比例:设置噪波影响(不是强度)的

大小。较大的值产生更为平滑的噪波，较小的值产生锯齿现象更严重的噪波。默认值为100。

- 分形：根据当前设置产生分形效果，默认设置为禁用状态。如果启用【分形】复选项，则激活【粗糙度】和【迭代次数】两个参数项。
- 粗糙度：决定分形变化的程度。较低的值比较高的值更精细。范围为 0 至1.0，默认设置为 0。
- 迭代次数：控制分形功能所使用的迭代（或是八度音阶）的数目。较小的迭代次数使用较少的分形能量并生成更平滑的效果。【迭代次数】设置为 1.0时的效果与禁用【分形】复选项的效果一致。

★ 强度：控制噪波效果的大小。只有应用了强度后噪波效果才会起作用。

- X、Y、Z：可沿着3个不同的轴向设置噪波效果的强度，要产生噪波效果，至少要设置其中一个轴的参数。默认值为 0.0、0.0、0.0。

★ 动画：通过为噪波图案叠加一个要遵循的正弦波形，控制噪波效果的形状。

- 动画噪波：调节【噪波】和【强度】参数的组合效果。下列参数用于调整基本波形。
- 频率：设置正弦波的周期。调节噪波效果的速度。较高的频率使噪波振动得更快。较低的频率产生较为平滑和更温和的噪波。
- 相位：移动基本波形的开始和结束点。默认情况下，动画关键点设置在活动帧范围的任意一端。

### 9.【拉伸】修改器

【拉伸】修改器可以模拟【挤压和拉伸】的传统动画效果。通过对【拉伸】修改器参数的设置，可以得到各种不同的伸展效果，图3.62所示为对球体添加【拉伸】修改器后的效果。【拉伸】修改器的【参数】卷展栏如图3.63所示。

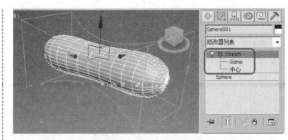

图3.62　为球体添加【拉伸】修改器

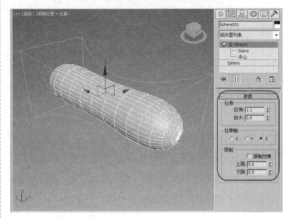

图3.63　【参数】卷展栏

其各项参数功能说明如下

★ 拉伸：包括【拉伸】和【放大】两个参数。

- 拉伸：用于设置对象伸展的强度，数值越大，伸展效果越明显。
- 放大：用于设置对象拉伸中部扩大变形的程度。

★ 拉伸轴：用于选择X、Y、Z3个不同的轴向。

★ 限制：通过设置【限制】参数，可以将拉伸效果应用到整个对象上，或限制到对象的一部分。

- 限制效果：选中【限制效果】复选框，可以应用【上限】、【下限】参数。
- 上限：设置数值后，将沿着拉伸轴的正向限制效果。
- 下限：设置数值后，将沿着拉伸轴的负向限制效果。

### 10.【挤压】修改器

使用【挤压】修改器可以为对象应用挤压效果，在此效果中，与轴点最为接近的顶点会向内移动，图3.64所示的是对球体的挤压效果。【挤压】修改器的【参数】卷展栏如图3.65所示。

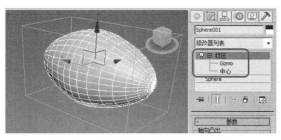

图3.64 为球体添加【挤压】修改器

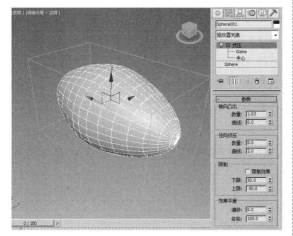

图3.65 【参数】卷展栏

其各项参数功能说明如下

★ 轴向凸出：默认情况下，沿着对象的Z轴应用凸起效果。

● 数量：控制凸起效果的数量。较高的值可以有效地拉伸对象，并使末端向外弯曲。

● 曲线：设置在凸起末端曲率的度数。可以控制凸起的形状。

★ 径向挤压：默认情况下，沿着对象的Z轴应用挤压效果。

● 数量：控制挤压操作的数量。大于0的值将会压缩对象的中部，而小于0的值将会使对象中部向外凸起。

● 曲线：设置挤压曲率的度数。较低的值会产生尖锐的挤压效果，而较高的值则会生成平缓的、不太明显的挤压效果。

★ 限制：用于限制沿着Z轴的挤压效果。

● 限制效果：选中【限制效果】复选项，可以应用【下限】、【上限】参数设置。

● 下限：设置沿Z轴的正向限制。

● 上限：设置沿Z轴的负向限制。

★ 效果平衡：包含【偏移】和【体积】两个参数。

● 偏移：在保留恒定对象体积的同时，更改凸起与挤压的相对数量。

● 体积：增加或减少【挤压】或【凸起】的效果。

**11.【波浪】修改器**

【波浪】修改器用于在几何体上模仿产生波浪的效果，如图3.66所示。【波浪】修改器的【参数】卷展栏如图3.67所示。

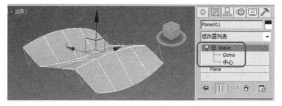

图3.66 为平面添加【波浪】修改器

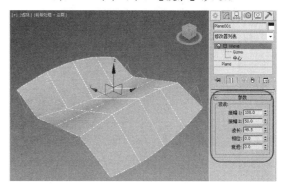

图3.67 【参数】卷展栏

其各项参数功能说明如下。

★ 振幅1：设置数值后，沿Y轴产生波浪。

★ 振幅2：设置数值后，沿X轴产生波浪。与【振幅1】产生的波浪的波峰和波谷的方向都一致。在正负之间切换值将反转波峰和波谷的位置。

★ 波长：指定以当前单位表示的波峰之间的距离。

★ 相位：在对象上变换波浪图案。正数在一个方向移动图案，负数在另一个方向移动图案。这种效果在制作动画时尤其明显。

★ 衰退：控制波浪的衰减程度。

**12.【倾斜】修改器**

【倾斜】修改器在对象几何体中产生均匀的偏移倾斜的效果，图3.68所示为对圆柱体添加【倾斜】修改器后的效果。【倾斜】修改器的【参数】卷展栏如图3.69所示。

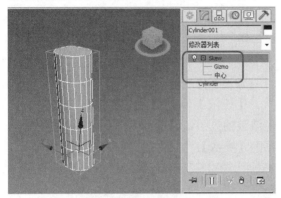

图3.68 添加【倾斜】修改器

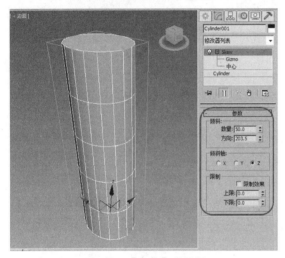

图3.69 【参数】卷展栏

其各项参数功能说明如下。

★ 数量：用于设置倾斜程度。

★ 方向：相对于水平平面设置倾斜的方向。

★ 倾斜轴：用于设置对象倾斜所依据的轴向。

★ 限制效果：选中【限制效果】复选框，则可以应用【下限】、【上限】参数设置。

★ 上限：用世界单位从倾斜中心点设置上限边界，超出这一边界，倾斜将不再影响几何体。

★ 下限：用世界单位从倾斜中心点设置下限边界，超出这一边界，倾斜将不再影响几何体。

## 3.1.5 编辑网格

【编辑网格】命令是一个针对三维物体操作的修改器，也是一个修改功能非常强大的命令，最适合创建表面复杂而又不用精确建模的模型。【编辑网格】属于【网格物体】的专用编辑工具，并可根据不同需要使用不同【子物体】和相关的命令进行编辑。

【编辑网格】给用户提供了【顶点】、【边】、【面】、【多边形】和【元素】5种子物体修改方式，这样对物体的修改更加方便。

首先选中要修改的物体，然后单击【修改】按钮，进入【修改】命令面板，在修改器下拉列表中选择【编辑网格】命令即可。

【编辑网格】的参数卷展栏共分为4大类，分别是【选择】、【软选择】、【编辑几何体】和【曲面属性】，如图3.70所示。

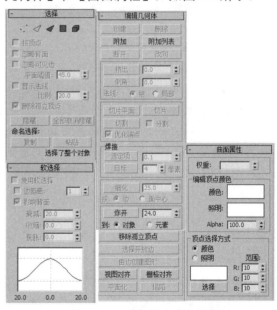

图3.70 【编辑网格】命令面板

> **提示**
> 选中【编辑网格】命令中的【子对象】命令时，【曲面属性】卷展栏才会显示出来。

下面简单介绍一下【顶点】、【边】、【面】、【多边形】和【元素】5种子物体。

★ 顶点：可以完成单点或多点的调整和修改，可对选择的单点或多点进行移动、旋转和缩放变形等操作。向外挤出选择的顶点，物体会向外凸起，向内推进选择的点，物体会向内凹入。将选择集定义为【顶点】后，通常使用主工具栏中的【选择并移动】、【选择并旋转】、【选择并均匀缩放】按钮来调整物体的形态。

★ 边：以物体的边作为修改和编辑的操作基础。

★ 面：以物体三角面作为修改和编辑的操作基础。

★ 多边形：以物体的方形面作为修改和编辑操作的基础。将选择集定义为【多边形】后，常用的选项如图3.71所示。

★ 元素：指组成整个物体的子栅格物体，可对整个独立体进行修改和编辑操作。

图3.71 多边形子对象下的常用选项

## 3.1.6 网格平滑

【网格平滑】是一项专门用来给简单的三维模型添加细节的修改器，使用【网格平滑】修改器之前最好先用【编辑网格】修改器将模型的大致框架制作出来，然后再用【网格平滑】修改器来添加细节。

【网格平滑】修改器可使实体的棱角变得平滑，平滑的外观更加符合现实中的真实物体。【网格平滑】修改器命令面板如图3.72所示。

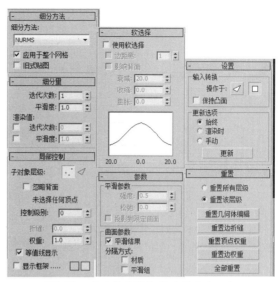

图3.72 【网格平滑】修改器命令面板

首先在视图中创建出需要进行网格平滑的三维物体，并确认该物体处于被选中状态，然后进入【修改】命令面板，在修改器下拉列表中选择【网格平滑】命令即可。其中【迭代次数】值决定了平滑的程度，不过值太大会造成面数过多，要适可而止。一般情况下，【迭代次数】的值不宜超过4，因为当【迭代次数】的值为4时，对象的表面已经足够光滑了，数值再大下去已经毫无意义，而且还会产生出更多的面，使系统的响应速度变得很慢。

## 3.1.7 涡轮光滑

【涡轮光滑】修改器与【网格平滑】修改器相比，不具备对物体的编辑功能，但是有更快的操作速度。

需要注意的是，使用【网格平滑】修改器虽然在视图中操作速度较快，但是由于使用后模型面数较多会导致渲染速度降低，所以一个较为可行的办法是操作时使用【涡轮平滑】修改器，渲染时再将【涡轮平滑】修改器改为【网格平滑】修改器，当然这是针对使用此修改器次数很多的多边形而言的。

# 3.2 实力应用：卷轴画 ────────────○

在现代社会中卷轴画，经常用作室内的装饰物品，在本节中将介绍卷轴画的制作，制作后的效果如图3.73所示。

图3.73　卷轴画效果

**01** 启动3ds Max 软件。选择【创建】 ⚙ 【图形】 ⊙ 【矩形】工具，在【顶】视图中创建一个【长度】为0.5、【宽度】为332的矩形，如图3.74所示。

**02** 选择【创建】|【图形】|【圆环】工具，在【顶】视图中绘制一个圆环，在【参数】卷展栏中将【半径1】和【半径2】分别设置为3、2.5， 如3.75所示。

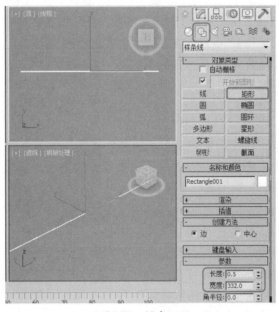

图3.74　创建矩形　　　　　　　　　图3.75　创建圆环

**03** 继续选中该对象并调整位置，然后切换至【层次】命令面板 品 中，单击【仅影响轴】按钮，在工具栏中单击【对齐】按钮，在视图中单击【Rectangle001】对象，在弹出的对话框中勾选【X位置】、【Y位置】、【Z位置】复选框，分别单击【当前对象】和【目标对象】选项组中的【轴点】单选按钮，如图3.76所示。

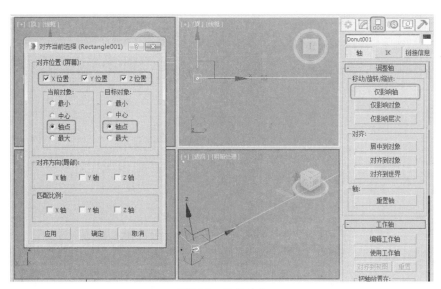

图3.76　对齐对象

**04** 单击【确定】按钮，再次单击【调整轴】卷展栏中的【仅影响轴】按钮，关闭调整轴，效果如图3.77所示。

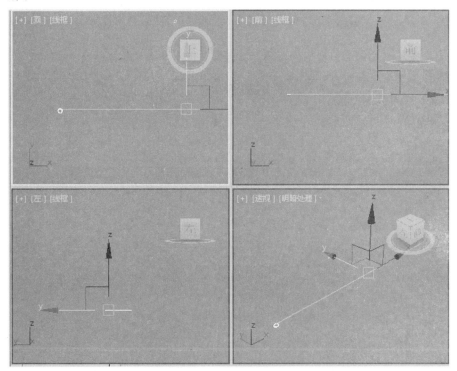

图3.77　调整轴后的效果

**05** 继续选中圆环，激活【顶】视图，在工具栏中单击【镜像】按钮，在弹出的对话框中选择【镜像轴】中的【X】，单击【复制】单选按钮，如图3.78所示。

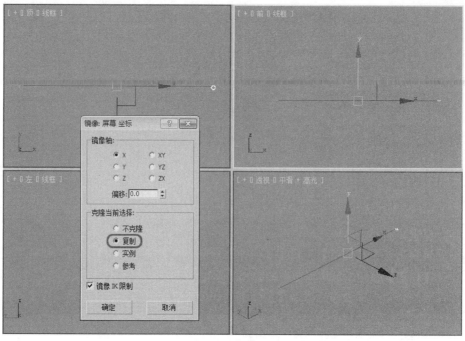

图3.78　镜像对象

06　单击【确定】按钮，在视图中选择【Rectangle001】对象，切换至【修改】命令面板，在【修改器列表】中选择【编辑样条线】修改器，在【几何体】卷展栏中单击【附加多个】按钮，在弹出的对话框中选择要附加的对象，如图3.79所示。

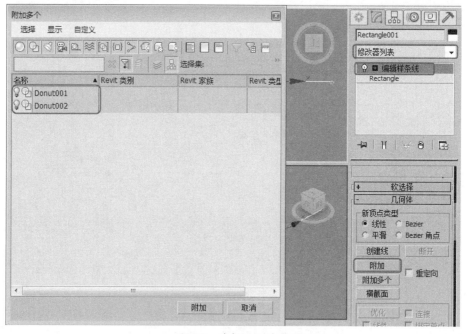

图3.79　选择附加对象

07　单击【附加】按钮，将当前选择集定义为【样条线】，在【几何体】卷展栏中单击【修剪】按钮，对圆环和矩形进行修剪，并将多余的样条线删除，修剪后的效果如图3.80所示。

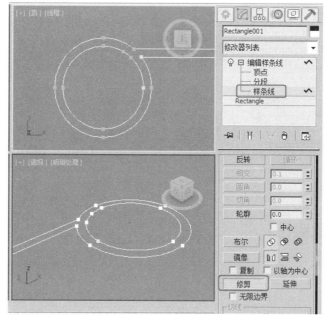

图3.80 修剪后的效果

**08** 修剪完成后，将当前选择集定义为【顶点】，按Ctrl+A快捷键，全选顶点，在【几何体】卷展栏中选择【焊接】按钮，焊接顶点，如图3.81所示。

**09** 将当前选择集定义为【顶点】，在【几何体】卷展栏中单击【优化】按钮，在视图中对图形进行优化，效果如图3.82所示。

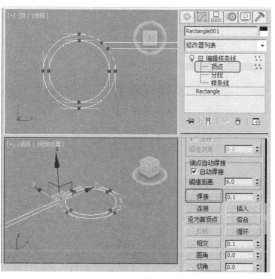

图3.81 焊接顶点

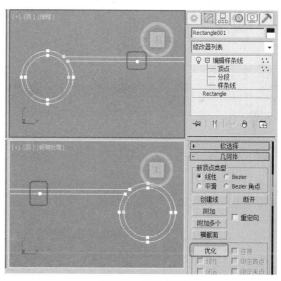

图3.82 优化图形

**10** 关闭当前选择集，在【修改器列表】中选择【挤出】修改器，在【参数】卷展栏中将【数量】设置为140、【分段】为3，如图3.83所示。

**11** 在修改器列表中选择【编辑网格】修改器，将当前选择集定义为【顶点】，在视图中调整顶点的位置，调整后的效果如图3.84所示。

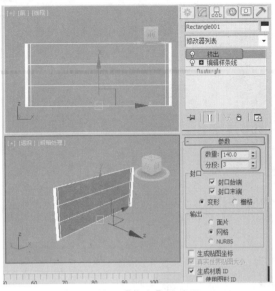

图3.83　添加【挤出】修改器　　　　　　　图3.84　添加【编辑网格】修改器

12 将当前选择集定义为【多边形】，在【前】视图中选择中间的多边形，在【曲面属性】卷展栏中设置【设置ID】为1，如图3.85所示。

13 在菜单栏中选择【编辑】|【反选】命令，反选多边形，设置【设置ID】为2，如图3.86所示。

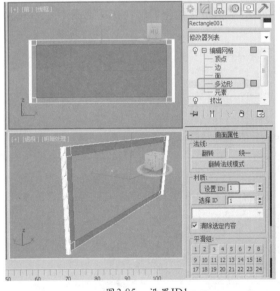

图3.85　设置ID1

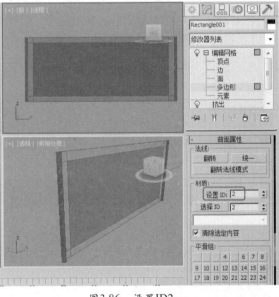

图3.86　设置ID2

14 关闭当前选择集，在场景中选择作为卷轴画的模型，按M键，打开【材质编辑器】面板，选择一个新的材质样本球，将其命名为【卷画】，单击 Arch & Design 按钮，在弹出的【材质/贴图浏览器】对话框中选择【多维/子对象】材质，单击【确定】按钮，如图3.87所示。

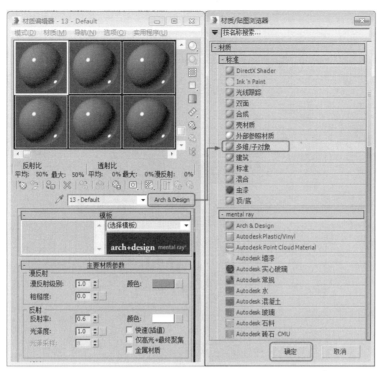

图3.87　选择【多维/子对象】材质

**15** 在弹出的对话框中选择【丢弃旧材质】单选按钮，单击【确定】按钮，如图3.88所示。

**16** 在【多维/子对象基本参数】卷展栏中单击【设置数量】按钮，在弹出的【设置材质数量】对话框中设置【材质数量】为2，单击【确定】按钮，如图3.89所示。

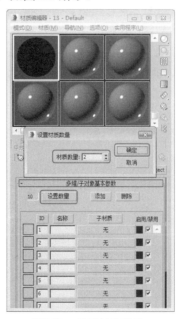

图3.88　替换材质　　　　　　　　图3.89　设置材质数量

**17** 单击ID1右侧的子材质，在弹出的【材质/贴图浏览器】对话框中双击【标准】材质，在子材质的【贴图】卷展栏中单击【漫反射颜色】后面的【无】按钮，在弹出的【材质/贴图浏览器】对话框中双击【位图】选项，再在弹出的对话框中选择【骏马.jpg】贴图文件，单击【打开】按钮，如图3.90所示。

**18** 在【坐标】卷展栏中取消勾选【使用真实世界比例】复选框，将【瓷砖】下的U、V均设置为

1，如图3.91所示。

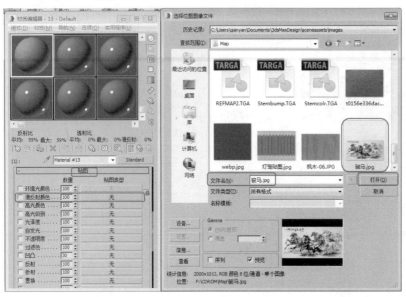
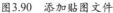
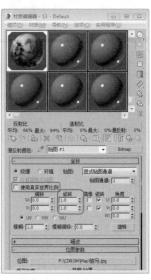

图3.90　添加贴图文件　　　　　　　　　　　图3.91　设置ID1材质

**19** 单击【在视口中显示标准贴图】按钮，单击两次【转到父对象】按钮，单击ID2右侧的子材质按钮，在弹出的对话框中双击【标准】选项，在【贴图】卷展栏中单击【漫反射颜色】后面的【无】按钮，在弹出的【材质/贴图浏览器】对话框中双击【位图】选项，在弹出的对话框中选择【卷画饰纹.tif】贴图文件，单击【打开】按钮，在【坐标】卷展栏中取消勾选【使用真实世界比例】复选框，将【瓷砖】下的UV分别设置为2、1，如图3.92所示。

**20** 单击【在视口中显示标准贴图】按钮，单击两次【转到父对象】按钮，将设置完成后的材质指定给选定对象，切换至【修改】命令面板中，在修改器列表中选择【UVW贴图】修改器，在【参数】卷展栏中单击【长方体】单选按钮，将【长度】、【宽度】、【高度】分别设置为6、300、116，取消勾选【使用真实世界比例】复选框，如图3.93所示。

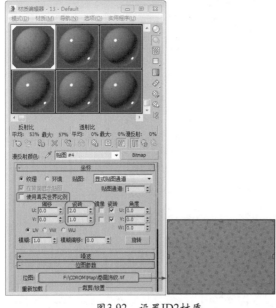
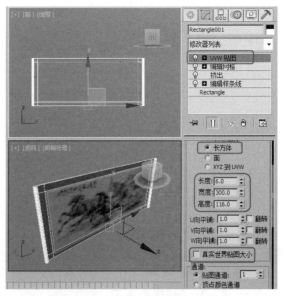

图3.92　设置ID2材质　　　　　　　　　　　图3.93　添加【UVW贴图】修改器

**21** 选择【创建】|【几何体】|【圆柱体】工具，在【顶】视图中创建【半径】为2.5、【高度】为

155的圆柱体,将其命名为【轴001】,如图3.94所示。

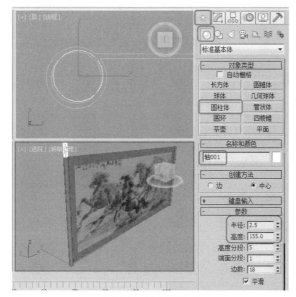

图3.94 创建圆柱体

22 创建完成后,在视图中调整该对象的位置,切换至【修改】命令面板,在修改器列表中选择【编辑多边形】修改器,将当前选择集定义为【顶点】,在场景中调整顶点的位置,如图3.95所示。

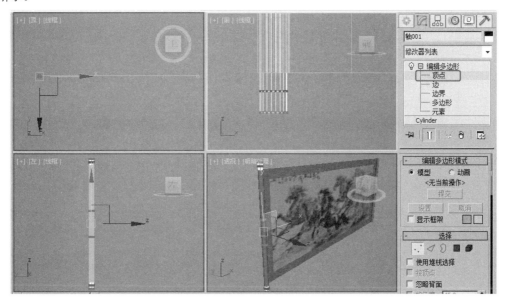

图3.95 调整顶点的位置

23 将当前选择集定义为【多边形】,选择两端的多边形,在【编辑多边形】卷展栏中单击【挤出】右侧的【设置】按钮□,将挤出多边形的方式设置为【本地法线】,将【高度】设置为1.5,单击【确定】◯按钮,如图3.96所示。

24 挤出完成后,关闭当前选择集,继续选中该对象,切换至【层次】卷展栏中,单击【仅影响轴】按钮,在工具栏中单击【对齐】按钮,在视图中单击【Rectangle001】对象,在弹出的对话框中勾选【X位置】、【Y位置】、【Z位置】复选框,分别单击【当前对象】和【目标对象】选项组中的【轴点】单选按钮,如图3.97所示。

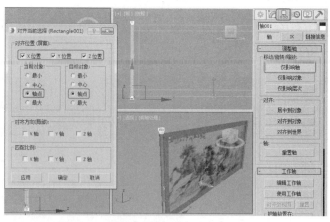

图3.96 挤出多边形　　　　　　　　　　　　图3.97 对齐对象

**25** 单击【确定】按钮，再次单击【仅影响轴】按钮，即可完成轴的调整，激活【前】视图，在工具栏中单击【镜像】按钮 **OK**，在弹出的对话框中单击【复制】单选按钮，如图3.98所示。

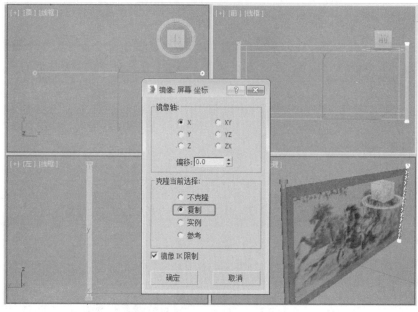

图3.98 镜像对象

**26** 单击【确定】按钮，在视图中选择镜像后的两个轴，按M键，在弹出的对话框中选择一个新材质样本球，将其命名为【画轴】，单击 Arch & Design 按钮，在弹出的【材质/贴图浏览器】对话框中选择【标准】材质，在【Blinn基本参数】卷展栏中将【环境光】和【漫反射】的RGB值都设置为（50、15、0），将【反射高光】选项组中的【高光级别】和【光泽度】分别设置为55和65，如图3.99所示。

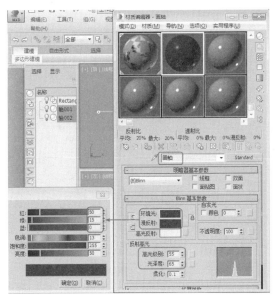

图3.99 设置画轴材质

**27** 设置完成后，将该材质指定给选定对象，选择【创建】 ☀ |【几何体】 ◯ |【平面】工具，在【前】视图中绘制平面，在【参数】卷展栏中设置【长度】和【宽度】为300、500，如图3.100所示。

**28** 调整平面的位置，然后选择【创建】 ☀ |【摄影机】 🎥 |【目标】工具，在视图中创建摄影机，激活【透视】视图，按C键将其转换为摄影机视图，切换到【修改】命令面板，在【参数】卷展栏中，将【镜头】设置为35，如图3.101所示。

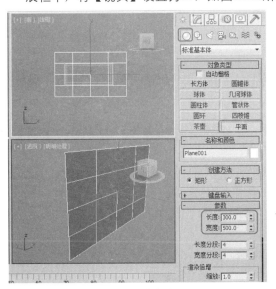

图3.100 创建平面

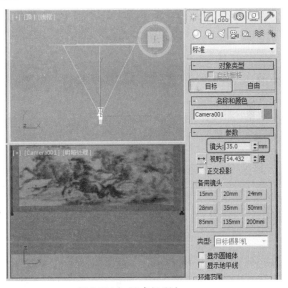

图3.101 创建摄影机

**29** 并在其他视图中调整摄影机位置，按M键打开【材质编辑器】对话框，选择一个新的材质球，单击  按钮，在弹出的【材质/贴图浏览器】对话框中单击【材质/贴图浏览器选项】按钮，在弹出的下拉列表中选择【显示不兼容】，然后选择并双击【无光/投影】材质，如图3.102所示。

**30** 在场景中选择创建的平面对象，单击【将材质指定给选定对象】按钮 🎨，如图3.103所示。

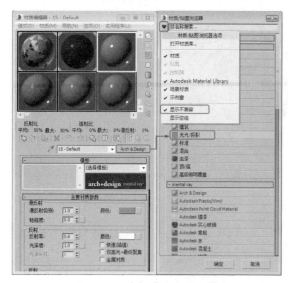

图3.102 选择【无光/投影】材质

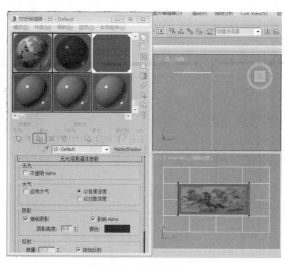

图3.103 指定材质

**31** 按8键打开【环境和效果】对话框，单击【环境贴图】下的【无】按钮，在打开的对话框中选择【位图】并双击，选择素材文件【卷轴画背景.jpg】，如图3.104所示。

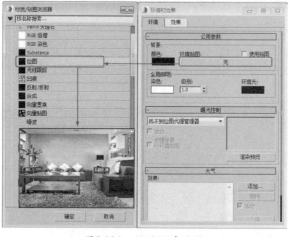

图3.104 设置环境贴图

**32** 按M键打开材质编辑器，在【环境和效果】对话框中，将【环境贴图】下的贴图拖至一个新的材质球上，在弹出的对话框中选择【实例】命令，如图3.105所示。

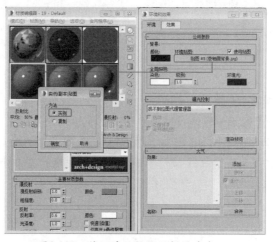

图3.105 将环境贴图拖至材质球中

**33** 单击【确定】按钮，在【坐标】卷展栏中选择【环境】，将【贴图】类型设置为【屏幕】，如图3.106所示。

**34** 关闭【环境和效果】对话框，激活【摄影机】视图，按Alt+B快捷键，在打开的对话框中选择【使用环境背景】单选按钮，单击【确定】按钮，如图3.107所示。

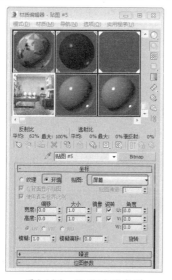

图3.106 设置贴图类型

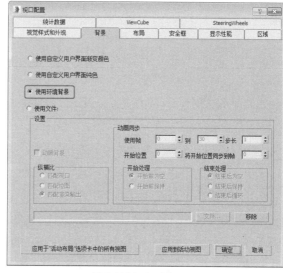

图3.107 配置视口

**35** 关闭【材质编辑器】对话框，再次对摄影机视图进行调整，选择【创建】|【灯光】|【标准】|【天光】工具，在【顶】视图中创建天光，在【天光参数】卷展栏中将【倍增】设置为0.25，如图3.108所示。

**36** 在工具栏中单击【渲染设置】按钮，在弹出的【渲染设置】对话框中展开【指定渲染器】卷展栏，单击【产品级】右侧的 按钮，在弹出的【选择渲染器】对话框中，选择【默认扫描线渲染器】，如图3.109所示。

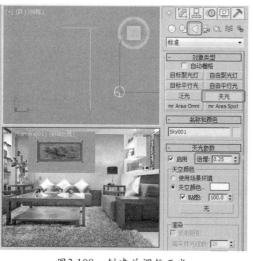

图3.108 创建并调整天光

图3.109 指定渲染器

**37** 单击【确定】按钮，选择【高级照明】选项卡，在【选择高级照明】卷展栏中将高级照明设置为【光跟踪器】选项，如图3.110所示。

**38** 切换至【公用】选项卡，在【公用参数】卷展栏中将【输出大小】选项组中的【宽度】和【高度】分别设置为2800×2100，如图3.111所示。

**39** 至此，卷轴画就制作完成了，对完成后的场景进行渲染及保存。

图3.110 设置高级照明类型

图3.111 设置输出大小

# 3.3 拓展训练：魔方

魔方，也称鲁比克方块，是匈牙利布达佩斯建筑学院厄尔诺·鲁比克教授发明的。本例就来介绍一下魔方的制作，效果如图3.112所示。

**01** 选择【创建】 ※ |【几何体】 ◎ |【标准基本体】|【长方体】工具，在【顶】视图中创建长方体，将其命名为【魔方】，在【参数】卷展栏中将【长度】、【宽度】和【高度】均设置为100，将【长度分段】、【宽度分段】和【高度分段】均设置为3，如图3.113所示。

图3.112 魔方

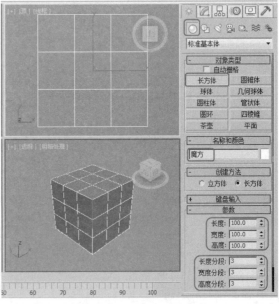

图3.113 创建长方体

**02** 然后切换至【修改】命令面板，在【修改器列表】中选择【编辑多边形】修改器，将当前选择集定义为【多边形】，按Ctrl+A快捷键选择所有的多边形，在【编辑多边形】卷展栏中单击【倒角】右侧的【设置】按钮□，在弹出的小盒控件中将倒角方式设置为【按多边形】，将

【高度】设置为2，将【轮廓】设置为-1，单击【确定】按钮，如图3.114所示。

**03** 在【顶】视图中，按住Ctrl键的同时选择图3.115所示的多边形，在【多边形：材质ID】卷展栏中将【设置ID】设置为1。

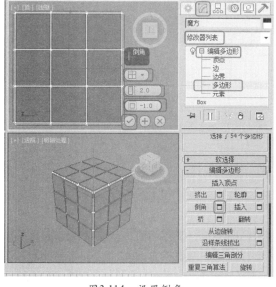

图3.114 设置倒角

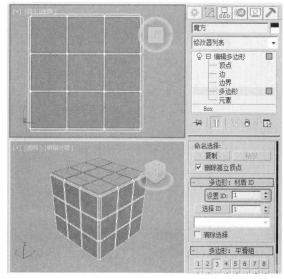

图3.115 设置ID1

**04** 在【顶】视图中按B键，切换为【底】视图，并在【底】视图中选择图3.116所示的多边形，在【多边形：材质ID】卷展栏中将【设置ID】设置为2。

**05** 使用同样的方法，为其他多边形设置ID，图3.117所示为ID为7的多边形。

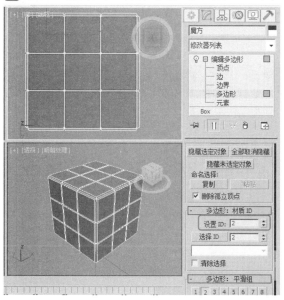

图3.116 设置ID2

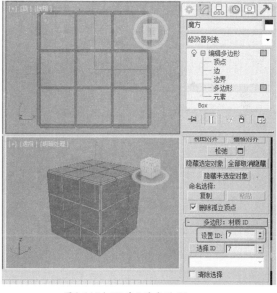

图3.117 ID为7的多边形

**06** 关闭当前选择集，确认【魔方】对象处于选择状态，按M键弹出【材质编辑器】对话框，选择一个新的材质样本球，单击名称右侧的 Arch & Design 按钮，在弹出的【材质/贴图浏览器】对话框中选择【多维/子对象】材质，如图3.118所示。

**07** 单击【确定】按钮，弹出【替换材质】对话框，选择【丢弃旧材质】单选按钮，单击【确定】按钮即可，然后在【多维/子对象基本参数】卷展栏中单击【设置数量】按钮，弹出【设置材质数量】对话框，将【材质数量】设置为7，单击【确定】按钮，如图3.119所示。

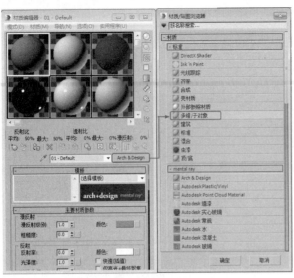

图3.118 选择【多维/子对象】材质　　　　图3.119 设置材质数量

08 然后单击ID1右侧的子材质按钮，在弹出的【材质/贴图浏览器】对话框中双击【标准】材质，进入子级材质面板中，在【明暗器基本参数】卷展栏中将明暗器类型设置为【各向异性】，在【各向异性基本参数】卷展栏中将【环境光】和【漫反射】的RGB值设置为（255、0、0），在【自发光】选项组中将【颜色】设置为30，将【漫反射级别】设置为105，在【反射高光】选项组中将【高光级别】、【光泽度】和【各向异性】分别设置为95、65、85，如图3.120所示。

09 单击【转到父对象】按钮，返回到父级材质层级中。在ID1右侧的子材质按钮上，按住鼠标左键向下拖动，拖至ID2右侧的子材质按钮上，松开鼠标，在弹出的【实例（副本）材质】对话框中选择【复制】单选按钮，如图3.121所示。

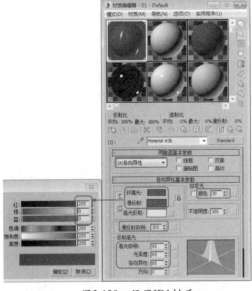

图3.120 设置ID1材质　　　　图3.121 复制材质

10 单击【确定】按钮，单击ID2在材质按钮右侧的颜色块，在弹出的对话框中将颜色的RGB设置为（0、230、255），如图3.122所示。

11 单击【确定】按钮，使用同样的方法，设置其他材质，设置完成后单击【将材质指定给选定对象】按钮，将材质指定给【魔方】对象，如图3.123所示。

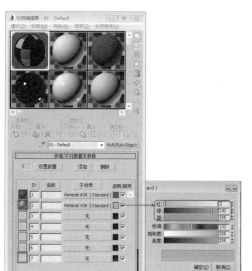
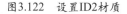

图3.122 设置ID2材质

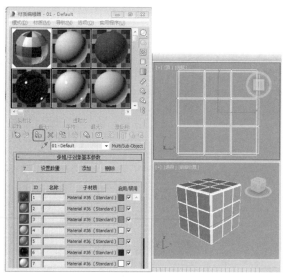

图3.123 设置并指定材质

**12** 选择【创建】 ✳ |【几何体】 ○ |【标准基本体】|【平面】工具,在【顶】视图中创建平面,在【参数】卷展栏中将【长度】和【宽度】均设置为500,并在视图中调整其位置,如图3.124所示。

**13** 确认创建的平面对象处于选择状态,按M键弹出【材质编辑器】对话框,选择一个新的材质样本球,单击名称右侧的 Arch & Design 按钮,在弹出的【材质/贴图浏览器】对话框中,单击【材质/贴图浏览器选项】按钮,在弹出的下拉列表中选择【显示不兼容】选项,然后选择并双击【无光/投影】材质,如图3.125所示。

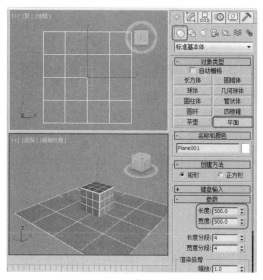

图3.124 创建平面对象

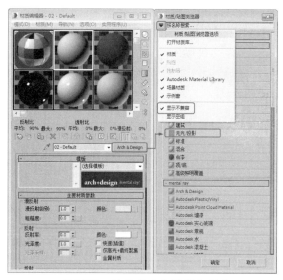

图3.125 选择【无光/投影】材质

**14** 在【无光/投影基本参数】卷展栏中的【反射】选项组中,单击【贴图】右侧的【无】按钮,在弹出的【材质/贴图浏览器】对话框中选择【平面镜】贴图,单击【确定】按钮,如图3.126所示。

**15** 然后在【平面镜参数】卷展栏中勾选【应用于带ID的面】复选框,并单击【转到父对象】按钮 👪,如图3.127所示。

**16** 然后在【反射】组中将【数量】设置为10,如图3.128所示。单击【将材质指定给选定对象】按钮，将材质指定给平面对象。

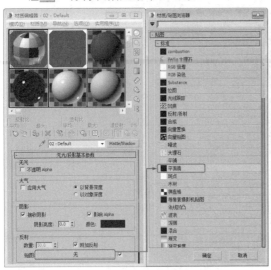

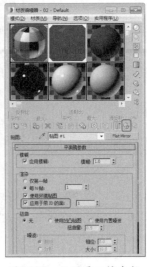

图3.126　选择【平面镜】贴图　　　　图3.127　设置平面镜参数　　图3.128　设置反射数量

**17** 按键盘上的8键弹出【环境和效果】对话框，选择【环境】选项卡，在【公用参数】卷展栏中单击【环境贴图】按钮，弹出【材质/贴图浏览器】对话框，选择【位图】贴图，单击【确定】按钮，在弹出的对话框中选择贴图文件夹中的【电脑桌.jpg】素材图片，单击【打开】按钮，如图3.129所示。

**18** 按M键打开材质编辑器，在【环境和效果】对话框中，将【环境贴图】下的贴图拖至一个新的材质球上，在弹出的对话框中选择【实例】命令，如图3.130所示。

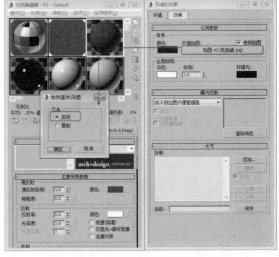

图3.129　设置环境贴图　　　　　　　图3.130　将环境贴图拖至材质球中

**19** 单击【确定】按钮，在【坐标】卷展栏中选择【环境】，将【贴图】类型设置为【屏幕】，如图3.131所示。

**20** 关闭【环境和效果】与【材质编辑器】对话框，激活【透视】视图，按Alt+B快捷键，在打开的对话框中选择【使用环境背景】单选按钮，单击【确定】按钮，如图3.132所示。

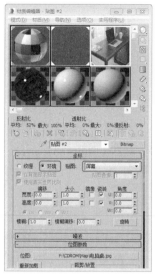

图3.131 设置环境贴图选项

图3.132 选择【使用环境背景】单选按钮

**21** 选择【创建】 |【摄影机】 【标准】|【目标】工具，在【参数】卷展栏中将【镜头】设置为42mm，在【顶】视图中创建摄影机，激活【透视】视图，按C键将其转换为摄影机视图，效果如图3.133所示。

**22** 然后在其他视图中调整摄影机位置，选择【创建】 |【灯光】 【标准】|【天光】工具，在【顶】视图中创建天光，效果如图3.134所示。

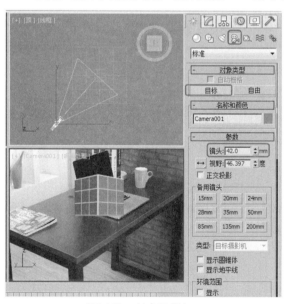

图3.133 创建摄影机

图3.134 创建天光

**23** 按F10键弹出【渲染设置】对话框，在弹出的【渲染设置】对话框中展开【指定渲染器】卷展栏，单击【产品级】右侧的 按钮，在弹出的【选择渲染器】对话框中选择【默认扫描线渲染器】，如图3.135所示。

**24** 单击【确定】按钮，选择【高级照明】选项卡，在【选择高级照明】卷展栏中将高级照明设置为【光跟踪器】选项，如图3.136所示。

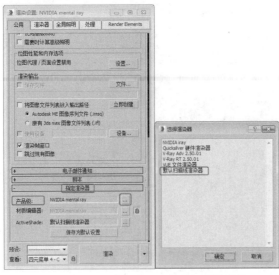

图3.135　选择【默认扫描线渲染器】　　　　　图3.136　设置高级照明

**25** 然后激活摄影机视图，按F9键对摄影机视图进行渲染，渲染完成后将场景文件保存即可。

# 3.4 课后练习

1. 在Max中共提供了几种图形对象？分别是哪几种？

2. 如何显示修改器命令按钮组？

3. 【挤出】修改器有什么作用？

# 第4章
# 三维复合对象建模

三维建模是建模过程中最为重要的一个环节，本章节将重点讲解三维复合对象的建模的重要操作技术，其中包括创建复合对象、布尔运算、放样对象、网格建模编辑修改器等，本章节还精心为读者用户提供了两个很有代表性的例子，希望通过本章节的学习，可以对你的三维复合对象建模起到一定的作用。

# 4.1 三维复合对象基础

## 4.1.1 创建复合对象

选择【创建】■|【几何体】○|【复合对象】工具，就可以打开【复合对象】命令面板。

图4.1 【复合对象】面板

复合对象是将两个以上的物体通过特定的合成方式结合为一个物体。对于合并的过程不仅可以反复调节，还可以表现为动画方式，使一些高难度的造型和动画制作成为可能，复合对象面板如图4.1所示。

其中在【复合对象】命令面板中包括以下命令。

★ 变形：变形是一种与2D动画中的中间动画类似的动画技术。【变形】对象可以合并两个或多个对象，方法是插补第一个对象的顶点，使其与另外一个对象的顶点位置相符。

★ 散布：散布是复合对象的一种形式，将所选的源对象散布为阵列，或散布到分布对象的表面。

★ 一致：通过将某个对象（称为包裹器）的顶点投影至另一个对象（称为包裹对象）的表面。

★ 连接：通过对象表面的【洞】连接两个或多个对象。

★ 水滴网格：水滴网格复合对象可以通过几何体或粒子创建一组球体，还可以将球体连接起来，就好像这些球体是由柔软的液态物质构成的一样。

★ 图形合并：创建包含网格对象和一个或多个图形的复合对象。这些图形嵌入在网格中（将更改边与面的模式），或从网格中消失。

★ 布尔：布尔对象通过对其他两个对象执行布尔操作将它们组合起来。

★ 地形：通过轮廓线数据生成地形对象。

★ 放样：放样对象是沿着第三个轴挤出的二维图形。从两个或多个现有样条线对象中创建放样对象。这些样条线之一会作为路径。其余的样条线会作为放样对象的横截面或图形。沿着路径排列图形时，3ds Max 会在图形之间生成曲面。

★ 网格化：以每帧为基准将程序对象转化为网格对象，这样可以应用修改器，如弯曲或UVW 贴图。它可用于任何类型的对象，但主要为使用粒子系统而设计。

★ ProBoolean：布尔对象通过对两个或多个其他对象执行布尔运算将它们组合起来。ProBoolean 将大量功能添加到传统的3ds Max 布尔对象中，如每次使用不同的布尔运算，立刻组合多个对象的能力。ProBoolean 还可以自动将布尔结果细分为四边形面，这有助于网格平滑和涡轮平滑。

★ ProCutter：主要目的是分裂或细分体积。ProCutter运算结果尤其适合在动态模拟中使用。

## 4.1.2 使用布尔运算

【布尔】运算类似于传统的雕刻建模技术，因此，布尔运算建模是许多建模者常用、也是非常喜欢使用的技术。通过使用基本几何体，可以快速、容易地创建任何非有机体的对象。

在数学里，【布尔】意味着两个集合之间的比较；而在3ds Max中，是两个几何体次对象集之间的比较。布尔运算是根据两个已有对象定义一个新的对象。

在3ds Max中，根据两个已经存在的对象创建一个布尔组合对象来完成布尔运算。两个存在的对象称为运算对象，进行布尔运算的方法如下。

**01** 打开3ds Max 2015软件，在场景中创建一个茶壶和圆柱体对象，将它们放置在图4.2所示的位置。

**02** 在视图中选择创建的圆柱体对象，然后选择【创建】 ▓ |【几何体】 ◎ |【复合对象】|【布尔】
工具，即可进入布尔运算模式，在【拾取布尔】卷展栏中单击【拾取操作对象B】按钮，在场
景中拾取茶壶对象，并在【参数】卷展栏的【操作】选项组中勾选【差集（B-A）】运算方
式，布尔后的效果如图4.3所示。

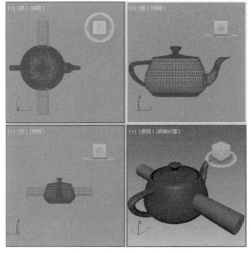 

图4.2 创建茶壶和圆柱体　　　　　　　　图4.3 布尔后的效果

　　【布尔】运算是对两个以上的物体进行并集、差集、交集和切割运算，得到新的物体形
状。下面将通过上面创建的物体介绍4种运算的作用。

## 1.【布尔】运算的类型

（1）并集运算

将两个造型合并，相交的部分被删除，成为一个新物体，与【结合】命令相似，但造型结
构已发生变化，相对产生的造型复杂度较低。

在视图中选择创建的圆柱体对象，选择【创建】 ▓ |【几何体】 ◎ |【复合对象】|【布尔】
工具，在【参数】卷展栏中选中【操作】选项组中的【并集】单选按钮，然后在【拾取布尔】
卷展栏中单击【拾取操作对象B】按钮，在场景中拾取茶壶对象，得到的效果如图4.4所示。

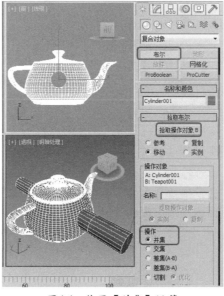

图4.4 使用【并集】运算

（2）交集运算

将两个造型相交的部分保留，不相交的部分删除。

在视图中选择创建的圆柱体对象，选择【创建】|【几何体】|【复合对象】|【布尔】工具，在【参数】卷展栏中选择【操作】选项组中的【交集】单选按钮，然后在【拾取布尔】卷展栏中单击【拾取操作对象B】按钮，在场景中拾取茶壶对象，得到的效果如图4.5所示。

图4.5 运用【交集】运算

（3）差集运算

将两个造型进行相减处理，得到一切割后的造型。这种方式对两个物体相减的顺序有要求，会得到两种不同的结果，其中【差集（A-B）】是默认的一种运算方式。

在视图中选择创建的圆柱体对象，选择【创建】|【几何体】|【复合对象】|【布尔】工具，在【参数】卷展栏中选择【操作】选项组中的【差集（B-A）】单选按钮，然后在【拾取布尔】卷展栏中单击【拾取操作对象B】按钮，在场景中拾取茶壶对象，得到的效果如图4.6所示。

图4.6 【差集（B-A）】

（4）切割运算

切割布尔运算方式共有4种，包括【优化】、【分割】、【移除内部】和【移除外部】，如图4.7所示。

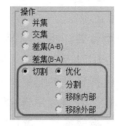

图4.7 切割运算的4种方式

★ 优化：在操作对象B与操作对象A面的相交之处，在操作对象A上添加新的顶点和边。3ds Max 将采用操作对象B相交区域内的面来优化操作对象A的结果几何体。由相交部分所切割的面被细分为新的面。可以使用此选项来细化包含文本的长方体，以便为对象指定单独的材质ID。

★ 分割：类似于【细化】编辑修改器，不过此种剪切还沿着操作对象B剪切操作对象A的边界添加第二组顶点和边或两组顶点和边。此选项产生属于同一个网格的两个元素。可使用【分割】沿着另一个对象的边界将一个对象分为两个部分。

★ 移除内部：删除位于操作对象B内部的操作对象A的所有面。此选项可以修改和删除位于操作对象B相交区域内部的操作对象A的面。它类似于【差集】操作，不同的是3ds Max不添加来自操作对象B的面。可以使用【移除内部】从几何体中删除特定区域。

★ 移除外部：删除位于操作对象B外部的操作对象A的所有面。此选项可以修改和删除位于操作对象B相交区域外部的操作对象A的面。它类似于【交集】操作，不同的是3ds Max 不添加来自操作对象B的面。可以使用【移除外部】从几何体中删除特定区域。

（5）布尔其他选项

除了上面介绍的几种运算方式之外，在【布尔】命令下还有以下参数设置。

【名称和颜色】：主要是对布尔后的物体进行命名及设置颜色。

【拾取布尔】卷展栏：选择操作对象B时，根据在【拾取布尔】卷展栏中为布尔对象所提供的几种选择方式，可以将操作对象B指定为参考、移动（对象本身）、复制或实例化，如图4.8所示。

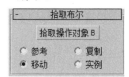

图4.8 【拾取布尔】卷展

★ 【拾取操作对象B】按钮：此按钮用于选择布尔操作中的第二个对象。

★ 参考：将原始物体的参考复制品作为运算物体B，以后改变原始物体时，也会同时改变布尔物体中的运算物B，但改变运算物体B时，不会改变原始物体。

★ 复制：将原始物体复制一个作为运算物体B，不破坏原始物体。

★ 移动：将原始物体直接作为运算物体B，它本身将不存在。

★ 实例：将原始物体的关联复制品作为运算物体B，以后对两者之一进行修改时都会影响另一个。

【参数】卷展栏：在该卷展栏中主要用于显示操作对象的名称，以及布尔运算方式，如图4.9所示。

图4.9 【参数】卷展栏

★ 操作对象：显示出当前的操作对象的名称。

★ 名称：显示运算物体的名称，允许进行名称修改。

★ 提取操作对象：此按钮只有在【修改】命令面板中才有效，它将当前指定的运算物体重新提取到场景中，作为一个新的可用物体，包括【实例】和【复制】两种方式，这样进入了布尔运算的物体仍可以被释放回场景中。

【显示/更新】卷展栏：这里控制的是显示效果，不影响布尔运算，如图4.10所示。

图4.10 【显示/更新】卷展栏

★ 结果：只显示最后的运算结果。

★ 操作对象：显示所有的运算物体。

★ 结果+隐藏的操作对象：在视图中显示出运算结果以及隐藏的运算物体，主要用于动态布尔运算的编辑操作，其显示效果与【操作对象】显示效果类似。

★ 始终：更改操作对象（包括实例化或引用的操作对象B的原始对象）时立即更新布尔对象。

★ 渲染时：仅当渲染场景或单击【更新】按钮时才更新布尔对象。如果采用此选项，则视口中并不始终显示当前的几何体，但在必要时可以强制更新。

★ 手动：仅当单击【更新】按钮时才更新布尔对象。如果采用此选项，则视口和渲染输出中并不始终显示当前的几何体，但在必要时可以强制更新。

★ 更新：更新布尔对象。如果选择了【始终】单选项，则【更新】按钮不可用。

**2.对执行过布尔运算的对象进行编辑**

经过布尔运算后的对象点面分布特别混乱，出错的概率会越来越高，这是由于经布尔运算后的对象会增加很多面片，而这些面是由若干个点相互连接构成的，这样一个新增加的点就会与相邻的点连接，这种连接具有一定的随机性。随着布尔运算次数的增加，对象结构变得越来越混乱。这就要求布尔运算的对象最好有多个分段数，这样可以大大减少布尔运算出错的机会。

如果经过布尔运算之后的对象产生不了需要的结果，可以在【修改】命令面板 中为其添加修改器，然后对其进行编辑修改。

还可以在修改器堆栈上单击鼠标右键，在弹出的快捷菜单中选择要转换的类型，包括【可编辑网格】、【可编辑面片】、【可编辑多边形】和【可变形gPoly】，如图4.11所示，然后对布尔后的对象进行调整即可。

图4.11 选择转换类型

## 4.1.3 创建放样对象的基本概念

【放样】同布尔运算一样，属于合成对象的一种建模工具。放样建模的原理就是在一条指定的路径上排列截面，从而形成对象的表面，如图4.12所示。

放样对象由两个因素组成：放样路径和放样截面。选择【创建】 |【几何体】 命令，在【标准基本体】标签下拉列表中选择【复合对象】选项，即可在【对象类型】卷展栏中看到【放样】工具按钮。当然，这个按钮需要在场景中有被选择的二维图形时才可以被激活，如图4.13所示。

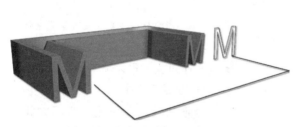

图4.12 放样后的效果

图4.13 激活【放样】工具按钮

放样建模的基本步骤是：创建资源型，资源型包括路径和截面图形。选择一个型，在【创建方法】卷展栏中单击【获取路径】或者【获取图形】按钮，并拾取另一个型。如果先选择作为放样路径的型，则选取【获取图形】选项，然后拾取作为截面图形的样条曲线。如果先选择作为截面的样条曲线，则选取【获取路径】选项，并拾取作为放样路径的样条曲线。

下面我们使用放样创建一个有厚度的文字效果，如图4.14所示。

图4.14 放样创建文字效果

**01** 选择【创建】 ※ ‖【图形】 ⑤ ‖【文本】工具，并在参数卷展栏中将文本类型设置为楷体_
GB2312，将文本大小设置为50，最后在文本栏中输入【MAX】，最后在【前】视图中创建一
个MAX文本图形，作为放样的截面图形，如图4.15所示。

图4.15 创建文本截面图形

**02** 选择【创建】 ※ ‖【图形】 ⑤ ‖【弧】工具，并在【顶】视图中绘制一条【半径】为200、【从】
为10、【到】为170的弧型，作为放样路径，如图4.16所示。

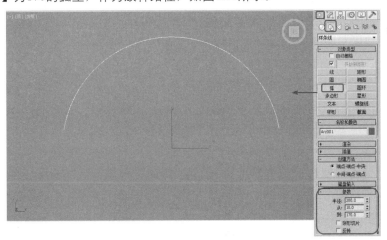

图4.16 创建一条放样路径

**03** 此时，作为放样路径的【弧】型处于选择状态。选择【创建】 ※ ‖【几何体】 ○ ‖【复合类型】
‖【放样】工具，在【创建方法】卷展栏中单击【获取图形】按钮，然后在视图中选择作为截面
图形的Mas文本，随即产生放样对象，如图4.17所示。

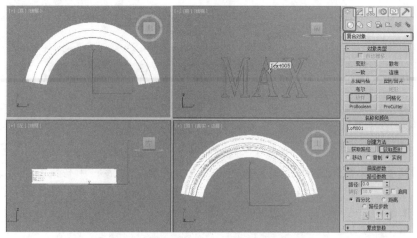

图4.17 使用放样从而产生有厚度的文本

## 1.放样的术语与参数

放样建模中常用术语包括：型、路径、截面图形、变形曲线、第一个节点。

★ 图形：在放样建模中型包括两种：路径和截面图形。路径型只能包括一个样条曲线，截面可以包括多个样条曲线。但沿同一路径放样的截面图形必须有相同数目的样条曲线。

★ 路径：指定截面图形排列的中心。

★ 截面图形：在指定路径上排列连接产生表面的图形。

★ 变形：通过部分工具改变曲线来定义放样的基本形式。这些曲线允许对放样物体进行修改，从而调整型的比例、角度和大小。

★ 第一个节点：创建放样对象时拾取的第一个截面图形总是首先同路径和第一个节点对齐，然后从第一个节点到最后一个节点拉伸表皮创建对象的表面。如果第一个节点同其他节点不在同一条直线上，放样对象将产生奇怪的扭曲。因为在放样建模中，第一个拾取的截面图形总是同放样路径的第一个点对齐，所以在创建放样路径和截面图形时总是按照从右到左的顺序。

放样是三维建模中最为强大的一个建模工具，它的参数也比较复杂，如图4.18所示。

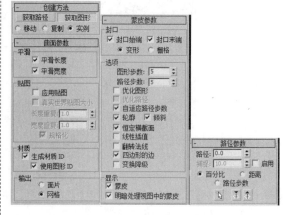

图4.18 放样参数面板

放样建模中常用的各项参数的功能说明如下所述。

★ 【创建方法】卷展栏

● 获取路径：在先选择图形的情况下获取路径。

● 获取图形：在先选择路径的情况下拾取截面图形。

● 移动：选择的路径或截面不产生复制品，这意味着点选后的型在场景中不独立存在，其他路径或截面无法再使用。

● 复制：选择后的路径或截面产生原型的一个复制品。

● 实例：选择后的路径或截面产生原型的一个关联复制品，关联复制品与原型间相关联，即对原型进行修改时，关联复制品亦随之改变。

★ 【曲面参数】卷展栏

● 平滑：设置曲面的平滑属性。

◆ 平滑长度：沿着路径的长度提供平滑曲面，当路径曲线或路径上的图形更改大小时，这类平滑非常有用。默认设置为启用。

◆ 平滑宽度：围绕横截面图形的周界提供平滑曲面，当图形更改顶点数或更改外形时，这类平滑非常有用，默认设置为启用，如图4.19所示。

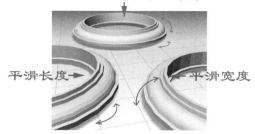

图4.19 平滑设置效果

● 贴图：为模型设置贴图后的效果如图4.20所示。

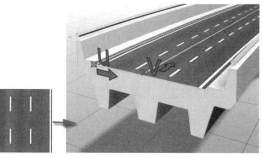

图4.20 显示放样U向和V向维度的贴图路线

◆ 应用贴图：启用和禁用放样贴图坐标。启用【应用贴图】才能访问其余的项目。

◆ 长度重复：设置沿着路径的长度重复贴图的次数。贴图的底部放置在路径的第一个顶点处。

◆ 宽度重复：设置围绕横截面图形的周界重复贴图的次数。贴图的左边缘将与每个图形的第一个顶点对齐。

◆ 规格化：决定沿着路径长度和图形宽度顶点之间的间距是如何影响贴图的。启用该选项后，将忽略顶点。将沿着路径长度并围绕图形平均应用贴图坐标和重复值。如果禁用，主要路径划分和图形顶点间距将影响贴图坐标间距。将按照路径划分间距或图形顶点间距成比例应用贴图坐标和重复值。

● 材质

◆ 生成材质ID：在放样期间生成材质ID。

◆ 使用图形ID：提供使用样条线材质ID来定义材质ID的选择。

> **提示**
>
> 图形材质ID用于为道路提供两种材质，用于支撑物和栏杆的水泥，带有白色通车车道的沥青，如图4.21所示。

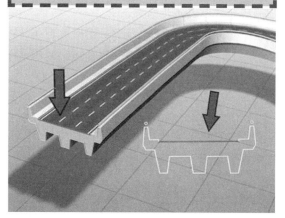

图4.21 图形材质ID用于为道路提供两种材质

> **注意**
>
> 图形ID将从图形横截面继承而来，而不是从路径样条线继承。

◆ 输出：控制放样建模产生哪种类型的物体，包括【面片】和【网格】物体，其中【面片】可以让对象产生弯曲的表面，易于操纵对象的细节；【网格】则可以让对象产生多边形的网面。

★ 【蒙皮参数】

● 封口：控制放样物体的两端是否封闭。

- ◆ 封口始端：控制路径的开始处是否封闭。
- ◆ 封口末端：控制路径的终点处是否封闭。
- ● 变形：按照创建变形目标所需的可预见且可重复的模式排列封口面。变形封口能产生细长的面，与那些采用栅格封口创建的面一样，这些面也不进行渲染或变形。
  - ◆ 栅格：在图形边界处修剪的矩形栅格中排列封口面。此方法将产生一个由大小均等的面构成的表面，这些面可以用其他修改器进行变形。
- ● 选项：用来控制放样的一些基本参数。
  - ◆ 图形步数：设置截面图形顶点之间的步幅数。
  - ◆ 路径步数：设置路径图形顶点之间的步幅数。
  - ◆ 优化图形：设置对图形表面进行优化处理，这样将会自动制定光滑的程度，而不去理会步幅的数值。
  - ◆ 优化路径：如果启用，则用于路径的分段，默认设置为禁用状态。
  - ◆ 自适应路径步数：对路径进行优化处理，这样将不理会路径步幅值。
  - ◆ 轮廓：控制截面图形，在放样时，会自动更正自身角度以垂直路径，得到正常的造型。
  - ◆ 倾斜：控制截面图形在放样时，会依据路径在Z轴上的角度改变，而进行倾斜，使它总与切点保持垂直状态。
  - ◆ 恒定横截面：可以让截面在路径上自行放缩变化，以保证整个截面都有统一的尺寸。
  - ◆ 线性插值：控制放样对象是否使用线性或曲线插值。
  - ◆ 翻转法线：反转放样物体的表面法线。
  - ◆ 四边形的边：如果启用该选项，且放样对象的两部分具有相同数目的边，则将两部分缝合到一起的面将显示为四方形。具有不同边数的两部分之间的边将不受影响，仍与三角形连接。默认设置为禁用。
  - ◆ 变换降级：使放样蒙皮在子对象图形/路径变换过程中消失。例如，移动路径上的顶点使放样消失。如果禁用，则在子对象变换过程中可以看到蒙皮。默认设置为禁用。
- ● 显示：控制放样对象的表面是否呈现于所有模型窗口中。
  - ◆ 蒙皮：控制透视图之外的视图是否显示出放样后的形状。
  - ◆ 明暗处理视图中的蒙皮：控制放样对象的表面是否在透视图中显示。
- ★ 【路径参数】
  - ● 路径：设置截面图形在路径上的位置。提供【百分比】和【距离】两种方式来控制截面插入的位置。通过输入值或拖动微调器来设置路径的级别。如果【捕捉】处于启用状态，该值将变为上一个捕捉的增量。该路径值依赖于所选择的测量方法。更改测量方法将导致路径值的改变，如图4.22所示。

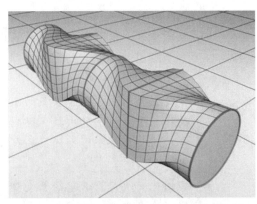

图4.22 在路径的不同位置插入不同的图形

- 捕捉：选择【启用】复选框，打开【捕捉】功能，此功能用来设定每次使用微调按钮调节参数时的间隔。
- 拾取图形 ：用来选取截面，使该截面成为作用截面，以便选取截面或更新截面。
- 上一个图形 ：转换到上一个截面图形。
- 下一个图形 ：转换到下一个截面图形。

**2.截面图形与路径的创建**

在放样建模中对路径型的限制只有一个，就是作为放样路径只能有一个样条曲线。而对作为放样物体截面图形的样条曲线限制有两个，如下所述。

路径上所有的图形必须包含相同数目的样条曲线。

路径上所有的图形必须有相同的嵌套顺序。

下面我们制作一个特殊的多截面放样对象。

**01** 选择【创建】 ｜【图形】 ｜【圆】工具，在【顶】视图中创建【半径】值为70的圆形，如图4.23所示。

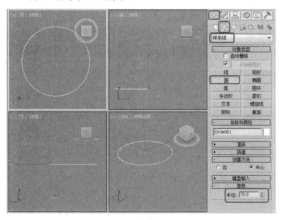

图4.23 创建圆图形

**02** 然后选择【创建】 ｜【图形】 ｜【星形】工具，在【顶】视图中创建一个【半径1】、【半径2】、【圆角半径1】分别为70、30、22的星形，如图4.24所示。

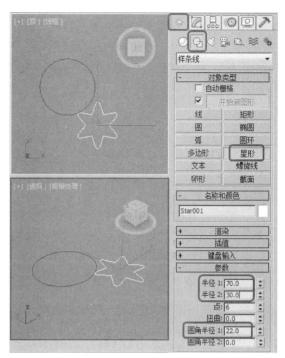

4.24 创建星形

**03** 最后在【前】视图中创建一条线段，如图4.25所示。

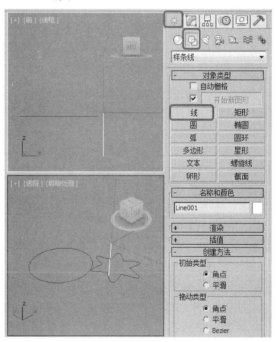

图4.25 创建【线】

**04** 确定直线对象处于选择状态，选择【创建】 ｜【几何体】 ｜【复合对象】｜【放样】工具，在【创建方法】卷展栏中单击【获取图形】按钮，然后在视图中选择【圆形】对象，如图4.26所示。

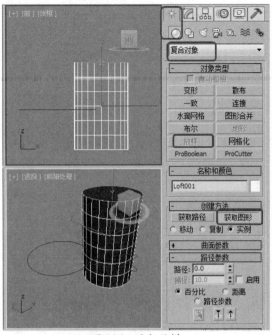

图4.26 进行放样

**05** 在【路径参数】卷展栏中的【路径】输入框中输入50，再从【创建方法】卷展栏中单击【获取图形】按钮，并在视图中选择【星形】图形，在路径的50%位置处加入【星形】图形，如图4.27所示。

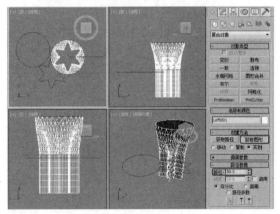

图4.27 在路径的50%位置处插入一个截面图形

**06** 将【路径参数】卷展栏中【路径】设置为100%，并选择【创建方法】下的【获取图形】，最后再次在场景中选择【圆形】图形，结果如图4.28所示。

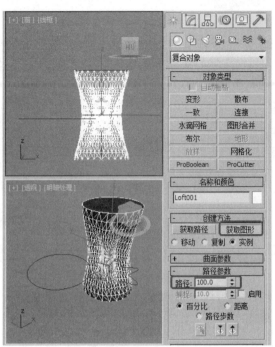

图4.28 在路径的100%位置处插入截面图形

放样建模的方法有两种，可以使用截面图形作为原始型进行放样，也可以把路径作为原始型进行放样，如下所述。

截面放样，使用截面放样建模的步骤如下所述。

**01** 选取截面图形。

**02** 在【放样】命令面板的【创建方法】卷展栏中单击【获取路径】按钮。

**03** 在视图中获取路径型。

**技巧**

> 同路径放样相比较，截面放样的可控选项较少，因为被拾取的型总是向原始型对齐，所以截面放样较适合于创建截面已经固定的放样对象，如在一个对象表面制作突起部分等。使用截面放样只能在路径上放置一个截面图形。

路径放样，使用路径放样建模的步骤如下所述。

**01** 选取路径型。

**02** 在【放样】命令面板的【创建方法】卷展栏中单击【获取图形】按钮。

**03** 在视图中拾取截面图形。

## 4.1.4 控制放样对象的表面

对象放样完成后，有时需要对其进行修改，在更改时用户可以进入【修改】命令面板中，并选择相应的子集，通过设置参数对其进行更改。

### 1.编辑放样型

当在修改命令面板中进入【图形】次对象选择集后，会出现【图形命令】卷展栏，如图4.29所示。在卷展栏中可以对放样截面图形进行比较、定位、修改，以及动画等。

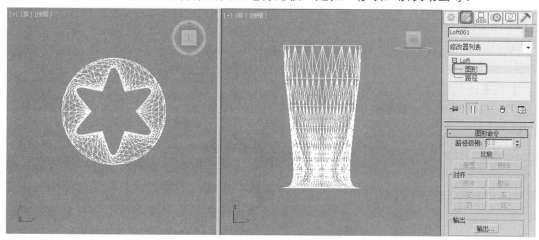

图4.29 【图形】选择集的控制面板

在【图形】选择集中各项目的功能说明如下所述。

★ 路径级别：重新定义路径上的截面图形在路径上的位置。

★ 比较：在放样建模时，常常需要对路径上的截面图形进行节点的对齐，或者位置、方向的比较。对于直线路径上的型可以在与路径垂直的一个视图中，一般是在【顶】视图中进行。

在【比较】面板最左上角有一个【获取图形】按钮，单击此按钮，再单击放样截面图形，便可将放样图形拾取到【比较】面板中显示，面板中的十字表示路径。在面板底部有4个图标，是用来调整视图的工具，第一个为最大化显示工具，第二个手形图标是平移工具，第三个和第四个为放大和局部放大工具。

★ 【重置】和【删除】：这两个选项用于复位和删除路径上处于选中状态的截面图形。

★ 对齐：在对齐选项中共有6个选项，主要用来控制路径上截面图形的对齐方式。

● 居中：使截面图形的中心与路径对齐。

● 默认：使选择的截面图形的轴心点与放样路径对齐。

● 左：使选择的截面图形的左面与路径对齐，如图4.30所示。

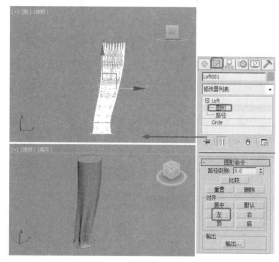

图4.30 选择的截面图形的左边与路径对齐

● 右：使选择的截面图形的右面与路径对齐。

● 顶：使选择的截面图形的顶部与路径对齐。

- 底：使选择的截面图形的底部与路径对齐。

★ 输出：使用【输出】选项可以制作一个截面图形的复制品或关联复制品。对于截面图形的关联复制品可以应用【编辑样条线】等编辑修改器，对其进行修改以影响放样对象的表面形状。对放样截面图形的关联复制品进行修改，比对放样对象的截面图形直接进行修改更方便，也不会引起坐标系统的混乱。

对于【比较】面板的作用已经有所了解，下面通过制作一个案例来进一步了解它的作用。

01 在场景中创建这样的路径和放样图形，如图4.31所示。

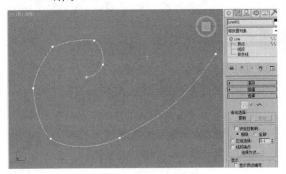

图4.31 创建图形

02 选择这样路径，选择【创建】 ※ |【几何体】 ○ |【复合对象】|【放样】工具，在【创建方法】卷展栏中单击【获取图形】按钮，然后在视图中选择放样圆图形，如图4.32所示。

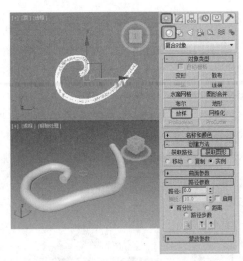

图4.32 创建放样截面图形

### 2.编辑放样路径

在编辑修改器堆栈中我们可以看到【放样】对象包含【图形】和【路径】两个次对象选择集，选择【路径】便可以进入到放样对象的路径次对象选择集进行编辑，如图4.33所示。

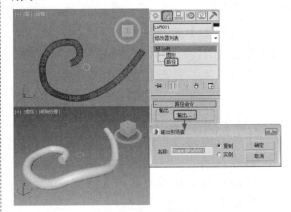

图4.33 编辑放样路径

在【路径】次对象选择集中只有一个【输出】按钮选项，此按钮选项的功能同【图形】次对象中的放样路径进行复制或关联复制，然后可以使用各种样条曲线编辑工具对其进行编辑。

## ▌4.1.5 使用放样变形

放样对象之所以在三维建模中占有如此重要的位置，不仅仅在于它可以将二维的图形转换为有深度的三维模型，更重要的是我们还可以通过在修改命令面板中使用【变形】修改对象的轮廓，从而产生更为理想的模型。

下面介绍对象的变形编辑，包括：【缩放】变形、【扭曲】变形、【倾斜】变形、【倒角】变形、【拟合】变形，如图4.34所示。

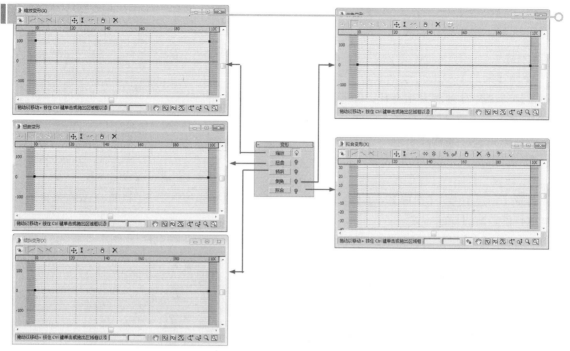

图4.34 放样变形控制选项及5种变形工具的变形窗口

选择一种放样变形工具后，会出现相应的变形窗口，除【拟合】变形工具的变形窗口稍有不同外，其他变形工具的变形窗口都基本相同，如图4.34所示。

在面板的顶部是一系列的工具按钮，它们的功能说明如下所述。

【均衡】：激活该按钮，3ds Max在放样对象表面X、Y轴上均匀地应用变形效果。

【显示X轴】：激活此按钮显示X轴的变形曲线。

【显示Y轴】：激活此按钮显示Y轴的变形曲线。

【显示XY轴】：激活此按钮将X轴和Y轴的变形曲线。

【交换变形曲线】：单击此按钮将X轴和Y轴的变形曲线进行交换。

【移动控制点】：用于沿XY轴方向移动变形曲线上的控制点或控制点上的调节手柄。

【水平移动控制点】：用于水平移动变形曲线上的控制点。

【垂直移动控制点】：用于垂直移动变形曲线上的控制点。

【缩放控制点】：用于在路径方向上缩放控制点。

【插入角点】：用于在变形曲线上插入一个控制点。

【插入Bezier点】：用于在变形曲线上插入一个Bezier点。

【删除控制点】：用于删除变形曲线上指定的控制点。

【重置曲线】：单击此按钮可以删除当前变形曲线上的所有控制点，将变形曲线恢复到没有进行变形操作以前的状态。

以下是【拟合】变形窗口中特有的工具按钮。

【水平镜像】：将拾取的图形对象水平镜像。

【垂直镜像】：将拾取的图形对象垂直镜像。

【逆时针旋转90度】：将所选图形逆时针旋转90度。

【顺时针旋转90度】：将所选图形顺时针旋转90度。

【删除曲线】：此工具用于删除处于所选状态的变形曲线。

【获取图形】：该按钮将可以在视图中获取所需要的图形对象。

【生成路径】 ✐：按下该按钮，系统将会自动适配，产生最终的放样造型。

### 1.缩放变形

使用【缩放】变形可以沿着放样对象的X轴及Y轴方向使其剖面发生变化。下面我们使用【缩放】变形工具制作一个窗帘模型，如图4.35所示，这是非常典型的一个例子。

图4.35　窗帘效果图

**01** 选择【创建】 ※|【图形】 ⊙|【线】工具，在【顶】视图中绘制一条图4.36所示的曲线，作为放样的截面图形。

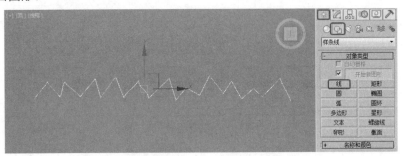

图4.36　使用【线】工具绘制的放样截面图形

**02** 进入修改命令面板，在【修改器列表】中选择【噪波】修改器，参照图4.37设置参数，使曲线产生一点噪波效果。

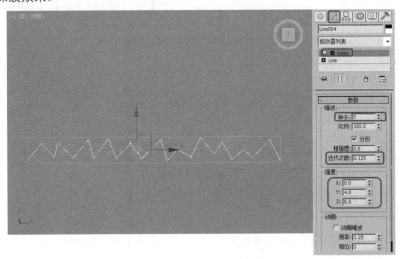

图4.37　为曲线指定噪波修改器

**03** 选择【创建】 ※|【图形】 ⊙|【线】工具，在【前】视图中绘制一条直线段，作为放样路径，如图4.38所示。

**04** 选择【创建】 ※|【几何体】 ○|【复合对象】|【放样】工具，在【创建方法】卷展栏中单击【获取图形】按钮，然后在视图中选择曲线放样截面，在【蒙皮参数】卷展栏中将【蒙皮参数】设置为10，并选择【翻转法线】复选框，如图4.39所示。

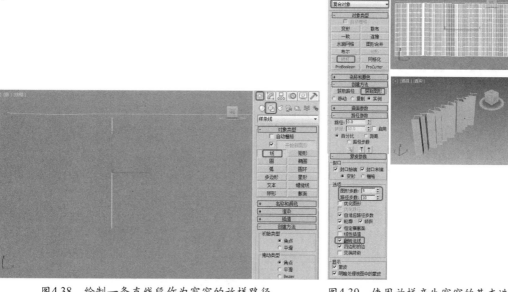

图4.38 绘制一条直线段作为窗帘的放样路径　　　　图4.39 使用放样产生窗帘的基本造型

**05** 在【修改】命令面板中定义当前选择集为【图形】，选择放样对象的截面图形，在【图形命令】
卷展栏中的【对齐】区域下单击【左】按钮，使截面图形的左边与路径对齐，如图4.40所示。

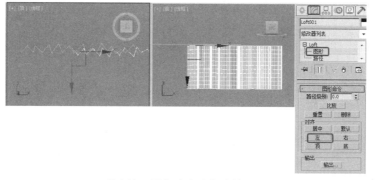

图4.40 调整并左对齐放样图形

**06** 关闭【图形】选择集，在【变形】卷展栏中单击【缩放】按钮打开缩放变形窗口。单击【均
衡】按钮 ，仅对X轴曲线变形；单击【插入角点】按钮 在曲线的40位置处单击鼠标插入
一个控制点，选择【移动控制点】工具 并将3个控制点一起选择，单击鼠标右键，选择控制
点的类型为【Bezier-角点】，将左侧的控制点移动至垂直标尺65位置处，将中间的控制点移动
至合适的位置，并按下鼠标右键，在打开的右键选项中选择【Bezier-角点】，然后对其进行调
整，如图4.41所示。

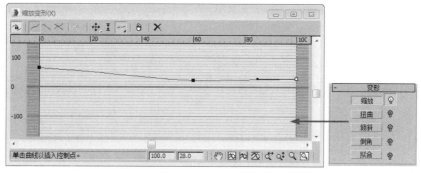

图4.41 使用缩放变形修改窗帘

> **提示**
>
> 在调整变形曲线的控制点时，可以以水平标尺和垂直标尺的刻度为标准进行调整，但这样不会太精确。在变形窗口底部的信息栏中有两个输入框，可以显示当前选择点（单个点）的水平和垂直位置，也可以通过在这两个输入框中输入数值来调整控制点的位置。

**2.扭曲变形**

【扭曲】变形控制截面图形相对于路径旋转。【扭曲】变形的操作方法同【缩放】变形基本相同。

下面我们通过一个简单的放样对象来学习扭曲变形的控制。

**01** 选择【创建】 ✳ ‖【图形】 ◎ ‖【星形】工具，在【顶】视图中创建一个【半径1】、【半径2】、【圆角半径1】分别为80、30、34.87的星形截面图形。

**02** 选择【创建】 ✳ ‖【图形】 ◎ ‖【线】工具，在【前】视图中绘制一条直线段作为放样路径（长度可以随意设置），如图4.42所示。

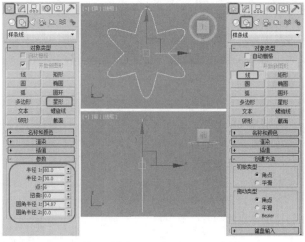

图4.42　创建星形截面图形及路径

**03** 选择【创建】 ✳ ‖【几何体】 ◎ ‖【复合对象】‖【放样】工具，在【创建方法】卷展栏中单击【获取图形】按钮，然后在视图中选择星形放样截面。

**04** 在【修改】命令面板中的【变形】卷展栏中单击【扭曲】按钮，打开扭曲变形窗口，向上移动右侧的控制点，可以看到场景中的放样对象产生的扭曲现象，如图4.43所示。

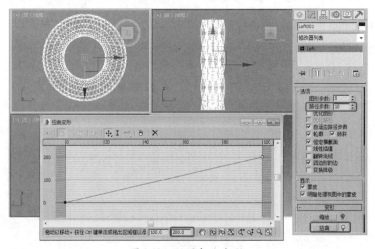

图4.43　设置扭曲变形

**提示**

在【扭曲】放样变形中，垂直方向控制放样对象的旋转程度，水平方向控制旋转效果在路径上应用的范围。如果在【蒙皮参数】卷展栏中将路径步幅设置得高一些，旋转对象的边缘就会更光滑一些。

### 3.倾斜变形

使用【倾斜】变形工具能够使截面绕着X轴或Y轴旋转，产生截面倾斜的效果。下面我们通过一个简单的练习来了解倾斜变形。

**01** 选择【创建】▓||【图形】⟐|【圆】形工具，在【顶】视图中创建一个圆形，作为放样截面。

**02** 选择【创建】▓||【图形】⟐|【线】形工具，在【前】视图中绘制一条直线段作为放样路径。

**03** 选择【创建】▓|【几何体】○|【复合对象】|【放样】工具，在【创建方法】卷展栏中单击【获取图形】按钮，然后在视图中选择圆形放样截面。

**04** 在【修改】命令面板中的【变形】卷展栏中单击【倾斜】变形按钮，打开倾斜变形窗口，在曲线水平标尺的80位置处插入一个控制点，然后将右侧的控制点移动至垂直标尺40位置处，可以看到放样对象的一头产生倾斜变形，如图4.44所示。

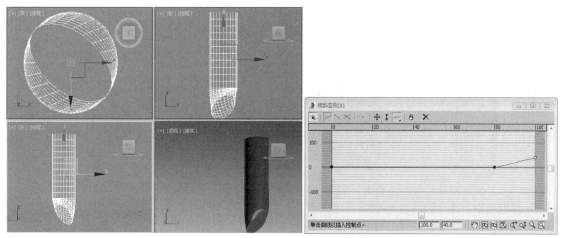

图4.44 设置倾斜变形

### 4.倒角变形

【倒角】变形工具同【缩放】变形工具非常相似，它们都有可以用来改变放样对象的大小，例如将圆放样到直线上就会出现圆柱体，对其进行【倒角】后的效果如图4.45所示。

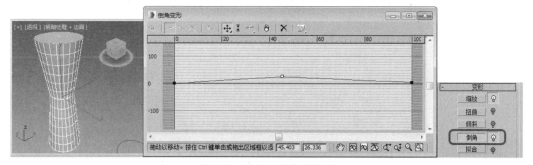

图4.45 缩放变形控制倒角

### 5.拟合变形

在所有的放样变形工具中，【拟合】变形工具是功能最为强大的变形工具。使用【拟合】变形工具，只要绘制出对象的顶视图、侧视图和截面视图，就可以创建出复杂的几何体对象。

可以这样说，无论多么复杂的对象，只要你能够绘制出它的三视图，就能够用Fit工具将其制作出来。

【拟合】变形工具功能强大，但也有一些限制，了解这些限制能大大提高拟和变形的成功率。适配型必须是单个的样条曲线，不能有轮廓或者嵌套。适配型图必须是封闭的。在X轴上不能有曲线段超出第一个或最后一个节点。

适配型不能包含底切。检查底切的一个方法是：绘制一条穿过型，并且与它的Y轴对齐的直线，如果这条直线与型有两个以上的交点，那么该型包含底切。

下面我们将使用【拟合】变形工具制作一个瓶子，如图4.46所示。

**01** 打开随书附带光盘|CDROM|Scene|Cha04|拟合变形01.max文件，该场景中已经绘制好了放样路径、截面图形，以及X、Y轴的变形图形。

**02** 在场景中选择【Line01】，然后选择【创建】 | 【几何体】 | 【复合对象】|【放样】工具，在【创建方法】卷展栏中单击【获取图形】按钮，并在【顶】视图中拾取圆角矩形，产生一个初始的放样对象，如图4.47所示。

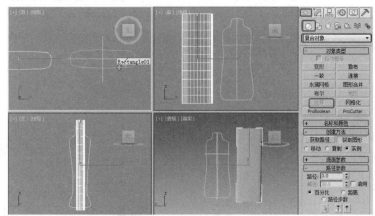

图4.46　瓶子效果　　　　图4.47　在视图中拾取截面图形产生初始放样对象

**03** 在【修改】命令面板中单击【变形】卷展栏中的【拟合】变形按钮，打开【拟合变形】窗口。单击【均衡】按钮取消XY轴的锁定，单击【获取图形】按钮，然后在【前】视图中拾取【X轴变形图形】，拾取完成后单击【逆时针旋转90度】按钮，将图形逆时针旋转90°，旋转后的效果如图4.48所示。

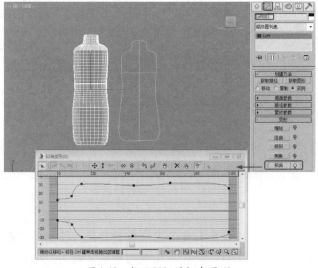

图4.48　拾取X轴的拟合图形

**04** 单击【显示Y轴】按钮 切换至Y轴，在【前】视图中拾取【Y】轴变形图形，然后单击【逆时针旋转90度】按钮 ，将图形逆时针旋转90°，如图4.49所示。

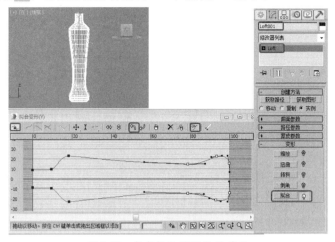

图4.49 完成拾取图形后的效果

## 4.1.6 网格建模编辑修改器

在选定的对象上单击鼠标右键，在弹出的快捷菜单中选择【转换为】|【转换为可编辑网格】命令，这样对象就被转换为可编辑网格物体，如图4.50所示。可以看到，在堆栈中对象的名称已经变为了可编辑网格，单击左边的加号展开【可编辑网格】，可以看到各次物体，包括【顶点】、【边】、【面】、【多边形】、【元素】，如图4.51所示。

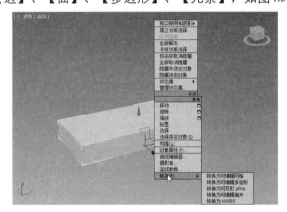

图4.50 将物体转换为可编辑网格

图4.51 可编辑网格物体的子层级菜单

### 1.【顶点】层级

在修改器堆栈中选择【顶点】，进入【顶点】层级，如图4.52所示。在【选择】卷展栏上方，横向排列着各个次物体的图标，通过单击这些图标，也可以进入对应的层级。由于此时在【顶点】层级，【顶点】图标呈黄色高亮显示，如图4.53所示。选中下方的【忽略背面】复选框，可以避免在选择顶点时选到后排的点。

图4.52 选择【顶点】层级

图4.53 【选择】卷展栏

（1）【软选择】卷展栏

【软选择】决定了对当前所选顶点进行变换操作时，是否影响其周围的顶点，展开【软选择】卷展栏，如图4.54所示。

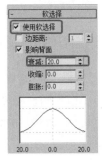

图4.54 【软选择】卷展栏

★ 使用软选择：在可编辑对象或【编辑】修改器的子对象级别上影响【移动】、【旋转】和【缩放】功能的操作，如果变形修改器在子对象选择上进行操作，那么也会影响应用到对象上的变形修改器的操作（后者也可以应用到【选择】修改器）。启用该选项后，软件将样条曲线变形应用到进行变化的未选定子对象上。要产生效果，必须在变换或修改选择之前启用该复选框。

（2）【编辑几何体】卷展栏

下面将介绍一下【编辑几何体】卷展栏，如图4.55所示。

图4.55 【编辑几何体】卷展栏

★ 创建：可使子对象添加到单个选定的网格对象中。选择对象并单击【创建】按钮后，单击空间中的任何位置以添加子对象。

★ 附加：将场景中的另一个对象附加到选定的网格。可以附加任何类型的对象，包括样条线、片面对象和NURBS曲面。附加非网格对象时，该对象会转化成网格。单击要附加到当前选定网格对象中的对象。

★ 断开：为每一个附加到选定顶点的面创建新的顶点，可以移动面角使之互相远离它们曾经在原始顶点连接起来的地方。如果顶点是孤立的或者只有一个面使用，则顶点将不受影响。

★ 删除：删除选定的子对象及附加在上面的任何面。

★ 分离：将选定子对象作为单独的对象或元素进行分离，同时也会分离所有附加到子对象的面。

★ 改向：在边的范围内旋转边。3ds Max中的所有网格对象都由三角形面组成，但是默认情况下，大多数多边形被描述为四边形，其中有一条隐藏的边将每个四边形分割为两个三角形。【改向】可以更改隐藏边（或其他边）的方向，因此当直接或间接地使用修改器变换子对象时，能够影响图形的变化方式。

★ 挤出：控件可以挤出边或面。边挤出与面挤出的工作方式相似。可以交互（在子对象上拖动）或数值方式（使用微调器）应用挤出，如图4.56所示。

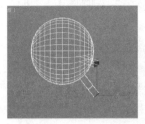

图4.56 多边形挤出

★ 切角：单击此按钮，然后垂直拖动任何面，以便将其挤出。释放鼠标按钮，然后垂直移动鼠标光标，以便对挤出对象执行切角处理。单击完成。如图4.57所示，不同的切角方向。

图4.57 不同的切角方向

★ 组：沿着每个边的连续组（线）的平均法线执行挤出操作。

★ 局部：将会沿着每个选定面的法线方向进行挤出处理。

★ 切片平面：可以在需要对边执行切片操作的位置处定位和旋转的切片平面创建Gizmo。这将启用【切片】按钮。

★ 切片：在切片平面位置处执行切片操作。仅当【切片平面】按钮高亮显示时，【切片】按钮可用。

> **提示**
>
> 　　【切片】仅用于选中的子对象。在激活【切片平面】之前确保选中子对象。

★ 剪切：用来在任一点切分边，然后在任一点切分第二条边，在这两点之间创建一条新边或多条新边。单击第一条边设置第一个顶点。一条虚线跟随光标移动，直到单击第二条边。在切分每一边时，创建一个新顶点。另外，可以双击边再双击点切分边，边的另一部分不可见。

★ 分割：启用时，通过【切片】和【切割】操作，可以在划分边的位置处的点创建两个顶点集。这使删除新面创建孔洞变得很简单，或将新面作为独立元素设置动画。

★ 优化端点：启用此选项后，由附加顶点切分剪切末端的相邻面，以便曲面保持连续性。

★ 选定项：在该按钮的右侧文本框中指定的公差范围，如图4.58所示。然后单击该按钮，此时在这个范围内的所有点都将焊接在一起，如图4.59所示。

图4.58 设置焊接参数

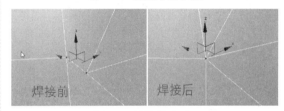

图4.59 焊接前后对比

★ 目标：进入焊接模式，可以选择顶点并将它们移来移去。移动时光标照常变为【移动】光标，但是将光标定位在未选择顶点上时，它就变为【+】的样子。该点释放鼠标以便将所有选定顶点焊接到目标顶点，选定顶点下落到该目标顶点上。【目标】按钮右侧的文本框设置鼠标光标与目标顶点之间的最大距离（以屏幕像素为单位）。

★ 细化：按下该按钮，会根据其下面的细分方式对选择的表面进行分裂复制，如图4.60所示。

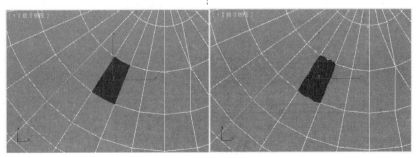

图4.60 【细化】前后对比

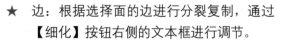

★ 边：根据选择面的边进行分裂复制，通过【细化】按钮右侧的文本框进行调节。

★ 面中心：以选择面的中心为依据进行分裂复制。

★ 炸开：按下该按钮，可以将当前选择面爆炸分离，使它们成为新的独立个体。

★ 对象：将所有面爆炸为各自独立的新对象。

★ 元素：将所有面爆炸为各自独立的新元素，但仍属于对象本身，这是进行元素拆分的一个路径。

> **提示**
>
> 炸开后只有将对象进行移动才能看到分离的效果。

★ 移除孤立顶点：单击该按钮后，将删除所有孤立的点，不管是否是选中的点。

★ 选择开放边：仅选择物体的边缘线。

★ 视图对齐：单击该按钮后，选择点或次物体被放置在的同一平面，且这一平面平行于选择视图。

★ 平面化：将所有的选择面强制压成一个平面。

★ 栅格对齐：单击该按钮后，选择点或次物体被放置在同一平面，且这一平面平行于选择视图。

★ 塌陷：将选择的点、线、面、多边形或元素删除，留下一个顶点与四周的面连接，产生新的表面，这种方法不同于删除面，它是将多余的表面吸收掉。

（3）【曲面属性】卷展栏

下面将对顶点模式的【曲面属性】卷展栏进行介绍。

★ 权重：显示并可以更改 NURMS 操作的顶点权重。

★ 编辑顶点颜色组以分配颜色、照明颜色（着色）和选定顶点的Alpha（透明）值。

● 颜色：设置顶点的颜色。

● 照明：用于明暗度的调节。

● Alpha：指定顶点透明度，当本文框中的值为0时完全透明，如果为100时完全不透明。

★ 【顶点选择方式】组

● 颜色/照明：用于指定选择顶点的方式，以颜色或发光度为准进行选择。

● 范围：设置颜色近似的范围。

● 选择：选择该按钮后，将选择符合这些范围的点。

### 2.【边】层级

【边】指的是面片对象上在两个相邻顶点之间的部分。

在【修改】命令面板中，将修改器堆栈中，将当前选择集定义为【边】，除了【选择】、【软选择】卷展栏外，其中【编辑几何体】卷展栏与【顶点】模式中的【编辑几何体】卷展栏功能相同。

【曲面属性】卷展栏如图4.61所示，将对该卷展栏进行介绍。

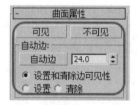

图4.61 【曲面属性】卷展栏

★ 可见：使选中的边显示出来。

★ 不可见：使选中的边不显示出来，并呈虚线显示，如图4.62所示。

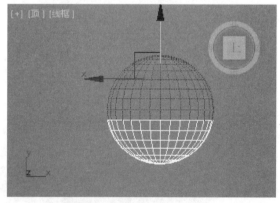

图4.62 使用【不可见】边

★ 【自动边】组

● 自动边：根据共享边的面之间的夹角来确定边的可见性，面之间的角度由该选项右边的微调器设置。

● 设置和清除边可见性：根据【阈值】

设定更改所有选定边的可见性。

- 设置：当边超过了【阈值】设定时，使原先可见的边变为不可见；但不清除任何边。

- 清除：当边小于【阈值】设定时，使原先不可见的边可见；不让其他任何边可见。

### 3.【面】层级

在【面】层级中可以选择一个和多个面，然后使用标准方法对其进行变换。这一点对于【多边形】和【元素】子对象层级同样适用。

接下来将对它的参数卷展栏进行介绍。下面主要介绍【曲面属性】卷展栏，如图4.63所示。

图4.63　【曲面属性】卷展栏

★ 【法线】组
- 翻转：将选择面的法线方向进行反向。
- 统一：将选择面的法线方向统一为一个方向，通常是向外。

★ 【材质】组
- 设置ID：如果对物体设置多维材质时，在这里为选择的面指定ID号。
- 选择ID：按当前ID号，将所有与此

ID号相同的表面进行选择。

- 清除选定的内容：启用时，如果选择新的 ID 或材质名称，将会取消选择以前选定的所有子对象。

★ 【平滑组】组：使用这些控件，可以向不同的平滑组分配选定的面，还可以按照平滑组选择面。
- 按平滑组选择：将所有具有当前光滑组号的表面进行选择。
- 清除全部：删除对面物体指定的光滑组。
- 自动平滑：根据其下的阈值进行表面自动光滑处理。

★ 【编辑顶点颜色】组：使用这些控件，可以分配颜色、照明颜色（着色）和选定多边形或元素中各顶点的 Alpha（透明）值。
- 颜色：单击色块，可更改选定多边形或元素中各顶点的颜色。
- 照明：单击色块可，更改选定多边形或元素中各顶点的照明颜色。使用该选项，可以更改照明颜色，而不会更改顶点颜色。
- Alpha：用于向选定多边形或元素中的顶点分配Alpha（透明）值。

### 4.【元素】层级

单击次物体中的【元素】就进入【元素】层级，在此层级中主要对网格物体进行编辑。

（1）【附加】的使用

使用【附加】可以将其他对象包含到当前正在编辑的可编辑网格物体中，使其成为可编辑网格的一部分，如图4.64所示。

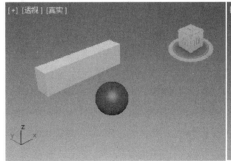
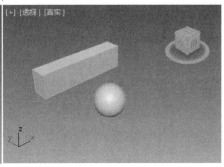

图4.64　【附加】对象前后对比效果

（2）【拆分】的使用

拆分的作用和附加的作用相反，它是将可编辑网格物体中的一部分从中分离出去，成为一个独立的对象，通过【分离】命令，从可编辑网格物体中分离出来，作为一个单独的对象，但是此时被分离出来的并不是原物休了，而是另一个可编辑网格物体。

（3）【炸开】的使用

炸开能够将可编辑网格物体分解成若干碎片。在单击【炸开】按钮前，如果选中【对象】单选按钮，则分解的碎片将成为独立的对象，即由1个可编辑网格物体变为4个可编辑网格物体；如果选中【元素】单选按钮，则分解的碎片将作为体层级物体中的一个子层级物体，并不单独存在，即仍然只有一个可编辑网格物体。

# 4.1.7 多边形建模

多边形物体也是一种网格物体，它在功能及使用上几乎与【可编辑网格】相同，不同的是【可编辑网格】是由三角面构成的框架结构。在Max中将对象转换为多边形对象的方法有以下几种。

★ 选择对象，单击鼠标右键，在弹出的快捷菜单中选择【转换为】|【转换为可编辑多边形】命令，图4.65所示。

★ 选择需要转换的对象，切换到【修改】命令面板，选择修改器列表中的【编辑多边形】修改器。

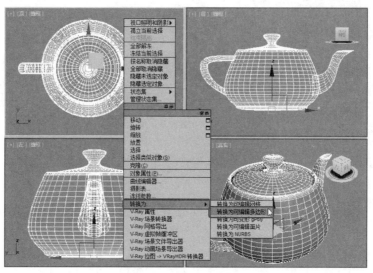

图4.65 转换为可编辑多边形

**1.公用属性卷展栏**

　　【可编辑多边形】与【可编辑网格】类似。进入可编辑多边形后，可以看到公用的卷展栏，如图4.66所示。在【选择】卷展栏中提供了各种选择集的按钮，同时也提供了便于选择集选择的各个选项。

图4.66 【选择】卷展栏

与【编辑网格】相比较,【可编辑多边形】添加了一些属于自己的选项。下面将单独对这些选项进行介绍。

★ 顶点 ⋮ :以顶点为最小单位进行选择。

★ 边 ◁ :以边为最小单位进行选择。

★ 边界 ◊ :用于选择开放的边。在该选择集下,非边界的边不能被选择;单击边界上的任意边时,整个边界线会被选择。

★ 多边形 ▦ :以四边形为最小单位进行选择。

★ 元素 ◈ :以元素为最小单位进行选择。

★ 按顶点:启用时,只有通过选择所用的顶点,才能选择子对象。单击顶点时,将选择使用该选定顶点的所有子对象。该功能在【顶点】子对象层级上不可用。

★ 忽略背面:启用后,选择子对象将只影响朝向您的那些对象。禁用(默认值)

时,无论可见性或面向方向如何,都可以选择鼠标光标下的任何子对象。如果光标下的子对象不止一个,请反复单击在其中循环切换。同样,禁用【忽略朝后部分】后,无论面对的方向如何,区域选择都包括了所有的子对象。

★ 按角度:只有在将当前选择集定义为【多边形】时,该复选框才可用。勾选该复选框并选择某个多边形时,可以根据复选框右侧的角度设置来选择邻近的多边形。

★ 收缩:单击该按钮可以对当前选择集进行外围方向的收缩选择。

★ 扩大:单击该按钮可以对当前选择集进行外围方向的扩展选择,如图4.67所示,左图为选择的多边形;中图为单击【收缩】按钮后的效果;右图为单击【扩大】按钮后的效果。

| 选择多边形 | 缩小选择 | 扩大选择 |

图4.67 单击【收缩】和【扩大】按钮后产生的效果

★ 环形:单击该按钮后,与当前选择边平行的边会被选择,如图4.68所示。该命令只能用于边或边界选择集。【环形】按钮右侧的 ▲ 和 ▼ 按钮可以在任意方向将边移动到相同环上的其他边的位置,如图4.69所示。

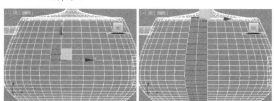

图4.68 使用【环形】按钮的效果

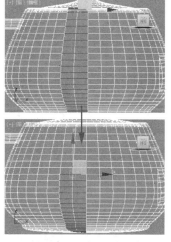

图4.69 调整环形移动

★ 循环:在选择的边对齐的方向尽可能远地扩展当前选择,如图4.70所示。该命令只用于边或边界选择集。【循环】按钮右侧的 ▲和▼按钮会移动选择边到与它临近平行边的位置。

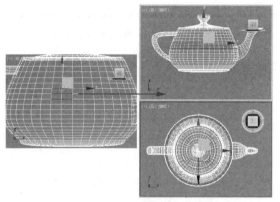

图4.70 使用【循环】按钮的效果

只有将当前选择集定义为一种模式后，【软选择】卷展栏才变为可用，如图4.71所示。【软选择】卷展栏按照一定的衰减值将应用到选择集的移动、旋转、缩放等变换操作传递给周围的次对象。

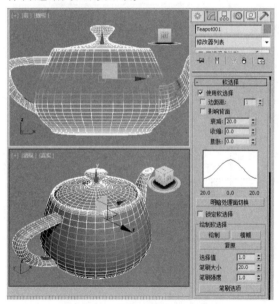

图4.71 【软选择】卷展栏

### 2.顶点编辑

多边形对象各种选择集的卷展栏主要包括【编辑顶点】和【编辑几何体】卷展栏，【编辑顶点】主要提供了编辑顶点的命令。在不同的选择集下，它表现为不同的卷展栏。将当前选择集定义为【顶点】，下面将对【编辑顶点】卷展栏进行介绍，如图4.72所示。

★ 移除：移除当前选择的顶点，与删除顶

点不同，移除顶点不会破坏表面的完整性，移除的顶点周围的点会重新结合，面不会破，如图4.73所示。

图4.72 【编辑顶点】卷展栏

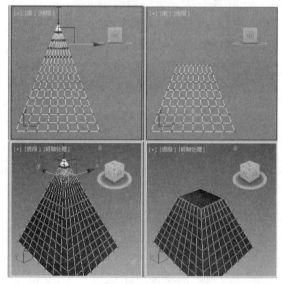

图4.73 移除顶点

**提示**

使用Delete键也可以删除选择的点，不同的是，使用Delete键在删除选择点的同时，会将点所在的面一同删除，模型的表面会产生破洞；使用【移除】按钮不会删除点所在的表面，但会导致模型的外形改变。

★ 断开：单击此按钮后，会在选择点的位置创建更多的顶点，选择点周围的表面不再共享同一个顶点，每个多边形表面在此位置会拥有独立的顶点。

★ 挤出：单击该按钮，可以在视图中通过手动方式对选择点进行挤出操作。拖动鼠标时，选择点会沿着法线方向在挤出的同时创建出新的多边形面。单击该按钮右侧的 □按钮，会弹出【挤出顶点】对话框，设置参数后可以得到图4.74所示的图。

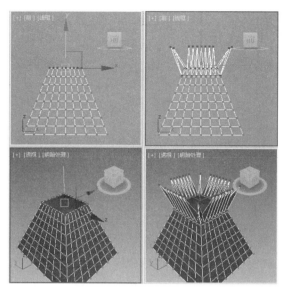

图4.74 挤出顶点

提示

默认情况下，单击□按钮后，将会打开小盒控件，如果需要打开对话框，可以在【首选项设置】对话框中的【常规】选项卡中取消勾选【启用小盒控件】复选框，然后单击【确定】按钮，则单击□按钮后，将会弹出相应的设置对话框。

● 挤出高度：设置挤出的高度。

● 挤出基面宽度：设置挤出的基面宽度。

★ 焊接：用于顶点之间的焊接操作，在视图中选择需要焊接的顶点后，单击该按钮，在阈值范围内的顶点会焊接到一起。如果选择点没有被焊接到一起，可以单击□按钮，会弹出【焊接顶点】对话框，如图4.75所示。

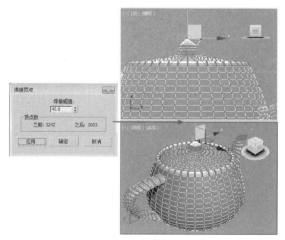

图4.75 焊接顶点

● 焊接阈值：指定焊接顶点之间的最大距

离，在此距离范围内的顶点将被焊接到一起。

● 之前：显示执行焊接操作前模型的顶点数。

● 之后：显示执行焊接操作后模型的顶点数。

★ 切角：单击该按钮，拖动选择点会进行切角处理，单击其右侧的□按钮后，会弹出【切角顶点】对话框，如图4.76所示。

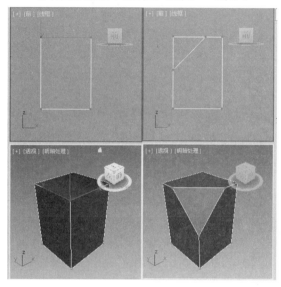

图4.76 切角后的效果

● 切角量：用于设置切角的大小。

● 打开：勾选该复选框时，删除切角的区域，保留开放的空间。默认设置为禁用状态。

★ 目标焊接：单击该按钮，在视图中将选择的点拖动到要焊接的顶点上，这样会自动进行焊接。

★ 连接：用于创建新的边。

★ 移除孤立顶点：单击该按钮后，将删除所有孤立的点，不管是否选择该点。

★ 移除未使用的贴图顶点：没用的贴图顶点可以显示在【UVW贴图】修改器中，但不能用于贴图，所以单击此按钮可以将这些贴图点自动删除。

★ 权重：设置选定顶点的权重。供 NURMS 细分选项和【网格平滑】修改器使用。增加顶点权重，效果是将平滑时的结果向顶点拉。

### 3.边编辑

多边形对象的边与网格对象的边含义是完全相同的，都是在两个点之间起连接作用，将当前选择集定义为【边】，接下来将介绍【编辑边】卷展栏，如图4.77所示。与【编辑顶点】卷展栏相比较，改变了一些选项。

图4.77 【编辑边】卷展栏

★ 插入顶点：用于手动细分可视的边。

★ 移除：删除选定边并组合使用这些边的多边形。

> **提示**
>
> 选择需要删除的顶点或边，单击【移除】按钮或Backspace键，临近的顶点和边会重新进行组合形成完整的整体。假如按Delete键，则会清除选择的顶点或边，这样会使多边形无法重新组合形成完整的整体，且形成镂空现象。

★ 分割：沿选择边分离网格。该按钮的效果不能直接显示出来，只有在移动分割后才能看到效果。

★ 挤出：在视图中操作时，可以手动挤出。在视图中选择一条边，单击该按钮，然后在视图中进行拖动，如图4.78所示。单击该按钮右侧的□按钮，会弹出【挤出边】对话框，如图4.79所示。

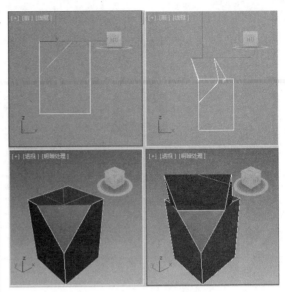

图4.78 挤出边

图4.79 【挤出边】对话框

● 挤出高度：以场景为单位指定挤出的数。

● 挤出基面宽度：以场景为单位指定挤出基面的大小。

★ 焊接：对边进行焊接。在视图中选择需要焊接的边后，单击该按钮，在阈值范围内的边会焊接到一起。如果选择边没有焊接到一起，可以单击该按钮右侧的□按钮，打开【焊接边】对话框，如图4.80所示。它与【焊接点】对话框的设置相同。

图4.80 【焊接边】对话框

★ 切角：单击该按钮，然后拖动活动对象中的边。如果要采用数字方式对顶点进行切角处理，单击■按钮，在打开的对话框中更改切角量值，如图4.81所示。

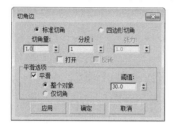

图4.81 【切角边】对话框

★ 目标焊接：用于选择边并将其焊接到目标边。将光标放在边上时，光标会变为【+】光标。按住并移动鼠标会出现一条虚线，虚线的一端是顶点，另一端是箭头光标。

★ 桥：使用多边形的【桥】连接对象的边。桥只连接边界边；也就是只在一侧有多边形的边。单击其右侧的■按钮，打开【跨越边】对话框，如图4.82所示。

图4.82 【跨越边】对话

● 使用特定的边：在该模式下，使用【拾取】按钮来为桥连接指定多边形或边界。

● 使用边选择：如果存在一个或多个合适的选择，那么选择该选项会立刻将它们连接。

● 边1/边2：依次单击【拾取】按钮，然后在视图中单击边界边。只有在【桥接特定边】模式下才可以使用该选项。

● 分段：沿着桥边连接的长度指定多边形的数目。

● 平滑：指定列间的最大角度，在这些列间会产生平滑。

● 桥相邻：指定可以桥连接的相邻边之

间的最小角度。

● 反转三角剖分：勾选该复选框后，可以反转三角剖分。

★ 连接：单击其右侧的【设置】按钮■，在弹出的【连接边】对话框中设置参数。如图4.83所示，在每对选定边之间创建新边。连接对于创建或细化边循环特别有用。

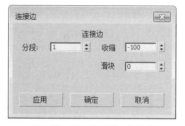

图4.83 【连接边】对话框

● 分段：每个相邻选择边之间的新边数。

● 收缩：新的连接边之间的相对空间。负值使边靠得更近；正值使边离得更远。默认值为0。

● 滑块：新边的相对位置。默认值为 0。

★ 利用所选内容创建图形：在选择一个或更多的边后，单击该按钮，将以选择的曲线为模板创建新的曲线，单击其右侧的■按钮，会弹出【创建图形】对话框，如图4.84所示。

图4.84 【创建图形】对话框

● 曲线名：为新的曲线命名。

● 平滑：强制线段变成圆滑的曲线，但仍和顶点呈相切状态，无须调节手柄。

● 线性：顶点之间以直线连接，拐角处无平滑过渡。

★ 权重：设置选定边的权重。供 NURMS 细分选项和【网格平滑】修改器使用。增加边的权重时，可能会远离平滑结果。

★ 拆缝：指定选定的一条边或多条边的折缝范围。在最低设置时，边相对平滑。在更高设置时，折缝显著可见。如果设置为最高值1.0，则很难对边执行折缝操作。

★ 编辑三角剖分：单击该按钮可以查看多边形的内部剖分，可以手动建立内部边来修改多边形内部细分为三角形的方式。

★ 旋转：激活【旋转】时，对角线可以在线框和边面视图中显示为虚线。在【旋转】模式下，单击对角线可以更改它的位置。

#### 4.边界编辑

【边界】选择集是多边形对象上网格的线性部分，通常由多边形表面上的一系列边依次连接而成。边界是多边形对象特有的次对象属性，通过编辑边界可以大大提高建模的效率，在【编辑边界】卷展栏中提供了针对边界编辑的各种选项，如图4.85所示。

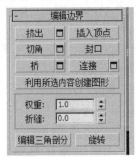

图4.85 【编辑边界】卷展栏

★ 挤出：可以直接在视口中对边界进行手动挤出处理。单击此按钮，然后垂直拖动任何边界，以便将其挤出。单击【挤出】右侧的□按钮，可以在打开的对话框中进行设置。

★ 插入顶点：是通过顶点来分割边的一种方式，该选项只对所选择的边界中的边有影响，对未选择的边界中的边没有影响。

★ 切角：单击该按钮，然后拖动对象中的边界，再单击该按钮右侧的□按钮，可以在打开的【切角边】对话框中进行设置。

★ 封口：使用单个多边形封住整个边界环。

★ 桥：使用该按钮可以创建新的多边形来连接对象中的两个多边形或选定的多边形。

提示

使用【桥】时，始终可以在边界之间建立直线连接。要沿着某种轮廓建立桥连接，请在创建桥后，根据需要应用建模工具。例如，桥连接两个边界，然后使用混合。

★ 连接：在选定边界边之间创建新边，这些边可以通过点相连。

【利用所选内容创建图形】、【编辑三角剖分】、【旋转】与【编辑边】卷展栏中的含义相同，这里就不再介绍。

#### 5.多边形和元素编辑

【多边形】选择集是通过曲面连接的3条或多条边的封闭序列。多边形提供了可渲染的可编辑多边形对象曲面。【元素】与多边形的区别在于元素是多边形对象上所有的连续多边形面的集合，它可以对多边形面进行拉伸和倒角等编辑操作，是多边形建模中最重要也是功能最强大的部分。

【多边形】选择集与【顶点】、【边】和【边界】选择集一样都有自己的卷展栏，【编辑多边形】卷展栏图4.86所示。

图4.86 【编辑多边形】卷展栏

★ 插入顶点：用于手动细分多边形，即使处于【元素】选择集下，同样也适用于多边形。

★ 挤出：直接在视图中操作时，可以执行手动挤出操作。单击该按钮，然后垂直拖动任何多边形，以便将其挤出。单击其右侧的□按钮，可以打开【挤出多边形】对话框，如图4.87所示。

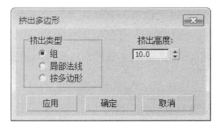

图4.87 【挤出多边形】对话框

- 组：沿着每一个连续的多边形组的平均法线执行挤出。如果挤出多个组，每个组将会沿着自身的平均法线方向移动。
- 局部法线：沿着每个选择的多边形法线执行挤出。
- 按多边形：独立挤出或倒角每个多边形。
- 挤出高度：以场景为单位指定挤出的数，可以向外或向内挤出选定的多边形。

★ 轮廓：用于增加或减小每组连续的选定多边形的外边。单击该按钮右侧的■按钮，打开【多边形加轮廓】对话框，如图4.88所示。然后可以进行参数设置，得到如图4.89所示的效果。

图4.88 【多边形加轮廓】对话框

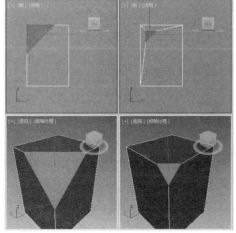

图4.89 添加轮廓后的效果

★ 倒角：通过直接在视图中操纵执行手动倒角操作。单击该按钮，然后垂直拖出任何多边形，以便将其挤出，释放鼠标，再垂直移动鼠标以便设置挤出轮廓。单击该按钮右侧的■按钮，打开【倒角多边形】对话框，并对其进行设置，如图4.90所示。

- 组：沿着每一个连续的多边形组的平均法线执行倒角。
- 局部法线：沿着每个选定的多边形法线执行倒角。
- 按多边形：独立倒角每个多边形。
- 高度：以场景为单位指定挤出的范围。可以向外或向内挤出选定的多边形，具体情况取决于该值是正值还是负值。
- 轮廓量：使选定多边形的外边界变大或缩小，具体情况取决于该值是正值还是负值。

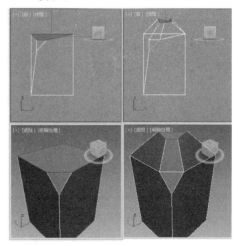

图4.90 【倒角多边形】对话框

★ 插入：执行没有高度的倒角操作。可以单击该按钮手动拖动，也可以单击该按钮右侧的■按钮，打开【插入多边形】对话框，设置后的效果如图4.91所示。

- 组：沿着多个连续的多边形进行插入。
- 按多边形：独立插入每个多边形。
- 插入量：以场景为单位指定插入的数。
- 桥：使用多边形的【桥】连接对象上

的两个多边形。单击该按钮右侧的
□按钮，会弹出【跨越多边形】对
话框，如图4.92所示。

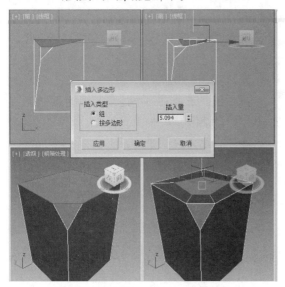

图4.91 设置【插入多边形】对话框

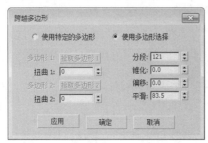

图4.92 【跨越多边形】对话框

● 使用特定的多边形：在该模式下，使
用【拾取】按钮来为桥连接指定多边
形或边界。

● 使用多边形选择：如果存在一个或多
个合适的选择对，那么选择该选项会
立刻将它们连接。如果不存在这样的
选择对，那么在视口中选择一对子对
象将它们连接。

● 多边形1/多边形2：依次单击【拾
取】按钮，然后在视口中单击多边形
或边界边。

● 扭曲1/扭曲2：旋转两个选择的边之
间的连接顺序。通过这两个控件可以
为桥的每个末端设置不同的扭曲量。

● 分段：沿着桥连接的长度指定多边形
的数目。该设置也应用于手动桥连接
多边形。

● 锥化：设置桥宽度距离其中心变大或变
小的程度。负值设定将桥中心锥化得更
小；正值设定将桥中心锥化得更大。

提示

要更改最大锥化的位置，请使用【偏移】来
设置。

● 偏移：决定最大锥化量。

● 平滑：决定列间的最大角度，在这些
列间会产生平滑。列是沿着桥的长度
扩展的一串多边形。

● 翻转：反转选定多边形的法线方向，
从而使其面向自己。

★ 从边旋转：通过在视口中直接操纵来执行
手动旋转操作。选择多边形，并单击该按
钮，然后沿着垂直方向拖动任何边，以便
旋转选定的多边形。如果鼠标光标在某条
边上，将会更改为十字形状。单击该按钮
右侧的□按钮，打开【从边旋转多边形】
对话框，如图4.93所示。

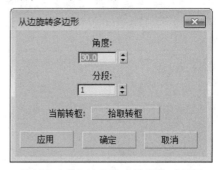

图4.93 【从边旋转多边形】对话框

● 角度：沿着转枢旋转的数量值。可以
向外或向内旋转选定的多边形，具体
情况取决于该值是正值还是负值。

● 分段：将多边形数指定到每个细分的
挤出侧中。此设置也可以手动旋转多
边形。

● 当前转枢：单击【拾取转枢】按钮，
然后单击转枢的边即可。

★ 沿样条线挤出：沿样条线挤出当前选定
的内容。单击其右侧的□（设置）按
钮，打开【沿样条线挤出多边形】对话
框，如图4.94所示。

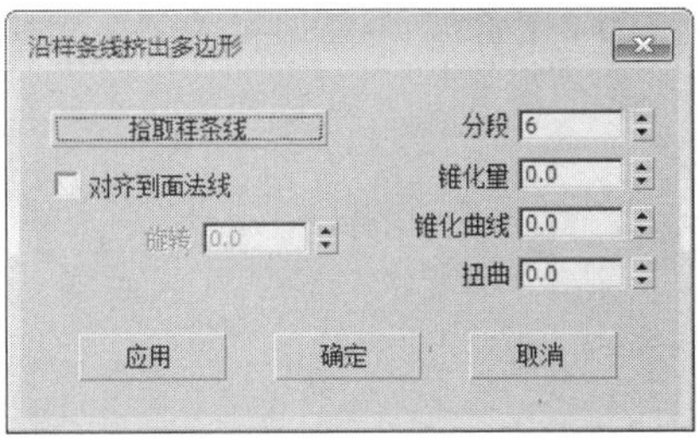

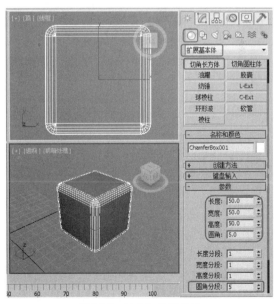

图4.94 【沿样条线挤出多边形】对话框

到面法线】处于勾选状态时才可用。默认设置为0。范围为−360~360。

- 分段：用于挤出多边形的细分设置。
- 锥化量：设置挤出沿着其长度变小或变大。锥化挤出的负值设置越小，锥化挤出的正值设置就越大。
- 锥化曲线：设置继续进行的锥化率。
- 扭曲：沿着挤出的长度应用扭曲。

- 拾取样条线：单击此按钮，然后选择样条线，在视口中沿该样条线挤出，样条线对象名称将出现在按钮上。
- 对齐到面法线：将挤出与面法线对齐。多数情况下，面法线与挤出多边形垂直。
- 旋转：设置挤出的旋转。仅当【对齐

★ 编辑三角剖分：是通过绘制内边修改多边形细分为三角形的方式。

★ 重复三角算法：允许软件对当前选定的多边形执行最佳的三角剖分操作。

★ 旋转：是通过单击对角线修改多边形细分为三角形的方式。

# 4.2 实例应用：骰子

最常见的骰子是六面骰，它是一颗正立方体，上面分别有一到六个孔（或数字），其相对两面数字之和必为七。中国的骰子习惯在一点和四点漆上红色，本例将来介绍一下骰子的制作方法，效果如图4.95所示。

图4.95 骰子

**01** 选择【创建】 ◈ |【几何体】 ◎ |【扩展基本体】|【切角长方体】工具，在【顶】视图中创建一个切角长方体，在【参数】卷展栏中将【长度】、【宽度】和【高度】设置为50，将【圆角】设置为5，将【圆角分段】设置为5，如图4.96所示。

图4.96 创建切角圆柱体

**02** 选择【创建】 ◈ |【几何体】 ◎ |【标准基本体】|【球体】工具，在【顶】视图中创建一个球体，将【半径】设置为10，如图4.97

191

所示。

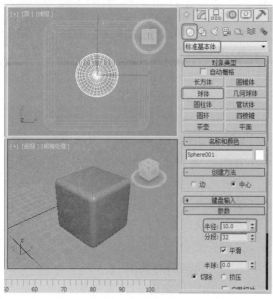

图4.97　创建球体

**03** 确认选中创建的球体，在工具栏中单击【对齐】按钮📐，然后在视图中单击创建的切角长方体，在弹出的对话框中勾选【X位置】、【Y位置】和【Z位置】复选框，将【当前对象】和【目标对象】设置为【中心】，如图4.98所示。

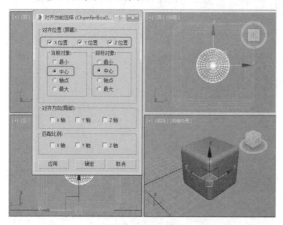

图4.98　设置对齐

**04** 单击【确定】按钮，然后在【顶】视图中使用【选择并移动】工具，沿Y轴向上调整球体，将其调整至图4.99所示的位置处。

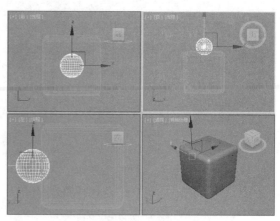

图4.99　调整球体位置

**05** 继续使用【球体】工具，在【顶】视图中绘制一个【半径】为5的球体，并在视图中调整其位置，如图4.100所示。

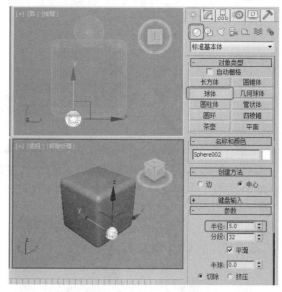

图4.100　绘制球体并调整位置

**06** 在【前】视图中使用【选择并移动】工具，在按住Shift键的同时沿Y轴向上拖曳球体，拖曳至合适的位置处松开鼠标左键，弹出【克隆选项】对话框，选择【复制】单选按钮，将【副本数】设置为2，如图4.101所示。

**07** 单击【确定】按钮，在【顶】视图中选中3个小球体，在【前】视图中按住Shift键，沿X轴向右拖动至合适的位置，松开鼠标，在弹出的对话框中，选择【复制】单选项，然后单击【确定】按钮，如图4.102所示。

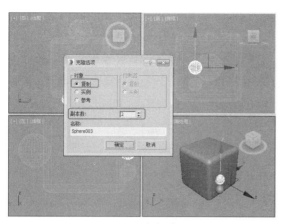

图4.101　复制球体

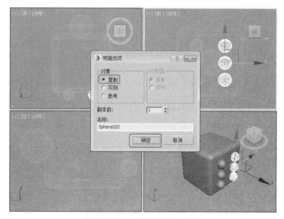

图4.102　复制选中对象

**08** 在场景中选中所有小球体，选择【选择并旋转】工具○，单击【角度捕捉切换】按钮△，在【前】视图中按Shift键的同时沿Y轴旋转90度，松开鼠标，在弹出的对话框中，单击【确定】按钮，如图4.103所示。

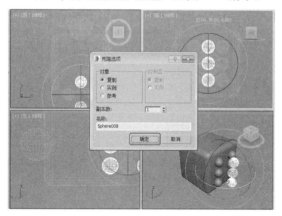

图4.103　旋转复制球体

**09** 然后调整小球体的位置，综合前面介绍的方法，对其进行复制，并在视图中删除多余的小球体，调整其位置，效果如图4.104所示。

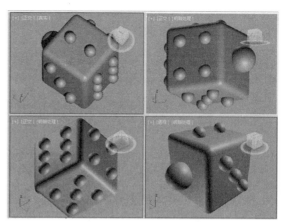

图4.104　调整位置并删除球体

**10** 在场景中选择【Sphere001】对象，并单击鼠标右键，在弹出的快捷菜单中选择【转换为】|【转换为可编辑多边形】命令，如图4.105所示。

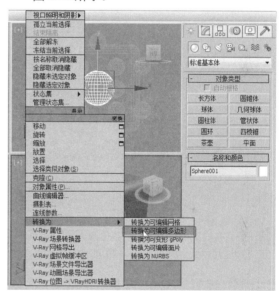

图4.105　选择【转换为可编辑多边形】命令

**11** 切换到【修改】命令面板，在【编辑几何体】卷展栏中单击【附加】按钮右侧的【附加列表】按钮□，在弹出的对话框中选择所有的球体对象，然后单击【附加】按钮，如图4.106所示。

**12** 在场景中选择切角长方体，然后选择【创建】|【几何体】○|【复合对象】|【布尔】工具，在【拾取布尔】卷展栏中单击【拾取操作对象B】按钮，在场景中单击拾取附加后的球体，如图4.107所示。

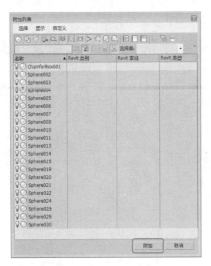

图4.106 附加对象

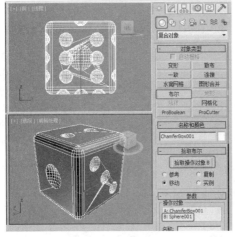

图4.107 布尔对象

**13** 将布尔后的对象重命名为【骰子】，并单击鼠标右键，在弹出的快捷菜单中选择【转换为】|【转换为可编辑多边形】命令，如图4.108所示。

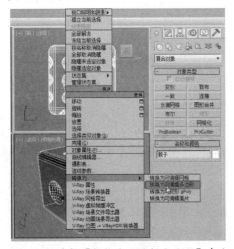

图4.108 选择【转换为可编辑多边形】命令

**14** 切换到【修改】 命令面板，将当前选择集定义为【多边形】，在场景中按住Alt键，将数字1孔和数字4孔减选剔除，在【多边形·材质ID】卷展栏中将【设置ID】设置为1，如图4.109所示。

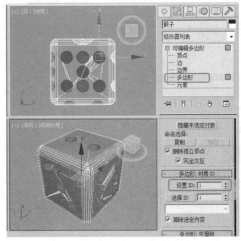

图4.109 设置ID1

**15** 在场景中选择数字1孔和数字4孔对象，在【多边形：材质ID】卷展栏中将【设置ID】设置为2，如图4.110所示。

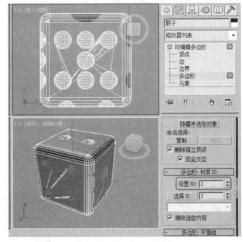

图4.110 设置ID2

**16** 在场景中选择除孔以外的其他对象，在【多边形：材质ID】卷展栏中将【设置ID】设置为3，如图4.111所示。

**17** 关闭当前选择集，按M键弹出【材质编辑器】对话框，选择一个新的材质样本球，单击名称栏右侧的【Arch&Design】按钮，在弹出的【材质/贴图浏览器】对话框中选择【多维/子对象】材质，单击【确定】按钮，如图4.112所示。

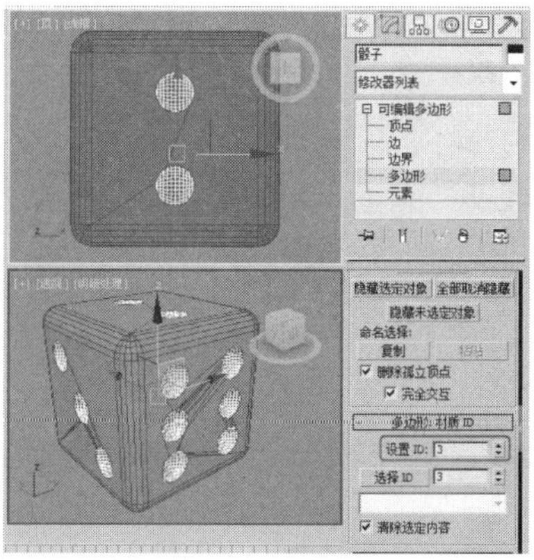

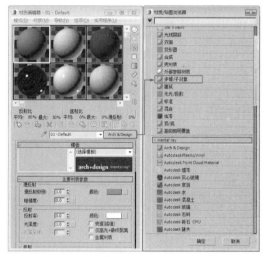

图4.111　设置ID3

图4.112　选择【多维/子对象】材质

18 弹出【替换材质】对话框，选择【丢弃旧材质】单选按钮，单击【确定】按钮即可，然后在【多维/子对象基本参数】卷展栏中单击【设置数量】按钮，弹出【设置材质数量】对话框，将【材质数量】设置为3，单击【确定】按钮，如图4.113所示。

图4.113　设置材质数量

19 然后单击ID1右侧的子材质按钮，在弹出的【材质/贴图浏览器】对话框中双击【标准】材质，进入子级材质面板中，在【Blinn基本参数】卷展栏中将【环境光】和【漫反射】的RGB值设置为（0、0、255），在【反射高光】选项组中将【高光级别】和【光泽度】分别设置为110、35，如图4.114所示。

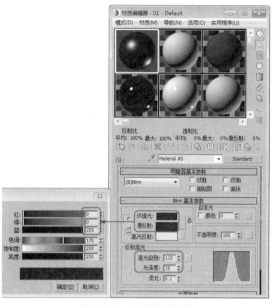

图4.114　设置ID1材质

20 在【贴图】卷展栏中将【反射】后的数量设置为30，并单击右侧的【无】按钮，在弹出的【材质/贴图浏览器】对话框中选择【位图】贴图，单击【确定】按钮，如图4.115所示。

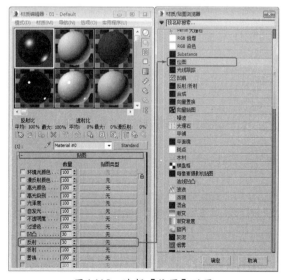

图4.115　选择【位图】贴图

195

**21** 在弹出的对话框中打开随书附带光盘中的
CDROM|Map|003.tif素材图片，在【坐标】
卷展栏中将【瓷砖】下的U、V均设置为1，
将【模糊】设置为10，如图4.116所示。

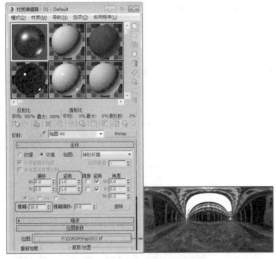

图4.116　设置位图参数

**22** 单击两次【转到父对象】按钮，返回到
父级材质层级中。在ID1右侧的子材质按
钮上，按住鼠标左键向下拖动，拖至ID2右
侧的子材质按钮上，松开鼠标，在弹出的
【实例（副本）材质】对话框中选择【复
制】单选按钮，如图4.117所示。

图4.117　复制材质

**23** 单击【确定】按钮，单击ID2子材质按钮
右侧的颜色块，在弹出的对话框中将颜
色的RGB值设置为（255、0、0），如图
4.118所示。

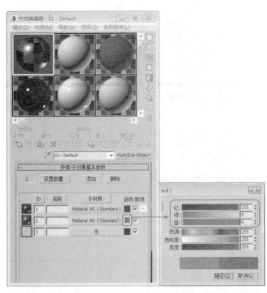

图4.118　设置ID2材质

**24** 使用同样的方法，设置ID3材质，并单击
【将材质指定给选定对象】按钮，将材
质指定给【骰子】对象，如图4.119所示。

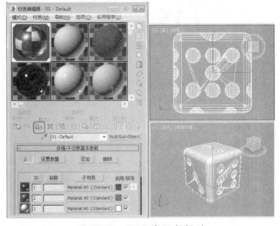

图4.119　设置并指定材质

**25** 然后在场景中复制多个骰子对象，并调整其
旋转角度和位置，效果如图4.120所示。

图4.120　复制并调整骰子对象

**26** 选择【创建】 |【几何体】 |【标准基本体】|【平面】工具，在【顶】视图中创建平面，切换到【修改】 命令面板，在【参数】卷展栏中将【长度】和【宽度】设置为2000，并在视图中调整其位置，如图4.121所示。

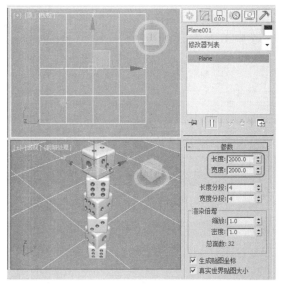

图4.121　创建平面对象

**27** 确认创建的平面对象处于选择状态，按M键弹出【材质编辑器】对话框，选择一个新的材质样本球，单击名称栏左侧的 Arch & Design 按钮，在弹出的【材质/贴图浏览器】对话框中，选择并双击【标准】材质，如图4.122所示。

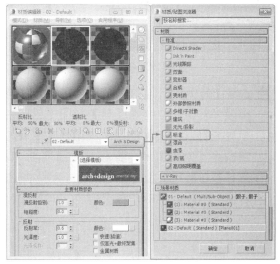

图4.122　选择【标准】材质

**28** 在弹出的对话框中，选择【丢弃旧材质】单选按钮，单击【确定】按钮，在【Blinn基本参数】卷展栏中，将【环境光】和【漫反射】的RGB值设置为（30、30、30），在【反射高光】选项组中将【高光级别】设置为70，【光泽度】设置为25，如图4.123所示。

图4.123　设置平面镜参数

**29** 单击【将材质指定给选定对象】按钮 ，将材质指定给平面对象，如图4.124所示。

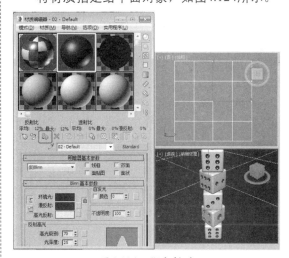

图4.124　指定材质

**30** 选择【创建】 |【摄影机】 |【标准】|【目标】工具，在【顶】视图中创建摄影机，在【参数】卷展栏中将【镜头】设置为35mm，激活【透视】视图，按C键将其转换为摄影机视图，效果如图4.125所示。

**31** 然后在其他视图中调整摄影机位置，选择【创建】 |【灯光】 |【标准】|【泛

光】工具，然后在【顶】视图中创建泛光灯，在【常规参数】卷展栏中，取消勾选【阴影】选项组下的【启用】复选项，在【强度/颜色/衰减】卷展栏中将【倍增】设置为0.1，如图4.126所示。

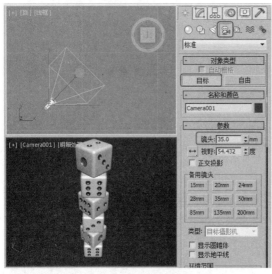

图4.125　创建摄影机

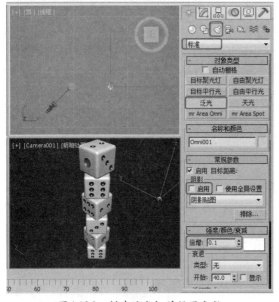

图4.126　创建泛光灯并设置参数

32 然后在其他视图中调整泛光灯位置，并再次使用【泛光】工具在【顶】视图中创建泛光灯，与上一个泛光灯设置同样的参

数，并在其他视图中调整其位置，如图4.127所示。

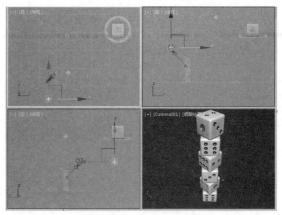

图4.127　创建泛光灯

33 选择【创建】 | 【灯光】 | 【标准】 | 【天光】工具，在【顶】视图中创建一盏天光，如图4.128所示。

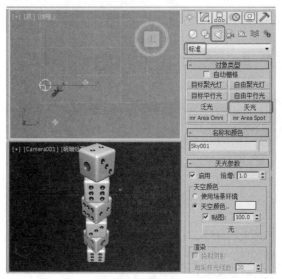

图4.128　创建天光

34 选择【创建】 | 【灯光】 | 【标准】 | 【目标聚光灯】工具，在【前】视图中创建目标聚光灯，并在其他视图中调整其位置，切换至【修改】命令面板，【强度/颜色/衰减】卷展栏中将【倍增】设置为5，单击右侧的色块，将RGB值设置为（0、140、0），如图4.129所示。

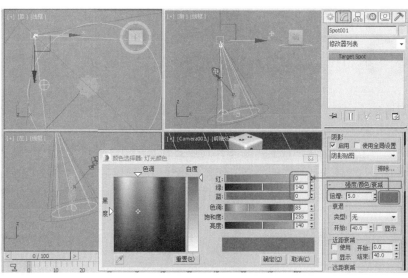

图4.129　创建目标聚光灯设置参数

**35** 在【聚光灯参数】卷展栏中将【聚光区/光束】设置为32，【衰减区/区域】设置为45，在【阴影参数】卷展栏中将【密度】设置为0.7，如图4.130所示。

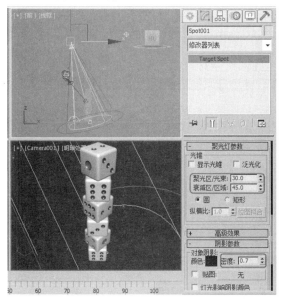

图4.130　设置目标聚光灯参数

**36** 按F10键打开【渲染设置】对话框，展开【指定渲染器】卷展栏，单击【产品级】右侧的 … 按钮，在弹出的【选择渲染器】对话框中，选择【默认扫描线渲染器】，如图4.131所示。

**37** 单击【确定】按钮，选择【高级照明】选项卡，在【选择高级照明】卷展栏中选择【光跟踪器】，如图4.132所示。

图4.131　设置高级照明

图4.132　设置高级照明

# 4.3 拓展训练：窗帘

本案例将通过放样工具制作窗帘，制作完成后的效果如图4.133所示。

**01** 重置一个新场景后，选择【创建】✳️|【图形】◎|【线】工具，激活【顶】视图，按Alt+W快捷键将其最大化显示。在【顶】视图中创建3条长度基本相等的样条线，切换到【修改】命令面板，将当前选择集定义为【顶点】，在【几何体】卷展栏中选择【优化】命令，在创建的样条线上添加顶点，并调整各样条线的顶点，使其呈不规则的波浪显示，如图4.134所示。

图4.133　窗帘

图4.134　绘制样条线并调整顶点

**02** 再选择【创建】✳️|【图形】◎|【线】工具，在【左】视图中创建样条线，作为放样的路径，如图4.135所示。

**03** 在场景中选择作为放样的路径，选择【创建】✳️|【几何体】◎|【复合对象】|【放样】工具，在【创建方法】卷展栏中选择【获取图形】命令，在场景中选择曲线最密集的样条线图形，如图4.136所示。

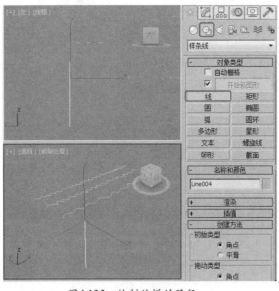

图4.135　绘制放样的路径

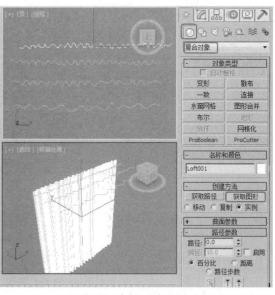

图4.136　选择放样图形

**04** 在【路径参数】卷展栏中将【路径】设置为70，选择【获取图形】命令，在场景中选择中间的放样截面图形，如图4.137所示。

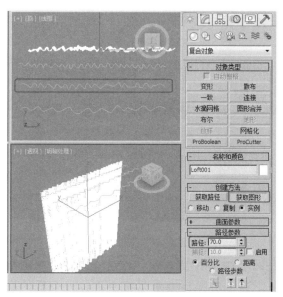

图4.137 设置路径选择放样图形

**05** 在【路径参数】卷展栏中将【路径】参数设置为90，再选择【获取图形】命令，在场景中选择曲线密度最稀疏的放样截面图形，得到图4.138所示的效果。

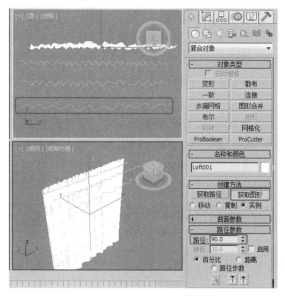

图4.138 得出最终放样效果

**06** 确认选中放样得到的图形，切换至【修改】命令面板，在【修改器列表】中选择【噪波】修改器，在【参数】卷展栏中，勾选【分形】复选项，将【粗糙度】设置为0.7，将【强度】中的【Z】设置为5.0，如图4.139所示。

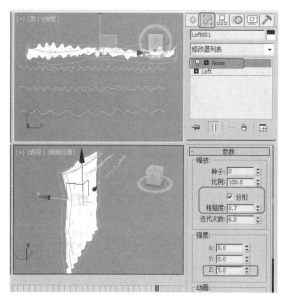

图4.139 添加【噪波】修改器

**07** 按M键打开材质编辑器，在弹出的对话框中选择一个新的材质样本球，并将其命名为【窗纱】。单击 Arch & Design 按钮，在弹出的【材质/贴图浏览器】对话框中选择【标准】材质并双击，如图4.140所示。

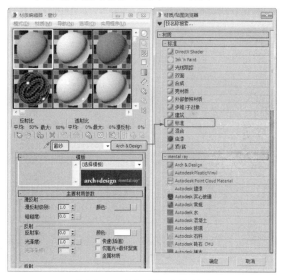

图4.140 选择【标准】材质

**08** 在【Blinn基本参数】卷展栏中，将【环境光】和【漫反射】的颜色设置为白色，将【自发光】参数设置为20，单击【不透明度】右侧的 ■ 按钮，在弹出的对话框中选择【位图】贴图，单击【确定】按钮，在弹出的对话框中选择随书附带光盘"cutout. jpg"文件，如图4.141所示。

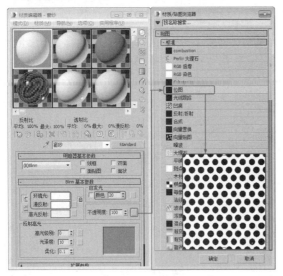

图4.141 设置【窗纱】材质

**09** 单击【打开】按钮,进入位图设置面板。在【坐标】卷展栏中取消勾选【使用真实世界比例】复选框,将【瓷砖】下的U、V参数设置为10、10,如图4.142所示。选中放样得到的图形对象,然后单击【将材质指定给选定对象】按钮,将材质指定给场景中的对象。

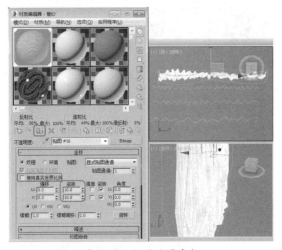

图4.142 设置贴图参数

**10** 选择窗纱模型,在修改器面板中选择【编辑网格】修改器,将当前选择集定义为【多边形】,在场景中选择对象最底部的多边形,在【编辑几何体】卷展栏中选择【分离】按钮,在弹出4的对话框中将【分离为】命名为【窗纱边】,单击【确定】按钮,如图4.143所示。

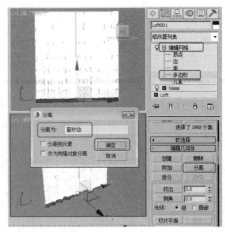

图4.143 分离对象

**11** 关闭当前选择集,按M键打开材质编辑器,在弹出的对话框中选择一个新的材质样本球,并将其命名为【窗帘】。单击 Arch & Design 按钮,在弹出的【材质/贴图浏览器】对话框中选择【标准】材质并双击,在【贴图】卷展栏中单击【漫反射颜色】右侧的【无】按钮,在弹出的对话框中选择【位图】贴图,单击【确定】按钮,再在弹出的对话框中选择随书附带光盘中的"webp.jpg"文件,单击【打开】按钮,进入位图设置面板。在【坐标】卷展栏中取消勾选【使用真实世界比例】复选框,将【瓷砖】下的U、V参数设置为1.0、1.0,如图4.144所示。选中分离出的【窗纱边】对象,然后单击【将材质指定给选定对象】按钮,将材质指定给场景中的【窗纱边】对象。

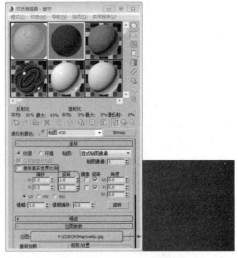

图4.144 设置窗帘材质

**12** 选择【创建】 ![] |【图形】 ![] |【线】工具，激活【顶】视图，参照前面的操作步骤，在【顶】视图中创建样条线，作为窗帘放样截面图形，并调整其顶点，如图4.145所示。

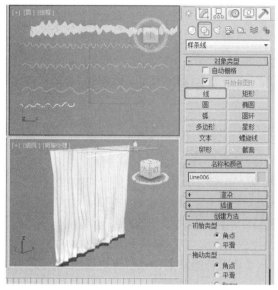

图4.145　绘制样条线

**13** 选中新绘制的截面图形，切换至【层次】面板，单击【轴】按钮，然后单击【调整轴】卷展栏中的【仅影响轴】按钮，在【顶】视图中，将其轴调整至右侧，如图4.146所示。

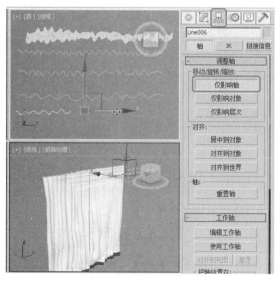

图4.146　调整轴位置

**14** 再次单击【仅影响轴】按钮，然后使用【线】工具，在【左】视图中创建样条线，作为窗帘的放样路径，如图4.147所示。

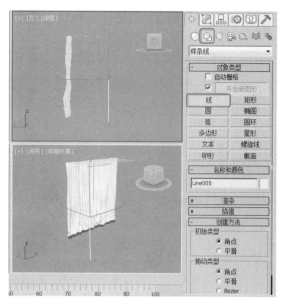

图4.147　绘制放样路径

**15** 选择新创建的放样路径，选择【创建】 ![] |【几何体】 ![] |【复合对象】|【放样】工具，在【创建方法】卷展栏中选择【获取图形】命令，在场景中选择创建的第4条样条线放样截面图形，如图4.148所示。

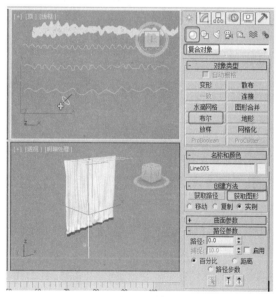

图4.148　拾取放样截面图形

**16** 切换至【修改】命令面板，在【变形】卷展栏中，单击【缩放】按钮，在弹出的对话框中将选择【插入角点】按钮 ![] ，在编辑线上单击添加可控制点，再使用【移动控制点】工具 ![] ，调整点的形状和位置，选中顶点用右键单击，在弹出的快捷菜单中选择【Bezier-角点】命令，通过调整控制手柄来控制角点的平滑度。在【蒙皮参数】卷展栏中将【路径步数】参数设置为15，这样使放样的模型更加平滑，如图4.149所示。

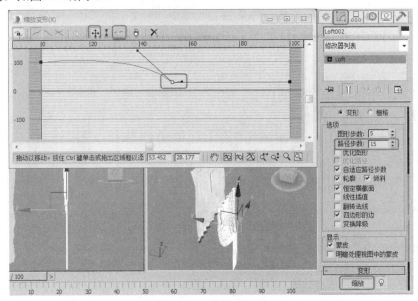

图4.149　设置【缩放】

**17** 选中【Loft】中的【图形】，在【前】视图中使用【选择并移动】工具，框选截面图形与放样路径，将其位置向右移动，如图4.150所示。

**18** 选择【创建】 ＊｜【几何体】 ○｜【标准基本体】｜【圆环】工具，在【顶】视图中创建一个圆环对象作为窗帘带子，然后使用【选择并均匀缩放】工具 ⬚，对图形进行适当的缩放，再调整其到适当的位置，如图4.151所示。

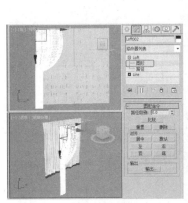

图4.150　调整窗帘位置　　　　　　　　　　　　　　图4.151　创建圆环

**知识链接**

　　【路径步数】设置路径图形的步幅，加大它的值，使它的弯曲造型更平滑。

　　【图形步数】设置图形顶点支架的步幅，加大它的值使模型的外表面更加光滑。

**19** 选中窗帘对象和圆环，在菜单栏中选择【组】｜【成组】命令，在弹出的【组】对话框中，将【组名】设置为窗帘，然后单击【确定】按钮，如图4.152所示。

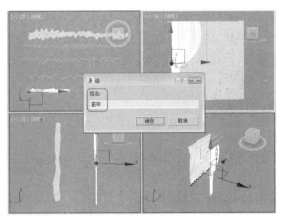

图4.152　成组对象

**20** 选中窗帘对象，按M键打开材质编辑器，选中【窗帘】材质，然后单击【将材质指定给选定对象】按钮 🎴，将材质指定给场景中的对象。在场景中调整【窗帘】对象的位置，激活【前】视图，在工具栏中选择【镜像】按钮 🖭，在弹出的对话框中选择【镜像轴】为X，将【偏移】参数设置为55，在【克隆当前选择】区域中选择【复制】命令，在场景中调整其复制模型的位置，然后单击【确定】按钮确认。如图4.153所示。

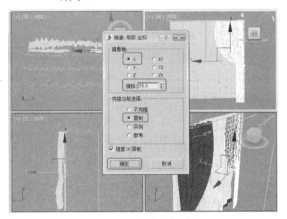

图4.153　【镜像】对象

**21** 选择【创建】 ✴ |【几何体】 ◎ |【标准基本体】|【圆柱体】工具，在【左】视图中根据窗帘的大小创建一个适当的圆柱体，然后调整其位置，如图4.154所示。

**22** 选择【创建】 ✴ |【几何体】 ◎ |【标准基本体】|【圆环】工具，在【左】视图中根据窗帘的大小创建一个合适大小的圆环，然后调整其位置，如图4.155所示。

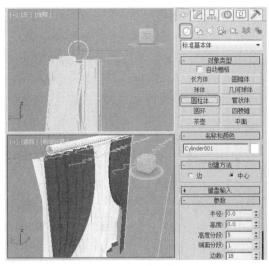

图4.154　创建圆柱体

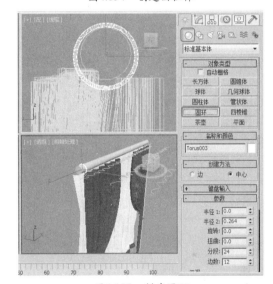

图4.155　创建圆环

**23** 在【顶】视图中按住Shift键，使用【选择并移动】工具，沿X轴复制，复制多个圆环作为窗帘的挂环，然后调整其位置，如图4.156所示。

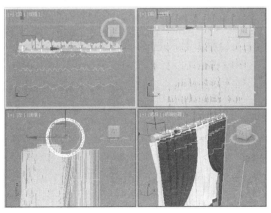

图4.156　复制圆环

**24** 选择所有的圆柱体和圆环对象，按M键打开材质编辑器，选择一个新的材质样本球，并将其命名为【金属】。单击 `Arch & Design` 按钮，在弹出的【材质/贴图浏览器】对话框中选择【标准】材质并双击，在【明暗器基本参数】卷展栏中将明暗器类型定义为【金属】。在【金属基本参数】卷展栏中，取消【环境光】与【漫反射】的链接，将【环境光】的颜色设置为黑色，将【漫反射】的颜色设置为白色，在【反射高光】参数区域中将【高光级别】和【光泽度】分别设置为100和85，如图4.157所示。

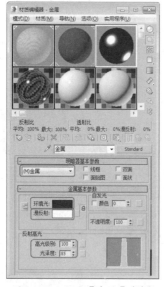

图4.157 设置【金属】材质

**25** 在【贴图】卷展栏中将【反射】后的【数量】参数设置为70，并单击其通道后的【无】按钮，在弹出的对话框中选择【位图】贴图，在弹出的对话框中选择随书附带光盘中的"Metal01.tif"文件，单击【打开】按钮，进入反射通道设置面板。在【坐标】卷展栏中，将【瓷砖】下的U、V均设置为1，将【模糊偏移】设置为0.086，如图4.158所示。然后单击【将材质指定给选定对象】按钮 ，将材质指定给场景中的对象。

**26** 按8键打开【环境和效果】对话框，单击【环境贴图】下的【无】按钮，在打开的对话框中选择【位图】并双击，选择素材文件【窗帘背景.jpg】，如图4.159所示。

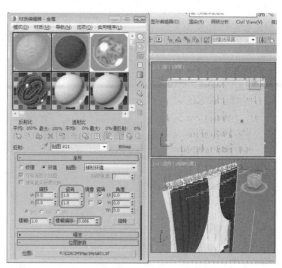

图4.158 指定材质

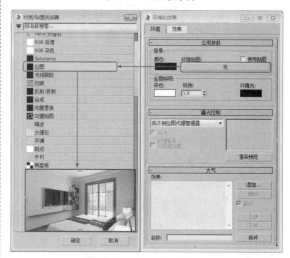

图4.159 设置环境贴图

**27** 按M键打开材质编辑器，在【环境和效果】对话框中，将【环境贴图】下的贴图拖至一个新的材质球上，在弹出的对话框中选择【实例】命令，如图4.160所示。

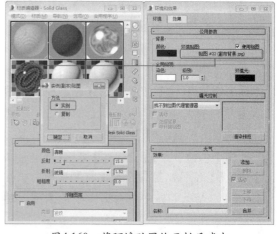

图4.160 将环境贴图拖至材质球中

28 单击【确定】按钮，在【坐标】卷展栏中选择【环境】，将【贴图】类型设置为【屏幕】，如图4.161所示。

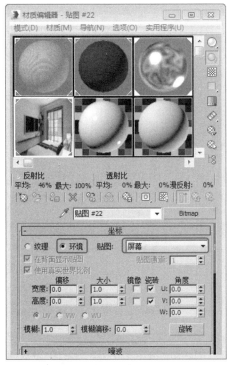

图4.161 创建摄像机

29 关闭【环境和效果】对话框，激活【透视】视图，按Alt+B快捷键，在打开的对话框中选择【使用环境背景】单选按钮，单击【确定】按钮，如图4.162所示。

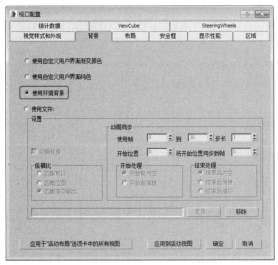

图4.162 使用环境背景

30 选择【创建】 ※ |【摄影机】 🎥 |【目标】

摄影机工具，在【顶】视图中创建一架目标摄影机，激活【透视】视图，按C键将其转换为摄影机视图，将其摄影机放置在模型的正前方，如图4.163所示。

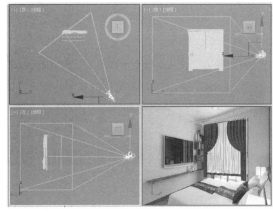

图4.163 创建摄像机

31 选择【创建】 ※ |【灯光】 ◀ |【标准】|【目标聚光灯】工具，在【左】视图中创建目标聚光灯。切换至【修改】命令面板，在【聚光灯参数】卷展栏中将【聚光区/光束】的参数设置为1，将【衰减区/区域】参数设置为60。在【阴影参数】参数卷展栏中，将【对象阴影】选项组中【颜色】的RGB值设置为（85、85、85），然后在其他视图中调整其位置，如图4.164所示。

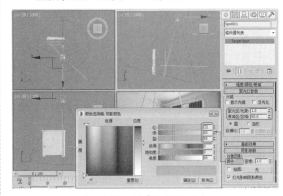

图4.164 创建目标聚光灯

32 选择【创建】 ※ |【灯光】 ◀ |【天光】工具，在【顶】视图中创建天光，在【天光参数】卷展栏中将【倍增】值设置为0.3，如图4.165所示。最后将场景进行渲染，并将渲染满意的效果和场景进行存储。

图4.165 创建天光

**33** 按F10键打开【渲染设置】对话框，在弹出的【渲染设置】对话框中展开【指定渲染

器】卷展栏，单击【产品级】右侧的 ⋯ 按钮，在弹出的【选择渲染器】对话框中，选择【默认扫描线渲染器】，如图4.166所示。

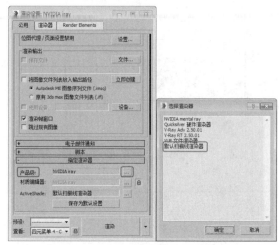

图4.166 选择【默认扫描线渲染器】

# 4.4 课后练习

1.【布尔】运算的类型有哪几种？
2. 截面放样和路径放样的具体步骤？

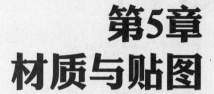

# 第5章
# 材质与贴图

现实世界的任何物体都有各自的特征，例如纹理、质感、颜色和透明度等，如果想要在3ds Max中制作出该特性，就需要用到【材质编辑器】与【材质/贴图浏览器】，本章中将对常用材质以及贴图类型进行详细的介绍。

# 5.1 材质与贴图基础

## 5.1.1 材质概述

材质的制作是一个相对复杂的过程，也是3ds Max中的难点之一。材质就是指对真实物体视觉效果的模拟，这种视觉效果通过颜色、质感、反射、透明度、自发光、表面粗糙程度、纹理结构等诸多要素显示出来。而这些视觉要素都可以在3ds Max中用相应的参数来进行设置，各项要素的变化和组合使物体呈现出不同的视觉特征。

在3ds Max中制作的三维对象本身不具备任何表面特征，通过设置材质的颜色、光泽度和自发光等基本参数，能够简单地模拟出物体的表面特性，但除此之外，还应具有一定的纹理或特征，因此材质还包含有多种贴图通道，通过在贴图通道中设置不同类型的贴图，可以创作出千变万化的材质，也更加真实地模拟出物体的表面特征。

## 5.1.2 材质编辑器与材质/贴图浏览器

材质编辑器对话框是3ds Max中重要的组成部分之一，使用它可以定义、创建和使用材质，通过材质编辑器，可以将没有生命的几何体模型转变成栩栩如生的现实中的对象，甚至那些只能想象而在现实中不存在的物体都能够在3ds Max中活灵活现地展现出来。

材质/贴图浏览器对话框提供全方位的材质和贴图浏览选择功能。

下面将分别对【材质编辑器】和【材质/贴图浏览器】对话框进行介绍。

### 1.材质编辑器

从整体上看，材质编辑器可以分为菜单栏、材质示例窗、工具按钮（又分为工具栏和工具列），以及参数控制区4大部分，如图5.1所示。

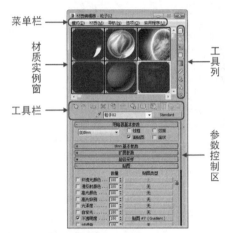

图5.1 【材质编辑器】对话框

（1）菜单栏

菜单栏位于【材质编辑器】的顶端，这些菜单命令与材质编辑器中的图标按钮作用相同。

★ 【模式】菜单中的命令用于控制材质编辑器的显示模式。

★ 【材质】菜单如图5.2所示。

图5.2 【材质】菜单

● 获取材质：与【获取材质】按钮功能相同，显示材质/贴图浏览器，利用它可以选择材质或贴图。

● 从对象选取：与【从对象拾取材质】

按钮🖊功能相同，可以从场景中的一个对象中选择材质。

- 按材质选择：与【按材质选择】按钮🗳功能相同，可以基于【材质编辑器】对话框中的活动材质选择对象。

- 在ATS对话框中高亮显示资源：如果活动材质使用的是已跟踪的资源（通常为位图纹理）的贴图，则打开【资源跟踪】对话框，同时资源高亮显示。

- 指定给当前选择：与【将材质指定给选定对象】按钮🖳功能相同，可将活动示例窗中的材质应用于场景中当前选定的对象。

- 放置到场景：与【将材质放入场景】按钮🖳功能相同，在编辑材质之后更新场景中的材质。

- 放置到库：与【放入库】按钮🖳功能相同，可以将选定的材质添加到当前库中。

- 更改材质/贴图类型：用于改变当前材质/贴图的类型。

- 生成材质副本：与【生成材质副本】按钮🖳功能相同。

- 启动放大窗口：等同双击活动示例窗或在当前示例窗中右击鼠标，在弹出的快捷菜单中选择【放大】选项。

- 另存为.FX文件：用于将活动材质另存为FX文件。

- 生成预览：与【生成预览】按钮🖉功能相同，显示【创建材质预览】对话框，创建动画材质的AVI文件。

- 查看预览：与【播放预览】按钮🖳功能相同，该按钮位于【生成预览】按钮的子列表中。

- 保存预览：与【保存预览】按钮🖳功能相同，该按钮位于【生成预览】按钮的子列表中。

- 显示最终结果：与【显示最终结果】按钮🖳功能相同，用于在示例窗中显示最终结果或只显示材质的当前层级。

- 视口中的材质显示为：与【视口中显示明暗处理材质】按钮🗷功能相同。

- 重置示例窗旋转：恢复示例窗中示例球默认的角度方位，与右击活动示例窗所弹出的快捷菜单中的【重置旋转】命令相同。

- 更新活动材质：更新当前材质。

★ 【导航】菜单如图5.3所示。

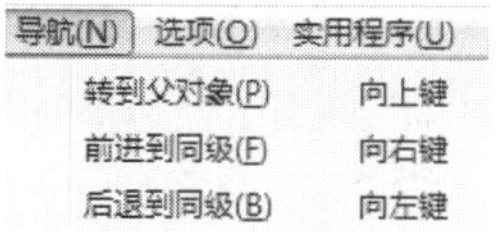

图5.3 【导航】菜单

- 转到父对象（P）向上键：与【转到父对象】按钮🗳功能相同，可以在当前材质中向上移动一个层级。

- 前进到同级（F）向右键：与【转到下一个同级项】按钮功能相同，移动到当前材质中相同层级的下一个贴图或材质。

- 后退到同级（B）向左键：与【转到下一个同级项】按钮功能相反，返回前一个同级材质。

★ 【选项】菜单如图5.4所示。

图5.4 【选项】菜单

- 将材质传播到实例：选择该选项后，当前的材质球中的材质将指定给场景中所有互相具有属性的对象，如果没有选择该选项，则当前材质球中的材质只指定给选择的对象。

- 手动更新切换：与【材质编辑器选项】中的【手动更新】复选框功能相同。

- 复制/旋转 拖动模式切换：相当于右击活动示例窗所弹出的快捷菜单中的【拖动/复制】命令或【拖动/旋转】命令。

- 背景：与【背景】按钮🗷功能相同，启用背景将多颜色的方格背景添加到活动示例窗中。

- 自定义背景切换：设置是否显示自定义背景。

- 背光：与【背光】按钮 功能相同，启用【背光】将背光添加到活动示例窗中。

- 循环3×2、5×3、6×4示例窗：与右击活动示例窗所弹出的快捷菜单中的【3×2示例窗】、【5×3示例窗】、【6×4示例窗】选项相似，可以在3种材质样本球示例窗模式间循环切换。

- 选项：与【选项】按钮 功能相同，会弹出图5.5所示的【材质编辑器选项】对话框，主要是控制有关编辑器自身的属性。

图5.5 【材质编辑器选项】对话框

★ 【实用程序】菜单如图5.6所示。

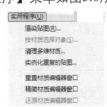

图5.6 【实用程序】菜单

- 渲染贴图：与右击活动示例窗所弹出的快捷菜单中的【渲染贴图】命令相同。

- 按材质选择对象：与【按材质选择】按钮 功能相同，执行该命令后，将会选择所有应用该材质的对象。

- 清理多维材质：对多维/子对象材质进行分析，显示场景中所有包含未分配任何材质ID的子材质，可以让用户选择删除任何未使用的子材质，然后合并多维子对象材质。

- 实例化重复的贴图：在整个场景中查找具有重复【位图】贴图的材质。如果场景中有不同的材质使用了相同的纹理贴图，那么创建实例将会减少在显卡上重复加载，从而提高显示的性能。

- 重置材质编辑器窗口：用默认的材质类型替换材质编辑器中的所有材质。

- 精简材质编辑器窗口：将【材质编辑器】中所有未使用的材质设置为默认类型，只保留场景中的材质，并将这些材质移动到材质编辑器的第一个示例窗中。

- 还原材质编辑器窗口：在使用前两个命令之一时，3ds Max将【材质编辑器】的当前状态保存在缓冲区中，使用此命令可以利用缓冲区的内容还原编辑器的状态。

（2）材质示例窗

材质示例窗用来显示材质的调节效果，共用24个示例球，当调节参数时，其效果会立刻反映到示例球上，用户可以根据示例球来判断材质的效果。示例窗可以变小或变大。示例窗的内容不仅可以是球体，还可以是其他几何体，包括自定义的模型；示例窗的材质可以直接拖动到对象上进行指定。

在示例窗中，窗口都以黑色边框显示，如图5.7中的左图所示。当前正在编辑的材质所在的窗口称为活动示例窗，它具有白色边框，如图5.7右图所示。如果要对材质进行编辑，首先要在其示例窗上单击左键，将其激活。

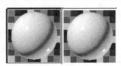

图5.7 未激活与激活的示例窗

对于示例窗中的材质，有一种同步材质的概念，当一个材质指定给场景中的对象，它便成为了同步材质。特征是四角有三角形标记，如果对同步材质进行编辑操作，场景中的对象也会随之发生变化，不需要再进行重新指定，图5.8所示为将材质指定给对象后激活与未激活该示例窗的效果。

图5.8 将材质指定给对象后的效果

示例窗中的材质可以方便地执行拖动操作，从而进行各种复制和指定活动。将一个材质窗口拖动到另一个材质窗口之上，释放鼠标，即可将它复制到新的示例窗中。对于同步材质，复制后会产生一个新的材质，它已不属于同步材质，因为同一种材质只允许有一个同步材质出现在示例窗中。

材质和贴图的拖动是针对软件内部的全部操作而言的，拖动的对象可以是示例窗、贴图按钮或材质按钮等，它们分布在材质编辑器、灯光设置、环境编辑器、贴图置换命令面板，以及资源管理器中，相互之间都可以进行拖动操作。作为材质，还可以直接拖动到场景中的对象上，进行快速指定。

在激活的示例窗中单击鼠标右键，可以弹出一个右键菜单，如图5.9所示。右键菜单中各个选项的说明如下。

图5.9 右键菜单

★ 拖动/复制：这是默认的设置模式，支持示例窗中的拖动复制操作。

★ 拖动/旋转：这是一个非常有用的工具，选择该选项后，在示例窗中拖动鼠标，可以转动示例球，便于观察其他角度的材质效

果。图5.10所示为旋转示例窗的效果。

图5.10 旋转后的示例窗效果

★ 重置旋转：恢复示例窗中默认的角度方位。

★ 渲染贴图：只对当前贴图层级的贴图进行渲染，可以渲染为静态或动态图像。如果是材质层级，那么该项不被启用。当选择该选项后会弹出【渲染贴图】对话框，如图5.11所示。

图5.11 【渲染贴图】对话框

★ 选项：与选择【选项】菜单中的【选项】命令相同，会弹出【材质编辑器选项】对话框。

★ 放大：可以将当前材质以一个放大的示例窗显示，它独立于材质编辑器，以浮动框的形式存在，这有助于更清楚地观察材质效果，每一个材质只允许有一个放大窗口，最多可同时打开24个放大窗口。通过拖动它的四角可以任意放大尺寸。

★ 3×2示例窗、5×3示例窗、6×4示例窗：用来设计示例窗中各示例小窗显示布局，材质示例窗中一共有24的小窗口，当以6×4方式显示时，它们可以完全显示出来，只是比较小；如果以5×3或3×2方式显示，可以手动拖动窗口，显示出隐藏在内部的其他示例窗。示例窗不同的显示方式如图5.12所示。

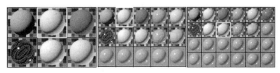

图5.12 示例窗不同的显示方式

示例窗中的示例样本是可以更改的。3ds Max提供了球体、柱体和立方体3种基本示例样本，对大多数材质来讲已经足够了，不过在此外3ds Max做了一个开放性的设置，允许指定一个特殊的造型作为示例样本，可以参照下面的步骤进行操作。

**01** 在场景中先制作一个简单的模型，如图5.13所示，对场景进行保存。

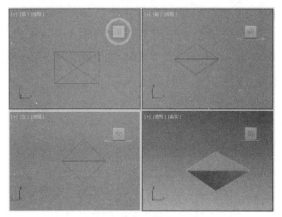

图5.13 制作的模型

**02** 按M键打开【材质编辑器】对话框，在该对话框中单击【选项】按钮，打开【材质编辑器选项】对话框，在【自定义采样对象】组中单击【文件名】后的长条按钮，在弹出的【打开文件】对话框中选择刚才保存的场景文件，单击【打开】按钮，如图5.14所示。

图5.14 设置【自定义采样对象】

**03** 单击【确定】按钮，返回到【材质编辑器】对话框，单击【采样类型】按钮，且不松

开鼠标左键，在弹出的子菜单中选择按钮，当前示例窗中的样本就变成了指定的物体样式，如图5.15所示。

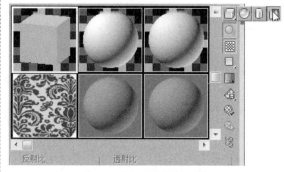

图5.15 选择【采样类型】

（3）工具栏

示例窗的下面是工具栏，可以用来控制各种材质，工具栏上的按钮大多用于材质的指定、保存和层级跳跃。工具栏如图5.16所示。

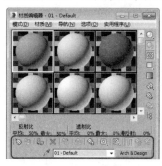

图5.16 工具栏

★ 【获取材质】按钮：单击【获取材质】按钮，打开【材质/贴图浏览器】对话框，如图5.17所示。在该对话框中可以选择材质及贴图类型，还可以选择场景中所带的材质。

图5.17 【材质/贴图浏览器】对话框

★　【将材质放入场景】按钮：在编辑完材质之后将它重新应用到场景中的对象上，允许使用这个按钮是有条件的：①在场景中有对象的材质与当前编辑的材质同名。②当前材质不属于同步材质。

★　【将材质指定给选定对象】按钮：将当前激活示例窗中的材质指定给当前选择的对象，同时此材质会变为一个同步材质。贴图材质被指定后，如果对象还未进行贴图坐标的指定，在最后渲染时也会自动进行坐标指定。如果单击【视口中显示明暗处理材质】按钮，在视图中可以观看贴图效果，同时也会自动进行坐标指定。如果在场景中已有一个同名的材质存在，这时会弹出一个对话框，如图5.18所示。

图5.18　【指定材质】对话框

● 将其替换：这样会以新的材质代替旧有的同名材质。

● 重命名该材质：将当前材质改为另一个名称。如果要重新进行指定名称，可以在【名称】文本框中输入。

★　【重置贴图/材质为默认设置】按钮：对当前示例窗的编辑项目进行重新设置，如果处在材质层级，将恢复为一种标准材质，即灰色轻微反光的不透明材质，全部贴图设置都将丢失；如果处在贴图层级，将恢复为最初始的贴图设置；如果当前材质为同步材质，将弹出【重置材质/贴图参数】对话框，如图5.19所示。

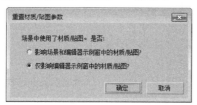

图5.19　【重置材质/贴图参数】对话框

★　【生成材质副本】按钮：这个按钮只针对同步材质起作用。单击该按钮，会将当前同步材质复制成一个相同参数的非同步材质，并且名称相同，以便在编辑时不影响场景中的对象。

★　【使唯一】按钮：这个按钮可以将贴图关联复制为一个独立的贴图，也可以将一个关联子材质转换为独立的子材质，并对子材质重新命名。通过单击【使唯一】按钮，可以避免在对【多维子对象材质】中的顶级材质进行修改时，影响到与其相关联的子材质，起到保护子材质的作用。

★　【放入库】按钮：单击该按钮，会将当前材质保存到当前的材质库中，这个操作直接影响到磁盘，该材质会永久保留在材质库中，关机后也不会丢失。单击该按钮后会弹出【放置到库】对话框，在此可以确认材质的名称，如图5.20所示。如果名称与当前材质库中的某个材质重名，会弹出【材质编辑器】提示框，如图5.21所示。单击【是】按钮或按Y键，系统会以新的材质覆盖原有材质，否则不进行保存操作。

图5.20　【放置到库】对话框

图5.21　提示对话框

★　【材质ID通道】按钮：通过材质的特效通道可以在【视频后期处理】对话框中为材质指定特殊效果。

● 例如要制作一个发光效果，可以让指定的对象发光，也可以让指定的材质发光。如果要让对象发光，则需要在对象的属性设置框中设置对象通道；如果要让材质发光，则需要通过此按钮指定材质特效通道。

● 单击此按钮会展开一个通道选项，这里有15个通道可供选择，选择好通道后，在【视频后期处理】对话框中加入发光过滤器，在发光过滤器的设置中通过设置【材质ID】与材质编辑器中相同的通道号码，即可对此材质进行发光处理。

**提示**

> 在【视频后期处理】对话框中只认材质ID号，所以如果两个不同材质指定了相同的材质特效通道，都会一同进行特技处理，由于这里有15个通道，表示一个场景中只允许有15个不同材质的不同发光效果，如果发光效果相同，不同的材质也可以设置为同一材质特效通道，以便【视频后期处理】对话框中的制作更为简单。0通道表示不使用特效通道。

★ 【在视口中显示标准贴图】按钮▨：在贴图材质的贴图层级中此按钮可用，单击该按钮，可以在场景中显示出材质的贴图效果，如果是同步材质，对贴图的各种设置调节也会同步影响场景中的对象，这样就可以很轻松地进行贴图材质的编辑工作。

● 视图中能够显示3D类程序式贴图和二维贴图，可以通过【材质编辑器】选项中的【3D贴图采样比例】对显示结果进行改善。【粒子年龄】和【粒子运动模糊】贴图不能在视图中显示。

**提示**

> 虽然即时贴图显示对制作带来了便利，但也为系统增添了负担。如果场景中有很多对象存在，最好不要将太多的即时贴图显示，不然会降低显示速度。通过【视图】菜单中的【取消激活所有贴图】命令，可以将场景中全部即时显示的贴图关闭。

● 如果用户的电脑中安装的显卡支持OpenGL或Direct3D显示驱动，便可以在视图中显示多维复合贴图材质，包括【合成】和【混合】贴图。HEIDI driver（Software Z Buffer）驱动不支持多维复合贴图材质的即时贴图显示。

★ 【显示最终结果】按钮▯：此按钮是针对多维材质或贴图材质等具有多个层级嵌套的材质作用的，在子级层级中单击该按钮，将会显示出最终材质的效果（也就是顶级材质的效果），松开该按钮会显示当前层级的效果。对于贴图材质，系统默认为按下状态，进入贴图层级后仍可看到最终的材质效果。对于多维材质，系统默认为松开状态，以便进入子级材质后，可以看到当前层级的材质效果，这有利于对每一个级别材质的调节。

★ 【转到父对象】按钮▨：向上移动一个材质层级，只在复合材质的子级层级有效。

★ 【转到下一个同级项】按钮▨：如果处在一个材质的子级材质中，并且还有其他子级材质，此按钮有效，可以快速移动到另一个同级材质中。例如，在一个多维子对象材质中，有两个子级对象材质层级，进入一个子级对象材质层级后，单击此按钮，即可跳入另一个子级对象材质层级中，对于多维贴图材质也适用。例如，同时有【漫反射】贴图和【凹凸】贴图的材质，在【漫反射】贴图层级中单击此按钮，可以直接进入【凹凸】贴图层级。

★ 【从对象拾取材质】按钮▨：单击此按钮后，可以从场景中某一对象上获取其所附的材质，这时鼠标箭头会变为一个吸管，在有材质的对象上单击左键，即可将材质选择到当前示例窗中，并且变为同步材质，这是一种从场景中选择材质的好方法。

★ 【材质名称列表】 0 ▾：在编辑器工具行下方正中央，是当前材质的名称输入框，作用是显示并修改当前材质或贴图的名称，在同一个场景中，不允许有同名材质存在。对于多层级的材质，单击材质名称列表此框右侧的下三角按钮，可以展开全部层级的名称列表，它们按照由高到低的层级顺序排列，通过选择可以很方便地进入任一层级。

★ 【类型】  ：这是一个非常重要的按钮，默认情况下显示【Standard】，表示当前的材质类型是标准类型。通过它可以打开【材质/贴图浏览器】对话框，从中可以选择各种材质或贴图类型。如果当前处于材质层级，则只允许选择材质类型；如果处于贴图层级，则只允许选择贴图类型。选择后按钮会显示当前的材质或者贴图类型名称。

● 在此处如果选择了一个新的混合材质或贴图，会弹出一个对话框，如图5.22所示。

图5.22 【替换材质】对话框

● 如果选中【丢弃旧材质】单选按钮，将会丢失当前材质的设置，产生一个全新的混合材质；如果选中【将旧材质保存为子材质】单选按钮，则会将当前材质保留，作为混合材质中的一个子级材质。

（4）工具列

材质示例窗的右侧是工具列，在工具列中的某些按钮还包含有子工具列表，工具列如图5.23所示。

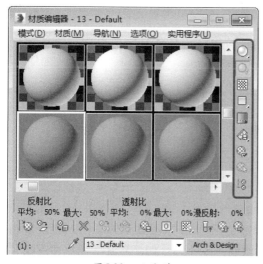

图5.23 工具列

★ 【采样类型】按钮 ：用于控制示例窗中样本的形态，包括球体、柱体、立方体3种类型。

★ 【背光】按钮 ：为示例窗中的样本增加一个背光效果，有助于金属材质的调节。

★ 【背景】按钮 ：为示例窗增加一个彩色方格背景，主要用于透明材质和不透明贴图效果的调节。选择菜单栏中的【选项】|【选项】命令，在弹出的【材质编辑器选项】对话框中单击【自定义背景】右侧的按钮，在打开的【选择背景位图文件】对话框中选择一个图像，然后单击【打开】按钮即可，返回到【材质编辑器选项】对话框，如图5.24所示，然后单击【确定】按钮即可。

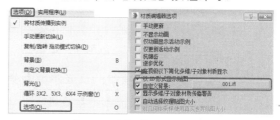

图5.24 选择【自定义背景】

★ 【采样UV平铺】按钮 ：用来测试贴图重复的效果，但只改变示例窗中的显示，并不对实际的贴图产生影响，其中包括几个重复级别。

★ 【视频颜色检查】按钮 ：用于检查材质表面色彩是否超过视频限制，对于NTSC和PAL制视频色彩饱和度有一定限制，如果超过这个限制，颜色转化后会变模糊，所以要尽量避免发生。不过单纯从材质避免还是不够的，最后渲染的效果还决定于场景中的灯光，通过渲染控制器中的视频颜色检查可以控制最后渲染图像是否超过限制。比较安全的做法是将材质色彩的饱和度降低在85%以下。

★ 【生成预览】按钮 ：用于制作材质动画的预视效果，对于进行了动画设置的材质，可以使用它来实时观看动态效果，单击该按钮会弹出【创建材质预览】对话框，如图5.25所示。

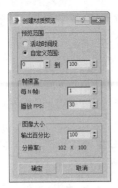

图5.25 【创建材质预览】对话框

- 【预览范围】选项组：设置动画的渲染区段。预览范围又分为【活动时间段】和【自定义范围】两部分，选择【活动时间段】单选按钮可以将当前场景的活动时间段作为动画渲染的区段；选择【自定义范围】单选按钮，可以通过下面的文本框指定动画的区域，确定从第几帧到第几帧。

- 【帧速率】选项组：设置渲染和播放的速度。在【帧速率】选项组中包含【每N帧】和【播放FPS】。【每N帧】用于设置预视动画间隔几帧进行渲染；【播放FPS】用于设置预视动画播放时的速率，N制为30帧/秒，PAL制为25帧/秒。

- 【图像大小】选项组：设置预视动画的渲染尺寸。在【输出百分比】文本框中可以通过输出百分比来调节动画的尺寸。

★ 【播放预览】按钮：启动多媒体播放器，播放预示动画。

★ 【保存预览】按钮：将刚才完成的预示动画以avi格式进行保存。

★ 【选项】按钮：与选择【选项】菜单栏中的【选项】命令相同，弹出【材质编辑器选项】对话框。

★ 【按材质选择】按钮：这是一种通过当前材质选择对象的方法，可以将场景中全部附有该材质的对象一同选择（不包括隐藏和冻结的对象）。单击此按钮，打开【选择对象】对话框，全部附有该材质的对象名称都会显示在该对话框中，单击【选择】按钮即可将它们一同选择。

★ 【材质/贴图导航器】按钮：单击该按钮，弹出【材质/贴图导航器】对话框，该对话框是一个可以提供材质、贴图层级或复合材质子材质关系快速导航的浮动对话框。用户可以通过在导航器中单击材质或贴图的名称快速实现材质层级操作，反过来，用户在材质编辑器中的当前操作层级，也会反映在导航器中。在导航器中，当前所在的材质层级会以高亮度来显示。如果在导航器中单击一个层级，材质编辑器中也会直接跳到该层级，这样就可以快速地进入每一层级中进行编辑操作了。用户可以直接从导航器中将材质或贴图拖曳到材质球上。

在这里提供了4种显示方式，分别为【查看列表】、【查看列表+图标】、【查看小图标】和【查看大图标】，显示效果如图5.26所示。在导航器中，全部材质和贴图同样可以使用拖动复制的原则，复制到全部可供复制的地方。

图5.26 显示方式

（5）参数控制区

在材质编辑器下部是参数控制区，根据材质类型的不同和贴图类型的不同，其内容也不同。一般的参数控制区包括多个卷展栏，卷展栏可以展开或收起，如果展开的卷展栏超出了材质编辑器的长度，可以通过手动进行上下滑动。

**2.材质/贴图浏览器**

下面来介绍一下【材质/贴图浏览器】对话框,如图5.27所示。

图5.27 【材质/贴图浏览器】对话框

(1) 【材质/贴图浏览器】功能区域

浏览并选择材质或贴图,双击选项后它会直接调入当前活动的示例窗中,也可以通过拖动复制操作将它们拖动到允许复制的地方。

★ 按名称搜索框:位于正上方有一个文本框,用于快速搜索材质和贴图,例如在其中输入【玻璃】,就会显示出以玻璃开头的所有材质,

★ 【材质/贴图浏览器选项】按钮▼:位于【按名称搜索框】左侧,单击该按钮将显示【材质/贴图浏览器选项】菜单。

★ 材质/贴图列表:主要包括材质和贴图的可滚动列表,此列表中又包含有若干个可展开或折叠的组。

(2) 列表显示方式

在【材质/贴图列表】中任意组的标题栏上单击鼠标右键,在弹出的快捷菜单中选择【将组(和子组)显示为】选项,在弹出的子菜单中提供了5种列表显示类型,如图5.28所示。

图5.28 列表显示方式菜单

★ 小图标:以小图标方式显示,并在图标下显示其名称,当鼠标停留于材质或贴图之上时,也会显示它的名称。

★ 中等图标:以中等图标方式显示,并在图标下显示其名称,当鼠标停留于材质或贴图之上时,也会显示它的名称。

★ 大图标:以大图标方式显示,并在图标下显示其名称,当鼠标停留于材质或贴图之上时,也会显示它的名称。

★ 图标和文本:在文字方式显示的基础上,增加了小的彩色图标,可以近似观察材质或贴图的效果。

★ 文本:以文字方式显示。

(3) 【材质/贴图浏览器选项】按钮

在【材质/贴图浏览器】对话框的左上角有一个▼按钮,单击该按钮会弹出一个菜单,下面将对此下拉菜单中常用的选项进行介绍。

★ 打开材质库:从材质库中获取材质和贴图,允许调入.mat或.max格式的文件,.mat是专用材质库文件;.max是一个场景文件,它会将该场景中的全部材质调入。

★ 材质:选择此选项后,可在列表栏中显示出材质类别。

★ 贴图:选择此选项后,可在列表栏中显示出贴图类别。

★ 控制器:选择此选项后,可在列表栏中显示出控制器类别。

★ Autodesk Material library:选择此选项后,可在列表栏中显示出Autodesk Material library类别。

★ 场景材质:选择此选项后,可在列表栏中显示出场景材质。

★ 示例窗:选择此选项后,可显示出示例窗口。

★ 显示不兼容:启用后,在【材质/贴图浏览器】对话框中将显示与活动渲染器不兼容的条目。默认设置为禁用。

★ 显示空组:如果启用此选项,则将显示组(即使它们为空)。默认设置为启用。

## 5.1.3 标准材质

标准材质类型为表面建模提供了非常直观的方式。在现实世界中，表面的外观取决于它如何反射光线。在3ds Max中，标准材质用来模拟对象表面的反射属性，在不使用贴图的情况下，标准材质为对象提供了单一均匀的表面颜色效果。

即使是【单一】颜色的表面，在光影、环境等影响下也会呈现出多种不同的反射结果。标准材质通过4种不同的颜色类型来模拟这种现象，它们是【环境光】、【漫反射】、【高光反射】和【过滤色】，不同的明暗器类型中颜色类型会有所变化。【漫反射】是对象表面在最佳照明条件下表现出的颜色，即通常所描述的对象本色；在适度的室内照明情况下，【环境光】的颜色可以选用深一些的【漫反射】颜色，但对于室外或者强烈照明情况下的室内场景，【环境光】的颜色应当指定为主光源颜色的补色；【高光反射】的颜色不外乎与主光源一致或是高纯度、低饱和度的漫反射颜色。

标准材质中包括【明暗器基本参数】、【基本参数】、【扩展参数】、【超级采样】、【贴图】和【mental ray连接】卷展栏，通过单击每个卷展栏的名称可以收起或展开对应的参数面板，鼠标指针呈手形时可以进行上下滑动，右侧还有一个细的滑块可以进行面板的上下滑动。

其中【超级采样】在材质上执行一个附加的抗锯齿过滤。此操作虽然花费更多时间，却可以提高图像的质量。渲染非常平滑的反射高光、精细的凹凸贴图及高分辨率时，超级采样特别有用。【mental ray连接】卷展栏可供所有类型的材质（多维/子对象材质和 mental ray 材质除外）使用，对于 mental ray 材质，该卷展栏是多余的。利用此卷展栏，可以向常规的 3ds Max 材质添加 mental ray 明暗处理。这些效果只能在使用 mental ray 渲染器时看到。

### 1.【明暗器基本参数】卷展栏

【明暗器基本参数】卷展栏如图5.29所示。

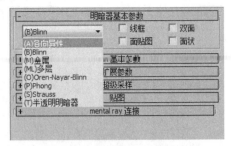

图5.29 【明暗器基本参数】卷展栏

【明暗器基本参数】卷展栏中共有8种明暗器类型：（A）各向异性、（B）Blinn、（M）金属、（ML）多层、（O）Oren-Nayar-Blinn、（P）Phong、（S）Strauss、（T）半透明明暗器。

★ 【线框】：以网格线框的方式来渲染对象，它只能表现出对象的线架结构，对于线框的粗细，可以通过【扩展参数】卷展栏中的【线框】项目来调节，【大小】值决定它的粗细，可以选择【像素】和【单位】两种单位，如果选择【像素】为单位，对象无论远近，线框的粗细都将保持一致；如果选择【单位】为单位，将以3ds Max内部的基本单元作为单位，会根据对象离镜头的远近而发生粗细变化。图5.30所示为线框渲染效果。

图5.30 线框渲染效果

★ 【双面】：将对象法线相反的一面也进行渲染，通常计算机为了简化计算，只渲染对象法线为正方向的表面（即可视的外表面），这对大多数对象都适用，但有些敞开面的对象，其内壁看不到任何材质效果，这时就必须打开双面设置。图5.30左图为未【勾选】双面复选框的渲染效果；图5.31右图为勾选【双面】复选框的渲染效果。

图5.31 未勾选与勾选【双面】复选框的渲染效果

使用双面材质会使渲染变慢，最好的方法是对必须使用双面材质的对象使用双面材质，而不要在最后渲染时再在【渲染设置】对话框中选择【强制双面】选项（它会强行对场景中的全部物体都进行双面渲染，一般在出现漏面但又很难查出是哪些模型出问题的情况下使用）。

★ 面贴图：将材质指定给模型的全部面，如果含有贴图的材质，在没有指定贴图坐标的情况下，贴图会均匀分布在对象的每一个表面上。

★ 面状：将对象的每个表面以平面化进行渲染，不进行相邻面的组群平滑处理。

**2.【基本参数】卷展栏**

【基本参数】卷展栏主要用于指定对象贴图，设置材质的颜色、不透明度和光泽度等基本属性。选择不同的明暗器类型，【基本参数】卷展栏中将显示出该明暗器类型的相关控制参数，下面分别介绍一下8种类型的【基本参数】卷展栏。

（1）【各向异性基本参数】卷展栏

【各向异性】通过调节两个垂直正交方向上可见高光尺寸之间的差额，从而实现一种【重折光】的高光效果。这种渲染属性可以很好地表现毛发、玻璃和被擦拭过的金属等模型效果。它的基本参数大体上与Blinn相同，只在高光和漫反射部分有所不同，【各向异性基本参数】卷展栏如图5.32所示。

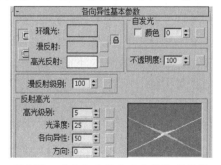

图5.32 【各向异性基本参数】卷展栏

颜色控制区域用来设置材质表面不同区域的颜色，包括【环境光】、【漫反射】和【高光反射】，调节方法为在色块上单击鼠标左键，弹出颜色选择器，如图5.33所示，从中进行颜色的选择。这个颜色选择器属于浮动框性质，只需打开一次即可。如果选择另一个材质区域，它也会自动影响新的区域色彩，在色彩调节的同时，示例窗中和场景中都会进行效果的即时更新显示。

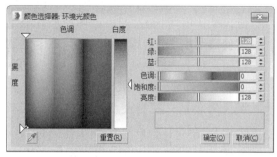

图5.33 颜色选择器

在色块右侧有个小的空白按钮，单击它们可以直接进入到该项目的贴图层级，为其指定相应的贴图，属于贴图设置的快捷操作，其他4个区域中的空白按钮与此相同。如果指定了贴图，在空白按钮上会显示【M】字样，单击它可以快速进入该贴图层级，如果该项目贴图目前是关闭状态，则显示小写【m】字样。

在左侧有两个【锁定】按钮，用于锁定【环境光】、【漫反射】和【高光反射】3种材质颜色中的两种（或3种全部锁定），锁定的目的是使被锁定的两个区域颜色保持一致，调节一个时另一个也会随之变化。

★ 环境光：控制对象表面阴影区的颜色。

★ 漫反射：控制对象表面过渡区的颜色。

★ 高光反射：控制对象表面高光区的颜色。

★ 【自发光】选项组：使材质具备自身发光效果，常用于制作灯泡、太阳等光源对象。100%的发光度使阴影色失效，对象在场景中不受到来自其他对象的投影影响，自身也不受灯光的影响，只表现出漫反射的纯色和一些反光，亮度值（HSV颜色值）保持与场景灯光一致。在3ds Max中，自发光颜色可以直接显示在视图中。在以前的版本中可以在视图中显示自发光值，但不能显示其颜色。

● 颜色：指定自发光有两种方式。一种是勾选前面的复选框，使用带有颜色的自发光；另一种是取消复选框的勾选，使用可以调节数值的单一颜色的自发光，对数值的调节可以看作是对自发光颜色的灰度比例进行调节。

★ 不透明度：设置材质的不透明度百分比值，默认值为100，即不透明材质。降低值使透明度增加，值为0时变为完全透明材质。对于透明材质，还可以调节它的透明衰减，这需要在扩展参数中进行调节。

★ 漫反射级别：控制漫反射的亮度。增减该值可以在不影响高光部分的情况下增减漫反射的亮度。调节范围为0～400，默认值为100。

★ 【反射高光】选项组

● 高光级别：设置高光强度，默认值为5。

● 光泽度：设置高光的范围。值越高，高光范围越小。

● 各向异性：控制高光部分的各向异性和形状。值为0时，高光形状呈圆形；值为100时，高光变形为极窄条状。反光曲线示意图中的一条曲线用来表示【各向异性】的变化。

● 方向：用来改变高光部分的方向，范围为0～9999。

（2）【Blinn基本参数】卷展栏

Blinn高光点周围的光晕是旋转混合的，背光处的反光点形状为圆形，清晰可见，若增大【柔化】参数值，Blinn的反光点将保持尖锐的形态，从色调上来看，Blinn趋于冷色。【Blinn基本参数】卷展栏如图5.34所示。

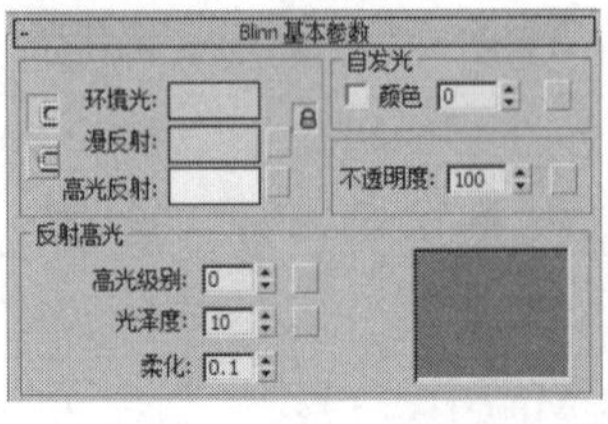

图5.34　【Blinn基本参数】卷展栏

★ 柔化：对高光区的反光做柔化处理，使它变得模糊、柔和。如果材质反光度值很低，反光强度值很高，这种尖锐的反光往往在背光处产生锐利的界线，增加【柔化】值可以更好地进行修饰。

其他相同的基本参数可参照【各向异性基本参数】卷展栏中的介绍。

（3）【金属基本参数】卷展栏

这是一种比较特殊的渲染方式，专用于金属材质的制作，可以提供金属所需的强烈反光。它取消了【高光反射】色彩的调节，反光点的色彩仅依据于【漫反射】色彩和灯光的色彩。

由于取消了【高光反射】色彩的调节，因此高光部分的高光度和光泽度设置也与Blinn有所不同。【高光级别】仍控制高光区域的亮度，而【光泽度】变化的同时将影响高光区域的亮度和大小，【金属基本参数】卷展栏如图5.35所示。

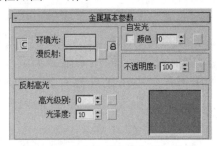

图5.35　【金属基本参数】卷展栏

其他相同的基本参数请参照前面卷展栏的介绍。

（4）【多层基本参数】卷展栏

多层渲染属性与【各向异性】类型有相似之处，它的高光区域也属于【各向异性】类型，意味着从不同的角度产生不同的高光尺寸，当【各向异性】值为0时，它们根本是相同的，高光是圆形的，与Blinn、Phong相同；当【各向异性】值为100时，这种高光的各向异性达到最大限度的不同，在一个方向上高光非常尖锐，而另一个方向上光泽度可以单独控制。【多层基本参数】卷展栏如图5.36所示。

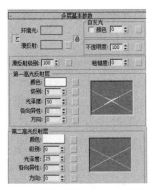

图5.36 【多层基本参数】卷展栏

★ 粗糙度：设置由漫反射部分向阴影色部分进行调和的快慢。提升该值时，表面的不光滑部分随之增加，材质也显得更暗更平。值为0时，则与Blinn渲染属性没有什么差别。默认值为0。

其他相同的基本参数请参照前面的介绍。

（5）【Oren-Nayar-Blinn基本参数】卷展栏

Oren-Nayar-Blinn渲染属性是Blinn的一个特殊变量形式。通过它附加的【漫反射级别】和【粗糙度】设置，也可以实现物质材质的效果。这种渲染属性常用来表现织物、陶制品等不光滑粗糙对象的表面，【Oren-Nayar-Blinn基本参数】卷展栏如图5.37所示。

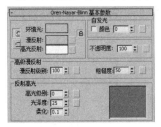

图5.37 【Oren-Nayar-Blinn基本参数】卷展栏

其他相同的基本参数请参照前面的介绍。

（6）【Phong基本参数】卷展栏

Phong高光点周围的光晕是发散混合的，背光处Phong的反光点为梭形，影响周围的区域较大。如果增大【柔化】参数值，Phong的反光点趋向于均匀柔和的反光，从色调上看Phong趋于暖色，将表现柔和的材质，常用于塑性材质，可以精确地反映出凹凸、不透明、反光、高光和反射贴图效果。【Phong基本参数】卷展栏如图5.38所示。

其他相同的基本参数请参照前面的介绍。

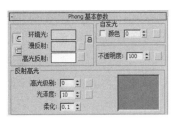

图5.38 【Phong基本参数】卷展栏

（7）【Strauss基本参数】卷展栏

Strauss提供了一种金属感的表面效果，比【金属】渲染属性更简洁，参数更简单。【Strauss基本参数】卷展栏如图5.39所示。

图5.39 【Strauss基本参数】卷展栏

★ 颜色：设置材质的颜色。相当于其他渲染属性中的漫反射颜色选项，而高光和阴影部分的颜色则由系统自动计算。

★ 金属度：设置材质的金属表现程度。由于主要依靠高光表现金属程度，因此【金属度】需要配合【光泽度】才能更好地发挥效果。

其他相同的基本参数请参照前面的介绍。

（8）【半透明基本参数】卷展栏

【半透明明暗器】与Blinn类似，最大的区别在于能够设置半透明的效果。光线可以穿透这些半透明效果的对象，并且在穿过对象内部时离散。通常【半透明明暗器】用来模拟薄对象，例如，窗帘、电影银幕、霜或者毛玻璃等效果。【半透明基本参数】卷展栏如图5.40所示。

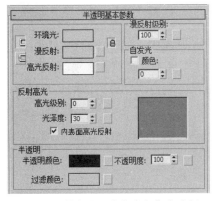

图5.40 【半透明基本参数】卷展栏

★ 半透明颜色：半透明颜色是离散光线穿过对象时所呈现的颜色。设置的颜色可以不同于过滤颜色，两者互为倍增关系。单击色块选择颜色，右侧的空白按钮用于指定贴图。

★ 过滤颜色：设置穿透材质光线的颜色，与半透明颜色互为倍增关系。单击色块选择颜色，右侧的空白按钮用于指定贴图。过滤颜色（或穿透色）是指透过透明或半透明对象（如玻璃）后的颜色。过滤颜色配合体积光可以模拟如彩光穿过毛玻璃后的效果，也可以根据过滤颜色为半透明对象产生的光线跟踪阴影配色。

★ 不透明度：用百分率表示材质的透明、不透明程度。当对象有一定厚度时，能够产生一些有趣的效果。

★ 除了模拟薄对象之外，半透明明暗器还可以模拟实体对象次表面的离散，用于制作玉石、肥皂、蜡烛等半透明对象的材质效果。

其他相同的基本参数请参照前面的介绍。

### 3. 【扩展参数】卷展栏

标准材质中所有的明暗器类型扩展参数都相同，其内容涉及透明度、反射及线框模式，还有标准透明材质真实程度的折射率设置。【扩展参数】卷展栏如图5.41所示。

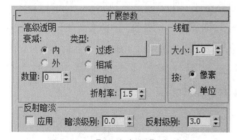

图5.41 【扩展参数】卷展栏

（1）【高级透明】选项组

用于控制透明材质的透明衰减设置。

★ 内：由边缘向中心增加透明的程度，类似玻璃瓶的效果。

★ 外：由中心向边缘增加透明的程度，类似云雾、烟雾的效果。

★ 数量：指定衰减的程度。

★ 类型：确定以哪种方式来产生透明效果。

★ 过滤：计算经过透明对象背面颜色倍增的过滤色，单击色块改变过滤色；单击色块右侧的空白按钮用于指定贴图。

过滤或透射颜色是穿过例如玻璃等透明或半透明对象后的颜色，将过滤色与体积光配合使用可以产生光线穿过彩色玻璃的效果。过滤色的颜色能够影响透明对象所投射的【光线跟踪阴影】颜色。如图5.42所示，玻璃板的过滤色为红色，在左侧的投影也显示为红色。

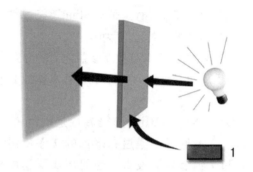

图5.42 过滤色效果

★ 相减：根据背景色做递减色彩的处理。

★ 相加：根据背景色做递增色彩的处理，常用做发光体。

★ 折射率：设置带有折射贴图的透明材质的折射率，用来控制材质折射被传播光线的程度。当设置为1（空气的折射率）时，看到的对象像在空气中（空气有时也有折射率，例如热空气对景象产生的气浪变形）一样不发生变形；当设置为1.5（玻璃折射率）时，看到的对象会产生很大的变形；当折射率小于1时，对象会沿着它的边界反射。在真实的物理世界中，折射率是因光线穿过透明材质和眼睛（或者摄影机）时速度不同而产生的，与对象的密度相关。折射率越高，对象的密度也就越大。

表5.1所示是最常用的几种物质的折射率。

表5.1　常见物质的折射率

| 材质 | 折射率 | 材质 | 折射率 |
|------|--------|------|--------|
| 真空 | 1 | 玻璃 | 1.5 ~ 1.7 |
| 空气 | 1.0003 | 钻石 | 2.419 |
| 水 | 1.333 | | |

用户只需记住这几种常用的折射率即可，其实在三维软件中，不必严格地使用物理原则，只要能体现出正常的视觉效果即可。

（2）【线框】选项组

在该选项组中可以设置线框的特性。

★ 大小：设置线框的粗细，有【像素】和【单位】两种单位可供选择，如果选择【像素】，对象无论远近，线框的粗细都将保持一致；如果选择【单位】，将以3ds Max内部的基本单元作为单位，会根据对象离镜头的远近而发生粗细变化。

（3）【反射暗淡】选项组

用于设置对象阴影区中反射贴图的暗淡效果。当一个对象表面有其他对象的投影时，这个区域将会变得暗淡，但是一个标准的反射材质不会考虑到这一点，它会在对象表面进行全方位反射计算，失去了投影的影响，对象变得通体光亮，场景也变得不真实。这时可以通过设置【反射暗淡】选项组中的两个参数来分别控制对象被投影区和未被投影区域的反射强度，这样可以将被投影区的反射强度值降低，使投影效果表现出来，同时增加未被投影区域的反射强度，以补偿损失的反射效果。

★ 应用：勾选此选项后，反射暗淡将发生作用，通过右侧的两个值对反射效果产生影响。

★ 暗淡级别：设置对象被投影区域的反射强度，值为1时，不发生暗淡影响，值为0时，被投影区域仍表现为原来的投影效果，不产生反射效果；随着值的降低，被投影区域的反射趋于暗淡，而阴影效果趋于强烈。

★ 反射级别：设置对象未被投影区域的反射强度，它可以使反射强度倍增，远远超过反射贴图强度为100时的效果，一般

用它来补偿反射暗淡对对象表面带来的影响，当值为3时（默认），其效果近似达到在没有应用反射暗淡时未被投影区的反射效果。

**4.【贴图】卷展栏**

【贴图】卷展栏中包含了每个贴图类型的按钮。单击贴图按钮可以打开【材质/贴图浏览器】对话框，但只能选择贴图，这里提供了30多种贴图类型，都可以用在不同的贴图方式上。当选择一个贴图类型后，会自动进入其贴图设置层级中，以便进行相应的参数设置。单击【转到父对象】按钮可以返回到贴图方式设置层级，这时该按钮上会出现贴图类型的名称，左侧复选框被勾选，表示当前该贴图方式处于活动状态；如果取消对左侧复选框的勾选，则会关闭该贴图方式对材质的影响。

【数量】文本框可设置该贴图影响材质的数量。例如，数量为100%时的漫反射贴图是完全不透光的，会遮住基础材质；数量为50%时是半透明的，将显示基础材质（漫反射，环境光和其他无贴图的材质颜色）。

不同的明暗器类型下的【贴图】卷展栏也略有不同，图5.43所示为Blinn明暗器类型下的【贴图】卷展栏。下面我们对该卷展栏中的几项进行讲解。

（1）【漫反射颜色】

主要用于表现材质的纹理效果，当值为100％时，会完全覆盖【漫反射】的颜色，这就好像在对象表面用油漆绘画一样，例如为墙壁指定砖墙的纹理图案，可以产生砖墙的效果。制作中没有严格的要求非要将【漫反射颜色】贴图与【环境光颜色】贴图锁定在一起，通过对【漫反射颜色】贴图和【环境光颜色】贴图分别指定不同的贴图，可以制作出很多生动的效果。但如果【漫反射颜

色】贴图用于模拟单一的表面，就需要将【漫反射颜色】贴图和【环境光颜色】贴图锁定在一起。

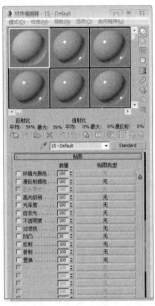

图5.43 【贴图】卷展栏

★ 漫反射级别：该贴图参数只存在于【各向异性】、【多层】、【Oren-Nayar-Blinn】和【半透明】明暗器类型下。主要通过位图或程序贴图来控制漫反射的亮度。贴图中白色像素对漫反射没有影响，黑色像素则将漫反射亮度降为0，处于两者之间的颜色依次对漫反射亮度产生不同的变化。

★ 漫反射粗糙度：该贴图参数只存在于【多层】和【Oren-Nayar-Blinn】明暗器类型下。主要通过位图或程序贴图来控制漫反射的粗糙程度。贴图中白色像素增加粗糙程度，黑色像素则将粗糙程度降为0，处于两者之间的颜色依次对漫反射粗糙程度产生不同的变化。

（2）【高光颜色】

在对象的高光处显示出贴图效果，它的其他效果与漫反射相同，仅显示在高光区中，对于金属材质，它会自动关闭，因为在金属的高光区下不会出现图像。这是一种不常用的贴图方式，常用于一些非自然材质的表现，与高光级别或光泽度贴图不同的是，它只改变颜色，而不改变高光区的强度和面积。

（3）【高光级别】

主要通过位图或程序贴图来改变物体高光部分的强度。贴图中白色的像素产生完全的高光区域，而黑色的像素则将高光部分彻底移除，处于两者之间的颜色不同程度地削弱高光强度。通常情况下，为达到最佳效果，【高光级别】和【光泽度】常使用相同的贴图。

（4）【光泽度】

主要通过位图或程序贴图来影响高光出现的位置，根据贴图颜色的强度决定整个表面哪个部分更有光泽，哪个部分光泽度低些。贴图中黑色的像素产生完全的光泽，白色的像素则将光泽度彻底移除，两者之间的颜色不同程度地减少高光区域的面积。

（5）【自发光】

将位图或程序贴图以一种自发光的形式贴在物体表面，贴图中白色区域产生完全的自发光，而黑色的区域不会对材质产生任何影响，两者之间的颜色根据自身的颜色产生不同的发光效果。自发光意味着发光区域不受场景（其环境光颜色组件消失）中的灯光影响，并且不接收阴影。

（6）【不透明度】

可以选择位图或程序贴图生成部分透明的对象。贴图的浅色（较高的值）区域渲染为不透明；深色区域渲染为透明；之间的值渲染为半透明，将不透明度贴图的【数量】设置为100，应用于所有贴图，图的透明区域将完全透明。将【数量】设置为0，相当于禁用贴图。中间的【数量】值与【基本参数】卷展栏中的【不透明度】值混合，图的透明区域将变得更加不透明。反射高光应用于不透明度贴图的透明区域和不透明区域，用于创建玻璃效果。如果使透明区域看起来像孔洞，也可以设置高光度的贴图。

（7）【凹凸】

可通过图像的明暗强度来影响材质表面的光滑程度，从而产生凹凸的表面效果，白色图像产生凸起，黑色图像产生凹陷，中间色产生过渡。这种模拟凹凸质感的优点是渲染速度很快，但这种凹凸材质的凹凸部分不会产生阴影投影，在对象边界上也看不到真正的凹凸，对于一般的砖墙、石板路面，它可以产生真实的效果，但是如果凹凸对象很清晰地靠近镜头，并且要表现出明显的投影效果，应该使用【置换】，利用图像的明暗度可以真实地改变对象造型，但需要花费大量的渲染时间。凹凸贴图的强度值可以调节到999，但是过高的强度会带来不正确的渲染效果，如果发现渲染后高光处有锯齿或者闪烁，应开启【超级采样】进行渲染。

（8）【反射】

反射贴图是很重要的一种贴图方式，要想制作出光洁亮丽的质感，必须要熟练掌握反射贴图的使用。设置反射贴图时不用指定贴图坐标，因为它们锁定的是整个场景，而不是某个几何体。反射贴图不会随着对象的移动而变化，但如果视角发生了变化，贴图会像真实的反射情况那样发生变化。反射贴图在模拟真实环境的场景中的主要作用是为毫无反射的表面添加一点反射效果。贴图的强度值控制反射图像的清晰程度，值越高，反射也越强烈。默认的强度值与其他贴图设置一样为100％。不过对于大多数材质表面，降低强度值通常能获得更为真实的效果。

在【基本参数】卷展栏中增加光泽度和高光强度可以使反射效果更真实。此外，反射贴图还受【漫反射】、【环境光】颜色值的影响，颜色越深，镜面效果越明显，即便是贴图强度为100时，反射贴图仍然受到漫反射、阴影色和高光色的影响。

对于Phong和Blinn渲染方式的材质，【高光反射】的颜色强度直接影响反射的强度，值越高，反射也越强，值为0时反射会消失。对于【金属】渲染方式的材质，则是【漫反射】影响反射的颜色和强度，【漫反射】的颜色（包括漫反射贴图）能够倍增来自反射贴图的颜色，漫反射的颜色值（HSV模式）控制着反射贴图的强度，颜色值为255，反射贴图强度最大，颜色值为0，反射贴图不可见。

（9）【折射】

折射贴图用于模拟空气和水等介质的折射效果，使对象表面产生对周围景物的反映映像。但与反射贴图所不同的是，它所表现的是透过对象所看到的效果。折射贴图与反射贴图一样，锁定视角而不是对象，不需要指定贴图坐标，当对象移动或旋转时，折射贴图效果不会受到影响。具体的折射效果还受折射率的控制，在【扩展参数】卷展栏中的【折射率】值控制材质折射透射光线的严重程度，值为1时代表真空（空气）的折射率，不产生折射效果；大于1时为凸起的折射效果，多用于表现玻璃；小于1时为凹陷的折射效果，对象沿其边界进行反射（如水底的气泡效果）。默认值为1.5（标准的玻璃折射率），常见折射率如表5.1所示（假设摄影机在空气或真空中）。

## 5.1.4 复合材质简介

复合材质是指将两个或多个子材质组合在一起。复合材质类似于合成器贴图，但后者位于材质级别。将复合材质应用于对象可以生成复合效果。用户可以使用【材质/贴图浏览器】对话框来加载或创建复合材质。

使用过滤器控件，可以选择是否让浏览器列出贴图或材质，或两者都列出。

不同类型的材质生成不同的效果，具有不同的行为方式，或者具有组合了多种材质的方式。不同类型的复合材质介绍如下。

★ 混合：将两种材质通过像素颜色混合的方式混合在一起，与混合贴图一样。

★ 合成：通过将颜色相加、相减或不透明混合，可以将多达10种的材质混合起来。

★ 双面：为对象内外表面分别指定两种不同的材质，一种为法线向外；另一种为法线向内。

★ 变形器：变形器材质使用【变形器】修改器来管理多种材质。

★ 多维/子对象：可用于将多个材质指定给同一对象。存储两个或多个子材质时，这些子材质可以通过使用【网格选择】修改器在子对象级别进行分配。还可以通过使用【材质】修改器将子材质指定给整个对象。

★ 虫漆：将一种材质叠加在另一种材质上。

★ 顶/底：存储两种材质。一种材质渲染在对象的顶表面；另一种材质渲染在对象的底表面，具体取决于面法线向上还是向下。

### 1.混合材质

混合材质是指在曲面的单个面上将两种材质进行混合。可通过设置【混合量】参数来控制材质的混合程度，该参数可以用来绘制材质变形功能曲线，以控制随时间混合两个材质的方式。

混合材质的创建方法如下。

**01** 激活材质编辑器中的某个示例窗。

**02** 单击【Standard】按钮，在弹出的【材质/贴图浏览器】对话框中选择【混合】选项，然后单击【确定】按钮，如图5.44所示。

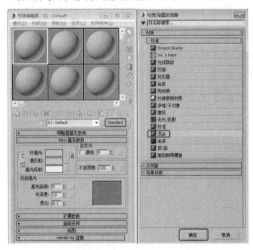

图5.44 选择【混合】选项

**03** 弹出【替换材质】对话框，该对话框询问用户将示例窗中的材质丢弃还是保存为子材质，如图5.45所示。在该对话框中选择一种类型，然后单击【确定】按钮，进入【混合基本参数】卷展栏中，如图5.46所示。可以在该卷展栏中设置参数。

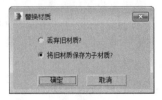

图5.45 【替换材质】对话框

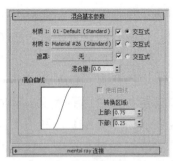

图5.46 【混合基本参数】卷展栏

★ 材质1/材质2：设置两个用来混合的材质。使用复选框来启用和禁用材质。

★ 交互式：在视图中以【真实】方式交互渲染时，用于选择哪一个材质显示在对象表面。

★ 遮罩：设置用做遮罩的贴图。两个材质之间的混合度取决于遮罩贴图的强度。遮罩较明亮（较白）区域显示更多的【材质1】。而遮罩较暗（较黑）区域则显示更多的【材质2】。使用复选框来启用或禁用遮罩贴图。

★ 混合量：确定混合的比例（百分比）。0 表示只有【材质1】在曲面上可见；100 表示只有【材质2】可见。如果已指定【遮罩】贴图，并且选中了【遮罩】的复选框，则不可用。

★ 【混合曲线】选项组：混合曲线影响进行混合的两种颜色之间变换的渐变或尖锐程度。只有指定遮罩贴图后，才会影响混合。

● 使用曲线：确定【混合曲线】是否影响混合。只有指定并激活遮罩时，该复选框才可用。

● 转换区域：用来调整【上部】和【下部】的级别。如果这两个值相同，那么两个材质会在一个确定的边上接合。

### 2.多维/子对象材质

使用【多维/子对象】材质可以采用几何体的子对象级别分配不同的材质。创建多维材质，将其指定给对象并使用【网格选择】修改器选中面，然后选择多维材质中的子材质指定给选中的面。

如果该对象是可编辑网格，可以拖放

材质到面的不同选中部分，并随时构建一个【多维/子对象】材质。

子材质ID不取决于列表的顺序，可以输入新的ID值。

单击【材质编辑器】中的【使唯一】按钮，允许将一个实例子材质构建为一个唯一的副本。

【多维/子对象基本参数】卷展栏如图5.47所示。

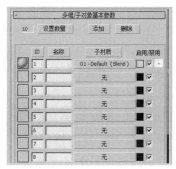

图5.47 【多维/子对象基本参数】卷展栏

★ 设置数量：设置拥有子级材质的数目，注意如果减少数目，会将已经设置的材质丢失。

★ 添加：添加一个新的子材质。新材质默认的ID号在当前ID号的基础上递增。

★ 删除：删除当前选择的子材质。可以通过撤销命令取消删除。

★ ID：单击该按钮将列表排序，其顺序开始于最低材质ID的子材质，结束于最高材质ID。

★ 名称：单击该按钮后，按名称栏中指定的名称进行排序。

★ 子材质：按子材质的名称进行排序。子材质列表中每个子材质有一个单独的材质项。该卷展栏一次最多显示10个子材质；如果材质数超过10个，则可以通过右边的滚动栏滚动列表。列表中的每个子材质包含以下控件。

● 材质球：提供子材质的预览，单击材质球图标可以对子材质进行选择。

● ID号：显示指定给子材质的ID号，同时还可以在这里重新指定ID号。如果输入的ID号有重复，系统会提

出警告，如图5.48所示。

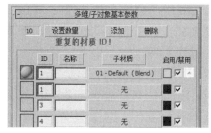

图5.48 弹出提示文字

● 名称：可以在这里输入自定义的材质名称。

● 【子材质】按钮：该按钮用来选择不同的材质作为子级材质。右侧颜色按钮用来确定材质的颜色，它实际上是该子级材质的【漫反射】值。最右侧的复选框可以对单个子级材质进行启用和禁用的开关控制。

### 3.光线跟踪材质

光线跟踪基本参数与标准材质基本参数内容相似，但实际上光线跟踪材质的颜色构成与标准材质大相径庭。

与标准材质一样，可以为光线跟踪颜色分量和各种其他参数使用贴图。色样和参数右侧的小按钮用于打开【材质/贴图浏览器】对话框，从中可以选择对应类型的贴图。这些快捷方式在【贴图】卷展栏中也有对应的按钮。如果已经将一个贴图指定给这些颜色之一，则按钮显示字母M，大写的M表示已指定和启用对应贴图。小写的m表示已指定该贴图，但它处于非活动状态。【光线跟踪基本参数】卷展栏如图5.49所示。

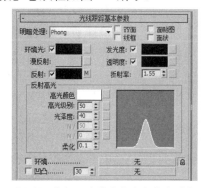

图5.49 【光线跟踪基本参数】卷展栏

★ 明暗处理：在下拉列表框中可以选择一个明暗器。选择的明暗器不同，则【反

射高光】选项组中显示的明暗器的控件也会不同，包括【Phong】、【Blinn】、【金属】、【Oren-Nayar-Blinn】和【各向异性】5种方式。

★ 双面：与标准材质相同。选中该复选框时，在面的两侧着色和进行光线跟踪。在默认情况下，对象只有一面，以便提高渲染速度。

★ 面贴图：将材质指定给模型的全部面。如果是一个贴图材质，则无须贴图坐标，贴图会自动指定给对象的每个表面。

★ 线框：与标准材质中的线框属性相同，选中该复选框时，在线框模式下渲染材质。可以在【扩展参数】卷展栏中指定线框大小。

★ 面状：将对象的每个表面作为平面进行渲染。

★ 环境光：与标准材质的环境光含义完全不同，对于光线跟踪材质，它控制材质吸收环境光的多少，如果将它设为纯白色，即为在标准材质中将环境光与漫反射锁定。默认为黑色。启用名称左侧的复选框时，显示环境光的颜色，通过右侧的色块可以进行调整；禁用复选框时，环境光为灰度模式，可以直接输入或者通过调节按钮设置环境光的灰度值。

★ 漫反射：代表对象反射的颜色，不包括高光反射。反射与透明效果位于过渡区的最上层，当反射为100%（纯白色）时，漫反射色不可见，默认为50%的灰度。

★ 反射：设置对象高光反射的颜色，即经过反射过滤的环境颜色，颜色值控制反射的量。与环境光一样，通过启用或禁用☑反射........复选框，可以设置反射的颜色或灰度值。此外，第二次启用复选框，可以为反射指定【菲涅尔】镜像效果，它可以根据对象的视角为反射对象增加一些折射效果。

★ 发光度：与标准材质的自发光设置近似（禁用则变为自发光设置），只是不依赖于【漫反射】进行发光处理，而是根据自身颜色来决定所发光的颜色，用户可以为一个【漫反射】为蓝色的对象指定一个红色的发光色。默认为黑色。右侧的灰色按钮用于指定贴图。禁用左侧的复选框，【发光度】选项变为【自发光】选项，通过微调按钮可以调节发光色的灰度值。

★ 透明度：与标准材质中的Filter过滤色相似，它控制在光线跟踪材质背后经过颜色过滤所表现的色彩，黑色为完全不透明，白色为完全透明。将【漫反射】与【透明度】都设置为完全饱和的色彩，可以得到彩色玻璃的材质。禁用后，对象仍折射环境光，不受场景中其他对象的影响。右侧的灰块按钮用于指定贴图。禁用左侧的复选框后，可以通过微调按钮调整透明色的灰度值。

★ 折射率：设置材质折射光线的强度，默认值为1.55。

★ 【反射高光】选项组：控制对象表面反射区反射的颜色，根据场景中灯光颜色的不同，对象反射的颜色也会发生变化。

● 高光颜色：设置高光反射灯光的颜色，将它与【反射】颜色都设置为饱和色可以制作出彩色铬钢效果。

● 高光级别：设置高光区域的强度，值越高，高光越明亮，默认为5。

● 光泽度：影响高光区域的大小。光泽度越高，高光区域越小，高光越锐利。默认为25。

● 柔化：柔化高光效果。

★ 环境：允许指定一张环境贴图，用于覆盖全局环境贴图。默认的反射和透明度使用场景的环境贴图，一旦在这里进行环境贴图的设置，将会取代原来的设置。利用这个特性，可以单独为场景中的对象指定不同的环境贴图，或者在一个没有环境的场景中为对象指定虚拟的环境贴图。

★ 凹凸：这与标准材质的凹凸贴图相同。单击该按钮可以指定贴图。使用微调器可更改凹凸量。

## 5.1.5 贴图通道

在材质应用中，贴图作用非常重要，因此，3ds Max提供了多种贴图通道，如图5.50所示，分别在不同的贴图通道中使用不同的贴图类型，使物体在不同的区域产生不同的贴图效果。

图5.50 贴图通道

3ds Max为标准材质提供了以下12种贴图通道。

★ 【环境光颜色】贴图和【漫反射颜色】贴图：【环境光颜色】是最常用的贴图通道，它将贴图结果像绘画或壁纸一样应用到材质表面。在通常情况下，【环境光颜色】和【漫反射颜色】处于锁定状态。

★ 【高光颜色】贴图：【高光颜色】使贴图结果只作用于物体的高光部分。通常将场景中的光源图像作为高光颜色通道，模拟一种反射，如在白灯照射下的玻璃杯上的高光点反射的图像。

★ 【光泽度】贴图：设置光泽组件的贴图不同于设置高光颜色的贴图。设置光泽的贴图会改变高光的位置，而高光颜色贴图会改变高光的颜色。

> **提示**
>
> 用户可以选择影响反射高光显示位置的位图文件或程序贴图。指定给光泽度决定曲面的哪些区域更具有光泽，哪些区域不太有光泽，具体情况取决于贴图中颜色的强度。贴图中的黑色像素将产生全面的光泽。白色像素将完全消除光泽，中间值会减少高光的大小。

★ 【自发光】贴图：将贴图图像以一种自发光的形式贴图物体表面，图像中纯黑色的区域不会对材质产生任何影响，不是纯黑的区域将会根据自身的颜色产生发光效果，发光的地方不受灯光及投影影响。

★ 【不透明度】贴图：利用图像的明暗度在物体表面产生透明效果，纯黑色的区域完全透明，纯白色的区域完全不透明，这是一种非常重要的贴图方式，可以为玻璃杯加上花纹图案。

★ 【过滤色】贴图：专用于过滤方式的透明材质，通过贴图在过滤色表面进行染色，形成具有彩色花纹的玻璃材质，它的优点是在体积光穿过物体或采用【光线跟踪】投影时，可以产生贴图滤过的光柱的阴影。

★ 【凹凸】贴图：使对象表面产生凹凸不平的幻觉。位图上的颜色按灰度不同凸起，白色最高。因此用灰度位图作凹凸贴图效果最好。凹凸贴图常和漫反射贴图一起使用来增加场景的真实感。

★ 【反射】贴图：常用来模拟金属、玻璃光滑表面的光泽，或用作镜面反射。当模拟对象表面的光泽时，贴图强度不宜过大，否则反射将不自然。

★ 【折射】贴图：当用户观察水中的筷子时，筷子会发生弯曲，折射贴图用来表现这种效果。定义折射贴图后，不透明度参数、贴图将被忽略。

★ 【置换】贴图：与凹凸贴图通道类似，按照位图颜色的灰度不同产生凹凸，它的幅度更大一些。

## 5.1.6 贴图的类型

在3ds Max中包括30多种贴图，它们可以根据使用方法、效果等分为2D贴图、3D贴图、合成器、颜色修改器、其他等6大类。在不同的贴图通道中使用不同的贴图类型，产生的效果也大不相同，下面介绍一下常用的贴图类型。在【贴图】卷展栏中，单击任何通道右侧的【None】按钮，都可以打开【材质/贴图浏览器】对话框，如图5.51所示。

图5.51　【材质/贴图浏览器】对话框

### 1.贴图坐标

材质可以由用户组合不同的图像文件，这样可以使模型呈现各种所需纹理以及各种性质，而这种组合被称为贴图，贴图就是指材质如何被【包裹】或【涂】在几何体上。所有贴图材质的最终效果是由指定在表面上的贴图坐标决定。

（1）认识贴图坐标

3ds Max在对场景中的物体进行描述的时候，使用的是XYZ坐标空间，但对于位图和贴图来说使用的却是UVW坐标空间。位图的UVW坐标是表示贴图的比例。图5.52是使用不同的坐标所表现的3种不同效果。

图5.52　UV、VW、WU表现的不同效果

在默认状态下，每创建一个对象，系统都会为它指定一个基本的贴图坐标，该坐标的指定是在创建物体时在【参数】卷展栏中对【生成贴图坐标】复选框的勾选。

如果需要更好地控制贴图坐标，可以单击【修改】按钮进入编辑【修改】命令面板，然后选择【UVW 贴图】，即可为对象指定一个UVW贴图坐标，图5.53所示为指定UVW贴图坐标前后的对比效果。

图5.53　指定UVW贴图坐标前后的对比效果

（2）调整贴图坐标

贴图坐标可以用参数化的形式应用，也可以在【UVW 贴图】修改器中使用。参数化贴图可以是对象创建参数的一部分，或者是产生面的编辑修改器的一部分，并且通常在对象定义或编辑修改器中的【生成贴图坐标】复选框被选中时才有效。在经常使用的基本几何体、放样对象及【挤出】、【车削】和【倒角】编辑修改器中有可能有参数化贴图。

大部分参数化贴图使用1×1的瓷砖平铺，因为用户无法调整参数化坐标，所以需要用材质编辑器中的【瓷砖】参数控制来调整。

当贴图是参数产生的时候，则只能通过指定在表面上的材质参数来调整瓷砖次数和方向，或者当选用UVW贴图编辑修改器来指定贴图时，用户可以独立控制贴图位置、方向和重复值等。然而，通过编辑修改器产生的贴图没有参数化产生贴图方便。

【坐标】卷展栏如图5.54所示，其各项参数的功能说明如下所述。

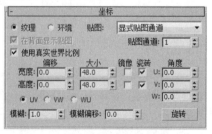

图5.54　【坐标】卷展栏

★ 纹理：将该贴图作为纹理贴图对表面应用。从【贴图】列表中选择坐标类型。

★ 环境：使用贴图作为环境贴图。从【贴图】列表中选择坐标类型。

★ 【贴图】列表：其中包含的选项因选择纹理贴图或环境贴图而不同。

    ● 显式贴图通道：使用任意贴图通道。选择该选项后，【贴图通道】字段将处于活动状态，可选择从1~99的任意通道。

    ● 顶点颜色通道：使用指定的顶点颜色作为通道。

    ● 对象XYZ平面：使用基于对象的本地坐标的平面贴图（不考虑轴点位置）。用于渲染时，除非启用【在背面显示贴图】复选框，否则平面贴图不会投影到对象背面。

    ● 世界XYZ平面：使用基于场景的世界坐标的平面贴图（不考虑对象边界框）。用于渲染时，除非启用【在背面显示贴图】复选框，否则平面贴图不会投影到对象背面。

    ● 球形环境、柱形环境或收缩包裹环境：将贴图投影到场景中与将其贴图投影到背景中的不可见对象一样。

    ● 屏幕：投影为场景中的平面背景。

★ 在背面显示贴图：如果启用该复选框，平面贴图（对象XYZ平面，或使用【UVW贴图】修改器）穿透投影，以渲染在对象背面上。禁用时，平面贴图不会渲染在对象背面，默认设置为启用。

★ 偏移：用于指定贴图在模型上的位置。

★ 瓷砖：设置水平（U）和垂直（V）方向上贴图重复的次数，当然右侧【瓷砖】复选框只有打开才起作用，它可以将纹理连续不断地贴在物体表面。值为1时，贴图在表面贴一次；值为2时，贴图会在表面各个方向上重复贴两次，贴图尺寸会相应都缩小一倍；值小于1时，贴图会进行放大。

★ 镜像：设置贴图在物体表面进行镜像复制形成该方向上两个镜像的贴图效果。

★ 角度：控制在相应的坐标方向上产生贴图的旋转效果，既可以输入数值，也可以按下【旋转】按钮进行实时调节观察。

★ 模糊：用来影响图像的尖锐程度，低的值主要用于位图的抗锯齿处理。

★ 模糊偏移：产生大幅度的模糊处理，常用于产生柔化和散焦效果。

（3）UVW贴图

如果想要更好地控制贴图坐标，或者当前的物体不具备系统提供的坐标控制项时，就需要使用【UVW贴图】修改器为物体指定贴图坐标。

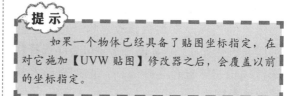

提示

    如果一个物体已经具备了贴图坐标指定，在对它施加【UVW贴图】修改器之后，会覆盖以前的坐标指定。

【UVW贴图】修改器的【参数】卷展栏如图5.55所示。

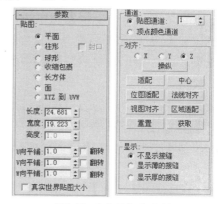

图5.55 【参数】卷展栏

【UVW贴图】修改器提供了许多将贴图坐标投影到对象表面的方法。最好的投影方法和技术依赖于对象的几何形状和位图的平铺特征。在【参数】卷展栏中包含有7种类型的贴图方式：【平面】、【柱形】、【球形】、【收缩包裹】、【长方体】、【面】和【XYZ到UVW】。

在【UVW贴图】修改器的【参数】卷展栏中调节【长度】、【宽度】、【高度】参数值，即可对Gizmo（线框）物体进行缩放，当用户缩放Gizmo（线框）时，使用那些坐标的渲染位图也随之缩放，如图5.56所示。

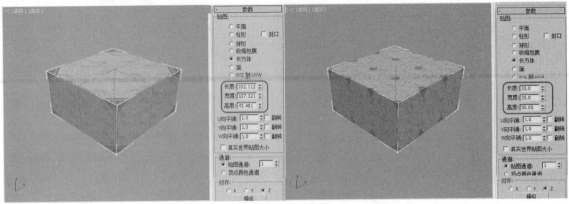

图5.56 调整长度、宽度、高度值后效果

Gizmo线框的位置、大小直接影响贴图在物体上的效果，在编辑修改器堆栈中用户还可以通过选择【UVW 贴图】的Gizmo选择集来对线框物体进行单独操作，比如旋转、移动，还有缩放等。

在制作中通常需要将所使用的贴图重复叠加，以达到预期的效果。当调节【U向平铺】参数，水平方向上的贴图出现重复效果，再调节【V向平铺】参数，垂直方向上的贴图出现重复效果，与材质编辑器中的【瓷砖】参数相同。

而另一种比较简单的方法是通过材质的【瓷砖】参数控制贴图的重复次数，该方法的使用原理同样也是缩放Gizmo（线框）。默认的【瓷砖】值为1，它使位图与平面Gizmo的范围相匹配。【瓷砖】为1意味着重复一次，如果增加【瓷砖】值到5，那么将在平面贴图Gizmo（线框）中重复5次。

### 2.位图贴图

位图贴图就是将位图图像文件作为贴图使用，它可以支持各种类型的图像和动画格式，包括AVI、BMP、CIN、JPG、TIF、TGA等。位图贴图的使用范围广泛，通常用在漫反射颜色贴图通道、凹凸贴图通道、反射贴图通道、折射贴图通道中。

选择位图后，进入相应的贴图通道面板中，在【位图参数】卷展栏中包含3个不同的过滤方式：【四棱锥】、【总面积】、【无】，它们实行像素平均值来对图像进行

抗锯齿操作，【位图参数】卷展栏如图5.57所示。

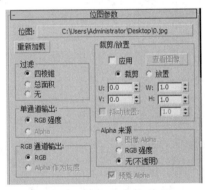

图5.57 【位图参数】卷展栏

### 3.渐变贴图

渐变贴图是可以使用许多颜色的高级渐变贴图，常用在漫反射颜色贴图通道中。在【渐变参数】卷展栏里可以设置渐变的颜色及每种颜色的位置，如图5.58所示，而且还可以利用【噪波】选项组来设置噪波的数量和大小等，使渐变色的过渡看起来并不那么规则，从而增加渐变的真实程度。

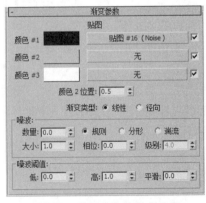

图5.58 【渐变参数】卷展栏

#### 4.噪波贴图

噪波一般在凹凸贴图通道中使用，可以通过设置【噪波参数】卷展栏中的参数来制作出紊乱不平的表面，该参数卷展栏如图5.59所示。其中通过【噪波类型】可以定义噪波的类型，通过【噪波阈值】下的参数可以设置【大小】、【相位】等。

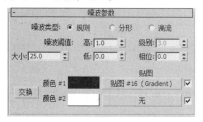

图5.59 【噪波参数】卷展栏

#### 5.光线跟踪贴图

光线跟踪贴图主要被放置在反射或者折射贴图通道中，用于模拟物体对于周围环境的反射或折射效果，它的原理是：通过计算光线从光源处发射出来，经过反射，穿过玻璃，发生折射后再传播到摄影机处的途径，然后反推回去计算所得的反射或者折射结果。所以，它要比其他一些反射或者折射贴图来得更真实一些。

【光线跟踪器参数】卷展栏如图5.60所示，一般情况下，可以不修改参数，采用默认参数即可。

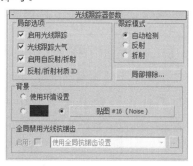

图5.60 【光线跟踪器参数】卷展栏

# 5.2 实例应用

## 5.2.1 布料材质

本例将介绍布料材质的制作方法，制作完成后的效果如图5.61所示。

**01** 启动软件后，单击【应用程序】按钮，单击【打开】命令，如图5.62所示。

图5.61 布料材质

图5.62 选择【打开】命令

**02** 在打开的对话框中选择随书附带光盘中的"布料材质.max"素材文件，如图5.63所示。

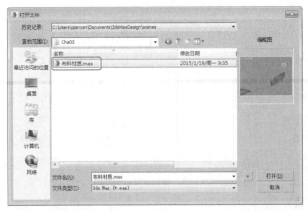

图5.63 选择素材

**03** 单击【打开】按钮，将素材打开后，在场景中选择抱枕002、抱枕003模型，如图5.64所示。

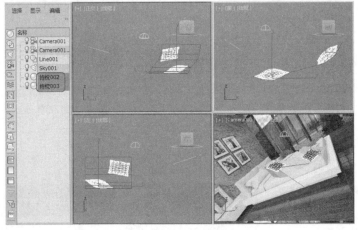

图5.64 选择模型

**04** 按M键打开【材质编辑器】，选择一个新的材质样本球，将其命名为【布料材质】在，【Blinn基本参数】卷展栏中将【自发光】下的【颜色】设置为50，如图5.65所示的位置处。

**05** 在【贴图】卷展栏中，单击【漫反射颜色】右侧的【无】按钮，在打开的【材质/贴图浏览器】对话框中，选择【位图】并双击，在打开的对话框中，选择随书附带光盘中的"布料.jpg"素材文件，如图5.66所示。

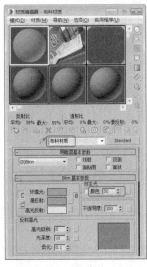

图5.65 调整球体位置

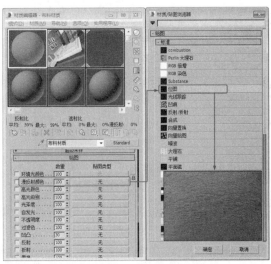

图5.66 选择位图贴图

**06** 进入到【坐标】卷展栏中，取消选中【使用真实世界比例】复选框，将【瓷砖】下的U、V均设置为1，如图5.67所示。

**07** 单击【转到父对象】按钮 ，在【漫反射颜色】右侧的贴图按钮上，按住鼠标左键将其拖到【凹凸】右侧的贴图按钮上，松开鼠标，在弹出的对话框中选择【复制】单选项，单击【确定】按钮，如图5.68所示。

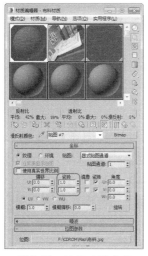
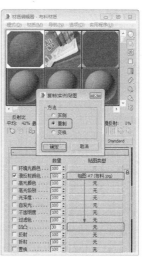

图5.67 设置贴图参数　　　图5.68 复制贴图

**08** 然后再单击【将材质指定给选定对象】按钮 ，并单击【视口中显示明暗处理材质】按钮 ，指定给选中的抱枕对象，如图5.69所示。

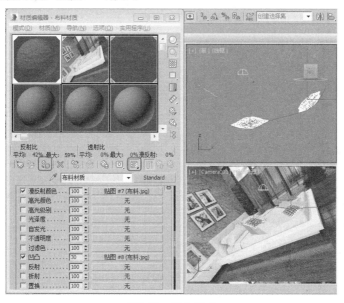

图5.69 制定材质

**09** 最后对场景进行渲染，并对场景保存。

## 5.2.2 青铜材质

　　本例将介绍如何制作青铜材质，通过设置好【环境光】、【漫反射】和【高光反射】，并添加贴图得出最终效果，如图5.70所示。

**01** 启动软件后打开随书附带光盘中的"青铜材质.max"文件，如图5.71所示。

图5.70　青铜材质

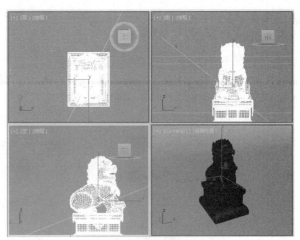

图5.71　打开素材文件

**02** 在视图中选中【狮子】对象，按M键打开【材质编辑器】，选择一个新的材质样本球，并将其命名为【青铜】，在【Blinn基本参数】卷展栏中取消【环境光】和【漫反射】的锁定，将【环境光】的RGB值设为（165、45、15），将【漫反射】的RGB值设为（50、140、45），将【高光反射】的RGB值设为（255、240、90），将【自发光】设置为14，在【反射高光】组中将【高光级别】设为65，将【光泽度】设为25，如图5.72所示。

**03** 切换到【贴图】卷展栏中，将【漫反射颜色】的值设为75，单击其右侧的【无】按钮，弹出【材质/贴图浏览器】对话框，双击【位图】选项，弹出【选择位图图像文件】对话框，选择随书附带光盘中的"MAP03.jpg"文件，单击【打开】按钮，进入【位图】材质编辑器中，保持默认值，单击【转到父对象】按钮，如图5.73所示。

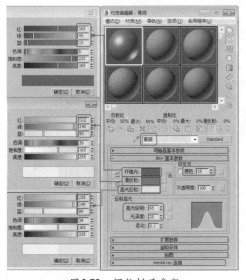

图5.72　调整材质参数

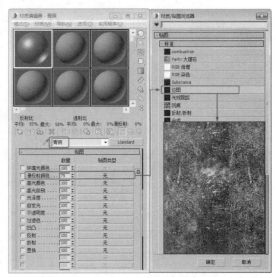

图5.73　设置漫反射颜色贴图

**04** 在【坐标】卷展栏中取消勾选【使用真实世界比例】复选框，将【瓷砖】下的U、V值均设置为1，单击【转到父对象】按钮，如图5.74所示。

**05** 在【贴图】卷展栏中选择【漫反射颜色】右侧的材质按钮，按住鼠标将其拖曳至【凹凸】右侧的贴图按钮上，在弹出的对话框中单击【复制】单选按钮，单击【确定】按钮，并将【凹凸】的【数量】设置为5，将材质指定给选中的对象，并在视口中显示明暗处理材质，如图5.75所示，最后对场景进行渲染和保存即可。

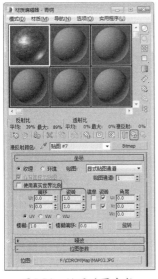

图5.74 设置贴图参数

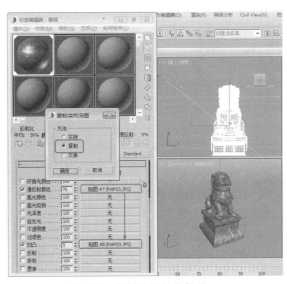

图5.75 复制贴图指定材质

## 5.2.3 不锈钢材质

本例将介绍不锈钢材质的制作，具体操作方法如下，完成后的效果如图5.76所示。

**01** 启动软件后，打开随书附带光盘中的"不锈钢材质.max"，如图5.77所示。

图5.76 不锈钢材质打开素材文件

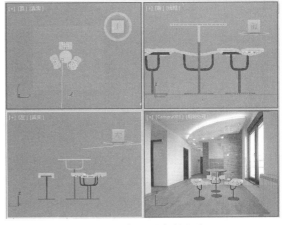

图5.77 打开的素材文件

**02** 按M键打开【材质编辑器】对话框，选择一个新的样本球，并将其命名为【不锈钢】，将【明暗器的类型】设为【金属】，取消【环境光】和【漫反射】的锁定，将【环境光】的颜色的RGB值设为黑色，将【漫反射】的颜色的RGB值设为白色，将【高光级别】和【光泽度】分别设为100、70，如图5.78所示。

**03** 切换到【贴图】卷展栏中，单击【反射】后面的【无】按钮，在弹出的【材质/贴图浏览器】中选择【位图】选项，单击【确定】按钮，在弹出的对话框中选择光盘素材文件中的"Gold04B.jpg"文件，单击【打开】按钮，如图5.79所示。

**04** 在【坐标】卷展栏中，将【瓷砖】下的U、V值均设置为1，如图5.80所示。

**05** 在场景中选中组001、组002、组003、组004对象，单击材质编辑器中的【将材质指定给选中对象】按钮，将材质制定完成后，对摄影机视图进行渲染，查看效果即可。

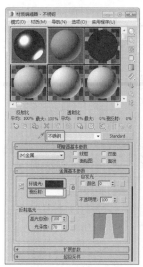

图5.78 设置材质

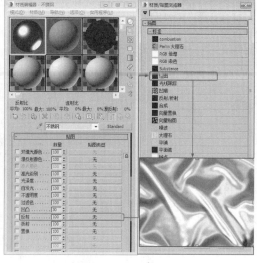

图5.79 添加反射贴图

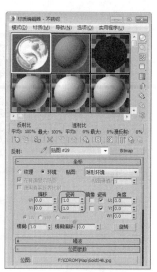

图5.80 设置贴图参数

# 5.3 拓展训练

## 5.3.1 水果材质

在本节中将介绍苹果材质的制作方法，最终效果如图5.81所示。

**01** 启动软件后，打开随书附带光盘中的"水果材质.max"，如图5.82所示。

图5.81 苹果材质

图5.82 打开素材

**02** 按M键打开【材质编辑器】对话框，选择一个新的样本球，并将其命名为【水果】，在【Blinn 基本参数】卷展栏中，将【自发光】选项组下的【颜色】设置为15，在【反射高光】选项组中 将【高光级别】设置为45，【光泽度】设置为25，如图5.83所示。

**03** 切换到【贴图】卷展栏中，单击【漫反射颜色】右侧的【无】按钮，在弹出的【材质/贴图浏 览器】中选择【位图】选项，单击【确定】按钮，在弹出的对话框中选择光盘素材文件中的 "Apple-A.jpg"文件，单击【打开】按钮，如图5.84所示。

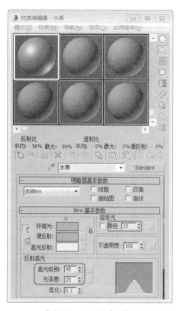

图5.83 设置材质

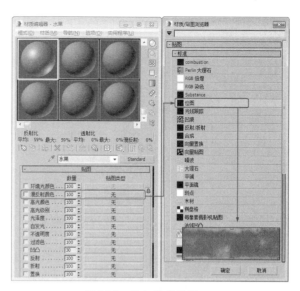

图5.84 添加反射贴图

**04** 在【坐标】卷展栏中，取消选中【使用真实世界比例】复选框，将【瓷砖】下的U、V值均设置为1，如图5.85所示。

**05** 选择一个新的样本球，并将其命名为【把】，在【Blinn基本参数】卷展栏中，将【自发光】选项组下的【颜色】设置为10，在【反射高光】选项组中将【高光级别】设置为75，【光泽度】设置为15，如图5.86所示。

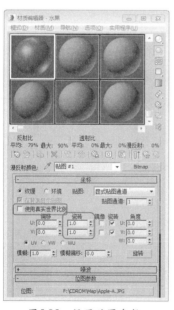

图5.85 设置贴图参数

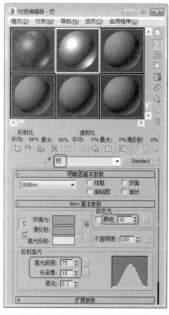

图5.86 设置【把】的材质

**06** 切换到【贴图】卷展栏中，单击【漫反射颜色】右侧的【无】按钮，在弹出的【材质/贴图浏览器】中选择【位图】选项，单击【确定】按钮，在弹出的对话框中选择光盘素材文件中的【Stemcolr.TGA】文件，单击【打开】按钮，如图5.87所示。

**07** 在【坐标】卷展栏中，取消选中【使用真实世界比例】复选框，将【瓷砖】下的U、V值均设置为1，如图5.88所示。

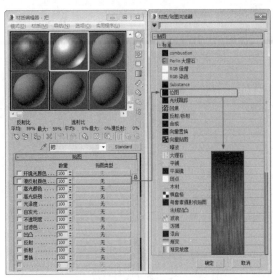

图5.87 设置漫反射颜色贴图

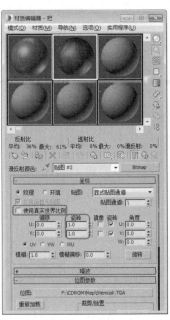

图5.88 设置贴图参数

**08** 在【位图参数】卷展栏中勾选【裁剪/放置】选项组中的【应用】复选框，将V、H值分别设置为0.1、0.9，如图5.89所示。

**09** 单击【转到父对象】按钮，将【高光级别】的【数量】设置为75，单击【高光级别】右侧的【无】按钮，在弹出的【材质/贴图浏览器】中选择【位图】选项，单击【确定】按钮，在弹出的对话框中选择光盘素材文件中的"Stemcolr.TGA"文件，单击【打开】按钮，如图5.90所示。

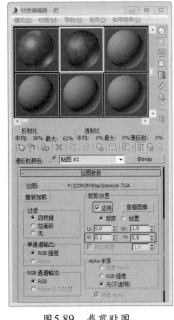

图5.89 裁剪贴图

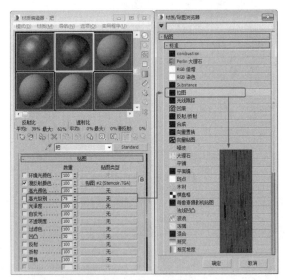

图5.90 设置高光级别贴图

**10** 在【坐标】卷展栏中，取消选中【使用真实世界比例】复选框，将【瓷砖】下的U、V值均设置为1，如图5.91所示。

**11** 单击【转到父对象】按钮，将【凹凸】的【数量】设置为100，将光标放置【高光级别】右侧的贴图按钮上，按住鼠标左键先下拖动，拖至【凹凸】右侧的贴图按钮上，松开鼠标，在打开的对话框中，选中【复制】单选按钮，单击【确定】按钮，如图5.92所示。

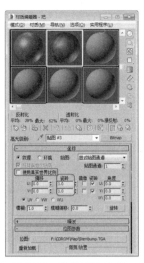

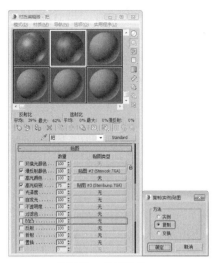

图5.91  设置贴图参数　　　　　　　　　　　　图5.92  复制材质

**12** 在场景中选择选中组001、Cylinder01对象，单击材质编辑器中的【将材质指定给选中对象】按
钮，将材质指定完成后，对摄影机视图进行渲染查看效果即可。

## 5.3.2  塑料材质

　　塑料是指以高分子量的合成树脂为主要组分，加入适当添加剂，经加工成型的塑性（柔韧
性）材料，或固化交联形成的刚性材料。本例将来介绍塑料材质的设置，效果如图5.93所示。

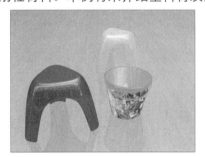

图5.93  塑料玩具材质

**01** 按Ctrl+O快捷键，在弹出的对话框中打开随书附带光盘中的"塑料材质.max"素材文件，如图
5.94所示。

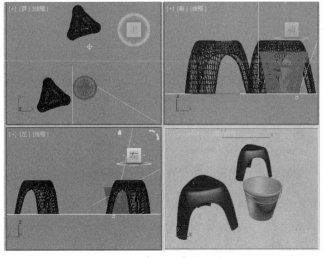

图5.94  打开的素材文件

**02** 在场景中选择【玩具桶】对象，按M键弹出【材质编辑器】对话框，选择一个新的材质样本球，单击名称栏右侧的【Standard】按钮，在弹出的【材质/贴图浏览器】对话框中选择【多维/子对象】材质，如图5.95所示。

**03** 单击【确定】按钮，弹山【替换材质】对话框，选择【将旧材质保存为子材质】单选按钮，单击【确定】按钮，然后在【多维/子对象基本参数】卷展栏中单击【设置数量】按钮，弹出【设置材质数量】对话框，将【材质数量】设置为3，单击【确定】按钮，如图5.96所示。

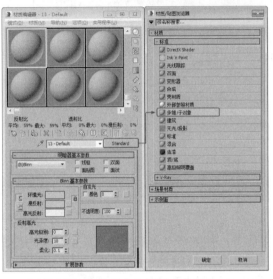

图5.95 选择【多维/子对象】材质

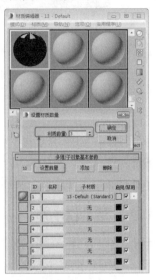

图5.96 设置材质数量

**04** 然后单击ID1右侧的子材质按钮，进入子材质面板中，在【Blinn基本参数】卷展栏中将【自发光】选项组中的【颜色】设置为70，在【反射高光】选项组中将【高光级别】和【光泽度】分别设置为110、35，如图5.97所示。

**05** 在【贴图】卷展栏中单击【漫反射颜色】右侧的【无】按钮，在弹出的【材质/贴图浏览器】对话框中双击【位图】贴图，再在弹出的对话框中打开随书附带光盘中的"Maliao.jpg"素材图片，如图5.98所示。

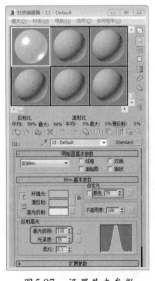

图5.97 设置基本参数

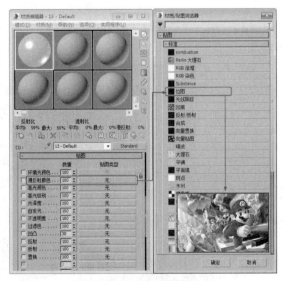

图5.98 添加漫反射贴图

**06** 在【坐标】卷展栏中，取消勾选【使用真实世界比例】复选框，将【瓷砖】下的【U】、【V】

值设置为2、1，如图5.99所示。

**07** 单击【转到父对象】按钮，在【贴图】卷展栏中，将【反射】右侧的【数量】设置为20，并单击右侧的【无】按钮，在弹出的【材质/贴图浏览器】对话框中双击【位图】贴图，再在弹出的对话框中打开随书附带光盘中的"003.tif"素材图片，如图5.100所示。

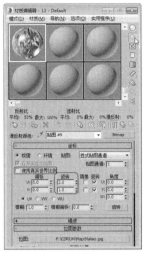

图5.99 设置反射贴图

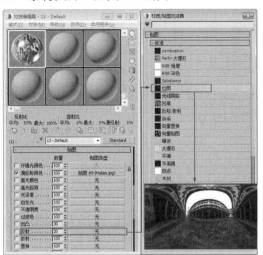

图5.100 添加反射贴图

**08** 在【坐标】卷展栏中，选择纹理，取消勾选【使用真实世界比例】复选框，选择环境，将【瓷砖】下的【U】、【V】值均设置为1，将【模糊】设置为10，如图5.101所示。

**09** 单击两次【转到父对象】按钮，返回到父级材质层级中。然后单击ID2右侧的子材质按钮，在弹出的对话框中选择【标准】材质，单击【确定】按钮，进入ID2子级材质面板中，在【Blinn基本参数】卷展栏中，将【环境光】和【漫反射】的RGB值设置为（60、215、0），在【自发光】选项组中将【颜色】设置为50，在【反射高光】选项组中将【高光级别】和【光泽度】分别设置为110、35，如图5.102所示。

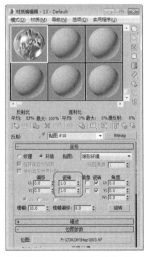

图5.101 设置纹理参数

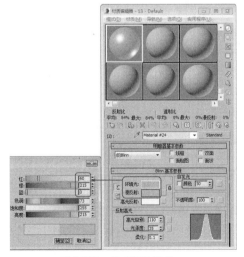

图5.102 设置ID2材质

**10** 使用设置ID1材质的方法，为ID2材质设置反射贴图，并单击两次【转到父对象】按钮，返回到父级材质层级中，将光标放置在ID2右侧的子材质按钮上，按住鼠标向下拖动至ID3右侧的子材质按钮上，松开鼠标，在弹出的【实例（副本）材质】对话框中选择【复制】单选按钮，如图5.103所示。

**11** 单击【确定】按钮，单击ID3子材质按钮右侧的颜色块，在弹出的对话框中将颜色的RGB设置为（255、155、0），如图5.104所示。

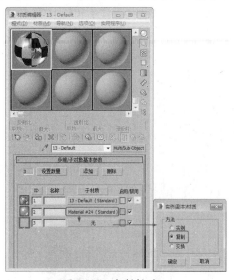

图5.112　复制材质

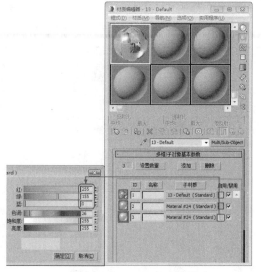

图5.104　为玩具桶对象设置材质

**12** 单击【确定】按钮，【将材质指定给选定对象】按钮，将材质指定给选定的玩具桶对象，如图5.105所示。

**13** 再次将光标放置在ID2右侧的子材质按钮上，按住鼠标向下拖动至一个新的材质样本球上，松开鼠标，在弹出的【实例（副本）材质】对话框中选择【复制】单选按钮，如图5.106所示。

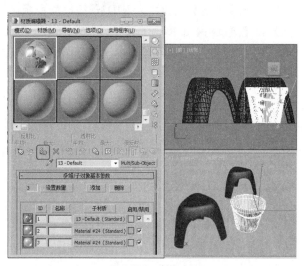

图5.105　制定材质

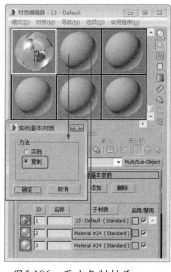

图5.106　再次复制材质

**14** 单击【确定】按钮，选择一个新的材质球，在【Blinn基本参数】卷展栏中，将【环境光】和【漫反射】的RGB值设置为（255、0、0），如图5.107所示。

**15** 结合前面介绍的方法，再次将ID2子材质复制到一个新的材质球上，并将【环境光】和【漫反射】的颜色设置为换色，为场景中的两个塑料椅对象分别制定材质，效果如图5.108所示。

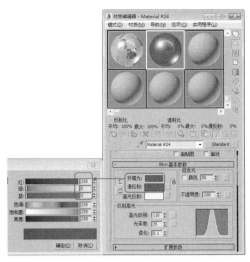

图5.116 设置材质

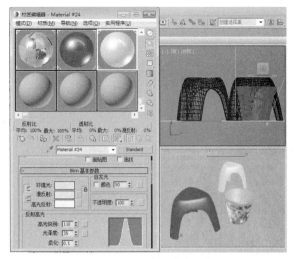

图5.108 指定其他对象的材质

# 5.4 课后练习

1.材质示例窗有什么作用?

2.在【明暗器基本参数】卷展栏中共有几种明暗器类型?分别是哪几种?

3. 在3ds Max中为标准材质提供了几种贴图通道?其中【不透明度】贴图有什么作用?

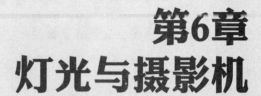

# 第6章
# 灯光与摄影机

利用3ds Max将模型创建完成后，可以利用灯光和摄影机对其进行表现，本章节的重点是灯光和摄影机，其中重点讲解了聚光灯、泛光灯、平行光、天光及摄影机的设置，通过本章节的学习可以对灯光和摄影机有一定的认识，方便以后效果图的制作。

# 6.1 灯光与摄影机基础

## 6.1.1 灯光基本用途与特点

在学习灯光之前，先要了解灯光的用途及特点，只有在了解其属性后，才可以根据自己设置的场景来创建相应的摄影机。

**1.灯光的基本用途与设置**

光是人类眼睛可以看见的一种电磁波，也称可见光谱。在科学上的定义，光是指所有的电磁波谱。光是由光子为基本粒子组成，具有粒子性与波动性，称为波粒二象性。光可以在真空、空气、水等透明的物质中传播。对于可见光的范围没有一个明确的界限，一般人的眼睛所能接受的光的波长在380～760nm之间。人们看到的光来自于太阳或借助于产生光的设备，包括白炽灯泡、荧光灯管、激光器、萤火虫等。

所有的光，无论是自然光或人工室内光，都有其特征，如下所述。

★ 明暗度：明暗度表示光的强弱。它随光源能量和距离的变化而变化。

★ 方向：只有一个光源，方向很容易确定。而有多个光源诸如多云天气的漫射光，方向就难以确定，甚至完全迷失。

★ 色彩：光随不同的光的本源，并随它穿越的物质的不同而变化出多种色彩。自然光的色彩与白炽灯光或电子闪光灯作用下的色彩不同，而且阳光本身的色彩，也随大气条件和一天时辰的变化而变化。

光线是画面视觉信息与视觉造型的基础，没有光便无法体现物体的形状、质感和颜色。为当前场景创建平射式的白色照明或使用系统的默认照明设置是一件非常容易的事情，然而，平射式的照明通常对当前场景中对象的特别之处或奇特的效果不会有任何的帮助。如果调整场景的照明，使光线同当前的气氛或环境相配合，就可以强化场景的效果，使其更加真实地体现在我们的视野中。

当前有非常非常多的例子可以说明灯光（照明）是如何影响环境与气氛的。诸如晚上一个人被汽车的前灯所照出的影子，当你站在这个人的后面时，这个被灯光所照射的人显得特别的神秘；如果你将打开的手电筒放在下巴处向上照射你的脸，那么通过镜子你可以观察到你的样子是那样的狰狞可怕。

另外灯光的颜色也可以对当前场景中的对象产生影响，比如黄色、红色、粉红色等一系列暖色调的颜色可以使画面产生一种温暖的感觉，下面通过图6.1所示比较一下，冷色与暖色的不同之处。

图6.1 暖色与冷色的对比

### 2.基本三光源的设置

在3ds Max中进行照明，一般使用三光源照明方案和区域照明方案。所谓的三光源照明设置从字面上就非常容易让人理解，就是在一个场景中使用3个灯光来对物体产生照明效果。其实如果这样理解的话，并不是完全的正确。至于原因，我们先暂且不来讨论，首先我们来了解一下什么是三光源设置。

三光源设置也可以称为三点照明或三角形照明。同上面从字面上所理解的一样，它是使用3个光源来为当前的场景中的对象提供照明。我们所使用的3个光源为【目标聚光灯】和【泛光灯】，这3个灯光分别处于不同的位置，并且它们所起的作用也不相同。根据它们的作用不同，我们又分别称其为主灯、背灯和辅灯。

主光在这整个的场景设置中是最基本但也是最亮最重要的一个光源，它是用来照亮所创建的大部分场景的灯光，并且因为其决定了光线的主要方向，所以在使用中常常被设为在场景中投射阴影的主要光源，由此，对象的阴影也从而产生。如果在设置制作中，你想要当前的对象的阴影小一些，那么你可以将灯光的投射器调高一些，反之亦然。

另外，需要注意的是，作为主灯，在场景中放置这个灯光的最好的位置是物体正面的3/4处（也就是物体正面左边或右边的45度处）最佳。

在场景中，在主灯的反方向创建的灯光称为背光。这个照明灯光在设置时可以在当前对象的上方（高于当前场景对象），并且此光源的光照强度要等于或者小于主光。背光的主要作用是在制作中使对象从背景中脱离出来，而更加的突出，从而使得物体显示其轮廓，并且展现场景的深度。

最后所要讲的第三光源，也称为辅光源，辅光的主要用途是用来控制场景中最亮的区域和最暗区域间的对比度。应当注意的是，在设置中亮的辅光将产生平均的照明效果，而设置较暗的辅光，则增加场景效果的对比度，使场景产生不稳定的感觉。一般情

况下，辅光源放置的位置要靠近摄像机，这样以便产生平面光和柔和的照射效果。另外，也可以使用泛光灯作为辅光源应用于场景中，而泛光灯在系统中的设置的基本目的就是作为一个辅光而存在的。在场景中远距离设置大量的不同颜色和低亮度的泛光灯是非常普通和常见的，这些泛光灯混合在模型中，将弥补主灯所照射不到的区域。

> **提 示**
>
> 当你在制作一个小型的或单独的为表现一个物体的场景时，你可以采用上面我们所介绍的三光源设置，但是不要只局限于这3个灯光来对场景或对象进行照明，有必要再添加其他类型的光源，并相应地调整其光照参数，以求制作出精美的效果。

有时一个大的场景不能有效地使用三光源照明，那么就要使用稍有不同的方法来进行照明，当一个大区域分为几个小区域时，你可以使用区域照明。这样每个小区域都会单独地被照明。可以根据重要性或相似性来选择区域，当一个区域被选择之后，你可以使用基本三光源照明方法。但是，有时，区域照明并不能产生合适的气氛，这时就需要使用一个自由照明方案。

## 6.1.2 灯光基础知识

在3ds Max中设置灯光时，首先应明确场景要模拟的是自然照明效果还是人工照明效果，再在场景中创建灯光效果。下面将对自然光、人造光、环境光、标准照明方法及阴影分别进行介绍。

### 1.自然光、人造光与环境光

（1）自然光

自然光也就是阳光，它是来自单一光源的平行光线，照明方向和角度会随着时间、季节等因素的变化而改变。晴天时阳光的色彩为淡黄色（R:250、G:255、B:175）；而多云时为蓝色；阴雨天时为暗灰色，大气中的颗粒会将阳光呈现为橙色或褐色；日出或落日时的阳光为红或橙色。天空越晴朗，物体产生的阴影越清晰，阳光照射中的立体效果

越突出。

在3ds Max中提供了多种模拟阳光的方式，在标准灯光中无论是【目标平行光】还是【自由平行光】，一盏就足以作为日照场景的光源。

（2）人造光

无论是室内还是室外效果，都会使用多盏灯光，即为人造光。人造光首先要明确场景中的主题，然后单独为一个主题设置一盏明亮的灯光，称为【主灯光】，将其置于主题的前方稍偏上。除了【主灯光】以外，还需要设置一盏或多盏灯光用来照亮背景和主题的侧面，称为【辅助灯光】，亮度要低于【主灯光】。这些【主灯光】和【辅助灯光】不但能够强调场景的主题，同时还加强了场景的立体效果。用户还可为场景的次要主题添加照明灯光，舞台术语称为【附加灯】，亮度通常高于【辅助灯光】，低于【主灯光】。在3ds Max中，【目标聚光灯】通常是最好的【主灯光】，而【泛光灯】适合作为【辅助灯光】，【环境光】则是另一种补充照明光源。

（3）环境光

环境光是照亮整个场景的常规光线。这种光具有均匀的强度，并且属于均质漫反射，它不具有可辨别的光源和方向。

默认情况下，场景中没有环境光，如果在带有默认环境光设置的模型上检查最黑色的阴影，无法辨别出曲面，因为它没有任何灯光照亮。场景中的阴影不会比环境光的颜色暗，这就是通常要将环境光设置为黑色（默认色）的原因，如图6.2所示。

图6.2　工程环境光的不同方式

设置默认环境光颜色的方法有以下两种。

方法一：选择【渲染】|【环境】命令，在打开的【环境和效果】对话框中可以设置环境光的颜色，如图6.3所示。

图6.3　【环境和效果】对话框

方法二：选择【自定义】|【首选项】命令，在打开的【首选项设置】对话框中选择【渲染】选项卡，然后在【默认环境灯光颜色】选项组的色块中设置环境光的颜色，如图6.4所示。

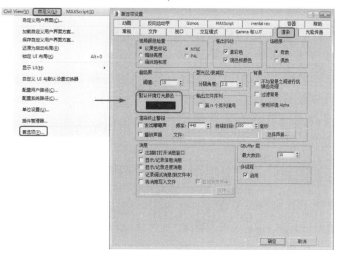

图6.4　【首选项设置】对话框

## 2.标准照明方法

在3ds Max中的照明一般使用标准的照明，也就是三光源照明和区域照明方案，所谓标准照明就是在一个场景中使用一个主要的灯光和两个次要的灯光，也就是主灯光、辅助灯光和背景灯光，主要的灯光用来照亮场景，次要的灯光用来照亮局部，这也是一种传统的照明方法。

> **提示**
>
> 　　本章中所指的基本灯光布置方式，是摄影中最为常用的三点灯光布局法，而在摄影中还有许多其他的灯光布局方法，读者若有兴趣，可以自行查阅相关资料。

★ 主光灯：最好选择聚光灯为主光灯，一般使其与视平线夹角为30°~45°，与摄影机夹角为30°~45°，并将其投向主物体，一般光照强度较大，能将主物体从背景中充分凸现出来，而且通常将其设置为投身阴影。

★ 背景光灯：一般放置在对象的背后，也就是主光灯的反方向，位置可以在当前对象的上方，并且该光源的光照强度要等于或小于主光，其主要作用是使对象在背景中脱离出来，使物体显示其轮廓。

★ 辅助光灯：其主要用途是用来控制场景中最亮区域与最暗区域之间的对比度，需要注意的是，亮的辅助光将产生平均的照明效果，而较暗的辅助光则增加场景效果的对比度，使场景产生不稳定的感觉。一般情况下，辅助光的位置要靠近摄影机，以便产生平面光和柔和的照射效果。另外，可以使用泛光灯作为辅助光灯，在场景中远距离设置大量的不同颜色和低亮度的泛光灯是十分普通和常见的，这些泛光灯混合在模型中将弥补主光灯所照射不到的区域。

在一个大的场景中有时不能有效地使用三光源照明，即就需要使用其他的照明方法，当一个大区域分为几个小区域时，可以使用区域照明，每个小区域都会单独地被照明。可以根据重要性或相似性来选择区域，或当某个区域被选择后，便可以使用三光源照明方法，但有些区域照明并不能产生合适的气氛，此时便需要使用一个自由照明方案。

在进行室内照明时需要遵守以下几个原则。

不要将灯光设置太多、太亮，使整个场景没有一点层次和变化，使渲染效果显得生硬。

不要随意设置灯光，应该有目的地去放置每一盏灯，明确每一盏灯的控制对象是灯光布置中的首要因素。

每一盏灯光都要有实际的使用价值，对于一些效果微弱、可有可无的灯光尽量不去使用。不要滥用排除、衰减，这会加大对灯光控制的难度。

## 3.阴影

阴影是对象后面灯光变暗的区域。3ds Max支持几种类型的阴影，包括区域阴影、阴影贴图和光线跟踪阴影等。

★ 区域阴影：模拟灯光在区域或体积上生成的阴影，不需要太多的内存，而且支持透明对象。

★ 阴影贴图：是一种渲染器在预渲染场景通道时生成的位图。这些贴图可以有不同的分辨率，但是较高的分辨率则会要求有更多的内存。阴影贴图通常能够创建出更真实、更柔和的阴影，但是不支持透明度。

★ 光线跟踪阴影：是通过跟踪从光源进行采样的光线路径生成的。该过程会耗费大量的处理周期，但是能产生非常精确且边缘清晰的阴影。使用光线跟踪可以为对象创建出阴影贴图所无法创建的阴影，例如透明的玻璃。

★ 高级光线跟踪：与光线跟踪阴影类似，但是它们还提供了抗锯齿控件，可以通过这一控件微调光线跟踪阴影的生成方式。

★ mental ray阴影贴图：选择【mental ray 阴影贴图】作为阴影类型将告知mental ray渲染器使用 mental ray 阴影贴图算法生成阴影，扫描线渲染器不支持【mental ray

阴影贴图】阴影。当它遇到具有此阴影类型的灯光时，不会为该灯光生成阴影，只有在 mental ray 渲染器可以查看。

图6.5所示为使用了不同阴影类型渲染的图像。

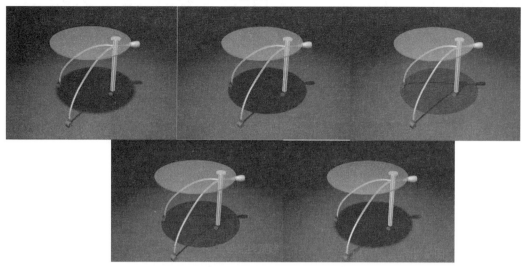

图6.5 不同的阴影类型效果

## 6.1.3 灯光基本用途与Max默认光源

在3ds Max中，灯光的使用是比较复杂的，不同的设置会出现不同的灯光效果，有时还需要进行不同灯光之间的配合使用。

**Max默认光源**

当场景中没有设置光源时，3ds Max提供了一个默认的照明设置，以便有效地观看场景。默认光源提供了充足的照明，但它并不适于最后的渲染结果，如图6.6所示。

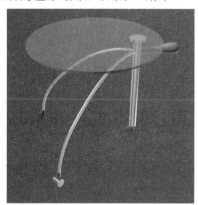

图6.6 使用默认灯光照明的场景

默认的光源是放在场景中对角线节点处的两盏泛光灯。假设场景的中心（坐标系的原点），则一盏泛光灯在上前方，另一盏泛光灯在下后方，如图6.7所示。

图6.7 两盏默认灯光在场景中的位置

在3ds Max场景中，默认的灯光数量可以是1，也可以是2，并且可以将默认的灯光添加到当前场景中。当默认灯光被添加到场景中后，便可以同其他光源一样，对它的参数及位置等进行调整。

设置默认灯光的渲染数量并增加默认灯光到场景中。

**01** 在顶视图左上角单击鼠标右键，在弹出的快捷菜单中选择【配置视口】命令，打开【视口配置】对话框。

中文版 **3ds Max效果图制作** 课堂实录

**提示**

打开【视口配置】对话框还有另外两种方法：①选择菜单栏中的【视图】|【视口配置】命令，打开【视口配置】对话框；②使用鼠标右键单击【视图控制区】面板中的任何一个按钮，都可直接打开【视口配置】对话框。

**02** 单击【视觉样式和外观】选项卡，在该选项卡中选择【使用下列对象照亮】|【默认灯光】|【1盏灯光】或【2盏灯光】命令，然后单击【确定】按钮，如图6.8所示。

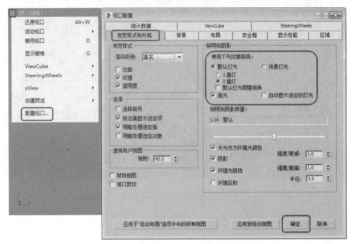

图6.8　设置默认灯光的渲染数量

**03** 选择菜单栏中的【创建】|【灯光】|【标准灯光】|【添加默认灯光到场景】命令，打开【添加默认灯光到场景】对话框，在对话框中可以设置要加入场景的默认灯光的名称以及距离缩放值，单击【确定】按钮，如图6.9所示。

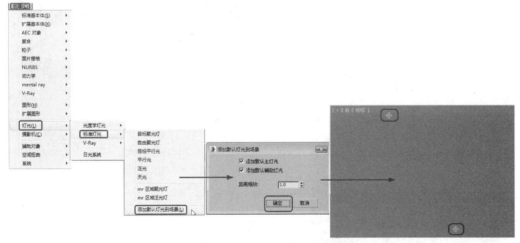

图6.9　增加默认灯光到场景对话框

最后单击【所有视图最大化显示选定对象】按钮，将所有视图以最大化的方式显示，此时默认光源显示在场景中。

**提示**

当第一次在场景中添加光源时，3ds Max关闭默认的光源，这样就可以看到建立的灯光效果。只要场景中有灯光存在，无论它们是打开的，还是关闭的，默认的光源将一起被关闭。当场景中所有的灯光都被删除时，默认的光源将自动恢复。

## 6.1.4 标准灯光类型

在3ds Max中有许多内置灯光类型，它们几乎可以模拟自然界中的每一种光，同时也可以创建仅存于计算机图形学中的虚拟现实的光。3ds Max包括8种不同的标准灯光对象，即【目标聚光灯】、【Free Spot】、【目标平行光】、【自由平行光】、【泛光灯】和【天光】、【mr区域泛光灯】和【mr区域聚光灯】，如图6.10所示，在三维场景中都可以进行设置、放置，以及移动。并且这些光源包含了一般光源的控制参数，而且这些参数决定了光照在环境中所起的作用。

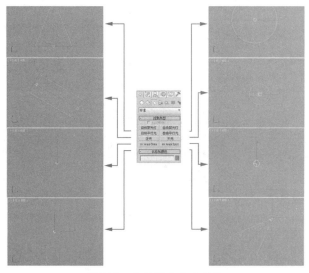

图6.10　各种标准灯光对象

### 1.聚光灯

聚光灯包括【目标聚光灯】、【自由聚光灯】和【mrArea Spot】3种，下面将对这3种灯光进行详细介绍。

（1）目标聚光灯

目标聚光灯可以产生一个锥形的照射区域，区域外的对象不受灯光的影响。目标聚光灯可以通过投射点和目标点进行调节，它是一个有方向的光源，对阴影的塑造能力很强。使用目标聚光灯作为体光源可以模仿各种锥形的光柱效果。在【聚光灯参数】卷展栏中勾选【泛光化】复选框，还可以将其作为泛光灯来使用，创建目标聚光灯的场景如图6.11所示，其渲染的效果如图6.12所示。

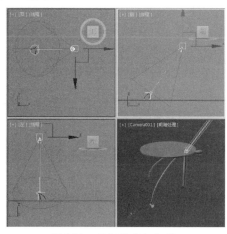

图6.11　目标聚光灯场景

图6.12　目标聚光灯效果

（2）自由聚光灯

自由聚光灯，产生锥形照射区域，它是一种受限制的目标聚光灯，因为只能控制它的整个图标，而无法在视图中分别对发射点和目标点调节。它的优点是不会在视图中改变投射范围，特别适合用于一些动画的灯光，例如摇晃的船桅灯、晃动的手电筒、舞台上的投射灯等，如图6.13【自由聚光灯】效果。

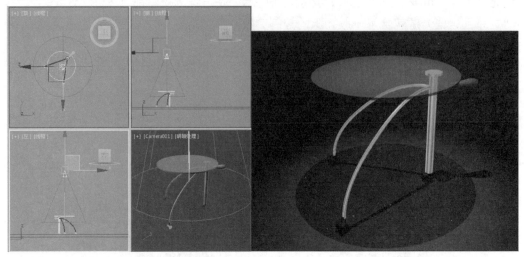

图6.13 自由聚光灯

★ 【聚光灯参数】卷展栏如图6.14所示。

● 显示光锥：启用或禁用光锥的显示。

● 泛光化：启用【泛光化】后，灯光在所有方向上投影灯光，但是，投影和阴影只发生在其衰减圆锥体内。

● 聚光区/光束：调整灯光圆锥体的角度。聚光区值以度为单位进行测量。默认设置为43.0。

● 衰减区/区域：调整灯光衰减区的角度。衰减区值以度为单位进行测量。默认设置为45.0。

图6.14 【聚光灯参数】卷展栏

● 【圆/矩形】单选按钮：确定聚光区和衰减区的形状。如果想要一个标准圆形的灯光，应设置为【圆形】。如果想要一个矩形的光束（如灯光通过窗户或门口投影），应设置为【矩形】。

● 纵横比：设置矩形光束的纵横比。使用【位图适配】按钮可以使纵横比匹配特定的位图。默认设置为1.0。

● 位图拟合：如果灯光的投影纵横比为矩形，应设置纵横比以匹配特定的位图。当灯光用作投影灯时，该选项非常有用。

（3）mrArea Spot

【mrArea Spot】：在使用mental ray渲染器进行渲染时，可以从矩形或圆形区域发射光线，产生柔和的照明和阴影。而在使用3ds Max默认扫描线渲染器时，其效果等同于标准的聚光灯，其参数卷展栏如图6.15所示，灯光效果如图6.16所示。

图6.15 【区域灯光参数】卷展栏

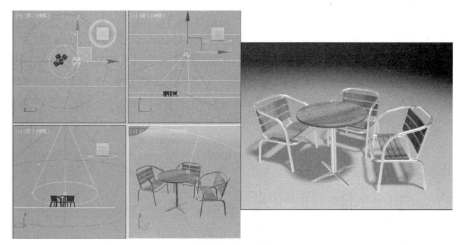

图6.16　灯光效果

★ 启用：用于启用或禁用区域灯光。

★ 在渲染器中显示图标：当启用此选项后，mental ray 渲染器将渲染区域灯光的黑色形状。当禁用此选项后，区域灯光不可见。默认设置为禁用状态。

★ 类型：可以在下拉列表中选择区域灯光的形状，可以是【矩形】或者【圆形】形状。

★ 半径：当区域灯光为圆形时，设置其圆形灯光区域的半径。

★ 高度和宽度：仅在【矩形】是区域灯光的活动类型时，此选项才可用。设置矩形灯光区域的高度和宽度。

★ 采样：设置区域灯光的采样质量，可以分别设置U和V的采样数。越高的值，照明和阴影效果越真实细腻，当然渲染时间也会增加。对于矩形灯光，U 以一个局部维度为单位指定采样细分数，而 V 以其他局部维度为单位指定细分数。对于圆形灯光，U 将沿着半径指定细分数，而 V 将指定角度细分数。U 和 V 的默认设置为 5。

## 2.泛光灯

泛光灯包括【泛光灯】和【mrArea Omni】两种类型，下面将分别对它们进行介绍。

（1）泛光灯

【泛光灯】向四周发散光线，标准的泛光灯用来照亮场景，它的优点是易于建立和调节，不用考虑是否有对象在范围外而不被照射；缺点是不能创建太多，否则显得无层次感。泛光灯用于将【辅助照明】添加到场景中，或模拟点光源。

泛光灯可以投射阴影和投影，单个投射阴影的泛光灯等同于6盏聚光灯的效果，从中心指向外侧。另外泛光灯常用来模拟灯泡、台灯等光源对象。如图6.17所示，在场景中创建了一盏泛光灯，它可以产生明暗关系的对比，渲染后的效果如图6.18所示。

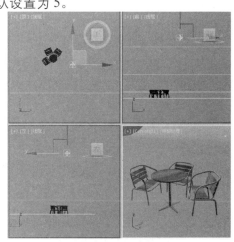

图6.17　泛光灯场景

图6.18　泛光灯效果

（2） mrArea Omni

当使用mental ray渲染器渲染场景时，区域泛光灯从球体或圆柱体体积发射光线，而不是从点源发射光线，如图6.19所示。使用默认的扫描线渲染器，区域泛光灯像其他标准的泛光灯一样发射光线，参数卷展栏如图6.20所示，其参数面板中的大多数功能与【mrArea Omni】中的参数相似。

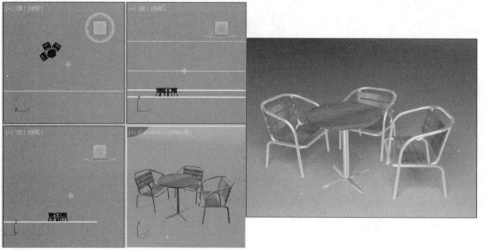

图6.19　mrArea Omni　　　　　　　图6.20　【区域灯光参数】卷展栏

### 3.平行光

【平行光】包括【目标平行光】和【自由平行光】两种。

（1） 目标平行光

【目标平行光】产生单方向的平行照射区域，它与目标聚光灯的区别是照射区域呈圆柱形或矩形，而不是【锥形】。平行光主要用于模拟阳光的照射，对于户外场景尤为适用。如果作为体积光源，可以产生一个光柱，常用来模拟探照灯、激光光束等特殊效果。创建【Target Direct（目标平行光）】的场景如图6.21所示，渲染后的效果如图6.22所示。

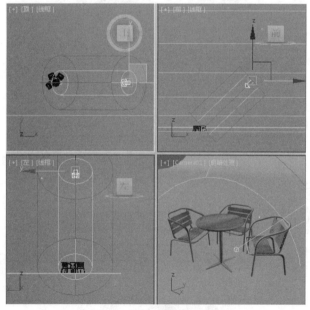

图6.21　目标平行光场景　　　　　　　图6.22　目标平行光效果图

（2） 自由平行光

【自由平行光】产生平行的照射区域。它其实是一种受限制的目标平行光，在视图中，它的投射点和目标点不可分别调节，只能进行整体移动或旋转，这样可以保证照射范围不发生改变。如果对灯光的范围有固定要求，尤其是在灯光的动画中，这是一个非常好的选择，图6.23所示为【自由平行光】。

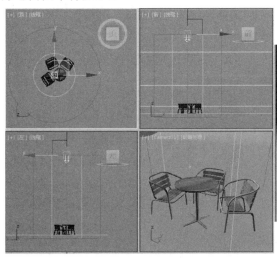

图6.23　自由平行光

**4.天光**

【天光】能够模拟日光照射效果。在3ds Max中有好几种模拟日光照射效果的方法，当使用默认扫描线渲染器进行渲染时，天光与光跟踪器或光能传递结合使用效果会更佳，效果如图6.24所示。参数卷展栏如图6.25所示。

图6.25　【天光参数】卷展栏

图6.24　天光与光跟踪渲染的模型

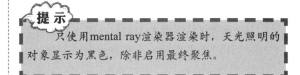
★ 启用：用于启用或禁用天光对象。

● 倍增：指定正数或负数量来增减灯光的能量，例如输入2，表示灯光亮度增强2倍。使用这个参数提高场景亮度时，有可能会引起颜色过亮，还可能产生视频输出中不可用的颜色，所以除非是制作特定案例或特殊效果，否则选择1。

★ 【天空颜色】选项组：天空被模拟成一个圆屋顶的样子覆盖在场景上，用户可以在这里指定天空的颜色或贴图。

- 使用场景环境：使用【环境和效果】对话框设置颜色为灯光颜色，只在【光线追踪】方式下才有效。

- 天空颜色：单击其右侧的色块打开【颜色选择器】对话框，从中调节天空的色彩。

- 贴图：通过指定贴图影响天空颜色。左侧的复选框用于设置是否使用贴图，下方的【None】按钮用于指定贴图，右侧的文本框用于控制贴图的使用程度（低于100%时，贴图会与天空颜色进行混合）。

★ 【渲染】选项组：用来定义天光的渲染属性，只有在使用默认扫描线渲染器，并且不使用高级照明渲染引擎时，该组参数才有效。

- 投影阴影：勾选该复选框使用天光可以投射阴影。

- 每采样光线数：设置在场景中每个采样点上天光的光线数。较高的值使天光效果比较细腻，并有利于减少动画画面的闪烁，但较高的值会增加渲染时间。

- 光线偏移：对象可以在场景中指定点上投影阴影的最短距离。将该值设置为0，可以使该点在自身上投影阴影，并且将该值设置为大的值，可以防止点附近的对象在该点上投影阴影。

## ▌6.1.5 灯光的共同参数

在3ds Max中，除了【天光】之外，所有不同的灯光对象都共享一套控制参数，它们控制着灯光的最基本特征，包括【常规参数】、【强度/颜色/衰减】、【高级效果】、【阴影参数】和【大气和效果】等卷展栏。

### 1.【常规参数】卷展栏

【常规参数】卷展栏主要控制对灯光的开启与关闭、排除或包含，以及阴影方式。在【修改】命令面板中，【常规参数】还可以用于控制灯光目标物体，改变灯光类型，【常规参数】卷展栏如图6.26所示。

图6.26 【常规参数】卷展栏

★ 【灯光类型】选项组

- 启用：用来启用和禁用灯光。当【启用】选项处于启用状态时，使用灯光着色和渲染以照亮场景。当【启用】选项处于禁用状态时，进行着色或渲染时不使用该灯光。默认设置为【启用】。

- 聚光灯 ：可以对当前灯光的类型进行改变，可以在聚光灯、平行光和泛光灯之间进行转换。

- 目标：勾选该复选框，灯光将成为目标。灯光与其目标之间的距离显示在复选框的右侧。对于自由灯光，可以设置该值。对于目标灯光，可以通过禁用该复选框或移动灯光或灯光的目标对象对其进行更改。

★ 【阴影】选项组

- 启用：开启或关闭场景中的阴影使用。

- 使用全局设置：勾选该复选框，将会把下面的阴影参数应用到场景中的投影灯上。

- 阴影贴图 ：决定当前灯光使用哪种阴影方式进行渲染，其中包括高级光线跟踪、mental ray阴影贴图、区域阴影、阴影贴图和光线跟踪阴影5种。

- 排除：单击该按钮，在打开的【排除/包含】对话框中，设置场景中的对象不受当前灯光的影响, 如图6.27所示。

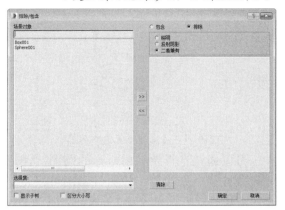

图6.27 【排除/包含】对话框

如果要设置个别物体不产生或不接受阴影, 可以选择物体, 单击鼠标右键, 在弹出的快捷菜单中选择【对象属性】命令, 在弹出的【对象属性】对话框中取消【接收阴影】或【投影阴影】复选框的勾选, 如图6.28所示。

图6.28 设置不接受阴影

**2.【强度/颜色/衰减】卷展栏**

【强度/颜色/衰减】卷展栏是标准的附加参数卷展栏, 如图6.29所示。它主要对灯光的颜色、强度及灯光的衰减进行设置。

图6.29 【强度/颜色/衰减】卷展栏

★ 倍增: 对灯光的照射强度进行控制, 标准值为1, 如果设置为2, 则照射强度会增加1倍。如果设置为负值, 将会产生吸收光的效果。通过这个选项增加场景的亮度可能会造成场景曝光, 还会产生视频无法接受的颜色, 所以除非是特殊效果或特殊情况, 否则应尽量设置为1。

● 颜色块: 用于设置灯光的颜色。

★ 【衰退】选项组: 用来降低远处灯光照射强度。

● 类型: 在其右侧有3个衰减选项。

◆ 无: 不产生衰减。

◆ 倒数: 以倒数方式计算衰减, 计算公式为L(亮度)=RO/R, RO为使用灯光衰减的光源半径, 或使用了衰减时的近距结束值, R为照射距离。

◆ 平方反比: 计算公式为L(亮度)=(RO/R)2, 这是真实世界中的灯光衰减, 也是光度学灯光的衰减公式。

● 开始: 该选项定义了灯光不发生衰减的范围。

● 显示: 显示灯光进行衰减的范围。

★ 【近距衰减】选项组: 用来设置灯光从开始衰减到衰减程度最强的区域。

● 使用: 决定被选择的灯光是否使用它被指定的衰减范围。

◆ 开始: 设置灯光开始淡入的位置。

● 显示: 如果勾选该复选框, 在灯光的周围会出现表示灯光衰减结束的圆圈, 如图6.30所示。

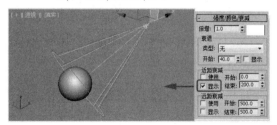

图6.30 勾选【显示】复选框

◆ 结束: 设置灯光衰减结束的地方, 也就是灯光停止照明的距离。在【开始】和【结束】之间灯光按线性衰减。

★ 【远距衰减】选项组：用来设置灯光从衰减开始到完全消失的区域。

● 使用：决定灯光是否使用它被指定的衰减范围。

◆ 开始：该选项定义了灯光不发生衰减的范围，只有在比【开始】更远的照射范围，灯光才开始发生衰减。

● 显示：勾选该复选框会出现表示灯光衰减开始和结束的圆圈。

◆ 结束：设置灯光衰减结束的地方，也就是灯光停止照明的位置。

### 3.【高级效果】卷展栏

卷展栏提供了灯光影响曲面方式的控件，也包括很多微调和投影灯的设置，【高级效果】卷展栏如图6.31所示，各项参数功能如下。

图6.31 【高级效果】卷展栏

可以通过选择要投射灯光的贴图，使灯光对象成为一个投影。投射的贴图可以是静止的图像或动画，如图6.32所示。

图6.32 使用灯光投影

★ 【影响曲面】选项组

● 对比度：光源照射在物体上，会在物体的表面形成高光区、过渡区、阴影区和反光区。

● 柔化漫反射边：柔化过渡区与阴影表面之间的边缘，避免产生清晰的明暗分界。

● 漫反射：漫反射区就是从对象表面的亮部到暗部的过渡区域。默认状态下，此选项处于选择状态，这样光线才会对物体表面的漫反射产生影响。如果此选项没有被勾选，则灯光不会影响漫反射区域。

● 高光反射：也就是高光区，是光源在对象表面上产生的光点。此选项用来控制灯光是否影响对象的高光区域。默认状态下，此选项处于选择状态。如果取消对该选项的勾选，灯光将不影响对象的高光区域。

● 仅环境光：勾选该复选框，照射对象将反射环境光的颜色。默认状态下，该选项为非选择状态。

图6.33所示是【漫反射】、【高光反射】和【仅环境光】3种渲染效果。

图6.33 3种表现方式的渲染效果

★ 【投影贴图】选项组

● 贴图：勾选该复选框，可以通过右侧的【无】按钮为灯光指定一个投影图形，它可以像投影机一样将图形投影到照射的对象表面。当使用一个黑白位图进行投影时，黑色将光线完会挡住，白色对光线没有影响。

#### 4.【阴影参数】卷展栏

【阴影参数】卷展栏中的参数用于控制阴影的颜色、浓度，以及是否使用贴图来代替颜色作为阴影，如图6.34所示。

图6.34 【阴影参数】卷展栏

其各项目的功能说明如下所述。

★ 【对象阴影】选项组：用于控制对象的阴影效果。
- 颜色：用于设置阴影的颜色。
- 密度：设置较大的数值产生一个粗糙、有明显的锯齿状边缘的阴影；相反阴影的边缘会变得比较平滑。图6.35所示为不同的数值所产生的阴影效果。

图6.35 设置不同的【密度】值效果

- 贴图：勾选该复选框可以对对象的阴影投射图像，但不影响阴影以外的区域。在处理透明对象的阴影时，可以将透明对象的贴图作为投射图像投射到阴影中，以创建更多的细节，使阴影更真实。
- 灯光影响阴影颜色：启用此选项后，将灯光颜色与阴影颜色（如果阴影已设置贴图）混合起来。默认设置为禁用状态，效果如图6.36所示。

★ 【大气阴影】选项组：用于控制允许大气效果投射阴影，如图6.37所示。

图6.36 灯光影响阴影颜色

图6.37 大气阴影

- 启用：如果勾选该复选框，当灯光穿过大气时，大气投射阴影。
- 不透明度：调节大气阴影的不透明度的百分比数值。
- 颜色量：调整大气的颜色和阴影混合的百分比数值。

## 6.1.6 摄影机概述

摄影机是场景中不可缺少的组成单位，完成的静态、动态图像最终都需要在摄影机视图中表现，如图6.38所示。

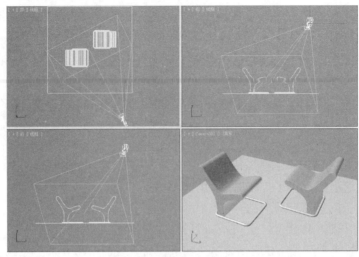

图6.38　摄影机表现效果

　　3ds Max中的摄影机与现实中的摄影机在使用原理上基本相同，但比现实中的摄影机功能更强大，更换镜头瞬间完成，无级变焦更是现实中的摄影机无法比拟的。对于景深的设置，直观地用范围线表示，用不着建立光圈计算。

**1.认识摄影机**

　　选择【创建】[图标]|【摄影机】[图标]命令，进入【摄影机】面板，可以看到【目标】和【自由】两种类型的摄影机，如图6.39所示。

　　【目标】摄影机：用于观察目标对象周围的场景内容。它包括摄影机、目标点两部分，目标摄影机便于定位，只需要直接将目标点移动到需要的位置上即可。图6.40所示左侧为目标摄影机。

图6.39　【摄影机】面板

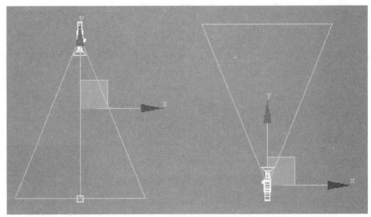

图6.40　目标摄影机与自由摄影机

　　【自由】摄影机：用于查看注视摄影机方向的区域。它没有目标点，不能单独进行调整，它可以用来制作室内外装潢的环游动画。图6.40所示右侧为自由摄影机。

**2.摄影机对象的命名**

　　当在视图中创建了多个摄影机时，系统默认会以Camera001、Camera002等名称自动为摄影机命名。例如在制作一个大型建筑效果图或复杂动画的表现时，随着场景变得越来越复杂，要记住哪一个摄影机聚焦于哪一个镜头也随之变得越来越困难，此时如果按照其表现的角度或方位进行命名，如Camera正视、Camera左视、Camera鸟瞰等，在进行视图切换的过程中便会减少失误，从而提高工作效率。

### 3.摄影机视图的切换

【摄影机】视图就是被选中的摄影机的视图。在一个场景中若创建了多个摄影机，激活任意一个视图，在视图标签上单击鼠标，在弹出的下拉菜单中选择【摄影机】命令，在弹出的子菜单中选择任一摄影机，如图6.41所示。这样该视图就变成当前摄影机视图。

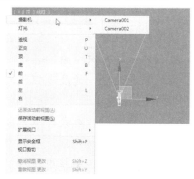

图6.41　从视图菜单中选择摄影机

在一个多摄影机场景中，如果其中的某个摄影机被选中，那么按C键，当前视图切换为该摄影机视图，不会弹出【选择摄影机】对话框；如果在一个多摄影机场景中没有选中任何的摄影机，那么按C键，将会弹出【选择摄影机】对话框，如图6.42所示。

图6.42　【选择摄影机】对话框

> **提示**
>
> 如果场景中只有一个摄影机时，不论摄影机是否为选中状态，按C键都会直接将当前视图切换为摄影机视图。

## 6.1.7　摄影机公共参数

目标摄影机和自由摄影机的绝大部分参数设置是相同的，【参数】卷展栏如图6.43所示。下面将对【参数】栏及其他卷展栏进行详细介绍。

图6.43　【参数】卷展栏

### 1.【参数】卷展栏

★ 镜头：以毫米为单位设置摄影机的焦距。镜头焦距的长短决定了镜头视角、视野、景深范围的大小，是摄影机调整的重要参数。

★ FOV方向弹出按钮：设置摄影机的视野。

★ ↔ ↕ ↗：这3个按钮分别代表水平、垂直、对角3种调节视野的方式，这3种方式不会影响摄影机的效果，默认为水平方式。

★ 视野：决定摄影机在场景中所看到的区域，以度为单位，当【视野方向】为水平（默认设置）时，视野参数直接设置摄影机的地平线的弧形。也可以设置【视野方向】来垂直或沿对角线测量FOV。

★ 正交投影：勾选该复选框，摄影机视图就好像用户视图一样，取消对该复选框勾选，摄影机视图就像是透视视图一样。

★ 备用镜头：提供了15mm、20mm、24mm、28mm、35mm、50mm、85mm、135mm、200mm—共9种常用镜头供用户快速选择。

★ 类型：用于改变摄影机的类型，括目标

摄影机和自由摄影机两种，用户可以随时对当前选择的摄影机的类型进行更改，而不需再重新创建摄影机。

★ 显示圆锥体：显示表示摄影机视野的锥形框。锥形框出现在其他视图，但不会出现在摄影机视图中。

★ 显示地平线：设置是否在摄影机视图中显示出一条深灰色的水平线条。

★ 【环境范围】选项组：主要设置环境大气的影响范围。

● 显示：以线框的形式显示环境存在的范围。

● 近距范围：设置环境影响的近距距离。

● 远距范围：设置环境影响的远距距离。

★ 【剪切平面】选项组：剪切平面是平行于摄影机镜头的平面，以红色交叉的矩形表示。

● 手动剪切：勾选该复选框将使用下面的数值自定义水平面的剪切。

◆ 【近距剪切】和【远距剪切】：分别用来设置近距剪切平面与远距离平面的距离，摄影机都有近距和远距两个剪切平面，近于近距剪切平面或远于远距剪切平面的对象，摄影机都不显示，如果剪切平面与一个对象相交，则该平面将穿过该对象，并创建剖面视图，对于想产生楼房、车辆、人等的剖面图或带切口的视图时，可以使用该选项。

★ 【多过程效果】选项组：用于摄影机指定景深或运动模糊效果。它的模糊效果是通过对同一帧图像的多次渲染计算并重叠结果产生，因此会增加渲染的时间。景深和运动模糊效果是相互排斥的，由于它们基于多个渲染通道，所以不能将它们同时应用于一个摄影机，如果需要在场景中同时应用这两种效果时，应为摄影机设置多过程景深，并将

其与对象运动模糊组合。

● 启用：控制景深或运动模糊效果是否有效，勾选该复选框，使用效果预览或渲染。取消对该复选框的勾选，则不渲染该效果。

● 预览：单击该按钮后，能够在激活的摄影机视图中预览景深或运动模糊效果。

● 渲染每过程效果：勾选该复选框，多过程效果的每次渲染计算时都进行渲染效果的处理，速度慢但效果真实，不会出问题；取消对该复选框的勾选，只对多过程效果计算完成后的图像进行渲染效果处理，这样可以提高渲染速度。默认为禁用状态。

★ 目标距离：对于自由摄影机，该选项将为其设置一个不可见的目标点，以便可以围绕该目标点旋转摄影机。对于目标摄影机，该选项表示摄影机和其目标之间的距离。

**2.【景深参数】卷展栏**

在【多过程效果】选项组中包括两个景深选项，即【景深（mental ray/iray）】和【景深】。

★ 景深（mental ray/iray）：是景深效果中唯一的多重过滤版本，mental ray 渲染器还支持摄影机的运动模糊，但这些控件不在摄影机的【参数】卷展栏上，请使用摄影机对象的【对象属性】对话框中的【动态模糊】开关。此设置对默认的3ds Max 扫描线渲染器没有影响。景深（mental ray/iray）的参数卷展栏如图6.44所示。

图6.44 【景深（mental ray/iray）】的参数卷展栏

★ f制光圈：设置摄影机的 f 制光圈。增加f 制光圈值使景深变短，减小 f 制光圈值使景深变长。默认设置是 2.0。f 制光圈

的值小于 1.0时, 对于真实的摄影机来说这是不现实的, 但是在场景比例没有使用现实单位的情况下, 可以用这个值帮助调整场景的景深。

在【多过程效果】选项组中选择景深选项, 其参数卷展栏如图6.45所示。

图6.45　【景深参数】卷展栏

摄影机可以产生景深的多重过滤效果, 景深是多重过滤效果, 通过在摄影机与其焦点(即目标点或目标距离)的距离上产生模糊来模拟摄影机景深效果。

★　【焦点深度】选项组

● 使用目标距离: 勾选该复选框, 将以摄影机目标距离作为摄影机进行偏移的位置, 取消对该复选框的勾选, 则以【焦点深度】的值进行摄影机偏移。默认为开启状态。

● 焦点深度: 当【使用目标距离】处于禁用状态时, 设置距离偏移摄影机的深度。

★　【采样】选项组

● 显示过程: 勾选该复选框, 渲染帧窗口显示多个渲染通道。取消对该复选框勾选, 该帧窗口只显示最终结果。此控件对于在摄影机视图中预览景深无效。默认为启用。

● 使用初始位置: 勾选该复选框, 在摄影机的初始位置渲染第一个过程, 默认为启用。

● 过程总数: 用于生成效果的过程数。增加此值可以增加效果的精确性, 但

也会相应地增加渲染时间。默认值为12。

● 采样半径: 通过移动场景生成模糊的半径。增加该值将增加整体模糊效果。减小该值将减少模糊。默认值为1。

● 采样偏移: 设置模糊靠近或远离【采样半径】的权重值。增加该值, 将增加景深模糊的数量级, 提供更均匀的效果。减小该值, 将减小数量级, 提供更随机的效果。偏移的范围可以从0~1, 默认值为0.5。

★　【过程混合】选项组: 通过参数可以对抖动进行控制, 这里的参数只在渲染时对景深效果有效, 对视图预览无效。

● 规格化权重: 使用随机权重混合的过程可以避免出现例如条纹等异常效果。当勾选【规格化权重】复选框后, 将权重规格化, 会获得较平滑的结果。当取消对该复选框勾选后, 效果会变得清晰一些, 但通常颗粒状效果更明显。默认为启用。

● 抖动强度: 设置用于渲染通道的抖动程度。增加此值会增加抖动量, 并且生成颗粒状效果, 尤其在对象的边缘上。默认值为0.4。

● 平铺大小: 使用百分比设置抖动时图案的大小, 0是最小的平铺, 100是最大的平铺。默认值为32。

★　【扫描线渲染参数】选项组: 用于在渲染多重过滤场景时取消过滤和抗锯齿效果, 提高渲染速度。

● 禁用过滤: 勾选该复选框, 禁用过滤过程。默认为禁用状态。

● 禁用抗锯齿: 勾选该复选框, 禁用抗锯齿。默认为禁用状态。

### 3.【运动模糊参数】卷展栏

在【多过程效果】选项组中选择【运动模糊】选项, 其参数卷展栏如图6.46所示。

摄影机可以产生运动模糊效果, 运动模糊是多重过滤效果, 运动模糊通过在场景中基于移动的偏移渲染通道, 模拟摄影机的运

动模糊。

图6.46【运动模糊参数】卷展栏

该参数卷展栏中的大部分参数与【景深参数】卷展栏相同，这里主要介绍【持续时间（帧）】和【偏移】两个选项。

★ 显示过程：启用此选项后，渲染帧窗口显示多个渲染通道。禁用此选项后，该帧窗口只显示最终结果。该控件对在摄影机视口中预览运动模糊没有任何影响。默认设置为启用。

★ 过程总数：用于生成效果的过程数。增加此值可以增加效果的精确性，但却以渲染时间为代价。默认设置为12。

★ 持续时间（帧）：动画中运动模糊效果所应用的帧数，值越多，运动模糊所重像的帧越多，模糊效果越强烈，默认值为1。

★ 偏移：指向或偏离当前帧进行模糊的权重值，范围从0.01至0.09，默认值为0.5。默认情况下，模糊在当前帧前后是均匀的，即模糊对象出现在模糊区域的中心，与真实摄影机捕捉的模糊最接近。增加该值，模糊会向随后的帧进行偏斜，减少该值，模糊会向前面的帧进行偏斜。

★ 规格化权重：使用随机权重混合的过程可以避免出现诸如条纹这些人工效果。当启用【规格化权重】后，将权重规格化，会获得较平滑的结果。当禁用此选项后，效果会变得清晰一些，但通常颗粒状效果更

明显。默认设置为启用。

★ 抖动强度：控制应用于渲染通道的抖动程度。增加此值会增加抖动量，并且生成颗粒状效果，尤其在对象的边缘上。默认值为0.4。

★ 瓷砖大小：设置抖动时图案的大小。此值是一个百分比，0是最小的平铺，100是最大的平铺。默认设置为32。

## 6.1.8 摄影机视图导航控制

创建摄影机后，通常需要将摄影机或其目标移到固定的位置。用户可以用各种变换给摄影机定位，但在很多情况下，在摄影机视图中调节会简单一些。下面将分别介绍如何使用摄影机视图导航控制。

### 1.使用摄影机视图导航控制

对于【摄影机】视图，系统在视图控制区提供了专门的导航工具，用来控制摄影机视图的各种属性。如图6.47所示。使用摄影机导航控制可以为，你提供许多控制功能和灵活性。

图6.47 摄影机视图导航工具

摄影机导航工具的功能说明如下所述。

★ 【推拉摄影机】按钮：沿视线移动摄影机的出发点，保持出发点与目标点之间连线的方向不变，使出发点在此线上滑动，这种方式不改变目标点的位置，只改变出发点的位置。

★ 【推拉目标】按钮：沿视线移动摄影机的目标点，保持出发点与目标点之间连线的方向不变，使目标点在此线上滑动，这种方式不会改变摄影机视图中的影像效果，但有可能使摄影机反向。

★ 【推拉摄影机+目标】按钮：沿视线同时移动摄影机的目标点与出发点，这种方式产生的效果与【推拉摄影机】相

同，只是保证了摄影机本身形态不发生改变。

★ 【透视】按钮 ⬦：以推拉出发点的方式来改变摄影机的【视野】镜头值，配合Ctrl键可以增加变化的幅度。

★ 【侧滚摄影机】按钮 Ω：沿着垂直与视平面的方向旋转摄影机的角度。

★ 【视野】按钮 ▷：固定摄影机的目标点与出发点，通过改变视野取景的大小来改变FOV镜头值，这是一种调节镜头效果的好方法，起到的效果其实与Perspective（透视）+Dolly Camera（推拉摄影机）相同。

★ 【平移摄影机】按钮 ✋：在平行与视平面的方向上同时平移摄影机的目标点与出发点，配合Ctrl键可以加速平移变化，配合Shift键可以锁定在垂直或水平方向上平移。

★ 【环游摄影机】按钮 ☜：固定摄影机的目标点，使出发点转着它进行旋转观测，配合Shift键可以锁定在单方向上的旋转。

★ 【摇移摄影机】按钮 ⊹：固定摄影机的出发点，使目标点进行旋转观测，配合Shift键可以锁定在单方向上的旋转。

**2.变换摄影机**

在3ds Max中所有作用于对象（包括几何体、灯光、摄影机等）的位置、角度、比例的改变都被称为变换。摄影机及其目标的变换与场景中其他对象的变换非常相像。正如前面所提到的，许多摄影机视图导航命令能用在其局部坐标中变换摄影机来代替。

虽然摄影机导航工具能很好地变换摄影机参数，但对于摄影机的全局定位来说，一般使用标准的变换工具更合适一些。锁定轴向后，也可以像摄影机导航工具那样使用标准变换工具。摄影机导航工具与标准摄影机变换工具最主要的区别是，标准变换工具可以同时在两个轴上变换摄影机，而摄影机导航工具只允许沿一个轴进行变换。

> **提示**
>
> 在变换摄影机时不要缩放摄影机，缩放摄影机会使摄影机基本参数显示错误值。目标摄影机只能绕其局部Z轴旋转。绕其局部坐标X或Y轴旋转没有效果。自由摄影机不像目标摄影机那样受旋转限制。

# 6.2 实例应用：创建目标摄影机

本案例将讲解如何创建【目标】摄影机，添加摄影机后的渲染后的效果如图6.48所示。

图6.48　添加摄影机后的效果

**01** 启动软件后，打开随书附带光盘中的"创建目标摄影机.max"素材文件，如图6.49所示。

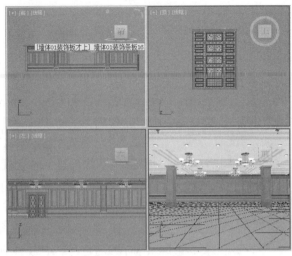

图6.49 打开素材文件

**02** 选择【创建】 ※ ‖【摄影机】 ⚏ ‖【标准】|【目标】命令，在【顶】视图中创建【目标】摄影机，在【参数】卷展栏中将【镜头】设为50mm，如图6.50所示。

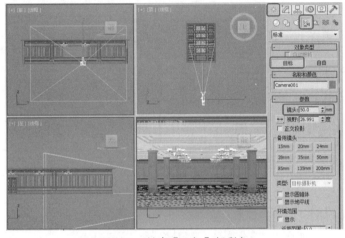

图6.50 创建【目标】摄影机

**03** 激活【透视】视图，按C键，将其转换为【摄影机】视图，在视图中对摄影机进行调整，如图6.51所示。

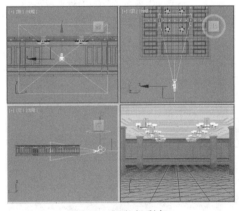

图6.51 调整摄影机

**04** 激活【摄影机】视图，按F10键，弹出【渲染设置】对话框，选择【公用】选项，在【公用参数】卷展栏中的【输出大小】选项组中将【宽度】和【高度】分别设为3000、2250，如图6.52

所示。

**05** 在【渲染输出】选项组中单击【文件】按钮,弹出【渲染输出文件】对话框,设置正确的文件名,将【保存类型】设为【JPEG文件】,并单击【保存】按钮,如图6.53所示。

图6.52　进行渲染设置

图6.53　设置保存类型

**06** 弹出【JPEG图像控制】对话框,保持默认值,并单击【确定】按钮,如图6.54所示。

**07** 返回到【渲染设置】对话框,单击【渲染】按钮,如图6.55所示。

图6.54　【JPEP图像控制】选项

图6.55　单击【渲染】按钮

## 6.3 扩展训练：创建阴影贴图

本案例将讲解如何利用【目标聚光灯】设置阴影贴图,具体操作方法如下,完成后的效果如图6.56所示。

图6.56　添加阴影贴图

**01** 打开随书附带光盘中的"创建阴影贴图.max"文件，如图6.57所示。

**02** 选择【创建】 ∷ |【灯光】 ⊘ |【标准】|【目标聚光灯】命令，在【左】视图中进行创建，进入【修改】命令面板中，在【常规参数】卷展栏中，在【阴影】选项组中，取消选中【启用】复选框，在【强度/颜色/衰减】卷展栏中，将【灯光颜色】的RGB值设为（180、180、180），如图6.58所示。

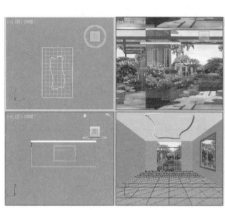

图6.57　打开素材文件

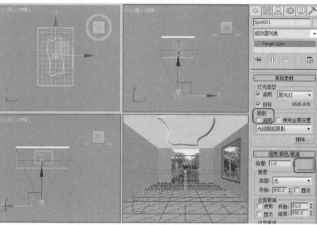

图6.58　设置灯光参数

**03** 在【聚光灯参数】卷展栏中将【聚光区/光束】设为99.5，将【衰减区/区域】设为101.5，并选中【矩形】单选按钮，在视图中调整位置，如图6.59所示。

**04** 选择【创建】 ∷ |【灯光】 ⊘ |【标准】|【泛光】命令，在视图中调整泛光灯位置，如图6.60所示。

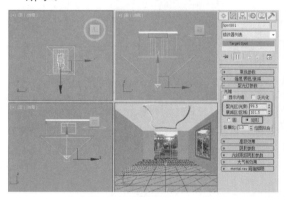

图6.59　在视图中调整位置

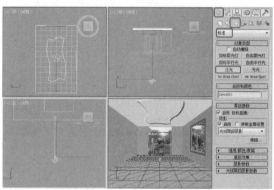

图6.60　创建泛光灯

**05** 选择上一步创建的泛光灯，切换到【修改】命令面板 ⊘ 中，在【常规参数】卷展栏的【阴影】选项组中取消选中【启用】复选框，在【强度/颜色/衰减】卷展栏中将【倍增】设为0.2，将【灯光颜色】的RGB值设为（180、180、180），如图6.61所示。

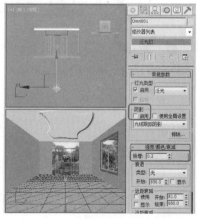

图6.61　设置泛光灯参数

**06** 选择【创建】 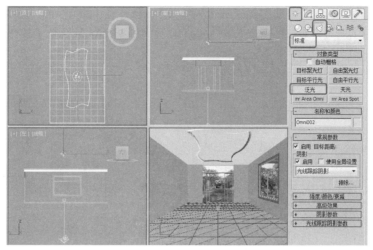|【灯光】 |【标准】|【泛光】命令，在【顶】视图中进行创建，并场景中调整灯光的位置，如图6.62所示。

图6.62 【选择摄影机】对话框

**07** 切换到【修改】命令面板，在【常规参数】卷展栏中的【阴影】选项组中，取消勾选【启用】复选框，在【强度/颜色/衰减】卷展栏中将【倍增】设为0.8，将【灯光颜色】的RGB值设为（255、255、255），如图6.63所示。

**08** 选择【创建】|【灯光】|【标准】|【目标聚光灯】命令，在【顶】视图中进行创建，如图6.64所示。

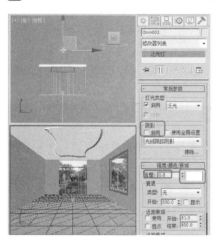

图6.63 设置灯光参数

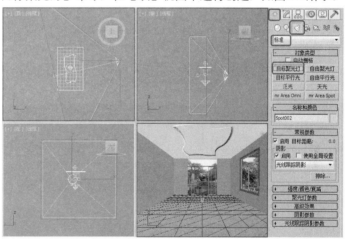

图6.64 创建目标聚光灯

**09** 选择上一步创建聚光灯，在【常规参数】卷展栏中【阴影】选项组勾选【启用】复选框，将阴影设为【光线跟踪阴影】，在【强度/颜色/衰减】卷展栏中将【倍增】设为1，【灯光颜色】的RGB值设为（255、255、255），在【聚光灯参数】卷展栏中将【聚光区/光束】设为0.5，【衰减区/区域】设为50，并选中【圆】单选按钮，如图6.65所示。

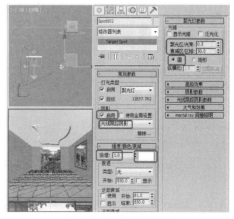

图6.65 设置灯光参数

10 在【高级效果】卷展栏中，在【投影贴图】
选项组中，勾选【贴图】复选框，并单击
【无】按钮，弹出【材质/贴图浏览器】对
话框，选择【贴图】|【标准】|【位图】选
项，并单击【确定】按钮，如图6.66所示。

图6.66　选择【位图】选项

11 弹出【选择位图图像文件】对话框，选择随
书附带光盘中的"B-A-017.tif"素材文件，
并单击【打开】按钮，如图6.67所示。

图6.61　选择相应位图

12 按M键打开【材质编辑器】对话框中，选择
上一步创建的贴图，拖至空的一个样本球

上，在弹出的对话框中选中【实例】单选
按钮，并单击【确定】按钮，在【坐标】
卷展栏中取消对【使用真实世界比例】复
选框的勾选，将【瓷砖】的UV设为1.5、
1，如图6.68所示。

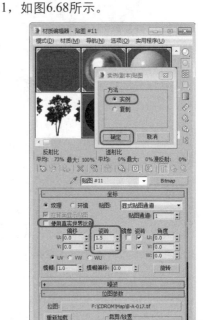

图6.62　设置贴图

13 在视图中调整聚光灯的位置，如图6.69所
示。

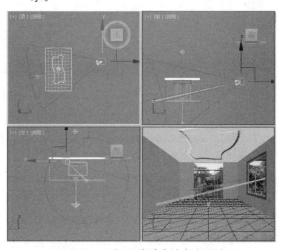

图6.69　从视图菜单中选择摄影机

14 激活【摄影机】视图，按F9键进行渲染，并
对场景进行保存。

# 6.4 课后练习

1. 目标平行光的作用是什么?
2. 【目标】和【自由】摄影机的用处有哪些?

# 第7章
# 初识VRay

VRay是目前业界最受欢迎的渲染引擎之一。基于V-Ray 内核开发的有VRay for 3ds Max、Maya、Sketchup、Rhino等诸多版本，为不同领域的优秀3D建模软件提供了高质量的图片和动画渲染。方便使用者渲染各种图片。在3ds Max中渲染器一直是其最为薄弱的一部分，很多公司都开发了3ds Max外挂渲染器插件，例如Brazil、FinalRender、VRay等，其中，VRay可以提供单独的渲染程序，方便使用者渲染各种图片。本章就是对3ds Max下的外挂渲染插件VRay渲染器做详细的讲解。

# 7.1 VRay基础

## 7.1.1 VRay渲染器

　　VRay渲染器提供了一种特殊的材质——VRayMtl。在场景中使用该材质能够获得更加准确的物理照明（光能分布）、更快的渲染，反射和折射参数调节更方便。使用VRayMtl，你可以应用不同的纹理贴图，控制其反射和折射，增加凹凸贴图和置换贴图，强制直接全局照明计算，选择用于材质的BRDF，主要用于渲染一些特殊的效果，如次表面散射、光迹追踪、焦散、全局照明等。VRay是一种结合了光线跟踪和光能传递的渲染器，其真实的光线计算创建专业的照明效果，可用于建筑设计、灯光设计、展示设计等多个领域。

　　VRay有两种类型的安装版本，一种是基本安装版本，另一种是高级安装版本。基本安装版本价格较低，具备最基本的特征，主要使用对象是学生和业余爱好者；而高级安装版则包含有几种特殊功能，主要面向专业人士。

　　基本安装版本包括以下功能。

★　真正的光影追踪反射和折射。

★　平滑的反射和折射。

★　基于抗锯齿的G缓冲。

★　光子贴图。

★　可再次使用的发光贴图（支持保存及导入），针对摄像机游历动画的增量采样。

★　可再次使用的焦散和全局光子贴图（支持保存及导入）。

★　具有解析采样功能的运动模糊。

★　支持真实的HDRI贴图，支持包括具有正确纹理坐标控制的【*.hdr】和【*.rad】格式的图像，用于创建石蜡、大理石、磨砂玻璃。

★　面积阴影（软阴影），包括方形和球形发射器。

★　间接照明（也称全局光照明或全局光照），使用几种不同的算法。

★　采用准门特卡罗算法的运动模糊。

★　摄像机景深效果。

★　抗锯齿，包括固定的、简单的2级和自适应算法。

★　散焦功能。

★　G缓冲（包括RGBA、材质/物体ID号、z-缓冲及速率等）。

★　高级安装版本，直接映射图像，不需要进行裁减，也不会产生失真。

★　具有正确物理照明的自带面积光。

★　具有更高物理精度和快速计算的自带材质。

★　基于TCP/IP通信协议，可使用工作室所有电脑进行分布式渲染，也可以通过互联网连接。

★　支持不同的摄像机镜头类型，如鱼眼、球形、圆柱形及立方体形摄像机等。

★　置换贴图，包括快速的2D位图算法和真实的3D置换贴图。

## 7.1.2 VRay渲染器的安装

　　VRay渲染器的安装步骤比较简单，具体方法如下。

**01** 在硬盘的文件中，双击已下载或购买的VRay安装程序，弹出图7.1所示的安装对话框，单击【继续】按钮。

**02** 出现【V-Ray 2.50.01 for 3ds Max2015 64bit（高级渲染器）中英文切换加强版】对话框后，勾选【我同意"许可协议"中的条款】复选框，然后单击【我同意】按钮，如图7.2所示。

图7.1　初始安装界面

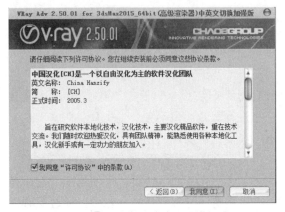

图7.2　VRay渲染器的许可证协议界面

**03** 弹出路径指定对话框，此路径需要与3ds Max Design 2015所在的根目录相同，使用默认路径，然后单击【继续】按钮，如图7.3所示。

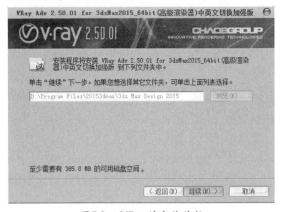

图7.3　VRay的安装路径

**04** 在弹出的对话框中选择需要安装在的软件，然后单击【继续】按钮，如图7.4所示。

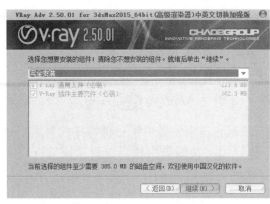

图7.4　选择VRay安装到的软件

**05** 弹出创建程序的快捷方式对话框，选择程序快捷方式的存放路径（根据使用习惯随意选择），然后单击【继续】按钮，如图7.5所示。

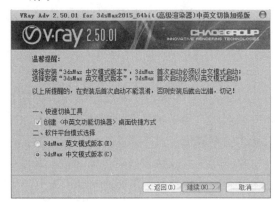

图7.5　创建程序的快捷方式对话框

**06** 弹出【安装】对话框，对话框中显示出软件的安装位置及软件的快捷方式所在的位置，单击【下一步】按钮，安装过程如图7.6所示。

图7.6　安装过程

**07** 安装完成后，弹出【安装向导完成】对话框，单击【完成】按钮，VRay渲染器就安装完成了，如图7.7所示。

图7.7 【安装向导完成】对话框

**1.指定VRay为当前渲染器**

若要使用VRay材质、灯光，就需要指定VRay渲染器。

（1）启动3ds Max，按F10键，弹出【渲染设置】对话框。

（2）在【公用】选项卡中，展开【指定渲染器】卷展栏，然后单击【产品级】后面的按钮■。

（3）在弹出的【选择渲染器】对话框中，选择V-Ray Adv 2.50.01渲染器，单击【确定】按钮，即可将VRay渲染器指定为当前激活使用的渲染器，整个流程如图7.8所示。

图7.8 指定VRay为当前渲染器

**2.渲染参数的设置区域**

渲染参数可以调整，渲染出图片的速度、质量、显示效果等功能，当我们在渲染图片时，可根据"是需要快速渲染图片，还是注重图片质量"来进行设置。

（1）指定VRay为当前渲染器后，依然在【渲染设置】对话框中。

（2）进入【V-Ray】选项卡，这里包括了VRay渲染器许可服务、产品信息，以及渲染参数设置的9个卷展栏，如图7.9所示。

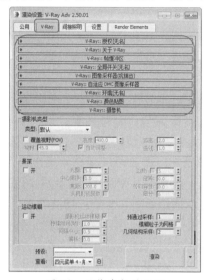

图7.9 渲染参数的设置

（3）根据用户选择的图像采样器及间接照明类型的不同，显示的渲染参数界面会有所不同。

**3.VRay渲染元素的设置**

VRay渲染元素主要功能是，渲染出图后，方便后期通过Adobe Photoshop处理图片来使用的。

（1）在【渲染设置】对话框中，进入到【Render Elements（渲染元素）】选项卡。

（2）在【渲染元素】卷展栏中单击【添加】按钮，会弹出【渲染元素】对话框。

（3）其列表中列出了41种可用的VRay渲染元素，选择需要的选项，然后单击【确定】按钮，完成设置，整个流程如图7.10所示。

图7.10　VRay渲染元素的设置

## 4.VRay材质的调用

【材质编辑器】对话框，即可以在不使用VRay渲染器时使用，也可在使用VRay渲染器时使用，但需要通过【材质/贴图浏览器】对话框，调用【V-VRay】卷展栏中的材质，并在【材质编辑器中】进行最终设置。

（1）启动3ds Max，按M键，弹出【材质编辑器】对话框。

（2）单击【Arch&Design】按钮，则会弹出【材质/贴图浏览器】对话框，在【V-Ray】卷展栏中，选择需要用的VRay材质，然后单击【确定】按钮，如图7.11所示。

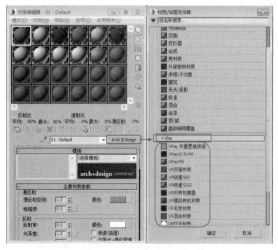

图7.11　VRay材质的调用

## 5.VRay贴图的调用

VRay贴图的调用与Max贴图材质的调用相仿，都是通过单击【漫反射】选项组中【颜色】右侧的贴图按钮，在弹出的【材质/贴图浏览器】对话框中选择【V-VRay】卷展栏中的材质贴图。

（1）在【材质编辑器】中单击任意一个贴图指定按钮。

（2）在弹出的【材质/贴图浏览器】对话框中，选择需要的VRay贴图，然后单击【确定】按钮即可，如图7.12所示。

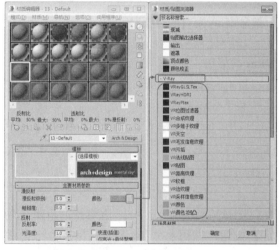

图7.12　VRay贴图的调用

## 6.VRay灯光的使用

使用了VRay的材质与VRay的渲染器后，也需要了解VRay灯光是如何创建使用的，下面将介绍如何创建VRay灯光。

（1）单击【创建】 【灯光】 按钮。

（2）在其下拉列表中选择【VRay】类型，即可进入VRay灯光的创建面板，如图7.13所示。

图7.13　VRay灯光的使用

## 7.VRay阴影的使用

当使用了VRay渲染器后，并在场景中创建了系统自带灯光，需要将灯光的阴影类型设置为VRay阴影，才可以被VRay渲染器渲染。

（1）在场景中任意选择VRay渲染器支持的灯光。

（2）进入其修改器面板，展开【常规参数】卷展栏，【阴影】选项组中的【启用】复选框默认的是勾选的，激活阴影的使用。

（3）在阴影类型下拉列表中选择【VRay阴影】类型即可完成阴影的使用，如图7.14所示。

## 8.VRay物体的创建

下面将简单介绍一下VRay物体的创建步骤。

**01** 单击【创建】 ※ |【几何体】 ○按钮。

**02** 在其下拉列表中选择VRay类型，即可进入VRay物体的创建面板，如图7.15所示。

图7.14　Vray阴影的使用　图7.15　VRay物体的创建

## 9.VRay置换修改器的使用

贴图置换是一种为场景中几何体增加细节的技术，这个概念非常类似于凹凸贴图，但凹凸贴图只是改变了物体表面的外观，属于一种shading效果，而贴图置换确实真正改变了表面的几何结构。

（1）选择场景中存在的几何体，然后单击【修改】按钮 ✎ 进入【修改】命令面板。

（2）在【修改器列表】中选择【VRay置换模式】修改器，此时该置换修改器就可以使用了，如图7.16所示。

## 10.VRay大气效果的使用

VRay的大气效果作用与系统自带的大气效果功能基本相同，下面将介绍如何使用VRay的大气效果。

（1）在主键盘区按8键，弹出【环境和效果】对话框。

（2）在【环境】选项卡中，展开【大气】卷展栏。

（3）单击【添加】按钮，在弹出的【添加大气效果】对话框中，选择需要的VRay大气效果，单击【确定】按钮即可完成使用，如图7.17所示。

图7.16　VRay置换修改器的使用

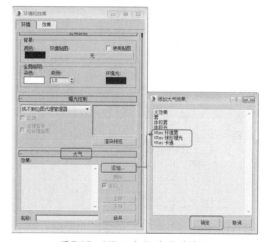

图7.17　VRay大气效果的使用

## 7.1.3　V-Ray::帧缓冲区

所谓帧缓冲区，简单地说将内存分出一部分空间，临时储存渲染出来的图像。帧缓存如果不开启，在渲染的时候是看不到光子的逐步传递的过程的，只有在最后图像出现的时候才能看到里面光打的是否合适，并且不能在测试渲染的时候选择想提前查看的地方。开启帧缓冲区后，可以看到光子一步步传递的过程，若光打得不合适可以提前观测到，因而可以提前停止测试渲染，还可以渲染你想先看到的部位。这样的话就可以大大地提高测试速度，提高效率。本节将介绍vray渲染面板的主要参数和设置内容。

### 1.功能概述

在本小节中将对【V-Ray::帧缓冲区】的功能简单概括的介绍一下。

除了3ds Max自带的帧缓冲区外，用户也可将图像渲染到指定的VRay帧缓冲区，相对于3ds Max的帧缓冲区来说，VRay的帧缓冲区还有一些其他的功能。

★ 允许用户在单一窗口观察所有的渲染元素，并且方便地在渲染元素之间进行切换。

★ 保持图像为完整的32位浮点格式。

★ 允许用户在渲染的图像上完成简单的颜色校正。

★ 允许用户选择块的渲染顺序。

单击【渲染设置】按钮，弹出【渲染设置】对话框，切换到【VR_基项】选项卡，展开【V-Ray::帧缓冲区】卷展栏，如图7.18所示。

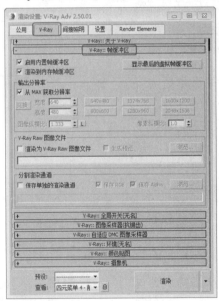

图7.18　【V-Ray::帧缓冲区】卷展栏

### 2.参数详解

本节将介绍【V-Ray::帧缓冲区】卷展栏中各个选项参数的详细解说。

（1）常规参数

★ 启用内置的帧缓冲区：允许使用VRay渲

染器内置的帧缓冲区。由于技术原因，3ds Max原始的帧缓存仍然存在，并且也可以被创建。不过，在这个功能启用后，VRay渲染器将不会渲染任何数据到3ds Max自身的帧缓存窗口中。为了防止过分占用系统内存，笔者建议此时把3ds Max原始的分辨率设为一个较低的值（例如100×90），并且在3ds Max的渲染设置的常规卷展栏中关闭虚拟帧缓冲区。

★ 渲染到内存帧缓冲区：勾选此项，将创建VRay的帧缓冲区，并且使用它来存储色彩数据，以便在渲染或者渲染后进行观察。如果用户需要渲染很高分辨率的图像，并且是用于输出的时候，不要勾选此选项，否则系统的内存可能会被大量占用。此时的正确选择是使用下面要讲的【渲染到图像文件】选项。

★ 显示最后的虚拟帧缓冲区：单击此按钮，系统可以显示最近一次渲染的VFB窗口。

（2）输出分辨率

设置在VRay渲染器中使用的分辨率。

★ 从MAX获取分辨率：勾选此项后，VRay渲染器的虚拟帧缓冲区将从3ds Max的常规渲染设置中获得分辨率。

★ 宽度：以像素为单位设置在VRay渲染器中使用的分辨率的宽度。

★ 高度：以像素为单位设置在VRay渲染器中使用的分辨率的高度。

（3）V-Ray Raw原态图像文件

★ 渲染为V-Ray Raw图像文件：此特征在渲染时将VRay的原始数据直接写入到一个外部文件中，而不会在内存中保留任何数据。因此在渲染高分辨率图像的时候使用此特征可以方便地节约内存。若想要观察系统是如何渲染的，勾选后面的【产生预览】选项即可。

★ 产生预览：启用的时候将为渲染创建一个小的预览窗口。如果用户不使用VRay的帧缓冲区来节约内存，可以使用此特征从一个小窗口来观察实际渲染，这样一旦发现渲染中有错误，可以立即终止渲染。

★ 浏览：单击此按钮，可选择保存渲染图像文件的路径。

　（4）分割渲染通道

★ 保存单独的渲染通道：此选项允许用户将指定的特殊通道作为一个单独的文件保存在指定的目录下。

★ 保存RGB：勾选此选项后，用户可以将渲染的图像保存为RGB颜色。

★ 保存Alpha：勾选此选项后，用户可以将渲染的图像保存为A lpha通道。

★ 浏览：单击此按钮，可选择保存VRay渲染器G缓存文件的路径。

### 3.VFB工具条

　VFB工具条可以设置当前选择通道，便于预览，单击各个按键选择要观察的通道，且可以进行在单色模式下观察渲染图像等操作。

　选择【V-Ray::帧缓冲区】卷展栏中的【显示最后的虚拟帧缓冲区】按钮，弹出VRay帧缓冲区窗口，VFB工具条中的按钮用于渲染过程中查看效果或保存效果等操作，如图7.19所示。

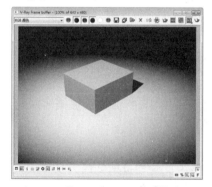

图7.19 【V-Ray::帧缓冲区】窗口

★ ⬤⬛⬛⬛⬛ ⬤：这几个按钮用于设置当前选择的通道及预览模式，用户也可以以单色模式来观察渲染图像。

★ 【保存图像】按钮🖫：将当前帧数据保存为文件。

★ 【清除图像】按钮✕：清除帧缓冲区的内容。开始新的渲染前，利用此选项可避免与前面的图像产生混乱。

★ 【复制到max帧缓冲区】按钮：为当前的VRay虚拟帧缓存创建一份3ds Max虚拟帧缓存副本。

★ 【跟踪鼠标渲染】按钮：强制VRay优先渲染最靠近鼠标点的区域。这对于场景局部参数调试非常有用。

★ 【显示像素信息】按钮 i：用于显示VRay帧缓存窗口任意一点的相关信息。按下此按钮后，在完成的帧缓冲区窗口中单击鼠标右键，马上会在一个独立的窗口中显示出图像像素的相关信息。

★ 【使用颜色曲线校正】按钮：单击该按钮，打开【级别控制】对话框，以便用户确定不同色彩通道的颜色校正，同时将当前包含在缓冲区中的图像数据显示为直方图。用户在直方图上单击鼠标中键并拖动，可以调整缩放预览。

### 4.VFB快捷操作

　在虚拟帧缓冲区处于激活状态下，用户可使用快捷键对虚拟帧缓冲区进行操作，表7.1、表7.2列出了用于操控虚拟帧缓冲区图像的快捷键。

**表7.1 用于操控虚拟帧缓冲区图像的鼠标动作**

| 鼠标动作 | 行为描述 |
| --- | --- |
| Ctrl键+鼠标左击/Ctrl键+鼠标右击 | 图像放大/缩小 |
| 上下滚动鼠标滚轮 | 图像放大/缩小 |
| 双击鼠标左键 | 缩放图像到100% |
| 单击鼠标右键 | 显示单击的像素点的参数信息对话框 |
| 鼠标中键拖曳 | 平移观察 |

**表7.2 用于操控虚拟帧缓冲区图像的键盘快捷键**

| 键盘快捷键 | 行为描述 |
| --- | --- |
| +/-键 | 图像放大/缩小 |
| *键 | 缩放图像到100% |
| 箭头键 | 向左、上、右下平移图像 |

### 7.1.4 V-Ray::全局开关

全局开关的主要用途在于，在进行渲染测试时，可根据需要，开启或关闭某些渲染项，或对渲染的质量进行设置，从而灵活地进行测试渲染，加快测试时的渲染速度，提高工作效率。

单击【渲染设置】按钮，弹出【渲染设置】对话框，切换到【V-Ray】选项卡，展开【V-Ray::全局开关】卷展栏，可见其主要的参数选项，如图7.20所示。

图7.20 【V-Ray::全局开关】卷展栏

**1.几何体**

用于设置VRAy渲染器，渲染时对几何体的渲染效果。

★ 置换：启动或禁止使用VRay自己的置换贴图。该选项对于标准的3ds Max置换贴图不会产生影响，这些贴图是通过渲染对话框中的相应参数来进行控制的。

★ 强制背面消隐：VRay默认是强制渲染双面的，如果要用法线修改器反转法线后看到里面的话，要勾选Force back face culling复选项，就能够渲染到里面。

**2.照明**

用于设置VRAy渲染器渲染时对灯光的渲染效果。

★ 灯光： 决定是否使用灯光，也就是说该复选框是VRay场景中的直接灯光的总开关，当然不包含3ds Max场景中的默认灯光。如果不勾选该复选框，VRay将使用

默认灯光来渲染场景。所以当用户不希望使用渲染场景中的直接灯光时，只需要同时不勾选此选项和下面的【默认灯光】选项即可。

★ 默认灯光：当场景中不存在灯光物体或禁止全局灯光的时候，该命令可启动或禁止3ds Max默认灯光的使用。如图7.21所示。

图7.21 默认灯光选项

★ 隐藏灯光：允许或禁止隐藏灯光的使用。勾选此项，系统会渲染隐藏的灯光效果，而不会考虑灯光是否被隐藏；取消勾选此选项后，无论什么原因，被隐藏的任何灯光都不会被渲染。

★ 阴影：决定是否渲染灯光产生的阴影。

★ 仅显示全局照明：勾选该选项，直接光照将不会被包含在最终渲染的图像中。注意，在计算全局光照明的时候，直接光照明仍然会被考虑，但是最后只显示间接光照明的效果。

**3.材质**

用于设置VRAy渲染器渲染时对材质的渲染影响。

★ 反射/折射：启动或禁止在VRay的贴图和材质中反射和折射的最大反弹次数。默认不勾选则是使用材质本身反射折射的Max Depth次数，默认为5。

★ 最大深度：用于设置VRay贴图或材质中反射/折射的最大反弹次数。不勾选此项，反射/折射的最大反弹次数使用材质/贴图的局部参数来控制；勾选此项，所有的局部参数设置将会被此参数的设置所取代。

★ 贴图：启动或禁止使用纹理贴图。

★ 过滤贴图：启动或禁止使用纹理贴图过滤。在激活的时候，过滤的深度使用纹理贴图的局部参数来控制；禁止的时

候,不会进行纹理贴图过滤。

★ 最大透明级别:用于控制透明物体被光线跟踪的最大深度。

★ 透明中止:用于控制对透明物体的追踪何时中止。如果追踪透明度的光线数量累计总数低于此选项设定的极限值,将会停止追踪。

★ 覆盖材质:勾选此项以后,可以通过后面的材质槽,来指定一种简单的材质替代场景中所有物体的材质,以达到快速渲染的目的。该选项常在调试渲染参数时使用。如果用户仅勾选了该选项,却没指定材质,VRay将自动使用3ds Max标准材质的默认参数设置,来替代场景中所有物体的材质进行渲染。

★ 光泽效果:此选项允许使用一种非光滑的效果来代替场景中所有的光滑反射效果。它对测试渲染很有用处。

**4.间接照明**

用于设置VRay渲染器,渲染时对间接照明的渲染影响。

★ 不渲染最终图像:选中该复选框后,VRay只计算相应的全局光照明贴图(光子贴图、灯光贴图和发光贴图)。这对于摄像机游历动画过程中的贴图计算是很有用的。

**5.光线跟踪**

用于设置VRAy渲染器,渲染时对光线跟踪的渲染影响。

★ 二级光线偏移:此参数定义针对所有次级光线的一个较小的正向偏移距离。正确设置此参数值,可以避免渲染图像中在场景的重叠表面上出现的黑斑。另外,在使用3ds Max的【渲染到纹理】特征的时候,正确设置此参数值也是有帮助的。

## ▌7.1.5 V-Ray::图像采样器(抗锯齿)

在VR渲染器中,图像采样器的概念是指采样和过滤的一种算法,并产生最终的像素数

组来完成图形的渲染。VR提供了几种不同的采样算法,尽管会增加渲染时间,但是所有的采样器都支持Max标准的抗锯齿过滤算法。固定比率采样器、自适应确定性蒙特卡洛和自适应细分中,根据需要选择一种使用。

**1.功能概述**

在VRay渲染器中,图像采样器是指采样和过滤的一种算法,它将产生最终的像素数组来完成图形的渲染。

VRay提供了几种不同的采样算法,尽管在使用后会增加渲染的时间,但是所有的采样器都支持3ds Max标准的抗锯齿过滤算法。用户可以在【固定】、【自适应确定性蒙特卡洛】和【自适应细分】采样器中根据需要选择一种使用。

在【渲染设置】对话框【V-Ray】选项卡中展开【V-Ray::图像采样器(抗锯齿)】卷展栏,如图7.22所示。

图7.22 【V-Ray::图像采样器(抗锯齿)】卷展栏

**2.参数详解**

本节将介绍【V-Ray::图像采样器(抗锯齿)】卷展栏中,各个选项参数的详细解说。

(1)【固定】采样器

这是VRay渲染器中最简单的一种采样器,对于每一个像素,它使用一个固定数量的样本,而且只有一个参数控制细分。

★ 细分:确定每一个像素使用的样本数量。当取值为1时,意味着在每一个像素的中心使用一个样本;当取值大于1时,

将按照低差异的DMC序列来产生样本。

对于具有大量模糊特效（比如运动模糊、景深模糊、反射模糊、折射模糊）或高细节的纹理贴图场景，使用【固定图像采样器】是兼顾图像品质与渲染时间的最好选择。

**提示**

对于RGB色彩通道来说，由于要把样本限制在黑白范围之间，在使用了模糊效果的时候，可能会产生较暗的画面效果。这种情况的解决方案是为模糊效果增加细分的取值，或者使用真RGB色彩通道。

（2）【自适应确定性蒙特卡洛】采样器

该采样器会根据每个像素和它相邻像素的亮度差异来产生不同数量的样本。值得注意的是，该采样器与VRay的rQMc采样器是相关联的，它没有自身的极限控制值，不过用户可以通过VRay的rQMc采样器中的Noise threshold参数来控制品质。

对于那些具有大量微小细节，如VRayFur物体或模糊效果（景深、运动模糊灯）的场景或物体，这个采样器是首选。它占用的内存比下面提到的自适应细分采样器要少。

★ 最小细分：定义每个像素使用的样本的最小数量。一般情况下，这个参数的设置很少需要超过1，除非有一些细小的线条无法正确表现。

★ 最大细分：定义每个像素使用的样本的最大数量。

★ 显示采样：勾选此选项后，可以看到【自适应DMC采样器】的样本分布情况。

（3）【自适应细分】采样器

这是一个具有undersampling功能（分数采样，即每个像素的样本值低于1）的高级采样器。在没有VRay模糊特效（直接全局照明、景深和运动模糊等）的场景中，它是首选的采样器。它使用较少的样本就可以达到其他采样器使用较多样本才能够达到的品质和质量，这样就减少了渲染时间。但是，在具有大量细节或者模糊特效的情况下，它会比其他两个采样器更慢，图像效果也更差，这一点一定要牢记。理所当然的，比起另两

个采样器，它也会占用更多的内存。

★ 最小速率：定义每个像素使用的样本的最小数量。值为0意味着一个像素使用一个样本；值为1意味着每两个像素使用一个样本；值为-2则意味着每4个像素使用一个样本。

★ 最大速率：定义每个像素使用的样本的最大数量。值为0意味着一个像素使用一个样本；值为1意味着每个像素使用4个样本；值为2则意味着每个像素使用8个样本。

★ 颜色阈值：用于确定采样器在像素亮度改变方面的灵敏性。较低的值会产生较好的效果，但会花费较多的渲染时间。

★ 对象轮廓：勾选此项，会使得采样器强行在物体的边缘轮廓进行超级采样，而不管它是否实际需要进行超级采样。注意，此项在使用景深或运动模糊的时候会失效。

★ 法线阈值：勾选此项，将使超级采样沿法向急剧变化。同样，在使用景深或运动模糊的时候会失效。

★ 随机采样：如果勾选此选项，样本将随机分布，应该是勾选的。

★ 显示采样：如果勾选此选项，可以看到【自适应细分采样器】的分布情况。

（4）抗锯齿过滤器

抗锯齿过滤器控制场景中材质贴图的过滤方式，改善纹理贴图的渲染效果。【抗锯齿过滤器】如图7.23所示。

图7.23 抗锯齿过滤器

★ 开：勾选此项，启用抗锯齿过滤器。

● 区域：使用可变大小的区域过滤器来计算抗锯齿，这是3ds Max的原始过滤器。

● 清晰四方形：来自Neslon Max的清晰9像素重组过滤器。

- Catmull-Rom: 具有轻微边缘增强效果的25像素重组过滤器。常用的出图过滤器。可以显著地增加边缘的清晰度；使图像锐化，带来硬朗锐利的感觉。（一般的图多用，白天的效果多用）。

- 图版匹配／MaxR2: 使用3ds Max R2的方法（无贴图过滤），将摄影机和场景或天光/投影元素与未过滤的背景图像相匹配。

- 四方形: 基于四方形样条线的9像素模糊过滤器。

- 立方体: 类似于四方形过滤器，是给予立方体样条线的25像素进行模糊过滤。大小参数值同样不可调节。

- 视频: 主要用于对输出NTSC和PAL格式影片的图像进行优化。大小参数不可调节。

- 柔化: 可调整高斯柔化过滤器，用于适度模糊。

- Cook变量: 一种通用过滤器。设置1~7.5的值将使图像变清晰，更高的值则使图像边模糊。

- 混合: 在清晰区域和高斯柔化过滤器之间进行混合。

- Blackman: 清晰但没有边缘增强效果的25像素过滤器。

- Mitchell-Netravali: 两个参数的过滤器，在模糊、圆环化和各向异性之间交替使用。如果圆环化的值设置为大于0.5，则将影响图像的alpha通道。

- VRayLanczosFilter:VR（蓝佐斯过滤器）: 大小参数可以调节，当数值为2时，图像柔和细腻且边缘清晰，当数值为20时，图像类似于Photoshop中的高斯模糊+单反相机的景深和散景效果（数值低于0.5，图像会有溶解的效果；数值高于5后，开始出现边缘模糊效果）。

- VRaySincfilter:VRSinc（辛克函数过滤器）: 大小参数可以调节，当数值

为3时，图像边缘清晰，不同颜色之间过渡柔和，但是品质一般，数值为20时，图像锐利，不同颜色之间的过渡也稍显生硬，高光点出现黑白色旋涡状效果，且被放大。

- VRayBoxFilter（VR盒子过滤器）: 大小参数可以调节，当参数为1.5时，场景边缘较为模糊，阴影和高光的边缘也是模糊的，质量一般，参数为20时，图像彻底模糊了，场景色调会略微偏冷（白蓝色）。

- VRayTriangleFilter（VR三角形过滤器）: 大小参数可以调节，当参数为2时，图像柔和比盒子过滤器稍微清晰，当参数为20时，图像彻底模糊，但是模糊程度比盒子过滤器较差，且场景色调略微偏暖（参数值介于0.5~2之间，数值越小，越清晰，参数值小于0.5，会出现溶解效果）。

★ 大小: 可以增加或减小应用到图像中的模糊量。只有从下拉列表中选择【柔化】过滤器时，该选项才可用。当选择任何其他过滤器时，该微调器不可用。将其设置为1.0可以有效地禁用过滤器。

> **提示**
>
> 某些过滤器在【大小】控件下方显示其他由过滤器指定的参数。

### 3.专家点拨

在本节中将对V-Ray::图像采样器（抗锯齿）重点参数进行指出。

对于一个给出的场景来说，哪一个采样器才是最好的选择呢?下面提供一些选择的技巧。

对于仅有一点模糊效果的场景或纹理贴图，选择具有【分数采样】功能的【自适应细分】采样器可以说是无与伦比的。

当一个场景具有高细节的纹理贴图或大量几何学细节，而只有少量的模糊特效时，【自适应确定性蒙特卡洛】采样器是不错的选择，特别是这种场景需要渲染动画的时

候。如果使用【自适应细分采样器】可能会导致动画抖动。

对于具有大量的模糊特效或高细节的纹理贴图的场景，【固定采样器】是兼顾图像品质和渲染时间的最好选择。

关于内存的使用。在渲染的过程中，采样器会占用一些物理内存来储存每一个渲染块的信息或数据，所以使用较大的渲染块尺寸可能会占用较多的系统内存，尤其【自适应细分采样器】特别明显，因为它会单独保存所有从渲染块采集的子样本的数据。

## 7.1.6  V-Ray::间接照明（GI）

间接照明就是把直接照明的光进行反射，再反射，让直接光照不到的阴影也被照亮而不至于死黑。直接照明和间接照明加起来就是全局照明。

### 1.功能概述

这个卷展栏主要控制是否使用全局照明，全局光照渲染引擎使用什么样的搭配方式，以及对间接照明强度的全局控制。同样可以对饱和度、对比度进行简单调节。

单击【渲染设置】按钮，弹出【渲染设置】对话框，切换到【间接照明】选项卡，展开【V-Ray::间接照明（GI）】卷展栏，如图7.24所示。

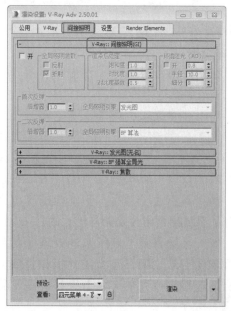

图7.24　【VRay::间接照明（GI）】卷展栏

### 2.参数详解

【开】复选框：决定是否计算场景中的间接光照明。

（1）【全局照明焦散】选项组

全局光焦散描述的是全局照明产生焦散的一种光学现象。它可以由天光和自发光物体等产生。但是由直接光照产生的焦散不受这些参数的控制，可以使用单独的【焦散】卷展栏的参数来控制直接光照明的焦散。不过，全局照明焦散需要更多的样本，否则会在全局照明计算中产生噪波。

★ 全局照明折射焦散：控制间接光穿过透明物体（如玻璃）时是否会产生折射焦散。

★ 全局照明反射焦散：控制间接光照射到镜射表面时是否会产生反射焦散。默认情况下，它是关闭的，不仅因为它对最终的全局照明计算贡献很小，而且它还会产生不希望看到的噪波。

（2）【渲染后处理】选项组

这部分主要是对增加到最终渲染图像前的间接光照明进行一些额外的修正。默认的设定值可以确保产生物理精度效果，当然用户也可以根据自己的需要进行调节。一般情况下，建议使用默认参数值。

★ 饱和度：控制全局照明的饱和度。数值越高，饱和度越强。值为0意味着从全局照明方案中去除所有的色彩，仅保留灰白色；值为默认参数1意味着不对全局照明方案中的色彩进行任何修改；值在1.0以上则意味着将增强全局照明中的色彩饱和度。

★ 对比度：此参数是与下面的【对比度基准】一起联合起作用的，它可以增强全局照明的对比度。当对比度取值为0的时候，全局照明的对比度变得完全一致，此时的对比度由【对比度基准】参数的取值来决定；值是1的时候，意味着不对全局照明方案中的对比度进行任何修改；值在1.0以上则意味着将增强全局照明的对比度。

★ 对比度基准：此参数定义对比度增强的

基本数值，它确保全局照明的值在对比度计算过程中保持不变。

（3）【首次反弹】选项组

★ 倍增值：这个参数用来控制一次反弹光的倍增器，数值越高，一次反弹的光的能量越强，渲染场景越亮。注意，默认的取值1.0可以得到一个很好的效果。设置其他数值也是允许的，但是没有默认值精确。

★ 全局照明引擎：允许用户选择一种前面介绍过的全局照明渲染引擎，如图7.25所示。

图7.25 全局光引擎

● 发光图：是基于发光缓存技术的，基本思路是仅计算场景中某些特定点的间接照明，然后对剩余的点进行插值计算。

● 光子图：建立在追踪从光源发射出来的，并能够在场景中相互反弹的光线微粒（称之为光子）的基础上。这些光子在场景中来回反弹，撞击各种不同的表面。这些碰撞点被储存在光子贴图中。光子贴图重新计算照明和发光贴图不同，对于发光贴图，混合临近的全局照明样本通常采用简单的插补，而对于光子贴图，则需要评估一个特定点的光子密度，密度评估的概念是光子贴图的核心，VRay可以使用几种不同的方法来完成光子的密度评估。

● BF算法：选择它将促使VRay使用直接计算来作为初级漫反射全局照明引擎。

● 灯光缓存：灯光缓存装置是一种近似于场景中全局光照明的技术，与光子贴图类似，但是没有很多其他的局限性。灯光装置是建立在追踪摄影机可见的光线路径上的，每一次沿路径的

光线反弹都会储存照明信息，它们组成了三维的结构，这一点非常类似于光子贴图。它可以直接使用，也可以被用于发光贴图或直接计算时的光线二次反弹计算。

（4）【二次反弹】选项组

★ 倍增值：此参数用来确定在场景照明计算中次级漫射反弹的效果。接近于1的值可能使场景趋向于漂浮，而在0附近的取值将使场景变得暗淡。注意，默认的取值1.0可以得到一个很好的效果。设置其他数值也是允许的，但是没有默认值精确。

★ 无：表示不计算场景中的次级漫射反弹。使用此选项可以产生没有间接光色彩渗透的天光图像。

★ 光子贴图：选择它将促使VRay使用光子贴图来作为次级漫反射全局照明引擎。

★ BF算法：选择它将促使VRay使用直接计算来作为次级漫反射全局照明引擎。

★ 灯光缓存：选择它将促使VRay使用灯光贴图来作为初级漫反射全局照明引擎。

**3.专家点拨**

VRay没有单独的天光系统。天光效果可以通过在3ds Max的【环境】对话框中设置背景颜色或环境贴图得到，也可以在VRay自己的【环境】卷展栏中设置。

如果用户将初级和次级漫反射的值都设置为默认的1.0，可以得到非常精确的物理照明图像。虽然设置为其他的数值也是可以的，但是无法达到默认值精确的效果。

## 7.1.7 VRay渲染器的相关术语

在本节中将对VRay渲染器的相关术语进行介绍。

★ 解析采样：VRay渲染器计算运动模糊的方法之一。与其他耗时的采样方法不一样，解析采样可以完全模糊移动的三角形。在某一个给定的时间段，解析采样会考虑所有与给定光线相交的所有三角形。不过，正是由于其完美性，在具有

快速运动的高数量多边形场景中其速度会特别慢。

★ 抗锯齿/图像采样：一种可以使具有高对比度边缘和精细细节的物体和材质产生平滑图像的特殊技术。VRay通过在需要时获得额外的样本来得到抗锯齿效果。为了确定是否需要更多的样本，VRay会比较相邻图像样本之间的颜色（或者其他参数）差异，这种比较可以通过使用几种方法来完成，VRay支持固定比率、简单的2级和自适应抗锯齿方法。

★ 面积光：一种描述非点状光源的术语，这种光源可以产生面积阴影。VRay通过使用VRayLight来支持面积光的渲染。

★ 面积阴影/软阴影：一种被模糊的阴影（或者说是具有模糊边缘的阴影），它是由非点状光源产生的。VRay可以使用VRay阴影或面积光产生的面积阴影效果。

★ 双向反射分布功能：表现某个表面的反射属性的最常规方法之一是使用双向反射分布功能，它是一种定义表面的光谱和立体反射特性的函数。VRay支持3种双向反射分布功能类型：Phong、Blinn和Ward。

★ 二元空间划分树：一种为了加速光线和三角形的相交运算而重组场景几何体的特殊数据结构。目前VRay提供有两种类型的BSP树，一种是静态BSP树，用于无运动模糊的场景使用；另一种是运动模糊的BSP树。

★ 渲染块：当前帧的一块矩形区域，在渲染过程中是相互独立的。将一帧图像划分成若干渲染块可以优化资源利用（CPU、内存等），它也被用于分布式渲染中。

★ 焦散：焦散描述的是被不透明物体折射的光线撞击漫反射表面产生的效果。

★ 景深：在场景中某个特殊的点，图像显得很清晰，而在这个点之外，图像则显得很模糊，其模糊程度取决于摄像机的快门参数和距摄像机的距离。这和真实世界摄像机的工作原理类似，因此这种效果对获得照片级渲染图像尤其有帮助。

★ 分布式渲染：一种利用所有可用计算机资源的技术（使用机器中的所有CPU或者局域网中的所有机器等）。分布式渲染将当前工作帧划分为若干渲染区域，并使局域网中所有已经连接的机器都优先计算渲染效果。整体的分布式渲染能确保VRay在渲染单帧的时候使用大多数的设备，但是对于渲染动画序列来说，使用3ds Max标准的网络渲染可能会更有效。

★ G缓冲：这个术语描述的是在图像渲染过程中产生的各种数据集合，这些数据包括Z值、材质ID号、物体ID号和非限制颜色等。这些数据对于渲染图像的后期处理非常有用。

★ 高动态范围图像：包含高动态范围颜色值的图像，即颜色值的范围超过0～1或者0～255。这种类型的图像通常被用作环境贴图来照亮场景。

★ 间接光照明：在真实的世界中，当光线粒子撞击物体表面的时候，会在各个方向上产生具有不同密度的多重反射光线，这些光线在它们传输的方向上也可能会撞击其他物体，从而产生更多的反射光线。这个过程将多次重复，直到光线被完全吸收。因此，也被称做全局光照明。

★ 发光贴图：VRay中的间接光照明通常是通过计算GI样本来获得的，发光贴图是一种特殊的缓存，在发光贴图中，VRay保存了预先计算的GI样本。在渲染处理过程中，当VRay需要某个特殊的GI样本时，它会通过对最靠近的储存在发光贴图中预先计算的GI样本进行插值计算来获得。预先计算完成后，发光贴图可以被保存为文件，以便在后面的渲染需要时进行调用。这个特征对渲染摄像机游历动画特别有用。另外，VRayLight的样本也可以被存储在发光贴图中。

★ 低精度计算：在某些情况下，VRay不需要计算某条光线对渲染最终图像贡献的绝对精度，此时，VRay将使用速度较快、精度较低的方法来计算，并将使用较少的样本，这可能会导致细微的噪波效果，同时也减少了渲染花费的时间。当VRay切换到低精度计算模式的时候，用户可以通过改变降级深度值的方法来控制优化程度。

## 7.1.8　V-Ray::发光图

在本节中将介绍【V-Ray::发光图】卷展栏中各参数的功能参数的意义。

### 1.功能概述

在本小节中将对【V-Ray::发光图】的功能简单概括地介绍一下。这部分允许用户控制和调节发光贴图的各项参数，其只有在发光贴图被指定为当前初级漫射反弹引擎的时候才能被激活。

下面先来看一下发光图是如何工作的。

发光（Irradiance）是由3D空间中任意一点来定义的一种功能，它描述了从全部可能的方向发射到这一点的光线。通常情况下，发光（Irradiance）在每一个方向每一点上都是不同的，但是对它可以采取两种有效的约束；第一种约束是表面发光（surface irradiance），换句话说就是发光到达的点位于场景中的物体表面上，真是一种自然限制，因为人们一般只对场景中的物体照明计算有兴趣，而物体一般是由表面来定义的；第二种约束是漫射表面发光（diffuse surface irradiance），它关心的是被发射到指定表面上的特定点的全部光线数量，而不会考虑到这些光线来自哪一个方向。

在大多数简单的情况下，如果假设物体的材质是纯白的和漫反射的，则可以认为物体表面的可见颜色代表漫射表面发光（diffuse surface irradiance）。

在VRay渲染器中，发光图（irradiance map）在计算场景中物体的漫射表面发光的时候会采取一种优化计算方法：因为在计算间

接光照明的时候，并不是场景的每一个部分都需要同样的细节表现，它会自动判断，在重要的部分进行高精度的全局照明计算（例如两个物体的结合部位或者具有锐利全局照明阴影的部分等），在不重要的部分进行低精度的全局照明计算（例如巨大而均匀的照明区域）。发光图因此需要被设置为自适应的。

发光图（irradiance map）实际上是计算3D空间点的集合（称之为点云）的间接光照明。当光线发射到物体表面，VRay会在发光贴图中寻找是否具有与当前点类似的方向和位置的点，从这些已经被计算过的点中提取各种信息，VRay根据这些信息，决定是否对当前点的间接光照明计算，并以发光图中已经存在的点来进行充分的内插值替换。如果不替换，当前点的间接光照明会被计算，并被保存在发光图中。

在【间接照明】选项卡中展开【V-Ray::发光图】卷展栏，如图7.26所示。

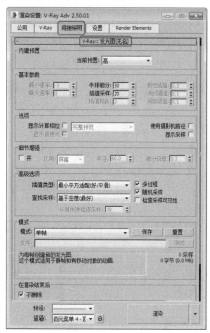

图7.26　【V-Ray::发光图】卷展栏

### 2.参数详解

本节将介绍【V-Ray::发光图】卷展栏中各个选项参数的详细解说。

（1）【内建预置】选项组

系统提供了8种系统预设的模式供用户选

择，如无特殊情况，这几种模式就可以满足用户的一般需要。用户可以使用这些预设来设置颜色、法向、距离，以及最小/最大比率等参数，如图7.27所示。

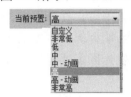

图7.27 内建预置

★ 自定义：选择这个模式，用户可以根据需要设置发光图的参数，这也是默认的选项。

★ 非常低：这个预设模式仅仅对预览有用，它只能表现场景中的普通照明。

★ 低：一种低品质的用于预览目的的预设模式。

★ 中：一种中等品质的预设模式，在场景中不需要太多的细节的情况下可以产生好的效果。

★ 中-动画：一种中等品质的预设动画模式，目标就是减少动画中的闪烁。

★ 高：一种高品质的预设模式，可以在大多数情形下应用（即使是具有大量细节的动画）。

★ 高-动画：主要用于解决High（高）预设模式下渲染动画闪烁的问题。

★ 非常高：一种极高品质的预设模式，一般用于有大量极细小的细节或极复杂的场景。

> **提示**
>
> 这些预设模式都是针对典型的640×480分辨率的图像的。如果使用更大的分辨率，则需要调低预设模式中的最小/最大比率的值。

（2）【基本参数】选项组

★ 最小速率：这个参数确定原始全局照明通道的分辨率。0意味着使用与最终渲染图像相同的分辨率，这将使得发光贴图类似于直接计算全局照明的方法；-1意味着使用最终渲染图像一半的分辨率。通常需要设置它为负值，以便快速地计算

大而平坦区域的全局照明，这个参数类似于（尽管不完全一样）自适应细分图像采样器的最小比率参数。

★ 最大速率：这个参数确定全局照明通道的最终分辨率，类似于（尽管不完全一样）自适应细分图像采样器的最大比率参数。

★ 颜色阈值：这个参数确定发光贴图算法对间接光照明变化的敏感程度。较大的值意味着较小的敏感性；较小的值将使发光贴图对照明的变化更加敏感，因而可以得到更高品质的渲染图像。

★ 法线阈值：这个参数用来确定发光贴图算法对表面法线变化，以及细小表面细节的敏感程度。较大的值意味着较小的敏感性；较小的值将使发光贴图对表面曲率及细小细节更加敏感。

★ 间距阈值：这个参数确定发光贴图算法对两个表面距离变化的敏感程度。值为0意味着发光贴图完全不考虑两个物体间的距离较高的值，则意味着将在两个物体之间接近的区域放置更多的样本。

★ 半球细分：这个参数决定单个全局照明样本的品质。较小的取值可以获得较快的速度，但是也可能会产生黑斑。较高的取值可以得到简化的图像。它类似于图案采样器的细分参数。它并不代表被追踪光线的实际数量，光线的实际数量接近于这个参数的平方值，同时还受QMc采样器相关参数的控制。

★ 插值采样：此参数定义被用于插值计算的全局照明样本的数量。较大的值会趋向于模糊全局照明的细节（即使最终的效果很光滑），较小的取值会产生更光滑的细节，但是如果使用较低的半球光线细分值，最终效果可能会产生黑斑。

**3.【选项】选项组**

★ 显示计算过程：勾选此选项的时候，VRay在计算发光贴图的时候将显示发光贴图的通道。这使得用户可以在最终渲染完成前对间接照明有一个基本掌握。

它被启用的时候，会减慢渲染计算的速度，特别是在渲染大图像的时候。在演染到场的时候，这个参数可以忽略——因为在那种情况下计算相位不会显示。

★ 显示直接照明：此选项只在【显示计算过程】选项被选中时才能被激活。它将促使VRay在计算发光贴图的时候，显示初级漫射反弹除了间接照明外的直接照明。

★ 显示采样：勾选的时候，VRay将在VFB窗口以小原点的形态直观地显示发光贴图中使用的样本情况。

**4.【高级选项】选项组**

★ 插补类型：Vray内部提供了4种样本插补方式供用户选择，为高级光照贴图的样本的相似点进行插补。

● 权重平均值·（好/平滑）：根据发光贴图中全局照明样本点到插补点的距离和法向差异，进行简单的混合得到。

● 最小平方适配（好/光滑）：这是默认的设置类型，它将设法计算一个在发光贴图样本之间最合适的全局照明的值。它可以产生比加权平均值更平滑的效果，但速度较慢。

● Delone三角剖分（好/精确）：几乎所有其他的插补方法都有模糊效果，确切地说，它们都趋向于模糊间接照明中的细节，都有密度偏置的倾向。与它们不同的是，【Delone三角剖分（好/精确）】不会产生模糊，它可以保护场景细节，避免产生密度偏置。但是由于它没有模糊效果，可能会产生更多的噪波（模糊趋向于隐藏噪波）。为了得到充分的效果，可能需要更多的样本，这可以通过增加发光贴图的半球细分值或者较小QMC采样器中的噪波临界值的方法来完成。

● 最小平方权重/泰森多边形权重（测试）：这种方法是对最小平方适配方法缺点的修正，它的速度相当缓慢，而且在使用时可能还有点问题，因此不建议采用。

虽然各种插值类型都有它们自己的用途，但是【最小平方适配（好/光滑）】类型和【Delone三角剖分（好/精确）】类型是较好的选择。【最小平方适配（好/光滑）】类型可以产生模糊效果，隐藏噪波，得到光滑的效果，使用它对具有大的光滑表面的场景来说是很不错的。【Delone三角剖分（好/精确）】是一种更精确的插补方法，一般情况下，需要设置较大的半球细分值和较高的最大比率值（发光贴图），因而也需要更多的渲染时间，但是却可以产生没有模糊的更精确效果，尤其适用具有大量细节的场景。

★ 查找采样：这个选项是在渲染过程中使用的，它决定发光贴图中被用于插补基础的合适点的选择方法，系统提供了4种方法供用户选择，我们来看一下主要的3种方法，如下所述。

● 最近（草图）：这种方法将简单地选择发光贴图中那些最靠近插补点的样本（至于有多少点被选择由捅补样本参数来确定）。这是最快的一种查找方法，而且只用于VRay早期的版本。这个方法的缺点是当发光贴图中某些地方样本密度发生改变的时候，它将在高密度的区域选取更多的样本数量，在使用模糊插值方法的时候，将会导致密度偏置，即在有些地方（大多数全局照明阴影的边缘）出现不正确的插值或明显的人工痕迹。

● 重叠（很好/快速）：这是默认的选项，是针对Nearest（最靠近的）方法产生密度偏置的一种补充。它把插补点在空间划分成4个区域，设法在它们之间寻找相等数量的样本。

● 基于密度（最好）：这种方法是为弥补上面介绍的两种方法的缺点而存在的。它需要对发光贴图的样本进行一个预处理，也就是对每一个样本的影响半径进行计算。这个半径值在低密度样本的区域是较大的，在高密度样本的区域是较小的。当在任意点进行插补的时候，将会选择影响半径范围内的所有样本。该方法的优点是在使用模糊插补方法的时候，会产生连续的平滑效果。虽然这个方法需要一个预处理步骤，一般情况下，它也比以上两种方法要快。作为3种方法中最快的Nearest，更多时候是预览用的，Nearest quad-balanced在多数情况下可以完成得很好，而Precalculated overlapping是3种方法中最好的。注意，在使用一种模糊效果进行插补计算的时候，样本查找的方法选择是最重要的，而在使用三角测量法的时候，样本查找的方法对效果没有太大影响。

★ 计算传递插值采样：是在发光贴图计算过程中使用的，它描述的是已经被采样算法计算的样本数量。较好的取值范围是10~25，其中较低的数值可以加快计算传递，但是会导致信息存储不足，较高的取值将减慢速度，增加更多的附加采样。一般情况下，这个参数值应设置为15左右。

★ 多过程：在发光贴图计算过程中使用，勾选该选项，将促使VRay使用多通道模式计算发光贴图；不勾选该选项，VRay仅使用当前通道计算发光贴图。

★ 随机采样：在发光贴图计算过程中使用，勾选该选项，图像样本将随机放置，不勾选，屏幕上将产生排列成网格的样本。默认的状态为勾选，推荐使用此状态。

★ 检查采样可见性：在渲染过程中使用的。它将促使VRay仅使用发光贴图中的样本，样本在插补点直接可见。它可以有效地防止灯光穿透两面接受完全不同照明的薄壁物体时候产生的漏光现象。

当然，由于VRay，要追踪附加的光线来确定样本的可见性，所以它会减慢渲染速度。

**5. 【模式】选项组**

这个选项组允许用户选择使用发光图的方法。

★ 单帧：在这种模式下，系统对整个图像计算一个单一的发光贴图，每一帧都计算新的发光贴图。在分布式渲染的时候，每一个渲染服务器都各自计算它们自己的针对整体图像的发光贴图。这是渲染移动物体动画的时候采用的模式，但是用户要确保发光贴图有较高的品质以避免图像闪烁。

★ 多帧增量：这个模式在渲染仪摄像机移动的帧序列（也称为摄像机游历动画）的时候很有用。VRay将会为第一个渲染帧计算一个新的全图像的发光贴图，而对于剩下的渲染帧，VRay设法重新使用或精炼已经计算了且存在的发光贴图。发光贴图具有足够高的品质也可以避免图像闪烁。这个模式也能够被用于网络渲染中——每一个渲染服务器都计算或精炼它们自身的发光贴图。

★ 从文件：使用这种模式，在渲染序列的开始帧，VRay会简单地导入一个提供的发光贴图，并在动画的所有帧中都使用这个发光贴图。在整个渲染过程中不会计算新的发光贴图。这种模式也可以用于渲染摄像机游历动画，同时在网络渲染模式下也可以取得很好的效果。

★ 添加到当前贴图：在这种模式下，VRay将计算全新的发光贴图，并把它增加到内存里已经存在的贴图中。这种模式对渲染静态场景的多重视角汇聚的发光贴图是非常有帮助的。

★ 增量添加到当前贴图：在这种模式下，VRay将使用内存中已存在的贴图，仅在某些没有足够细节的地方对其进行精炼。这种模式对渲染静态场景或摄像机游历动画的多重视角汇聚的发光贴图是非常有帮助的。

★ 块模式：在这种模式下，一个分散的发光贴图会被运用在每一个渲染区域（渲染块）中。这在使用分布式渲染的情况下尤其有用，因为它允许发光贴图在几部电脑之间进行计算。块模式运算速度可能会有点慢，因为在相邻两个区域的边界周围的边都要进行计算，而且得到的效果也不会太好，但是用户可以通过设置较高的发光贴图参数来减少它的影响（例如使用高的预设模式、更多的半球细分值，或者在QMC采样器中使用较低的噪波阀值等）。

用户选择哪一种模式需要根据具体场景的渲染任务来确定（静态场景、多视角的静态场景、摄像机游历动画，或者运动物体的动画等），没有一个固定的模式适合于任何场景。

下面介绍一下发光贴图控制按钮。

★ 保存：单击此按钮，将当前计算的发光贴图保存到内存中已经存在的发光贴图文件中。使用前提是【渲染结束时光子图处理】选项组中的【不删除】选项被勾选，否则VRay会自动在渲染任务完成后删除内存中的发光贴图。

★ 重置：单击此按钮，可以清除储存在内存中的发光贴图。

★ 浏览：在选择【从文件】模式的时候，单击此按钮，可以从硬盘上选择一个存在的发光贴图文件并导入。另外，用户可以在编辑条中直接输入路径和文件名称，选择发光贴图。

**6.【在渲染结束后】选项组**

这个选项组用于控制VRay渲染器在渲染过程结束后如何处理发光贴图。

★ 不删除：此选项默认状态是勾选的，意味着发光贴图将保存在内存中直到下一次渲染前，如果不勾选，VRay会在渲染任务完成后删除内存中的发光贴图。这也意味着用户无法在以后手动保存发光贴图。

## 7.1.9 V-Ray::BF强算全局光

在本节中将介绍【V-Ray::BF强算全局光】卷展栏中个参数的功能参数的意义。

**1.功能概述**

在本小节中将对【V-Ray::BF强算全局光】的功能简单概括地介绍一下。

该功能只有在用户选择强算全局照明渲染引擎作为首次或二次漫射反弹引擎的时候才能被激活。

使用强算全局照明算法来计算全局照明是一种强有力的方法，它会单独地验算每一个明暗处理点的全局光照明。因而其速度很慢，但效果最精确，尤其适用于需要表现大量细节的场景。

为了加快强算全局照明的速度，用户在使用它作为首次漫射反弹引擎时，可以在计算二次漫射反弹的时候选择较快速的方法。

在【VR-间接照明】选项卡中展开【V-Ray::BF强算全局光】卷展栏，如图7.28所示。

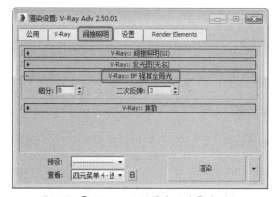

图7.28 【V-Ray::BF强算全局光】卷展栏

**2.参数详解**

本节将介绍【V-Ray::BF强算全局光】卷展栏中各个选项参数的详细说明。

★ 细分：用于设置计算过程中使用的近似的采样数量。这个参数值并不是VRay发射的追踪光线的实际数量。实际数量近似于这个参数值的平方值，同时会受到QMC采样器参数设置的限制。

★ 二次反弹：此参数仅在全局照明引擎被选择作为二次全局照明引擎的时候才被激活，用于控制被计算的光线反弹次数。

## 7.1.10　V-Ray::焦散

焦散是光线穿透透明物体后在影子里面的局部聚光现象。

### 1.功能概述

在本小节中将对【V-Ray::焦散】的功能简单概括地介绍一下。

VRay渲染器支持焦散效果的渲染，为了产生这种效果，在场景中，必须同时具有合适的焦散生成器和焦散接收器（一个物体设置为焦散生成器和焦散接收器，如何将一个物体设置为焦散生成器和焦散接收器，可以参考【VR_设置】选项卡中【V-Ray::系统】卷展栏下的【对象设置】和【灯光设置】，这些参数部分的设置控制光子贴图的生成）。

在【间接照明】选项卡中展开【V-Ray::焦散】卷展栏，如图7.29所示。

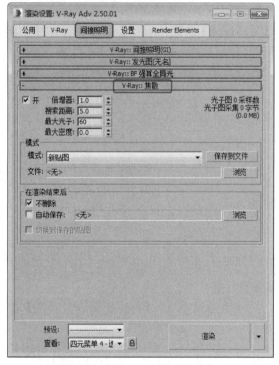

图7.29　【V-Ray::焦散】卷展栏

### 2.参数详解

本节将介绍【V-Ray::焦散】卷展栏中各个选项参数的详细解说。

（1）常规参数

★ 开：打开或关闭焦散效果。

★ 倍增器：此参数控制焦散的强度，它是一个控制全局的参数，对场景中所有产生焦散特效的光源都有效。如果用户希望不同的光源产生不同强度的焦散，需使用局部的参数设置。

> 这个参数与局部参数的效果是叠加的。

★ 搜索距离：当VRay追踪撞击物体表面的某些点的某一个光子的时候，会自动搜寻位于周围区域同一平面的其他光子，实际上这个搜寻区域是一个中心位于初始光子位置的圆形区域，其半径是由这个搜寻距离确定的。

★ 最大光子：当VRay追踪撞击物体表面的某一点的某一个光子的时候，也会将周围区域的光子计算在内，然后根据这个区域内的光子数量来均分照明。如果光子的实际数量超过了最大光子数的设置，VRay也会按照最大光子数来计算。

★ 最大密度：此参数允许用户限定光子贴图的分辨率。VRay随时需要储存新的光子到焦散光子贴图中，系统首先将搜寻在通过【最大密度数】指定的距离内是否存在另外的光子，如果在贴图中已经存在一个合适的光子的话，VRay则仅增加新光子的能量到光子贴图内已经存在的光子中，否则，将在光子贴图中储存一个新的光子。使用此选项允许用户发射更多的光子（因而导致更平滑的效果），同时保持焦散光与贴图的尺寸易于管理。

（2）模式

★ 新贴图：选择此选项，VRay在每次渲染时都会产生新的光子贴图，它将覆盖渲染产生的焦散光子贴图。

★ 保存到文件：单击此按钮，将保存当前计算的焦散光子贴图到内存里已经存在焦散光子贴图的文件中。

★ 文件：使用这种模式，在渲染序列的开始帧，VRay简单地导入一个提供的光子贴图，并在动画的所有帧中都使用这个焦散光子贴图，整个渲染过程中不会计算新的光子贴图。模式也可以用于渲染摄像机游历动画，同时在网络渲染模式下，也可以完成得很好。

★ 浏览：单击此按钮，可以选择保存焦散光子贴图文件的路径。

（3）渲染结束时光子贴图处理

这个选项组控制VRay渲染器在渲染过程结束后如何处理焦散光子贴图。

★ 不删除：这个选项默认状态是勾选的，意味着焦散光子贴图将保存在内存中直到下一次渲染前，如果不勾选，VRay会在渲染任务完成后删除内存中的焦散光子贴图。这也意味着用户在以后手动保存焦散光子贴图。

★ 自动保存：如果这个选项勾选，在渲染结束后，VRay将自动把焦散光子贴图保存到用户指定的目录。如果用户希望在网络渲染的时候每一个渲染服务器都使用同样的焦散光子贴图，这个功能尤其有用。

★ 浏览：单击此按钮，可选择自动保存焦散光子贴图文件的路径。

★ 切换到保存的贴图：这个选项只有在【自动保存】复选框勾选了的时候被激话，勾选的时候，VRay渲染器也会自动设置焦散光子贴图为【文件】模式，并将文件名称设置为保存的贴图文件的名称。

## 7.1.11　V-Ray::环境

在本节中将介绍【V-Ray::环境】卷展栏中各参数的功能参数的意义。

### 1.功能概述

在本小节中，将对【V-Ray::环境】的功能简单概括地介绍一下。

在VRay渲染参数的环境部分，用户能指定在全局照明和反射/折射计算中使用的颜色和贴图，如果不指定颜色和贴图，VRay将使用3ds Max的背景色和贴图来代替。

切换到【V-Ray】选项卡，展开【V-Ray::

环境】卷展栏，如图7.30所示。

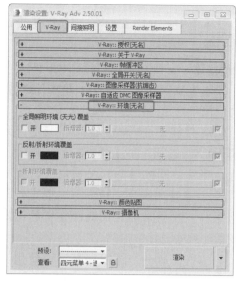

图7.30　【V-Ray::环境】卷展栏

### 2.参数详解

本节将介绍【VRay环境】卷展栏中各个选项参数的详细解说。

（1）全局照明环境（天光）覆盖

此选项组允许用户在计算间接照明的时候替代3ds Max的环境设置，这种改变全局照明环境的效果类似于天空光。

★ 开：勾选该复选框可以开启全局照明。

★ 颜色：允许用户指定背景颜色（即天空光的颜色）。

★ 倍增器：上面指定颜色的亮度倍增值。

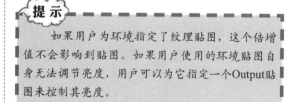

> **提示**
>
> 如果用户为环境指定了纹理贴图，这个倍增值不会影响到贴图。如果用户使用的环境贴图自身无法调节亮度，用户可以为它指定一个Output贴图来控制其亮度。

★ 【无】：允许用户指定背景纹理贴图。

（2）反射/折射环境覆盖

此选项组允许用户在计算反射/折射的时候被用来替代3ds Max自身的环境设器。当然，用户也可以选择在每一个材质或贴图的基本设置部分来替代3ds Max的反射/折射环境。

★ 颜色：参数意义同上。

★ 倍增器：参数意义同上。

★ 无：允许用户指定背景纹理贴图。

## 7.1.12 V-Ray:: DMC采样器

在本节中将介绍【V-Ray::DMC采样器】卷展栏中各参数地功能选项意义。

### 1.功能概述

在本小节中将对【V-Ray:: DMC采样器】的功能简单概括的介绍一下。

DMC采样器是VRay渲染器的核心部分，贯穿于VRay的每一种【模糊】计算中——抗锯齿、景深、间接照明、面积灯光、模糊反射/折射、半透明和运动模糊等。确定性蒙特卡洛采样一般用于确定获取什么样的样本，以及最终哪些光线被追踪。

与那些任意一个【模糊】评估使用分散的方法来采样不同的是，VRay根据一个特定的值，使用一种独特的统一的标准框架来确定有多少以及多么精确的样本被获取。那个标准框架就是大名鼎鼎的DMC采样器。

顺便提一下，VRay是使用一个随机的Halton低差异序列来计算那些被获取的精确的样本的。

样本的实际数量是根据下面3个因素来决定的。

由用户指定的特殊的模糊效果的细分值提供，它通过全局细分倍增器来倍增；取决于评估效果的最终图像采样，例如，暗的平滑的反射需要的采样数就比明亮的少，原因在于最终的效果中反射效果相对较弱；远处的面积灯需要的采样数量比近处的要少。这种基于实际使用的采样数量来评估最终效果的技术被称之为【重要性抽样】。

从一个特定的值获取的采样的差异——如果那些采样彼此之间不是完全不同的，那么可以使用较少的采样来评估；如果是完全不同的，为了得到好的效果，就必须使用较多的采样来计算。在每一次新的采样后，VR会对每一个采样进行计算，然后决定是否继续采样。如果系统认为已经达到了用户设定的效果，会自动停止采样。这种技术称之为【早期性终止】或者【自适应采样】。

VRay渲染器的DMC采样器的工作流程如下所述。

在任何时候VRay渲染模糊效果都包含以下两个部分。

所能够获得的最大采样数量。这一部分由相对应的模糊效果的细分参数来控制调节。我们可以称这个采样数量为N。

为完成预定的渲染效果所必须达到的最小采样数量。它不会小于下面描述的Min samples参数的取值，也取决于重要性抽样的数量和最终结果的评估效果，还取决于自适应早期性终止的数量。我们称之为M。

然后，VRay计算产生模糊效果需要的实际采样的M值。

进入【V-Ray::DMC采样器】卷展栏，如图7.31所示。

图7.31 【V-Ray::DMC采样器】卷展栏

### 2.参数详解

本节将介绍【V-Ray::DMC采样器】卷展栏中各个选项参数的详细解说。

★ 适应数量：控制早期终止应用的范围，值为1.0，意味着在早期终止算法被使用之前被使用的最小可能的样本数量。值为0，则意味着早期终止不会被使用。

★ 最少采样值：确定在早期终止算法被使用之前必须获得的最少的样本数量。较高的取值将会减慢渲染速度，但同时会使早期终止算法更可靠。

★ 噪波阈值：在评估一种模糊效果是否足够好的时候，用它来控制VRay的判断能力。在最后的结果中直接转化为噪波。较小的取值意味着较少的噪波、使用更多的样本，以及更好的图像品质。

★ 全局细分倍增器：在渲染过程中这个选项会倍增任何地方任何参数的细分值。用户可以使用这个参数来快速增加/减少任何地方的采样品质。它将影响除灯光贴图、光子贴图、焦散和抗锯齿细分以外的所有细分值，其他的（如景深、运动模糊、发光贴图、准蒙特卡罗GI、面积光、面积阴影和平滑反射/折射等）都受到此参数的影响。

★ 时间独立：此选项被勾选的时候，在一个动画过程中QMC样式从帧到帧将是一样的。由于在某些情况下这种情形不是实际需要的，所以用户可以关闭此选项，让QMC样式随时间变化。值得注意的是，在这两种情况下再次渲染同样的帧将会产生同样的效果。

## 7.1.13 V-Ray::颜色贴图

在本节中将介绍【V-Ray::颜色贴图】卷展栏中各参数的功能选项的意义。

### 1.功能概述

在本小节中将对【V-Ray::颜色贴图】的功能简单概括地介绍一下。

颜色贴图通常被用于最终图像的色彩转换，其参数如图7.32所示。

图7.32 【V-Ray::颜色贴图】卷展栏

### 2.参数详解

本节将介绍【V-Ray::颜色贴图】卷展栏中，各个选项参数的详细说明。

★ 类型：定义色彩转换使用的类型，在右面的下拉列表中提供了7种不同的曝光模

式，不同的模式下局部参数也不一样，下面来简要介绍一下。

● 线性倍增：这种模式将基于最终图像色彩的亮度来进行简单的倍增，那些太亮的颜色成分（在10或255之上）将会被限制。但是这种模式可能会使得靠近光源的点过分明亮。

● 指数：这个模式将基于亮度来使颜色更饱和。这对预防非常明亮的区域（例如光源的周围区域等）曝光是很有用的。这个模式不限制颜色范围，而是使它们更饱和。

● HSV指数：与上面提到的指数模式非常相似，但它会保护色彩的色调和饱和度。

● 亮度指数：与上面提到的指数模式非常相似，但是它会保护色彩的亮度。

● 伽玛校正：与2D图像处理软件一样，对色彩进行伽玛校正。

● 亮度伽玛：此曝光不仅拥有【伽玛校正】的优点，同时还可以修正场景中灯光的衰减。

● Reinhard：它可以把【线性倍增】和【指数】模式的曝光效果混合起来。

★ 暗色倍增：在线性倍增模式下，此选项控制暗的色彩的倍增。

★ 亮色倍增：在线性倍增模式下，此选项控制亮的色彩的倍增。

★ 钳制输出：如果此选项被勾选，在色彩贴图后面的颜色将会被限制。在某些时候这种情况可能是令人讨厌的（例如，用户也希望对图像的hdr部分进行抗锯齿的时候），此时可以取消勾选。

★ 影响背景：勾选此项，当前的色彩贴图控制会影响背景颜色。

## 7.1.14 V-Ray::摄像机

在本节中将介绍【V-Ray::摄像机】卷展栏中各参数的功能参数的意义。

## 1.功能概述

在本小节中将对【V-Ray::摄像机】的功能简单概括地介绍一下。

【摄像机】卷展栏控制场景中的几何体投射到图形上的方式，其参数如图7.33所示。

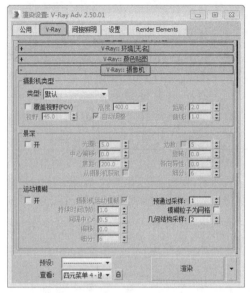

图7.33 【V-Ray::摄像机】卷展栏

## 2.参数详解

本节将介绍【V-Ray::摄像机】卷展栏中各个选项参数的详细说明。

（1）摄像机类型

一般情况下，VRay中的摄像机是定义发射到场景中的光线，从本质上来说是确定场景如何投射到屏幕上的。VRay支持以下几种像机类型——默认、球形、圆柱点、圆柱正交、盒、鱼眼和变形球（旧式），同时也支持正交视图。其中，最后一种类型只是兼容以前版本的场景而存在的。

★ 类型：从下拉列表中用户可以选择摄像机的类型。下面简单介绍摄像机的类型。

● 默认：这个类型是一种标准的针孔摄像机。

● 球形：这个类型是一种球形的摄像机，也就是说它的镜头是球形的。

● 圆柱（点）：使用这种类型的摄像机时，所有的光线都有一个共同的来源——它们都是圆柱的中心被投射的。在垂直方向可以被当作针孔摄像机，而在水平方向则可以被当

作球状的摄像机，实际上相当于两种摄像机效果的叠加。

● 圆柱（正交）：这种类型的摄影机在垂直方向类似正交视角，在水平方向则类似于球状摄像机。

● 盒：这种类型实际上相当于在box的每一个面放置一架标准类型的摄像机，对于产生立方体类型的环境贴图来说是非常好的选择，对于GI也可能是有益的——用户可以使用这个类型的摄像机来计算发光贴图，保存下来，再使用标准类型的摄像机，导入发光贴图，这可以产生任何方向都锐利的GI。

● 鱼眼：这种特殊类型的摄像机描述的是下面这种情况：一个标准的针孔摄像机指向一个完全反射的球体（球半径恒定为1.0），然后这个球体反射场景到摄像机的快门。

★ 覆盖视野：用户可以使用这个选项覆盖3ds Max的视角。这是因为在VRay中，有些摄像机类型可以将视角扩展，其范围从0°到360°，而3ds Max默认的摄像机类型则被限制在180°以内。

★ 视野：勾选【覆盖视野】复选项，且当前选择的摄像机类型支持视角设置的时候才能被激活，它用于设置摄像机的视角。

★ 高度：这个选项是只有在正交圆柱状的摄像机类型中有效，用于设定摄像机的高度。

★ 自动调整：这个选项在使用鱼眼类型摄像机的时候被激活，勾选以后，VRay将自动计算【距离】值，以便使渲染图像适配图像的水平尺寸。

★ 距离：这个参数是针对鱼眼摄像机类型的，所谓的鱼眼摄像机模拟的是类似下面这种情况：标准摄像机指向一个完全反射的球体（球体半径为1.0），然后反射场景到摄像机的快门。这个距离选项描述的就是从摄像机到反射球体中心的距离。

**提示**

在自动适配勾选的时候，这个选项将失效。

★ 曲线：这个参数也是针对鱼眼摄像机类型的，该参数控制渲染图像扭曲的轨迹。值为1.0，意味着它是一个真实世界中的鱼眼摄像机；值接近于0的时候，扭曲将会被增强；值接近2.0的时候，扭曲会减少。注意，实际上这个值控制的是被摄像机虚拟球反射的光线的角度。

（2）景深

★ 开：用于控制景深效果的开启。

★ 光圈：使用世界单位定义虚拟摄像机的光圈尺寸。较小的光圈值将减小景深效果，较大的参数值将产生更多的模糊效果。

★ 中心偏移：这个参数决定景深效果的一致性，值为0，意味着光线均匀地通过光圈，正值意味着光线趋向于向光圈边缘集中，负值则意味着向光圈中心集中。

★ 焦距：此参数确定从摄像机到物体被完全聚焦的距离。靠近或远离这个距离的物体都将被模糊。

★ 从摄影机获取：当这个选项被激活的时候，如果渲染的是摄像机视图，焦距由摄像机的目标点求确定。

★ 边数：这个选项是用来模拟真实世界摄像机的多边形形状的光圈。如果这个选项不激活，系统则使用一个完美的圆形来作为光圈形状。

★ 旋转：指定光圈形状的方位。

★ 各向异性：此选项允许对Bokeh效果在水平方向或垂直方向进行拉伸。正值表示在垂直方向对此效果进行拉伸，而负值表示在水平方向对此效果进行拉伸。

★ 细分：这个参数用于控制景深效果的品质。

（3）运动模糊

★ 开：用于控制运动模糊效果的开启。

★ 持续时间（帧）：在摄像机快门打开的时候指定在帧中持续的时间。

★ 间隔中心：指定关于3ds Max动画帧的运动模糊的时间间隔中心。值为0.5，意味

着运动模糊的时间间隔中心位于动画帧之间的中部，值为0，则意味着位于精确的动画帧位置。

★ 偏移：控制运动模糊效果的偏移，值为0意味着灯光均匀通过全部运动模糊间隔。正值意味着光线趋向于间隔末端，负值则意味着趋向于间隔起始端。

★ 细分：确定运动模糊的品质。较低的取值计算较快，却会在图像中产生较多的噪波。较高的取值会平滑噪波，却会花费较多的渲染时间。注意，采样的品质还取决于【确定性蒙特卡洛采样器】的设置。

★ 预通过采样：计算发光贴图的过程中有多少样本被计算。

★ 模糊粒子为网格：用于控制粒子系统的模糊效果，当它被勾选的时候，粒子系统会被作为正常的网格物体来产生模糊效果。然而，有许多的粒子系统在不同的动画帧中会改变粒子的数量。用户可以不勾选它，而使用粒子的速率来计算运动模糊。

★ 几何结构采样：设置产生近似运动模糊的几何学片断的数量，物体被假设在两个几何学样本之间进行线性移动，对于快速旋转的物体，需要增加这个参数值才能得到正确的运动模糊效果。

**3.专家点拨**

在本节中将对【V-Ray::摄像机】重点参数进行指出。

只有标准类型摄像机才支持产生景深特效，其他类型的摄像机是无法产生景深特效的。在景深和运动模糊效果同时产生的时候，使用的样本数量是由两个细分参数合起来产生的。

## 7.1.15　V-Ray::默认置换

在本节中将介绍【V-Ray::默认置换】卷展栏中各参数的功能选项的意义。

**1.功能概述**

在本小节中将对【V-Ray::默认置换】的

功能简单概括地介绍一下。

这部分允许用户控制使用置换而没有应用VRay DisplacementMod 修改器的物体的置换效果,单击【渲染设置】按钮 🔲,在弹出的【渲染设置】对话框中切换到【设置】选项卡,进入【V-Ray::默认置换】卷展栏,其参数如图7.34所示。

图7.34 【V-Ray::默认的置换】卷展栏

### 2.参数详解

本节将介绍【V-Ray::默认置换】卷展栏中,各个选项参数的详细说明。

★ 覆盖MAX设置:勾选的时候,VRay将自己内置的微三角置换来渲染具有置换材质的物体。反之,将使用标准的3ds Max置换来渲染物体。

★ 边长:用于确定置换的品质,原始网格的每一个三角形被细分为许多更小的三角形,这些小三角形的数量越多,就意味着置换具有更多的细节,同时也会减慢渲染速度,增加渲染的时间,也会占用更多的内存;数量越少,则有相反的效果。【边长度】依赖于下面提到的【视口依赖】的参数。

★ 依赖于视图:当这个选项被勾选的时候,边长度决定细小三角形的最大边长(单位是像素)。值为1.0意味着每一个细小三角形的最长的边投射在屏幕上的长度是1像素。当这个选项被关闭的时候,细小三角形的最长边长将用世界单位来确定。

★ 最大细分:控制从原始的网格物体的三角形细分出来的细小三角形的最大

数量,不过请注意,实际上细小三角形的最大数量是由这个参数的平方来确定的,例如默认值是256,则意味着每一个原始三角形产生的最大细小二角形的数量是256×256=65536个。本人不推荐将这个参数设置得过高,如果非要使用较大的值,还不如直接将原始网格物体进行更精细的细分。

★ 数量:此参数定义置换的数量。值为0意味着物体不发生变化;较高的值将导致较强烈的置换效果;也可以是负值,但在这种情况下,物体表面将内陷到物体内部。

★ 相对于边界框:勾选的时候,置换的数量将相对于原始网格物体的边界。默认状态是勾选的。

★ 紧密边界:当这个选项被勾选的时候,VRay将试图计算来自原始网格物体的置换三角形的精确的限制体积。如果使用的纹理贴图有大量的黑色或白色区域,可能需要对置换贴图进行预采样,但渲染速度将是较快的。当这个选项未勾选时,VRay会假定限制体积最坏的情形,不再对纹理贴图进行预采样。

### 3.专家点拨

在本节中将对【V-Ray::默认置换】重点参数进行指出。

默认的置换数量是基于物体的限制框的,因此,对于变形物体来说,这不是一个好的选择。在这种情况下,用户可以应用支持恒定置换数量的VRay Displacement Mod修改器。

## ▌7.1.16  V-Ray::系统 ───○

在本节中将介绍【V-Ray::系统】卷展栏中各参数的功能选项的意义。

### 1.功能概述

在本小节中将对【V-Ray::系统】的功能简单概括地介绍一下。

在【设置】选项卡中,进入【V-Ray::系统】卷展栏,在这部分用户可以控制多种VRay的参数,如图7.35所示。

图7.35 【V-Ray::系统】卷展栏

## 2.参数详解

本节将介绍【V-Ray::系统】卷展栏中各个选项参数的详细说明。

（1）光线计算参数

此选项组允许用户控制VRay的二元空间划分树（BSP树，即Binary Space Partitioning）的各种参数。

作为最基本的操作之一，VRay必须完成的任务是光线投射——确定一条特定的光线是否与场景中的任何几何体相交，假如相交的话，就需要鉴定那个几何体。实现这个鉴定过程最简单的方法莫过于测试场景中逆着每一个单独渲染的原始三角形的光线，很明显，场景中可能包含成千上万个三角形，因而这个测试将是非常缓慢的。为了加快这个过程，VRay将场景中的几何体信息组织成一个特别的结构，这个结构我们称之为二元空间划分树（BSP树，即Binary Space Partitioning）。

BSP树是一种分级数据结构，是通过将场景细分成两个部分来建立的，然后在每一个部分中寻找，依次细分它们，这两个部分我们称之为BSP树的节点。在层级的顶端是根节点——展现为整个场景的限制框，在层级的底部是叶节点——它们包含场景中真实三角形的参照。

★ 最大树形深度：定义BSP树的最大深度，较大的值将占用更多的内存，但是一直到一些临界点，渲染速度都会很快，超过临界点（每一个场景不一样）以后开始减慢。较小的参数值将使BSP树少占用系统内存，但是整个渲染速度会变慢。

★ 最小叶片尺寸：定义树叶节点的最小尺寸，通常，这个值设置为0，意味着VRay将不考虑场景尺寸来细分场景中的几何体。用户可以设置不同的值，如果节点尺寸小于这个设置的参数值，VRay将停止细分。

★ 面/级别系数：此选项控制一个树叶节点的最大三角形数量。如果这个参数取值校小，渲染将会很快，但是BPS树会占用多的内存——一直到某些临界点（每一个场景不一样），超过界点以后就开始减慢。

★ 动态内存限制：定义动态光线发射器使用的全部内存的界限。注意这个极限值会被渲染线程均分，举个例子，假设设定这个极限值为400MB，如果用户使用了两个处理器的机器，并启用了多线程，那么每一个处理器在渲染中使用动态光线发射器的内存占用极限就只有200MB，此时如果这个极限设置得太低，会导致动态几何学不停地导入导出，反而会比使用单线程模式渲染速度更慢。

★ 默认几何体：在VRay内部集成了4种光线投射引擎，它们全部都建立在BSP树这个概念的周围，但是它们有不同的用途。这些引擎聚合在光线发射器中——包括非运动模糊的几何学、运动模糊的几何学、静态几何学和动态几何学。这个参数确定标准3ds Max物体的几何学类型。注意某些物体（如置换贴图物体、VrayProxy和VYayFur物体）产生的始终是动态几何学效果。

● 【静态】在渲染初期是一种预编译的加速度结构，并且它一直持续到渲染帧完成。

> **提示**
>
> 静态光线发射器在任何路径上都不会被限制，并且会消耗所有能消耗的内存。

- 【动态】是否被导入由局部场景是否正在被渲染来确定，它消耗的全部内存可以被限定在某个范围内。

（2）渲染区域分割

这个选项允许控制渲染区域（块）的各种参数。渲染块的概念是VRay分布式渲染系统的精华部分，一个渲染块就是当前渲染中被独立渲染的矩形部分，它可以被传送到局域网中其他空闲并进行处理，也可以被几个CPU进行分布式渲染。

★ X：当选择Region W/H模式的时候，以像素为单位确定渲染块的最大宽度；在选择Region Count模式的时候，以像素为单位确定渲染块的水平尺寸。

★ Y：当选择Region W/H模式的时候，以像素为单位确定渲染块的最大高度；在选择Region Count模式的时候，以像素为单位确定渲染块的垂直尺寸。

- 区域 宽/高：选择此种模式，以像素为单位确定渲染块的最大宽度/高度。

- 区域 计算：选择此种模式，以像素为单位确定渲染块的水平尺寸/垂直尺寸。

★ 反向排序：勾选此项，采取与前面设置的次序的反方向进行渲染。

★ 区域排序：确定在渲染过程中块渲染进行的顺序。

> **提示**
>
> 如果场景中具有大量的置换贴图物体、VRayProxy或VRayFur物体的时候，默认的三角形是最好的选择，因为它始终用一种相同的处理方式，即在最后一个渲染块中可以使用前一个渲染块的信息，从而可以加快渲染速度。其他的在一个块结束后跳到另一个块的渲染序列对动态几何学来说并不是好的选择。

- 从上→下：选择此选项渲染块将按从左到右、从上到下的顺序进行渲染。

- 从左→右：选择此选项渲染块将按从上到下、从左到右的顺序进行渲染。

- 棋盘格：选择此选项，渲染块将使用棋盘格模式进行渲染。

- 螺旋：选择此选项，渲染块将按从中心向外以螺旋的顺序进行渲染。

- 三角剖分：选择此选项，渲染块始终采用一种相同的处理方式，在后一个渲染块中可以使用前一个渲染块的相关信息。

- 希耳伯特：选择此选项，渲染块将按希尔伯特曲线的轨迹进行渲染。

★ 上次渲染：这个选项组确定在渲染开始的时候，在VFB中以什么样的方式处理先前渲染的图像。系统提供了以下方式。

- 无变化：VFB不发生变化，保持和前一次渲染图像相同。

- 交叉：每隔2个像素，图像被设置为黑色。

- 场：每隔一条线设置为黑色。

- 清除：图像的颜色设置为黑色。

- 蓝色：图像的颜色设置为蓝色。

> **提示**
>
> 这些参数的设置都不会影响最终的渲染效果。

（3）帧标记

按照一定规则显示关于渲染的相关信息。

★ 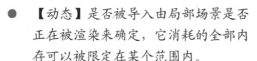 ：当勾选该复选框以后，就可以显示标记。

★ 字体：可以修改标记里面的字体属性。

★ 全宽度：标记的最大宽度。当勾选此选项以后，它的宽度和渲染图形的宽度一至。

★ 对齐：控制标记里字体的排列位置，比如选择左，标记的位置居左。

> **提示**
>
> 此处的图像不是指整个图像。

- 左：文字放置在左边。

- 中：文字放置在中间。

- 右：文字放置在右边。

（4）分布式渲染

分布式渲染是使用几台不同的机器来计算单一图像的过程。

这个过程与在单机多CPU的帧分布式计算是不同的，后者被称为【多线程】。VRay既支持多线程，又支持分布式渲染。

　　在能使用分布式渲染选项之前，必须确保机器已经参与到了局域网中。局域网中所有的机器都必须完全正确安装3ds Max和VRay，即使它们不需要被授权。用户必须确保VRay的进程生成程序在这些机器上能够运行——或者作为一种服务或者独立运行。

　　【分布式渲染】：此复选框指定VRay是否使用分布式渲染。

　　【设置】：单击此按钮，将打开【V-Ray分布式渲染设置】对话框，如图7.36所示。

图7.36 【VRay分布式渲染设置】对话框

　　【V-Ray分布式渲染设置】对话框可以从【系统】卷展栏的渲染设置中访问。

★ 添加服务器：此按钮允许用户通过输入IP地址或网络名称来手工增加服务器。

★ 移除服务器：此按钮允许用户从列表中删除选中的服务器。

★ 解析服务器：此按钮用于解析所有服务器的IP地址。

★ 查找服务器：此按钮用于搜寻网络中用于分布式渲染的服务器，目前不可用。

★ 服务器名称：列表中列出了用作分布式渲染的服务器的名称。

★ IP地址：列表中列出了用作分布式渲染的服务器的IP地址。

★ 状态：显示用作分布式渲染的服务器的连接状况。

★ 确定：单击此按钮，表示接受列表中的设置，并关闭此对话框。

★ 取消：单击此按钮，表示不接受对列表中服务器相关设置的修改，并关闭此对话框。

　　所有的服务器都必须导入所有的插件和纹理贴图到正确的目录，以免在渲染场景的时候出现中止的错误。例如，如果场景中使用了【凤凰火焰】插件，将在没有安装【凤凰火焰】插件的服务器上出现渲染失败的情况。如果用户为物体赋予了一张名称为【JUNGLEMAP.JPG】的贴图，并没有把它放到渲染器服务器的mapping目录中，此时渲染将得到渲染块——跟没有赋予贴图一样。

　　分布式渲染不支持渲染动画序列，使用分布式渲染仅针对单帧。

　　分布式渲染也不支持发光贴图的增量增加到当前贴图和增加到当前贴图模式。在单帧模式和块模式下，发光贴图的计算如果使用在多台机器间的分布式渲染，将会减少渲染时间。

　　当用户希望取消分布式渲染的时候，结束渲染服务器的工作可能要花费不短的时间。

　　在分布式渲染模式下，当前可用的G——缓存通道仅RGB和Alpha通道可用。

　　（5）VRay日志

　　此选项用于控制VRay的信息窗口。

　　在渲染过程中，VRay会将各种信息记录下来并保存在"C：\VRayLog.txt"文件中。信息窗口根据用户的设置显示文件中的信息，无需用户手动打开文本文件查看。信息窗口中的所有信息分成4个部分并以不同的字体颜色来区分：错误（以红色显示）、警告（以绿色显示）、情报（以白色显示）和调试信息（以黑色显示）。

★ 显示窗口：勾选的时候在每一次渲染开始的时候都显示信息窗口。

★ 级别：确定在信息窗口中显示信息的种类。分别有：仅显示错误信息；显示错误信息和警告信息；显示错误、警告和情报信息；显示所有4种信息。

★ 日志文件：这个选项确定保存信息文件的名称和位置。默认的名称和位置是

C:\VRayLog.txt

（6）杂项选项

★ MAX—兼容着色关联（配合摄影机空间）：VRay在世界空间里完成所有的计算工作，然而，有些3ds Max插件（例如大气等）却使用摄像机空间来进行计算，因为它们都是针对默认的扫描线渲染器来开发的。为了保持与这些插件的兼容性，VRay通过转换来自这些插件的点或向量的数据，模拟在摄像机空间计算。

★ 检查缺少文件：勾选的时候，VR会试图在场景中寻找任何缺少的文件，并将它们列表。这缺少的文件也会被记录到"C:\VRayLog.txt"中。

★ 优化大气求值：一般在3ds Max中，大气在位于它们后面的表面被明暗处理（shaded）后才被评估，在大气非常密集和不透明的情况下这可能是不需要的。勾选这个选项，可以使VRay对大气效果进行优先评估，而大气背面的表面只有在大气非常透明的情况下才会被考虑进行明暗处理。

★ 低线程优先权：被勾选的时候，将促使VRay在渲染过程中使用较低的优先权的线程。

★ 对象设置：单击此按钮，在弹出的【V-Ray对象属性】对话框中可以对物体的VRay属性进行局部参数的设置，例如生成/接收全局照明、生成/接收焦散等，如图7.37所示。

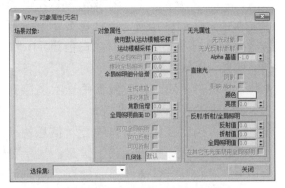

图7.37 【V-Ray对象属性】对话框

● 场景对象：这个列表列出了场景中的所有物体，选中的物体会高亮显示。

● 【对象属性】控制组：控制被选物体的局部属性。

◆ 使用默认运动模糊采样：当勾选此复选框时，几何学样本值将从全局运动模糊卷展栏中获得。

◆ 运动模糊采样：允许用户为选择的物体设置运动模糊的几何学样本值，前提是上面的【使用默认运动模糊采样】复选框不被勾选。

◆ 生成全局照明：此设置控制物体是否产生全局光照明。用户可以为产生的全局光照明运用一个被增值。

◆ 接收全局照明：此设置控制物体是否接收间接光照明。用户可以为接收的间接光照明运用一个倍增值。

◆ 全局照明细分倍增：勾选的时候，被选择物体将包括在全局照明计算方案中。

◆ 生成焦散：此选项被勾选的时候，被选择物体将折射来自光源的灯光，并作为焦散产生器，因此场景中将产生焦散效果。注意，要让物体产生焦散，还必须指定反射或折射材质。

◆ 接收焦散：此选项被勾选的时候，被选择的物体将变成焦散接收器。当灯光被物体折射的时候将产生焦散效果，然而焦散效果只有投射到焦散接收器上才可见。

◆ 焦散倍增：此参数对被选择物体产生的焦散效果进行倍增。只在产生焦散选项被勾选的时候才起作用。

● 【无光属性】控制组：控制被选择物体的不光滑属性。

◆ 无光对象：勾选此选项，将把被选择物体变成一个不光滑物体，这意味着此物体在场景中将不能直接可见，在其原来的位置将以背景颜色来代替。但是，此物体在反射/折射中仍然可见，而且会根据其材质设置来产生间接光照明。

◆ Alpha基值：控制物体在Alpha通道的显示情况。

● 【直接光】控制组：设置被选择物体的直接照明属性。

　　◆ 阴影：此选项勾选的时候允许被选择物体接收阴影。

　　◆ 影响Alpha：促使阴影影响物体的Alpha通道。

　　◆ 颜色：设置阴影的颜色。

　　◆ 亮度：设置阴影的亮度。

● 【反射/折射/全局照明】控制组：控制被选择物体的光影追踪属性。

　　◆ 反射值：如果物体材质是具有反射功能的VRay材质，此选项控制反射在无光对象中的可见程度。

　　◆ 折射值：如果物体材质是具有折射功能的VRay材质，此选项控制折射在无光对象中的可见程度。

　　◆ 全局照明值：控制被物体接收的间接光照明在无光对象中的可见程度。

　　◆ 在其他无光面禁用全局照明：促使被选择物体作为无光对象在其他无光对象的反射、折射和全局照明效果中可见。

　　◆ 选择集：在此下拉列表中选择可用的选择集设置。

　　◆ 关闭：单击此按钮，可关闭【VRay对象属性】对话框。

★ 灯光设置：单击此按钮，在弹出的【V-Ray灯光属性】对话框中，可以对灯光的VRay属性进行局部的参数设置，如图7.38所示。

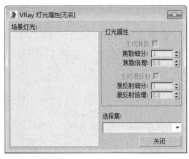

图7.38 【V-Ray灯光属性】对话框

● 场景灯光：下面的列表中显示了场景中所有的灯光特征，当前被选择的灯光将高亮显示。

● 【灯光属性】控制组：用于控制被选择灯光的局部属性。

　　◆ 生成焦散：勾选此复选框，将使被选择的光源产生焦散光子。注意，要想得到焦散效果，必须将下面的焦散倍增器设置为适当的值，并且场景中存在有焦散产生器。

　　◆ 焦散细分：此数值设置VRay评估焦散效果时追踪的光子数量。较大的值将减慢焦散光子贴图的计算，同时占用较多的内存。

　　◆ 焦散倍增：此值用于倍增被选择物体产生的焦散效果。注意，这种倍增是一个累积的过程，它无法替代在焦散卷展栏中设置的焦散倍增值。只在产生焦散被勾选的前提下才被激活。

　　◆ 生成漫反射：勾选此复选框将使被选择的光源产生漫反射光子。

　　◆ 漫反射细分：设置漫反射光子数量，较大的值意味着会产生更精确的光子贴图，但同时也会耗费较多的渲染时间和内存。

　　◆ 漫反射倍增：用于倍增漫射光子。

　　◆ 选择集：在下拉列表中选择可用的选择集设置。

● 关闭：单击此按钮，可关闭【V-Ray灯光属性】对话框。

★ 预置：单击此按钮，将弹出【V-Ray预置】对话框中，用户可以选择从硬盘中导入先前已经保存的各种特效的预先设置好的参数或属性，如图7.39所示。

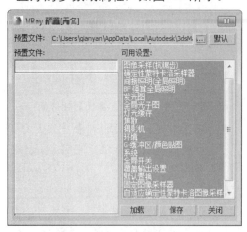

图7.39 【V-Ray预置】对话框

- 预置文件：显示保存预置文件的路径。
- 默认：单由此按钮，可以改变保存预置文件的目录。
- 预置文件：此下拉列表处列出了场景中已经保存的所有预置文件。
- 可用预置：下面的列表列出了可用于进行参数预置的所有卷展栏。
- 加载：单击此按钮，可以将以前保存在硬盘上的预置方案重新导入使用。
- 保存：单击此按钮，可以将预置的参数保存在硬盘上以便下次调用。
- 关闭：单击此按钮，将关闭【V-Ray预置】话框。

# 7.2 实例应用：渲染保龄球

本案例将讲解如何利用VR渲染器渲染保龄球，具体操作方法如下，渲染完成后的效果如图7.40所示。

图7.40 渲染后的保龄球后的效果

01 启动软件后，打开随书附带光盘中的"保龄球.max"素材文件，如图7.41所示。

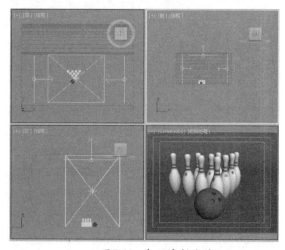

图7.41 打开素材文件

02 按F10键，打开【渲染设置】对话框，选择【公用】选项卡，在【公用参数】卷展栏中，在【渲染输出】选项组中，勾选【保存文件】复选框，然后单击【文件】按钮，如图7.42所示。

03 弹出【渲染输出文件】对话框，将【文件名】设为【保龄球】，将【保存类型】设

为【JPEG文件】，单击【保存】按钮，弹出【JPEG图像控制】对话框，保持默认值，单击
【确定】按钮，如图7.43所示。

图7.42 单击【文件】按钮　　　　　　　　　　　　图7.43 设置保存类型

**04** 返回到【渲染设置】对话框，在【指定渲染器】卷展栏中，将【产品级】设为【V-Ray Adv】，
如图7.44所示。

**05** 切换到【V-Ray】选项卡，在【V-Ray::帧缓冲区】卷展栏中，取消选中【启用内置帧缓冲区】
复选框，如图7.45所示。

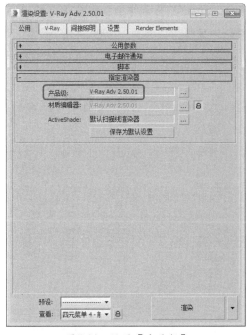

图7.44 设置【产品级】　　　　　　　　　　　　图7.45 取消【启用内置帧缓冲区】

**06** 在【V-Ray::图像采样器（抗锯齿）】选项卡，在【抗锯齿过滤器】选项组设置过滤器为
【Catmull-Rom】，如图7.46所示。

**07** 在【V-Ray::颜色贴图】卷展栏中，将【类型】设为【指数】，将【暗色倍增】、【亮度倍

增】、【伽马值】设为1，勾选【子像素贴图】、【钳制输出】、【影响背景】复选框，将【模式】设为【颜色贴图和伽马】，如图7.47所示。

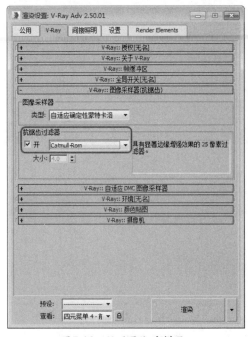

图7.46　设置图像采样器

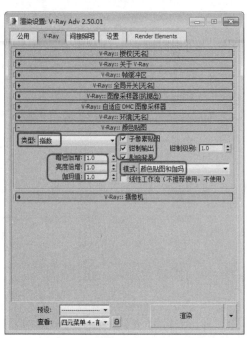

图7.47　设置【V-Ray颜色贴图】

08 在【间接照明】选项卡，在【V-Ray::间接照明】卷展栏中勾选【开】复选框，在【二次反弹】选项组，将【全局照明引擎】设为【灯光缓存】，如图7.48所示。

09 在【V-Ray::发光图】卷展栏中，在【内建预置】选项组中将【当前预置】设为【低】，在【基本参数】卷展栏中将【插值采样】设为30，在【选项】选项组中勾选【显示计算相位】、【显示直接光】复选框，将【显示计算相位】设置为【显示新采样为亮度】，如图7.49所示。

图7.48　设置【间接照明】

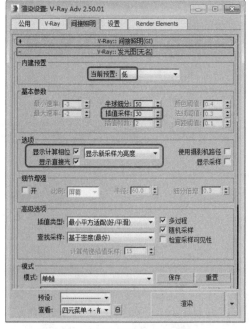

图7.49　设置【V-Ray发光图】

10 在【V-Ray::灯光缓存】卷展栏中，在【计算参数】选项组中将【细分】设为800，并勾选【显示计算相位】复选框，如图7.50所示。

**11** 返回到【公用】选项卡下，单击【渲染】按钮，如图7.51所示。

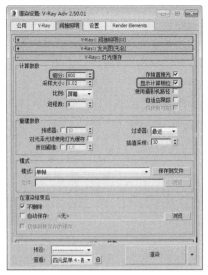

图7.50　设置【V-Ray::灯光缓存】选项

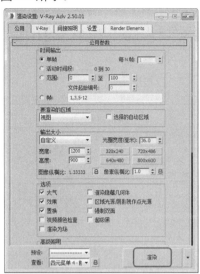

图7.51　单击【渲染】按钮

# 7.3 扩展训练：滑冰鞋

本案例将讲解如何利用VR渲染器渲染旱冰鞋，具体操作方法如下，渲染完成后的效果如图7.52所示。

**01** 启动软件后，打开随书附带光盘中的"台球.max"素材文件，如图7.53所示。

图7.42　单击【文件】按钮

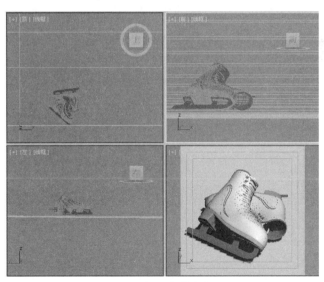

图7.53　打开素材文件

**02** 激活摄影机视图，按F10键，打开【渲染设置】对话框，选择【公用】选项卡，在【公用】卷展栏中，在【渲染输出】选项组中，单击【文件】按钮，如图7.54所示。

**03** 弹出【渲染输出文件】对话框，将【文件名】设为【旱冰鞋】，将【保存类型】设为【JPEG文件】，单击【保存】按钮，弹出【JPEG图像控制】对话框，保持默认值，单击【确定】按钮，如图7.55所示。

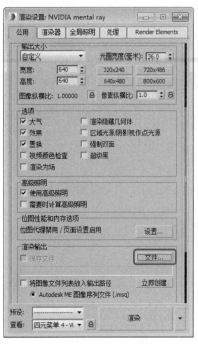

图7.54　单击【文件】按钮　　　　　　　　图7.55　设置保存类型

**04** 返回到【渲染设置】对话框，在【指定渲染器】卷展栏中，将【产品级】设为【V-Ray Adv】，如图7.56所示。

**05** 切换到【V-Ray】选项卡，在【V-Ray::帧缓冲区】卷展栏中，取消选中【启用内置帧缓冲区】复选框，如图7.57所示。

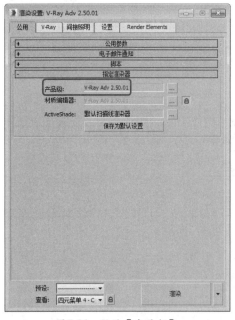

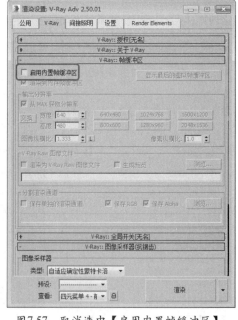

图7.56　设置【产品级】　　　　　　　　图7.57　取消选中【启用内置帧缓冲区】

**06** 切换到【V-Ray::图像采样器】卷展栏中，将【抗锯齿过滤器】设为【Catmull-Rom】，如图7.58所示。

**07** 在【V-Ray::颜色贴图】卷展栏中，将【类型】设为【指数】，勾选【子像素贴图】、【钳制输出】、【影响背景】复选框，将【模式】设为【颜色贴图和伽马】，如图7.59所示。

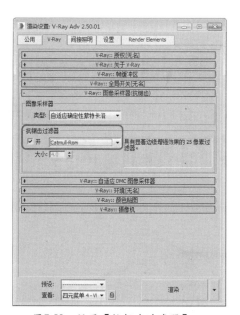

图7.58 设置【抗锯齿过滤器】

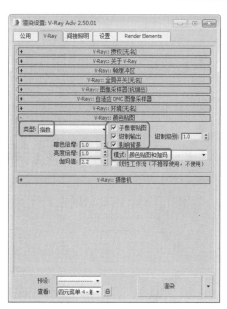

图7.59 设置【V-Ray::颜色贴图】卷展栏

**08** 切换到【间接照明】选项卡，在【V-Ray::间接照明】选项卡，勾选【开】复选框，在【二次反弹】选项组中，将【全局照明引擎】设为【BF算法】，如图7.60所示。

**09** 切换到【V-Ray::发光图[无名]】卷展栏中，在【内建预置】选项组中，将【当前预置】设为【高】，在【基本参数】选项组中将【插值采样】设为40，如图7.61所示。

**10** 设置完成后，单击【渲染】按钮，进行渲染查看效果。

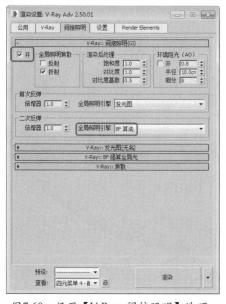

图7.60 设置【V-Ray::间接照明】选项

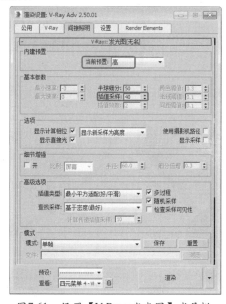

图7.61 设置【V-Ray::发光图】卷展栏

# 7.4 课后练习

1. 如何设置VRay材质？

2. VRay图像采样器有哪些，及其作用是什么？

# 第8章
# VRay渲染器的材质与贴图

　　材质是三维世界的一个重要概念，是对现实世界中各种材料视觉效果的模拟，这些视觉效果包含颜色、感光特性、反射、折射、透明度、表面粗糙程度，以及纹理等。在3ds Max中创建一个模型，其本身不具备任何表面特征，但是通过材质自身的参数控制，可以模拟现实世界中的种种视觉效果。本章主要讲解VRay材质编辑器、基本材质贴图的设置。

# 8.1 VRay渲染器基础讲解

## 8.1.1  VRay渲染器的材质

VRay渲染器在安装时同时安装了VRay渲染器所需的VR材质，在本节将介绍VRay渲染器的材质。

### 1.VRayMtl

VRay渲染器拥有一个特殊的材质【VRayMtl】。在VRay中使用它可以得到较好的物理上的正确照明（能源分布）、较快的渲染速度，并可以更方便地设置反射、折射、反射模糊、凹凸、置换等参数，还可以使用纹理贴图。将当前的标准材质当选择为【VRayMtl】以后，【基本参数】卷展栏如图8.1所示。

图8.1　【基本参数】卷展栏

（1）【基本参数】卷展栏参数详解

★ 【漫反射】选项组

● 漫反射：主要来设置材质的表面颜色和纹理贴图。通过单击右侧的色块，可以调整它自身的颜色。单击色块右侧的小按钮，可以选择不同的贴图类型。与标准材质的使用方法相同。

● 粗糙度：用来描述对象表面细微的颗粒。

　实际的漫反射颜色也受影响于反射/折射颜色。

★ 【反射】选项组

● 反射：材质的反射效果是靠颜色来控制的，颜色越白反射越亮，颜色越黑反射越弱。而这里选择的颜色则是反射出来的颜色，和反射的强度是分开来计算的。单击右侧的按钮，可以使用贴图的灰度来控制反射的强弱。颜色分为色度和灰度，灰度是控制反射的强弱，色度是控制反射出什么颜色。效果如图8.2所示。

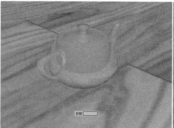

图8.2　用颜色来控制反射

● 菲涅尔反射：勾选此项，反射的强度将取决于物体表面的入射角，自然界中有一些材质（如玻璃）的反射就是这种方式。不过要注意的是，这个效果还受影响于材质的折射率。

- 菲涅尔折射率：此参数在勾选【菲涅尔反射】复选框及【菲涅尔反射】选项后面的 L（锁定）按钮弹起的时候才能被激活，此时可以单独设置菲涅尔折射的反射率。

- 高光光泽度：此参数用于控制VRay材质的高光状态。默认情况下，L（锁定）形按钮是被按下的，即【高光光泽度】处于非激活状态。

- L按钮（lock锁定按钮）：弹起的时候，【高光光泽度】选项被激活，此时高光的效果由这个选项控制，而不再受模糊反射的控制。

- 反射光泽度：这个参数用于设置反射的锐利效果。值为1意味着是一种完美的镜面反射效果，随着取值的减小，反射效果会越来越模糊。

- 细分：此参数用于控制平滑反射的品质。较小的取值将会加快渲染速度，同时也会导致更多的噪波，较大值则反之。

- 使用插值：VRay能够使用一种类似于发光贴图的缓存方案来加快模糊反射的计算速度。勾选这个选项，表示使用缓存的方案。

- 最大深度：此参数定义反射能完成的最大次数。当场景中具有大量的反射/折射表面的时候，这个参数要设置得足够大才会产生真实的效果。

- 退出颜色：当光线在场景中的反射达到最大深度定义的反射次数后就会停止反射，此时这个颜色将被返回，并且不再追踪远处的光线。

- 使用插值：勾选该复选框类似VRay使用【发光贴图】的高速缓存方案来加快模糊反射的渲染速度，这意味着，无须太高的【细分】值，也可以获得平滑的模糊反射。

- 暗淡距离：指定一个距离值，超过该距离则停止光线追踪。这意味着，反射表面中，将不会反射出超过该距离值的对象。

- 影响通道：【仅颜色】是指仅在颜色通道中计算反射效果。【颜色+Alpha】是指在颜色和Alpha通道中计算反射效果。【所有通道】是指所有通道都计算反射效果。

★ 【折射】选项组

- 折射：材质的折射效果是靠颜色来控制的，颜色越白，物体越透明，进入物体内部产生折射的光线也就越多；颜色越黑，物体越不透明，进入物体内部产生折射的光线也就越少；单击右侧的按钮，可以通过贴图的灰度来控制折射的效果。

- 光泽度：这个参数用于设置折射的锐利效果。值为1意味着是一种完美的镜面折射效果，随着取值的减小，折射效果会越来越模糊。平滑反射的品质由下面的细分参数来控制。

- 细分：控制折射模糊的品质，较高的值可以得到比较光滑的效果，但是渲染的速度就会慢；较低的值模糊区域将有杂点，但是渲染速度会快一些。

- 使用插值：如果勾选该选项，VRay能够使用一种类似发光贴图的缓存方式来加速模糊反射的计算速度。

- 影响阴影：这个选项将导致物体投射透明阴影，透明阴影的颜色取决于折射颜色和雾颜色。这个效果仅在使用VRay自己的灯光和阴影类型的时候有效。

- 影响通道：勾选的时候雾效将影响Alpha通道。

- 折射率：此参数设置物体的折射率。

- 最大深度：用来控制折射的最大次数。折射次数越多，折射就越彻底，当然渲染时间也越慢。通常保持默认的值5比较合适。

- 退出颜色：当物体的折射次数达到最大次数时，就会停止计算折射，这是由于折射次数不够造成的折射区域的颜色用退出色来代替。

- 烟雾颜色：当光线穿透材质的时候，它会变稀薄，这个选项可以让用户模拟厚的物体比薄物体透明度低的效果。注意，雾颜色的效果取决于物体的绝对尺寸。
- 烟雾倍增：定义雾效的强度，不推荐取值超过1的设置。
- 烟雾偏移：雾的偏移，较低的数值会使雾向相机的方向偏移。

★ 【半透明】选项组
- 类型：次表面散射的类型有3种，一种是【硬（帽）模型】，另一种是【软（水）模型】，第三种是【混合模型】。
- 背面颜色：用来控制次表面散射的颜色。
- 厚度：这个参数用于限定光线在表面下被追踪的深度，在用户不想或不需要追踪完全的散射效果的时候，可以设置这个参数来达到目的。
- 散布系数：定义在物体内部散射的数量。值为0意味着光线会在任何方向上被散射，值为1.0则意味着在次表面散射的过程中光线不能改变散射方向。
- 正/背面系数：控制光线散射的方向。值为0意味着光线只能向前散射（在物体内部远离表面），值为0.5则意味着光线向前或向后是相等的，值为1则意味着光线只能向后散射（朝向表面，远离物体）。
- 灯光倍增：定义半透明效果的倍增。

（2）【双向反射分布函数】卷展栏

【双向反射分布函数】是控制物体表面的反射特性的常用方法，用于定义物体表面的光谱和空间反射特性的功能，如图8.3所示。

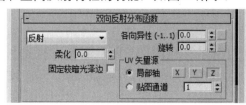

图8.3 【双向反射分布函数】卷展栏

★ VRay支持3种BRDF类型：多面、反射和沃德。
★ 各向异性：设置高光的各向异性特性。
★ 旋转：设置高光的旋转角度。
★ 【UV矢量源】选项组：此参数可以设置为物体自身的X/Y/Z轴，也可以通过贴图通道来设置。
- 局部轴：选择物体自身的X/Y/Z轴作为方向向量来源。
- 贴图通道：选择已经存在的贴图通道作为方向向量来源。

（3）【选项】卷展栏

此卷展栏用于设置【VRay材质】的一般选项，如图8.4所示。

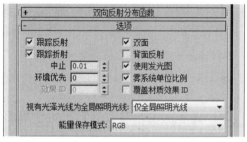

图8.4 【选项】卷展栏

★ 跟踪反射：控制光线是否跟踪反射。
★ 跟踪折射：控制光线是否跟踪折射。
★ 中止：用于定义反射/折射追踪的最小极限值。当反射/折射对一幅图像的最终效果的影响很小时，将不会进行光线的追踪。
★ 双面：控制VRay是否设定几何体的面都是双面。
★ 背面反射：该选项强制VRay始终追踪光线（甚至包括光照面的背面）。
★ 使用发光图：使用发光贴图计算。
★ 视有光泽光线为全局照明光线：定义处理平滑光线的方式。系统提供了3种选择。
- 仅全局照明光线：仅在场景中存在GI时将平滑光线作为普通的GI光线来处理。
- 从不：将平滑光线作为直接照明的光线处理，不作为GI光线。
- 始终：无论如何都将它作为GI光线来

处理。

★ 能量保存模式：定义能量保存的模式，系统提供了两种选择。

● RGB：使用RGB模式来保存能量。

● 单色：使用黑白模式来保存能量分图像采样器的最小比率参数。

（4）贴图卷展栏

除了使用数值控制相关参数外，还可以通过贴图来进行更复杂的参数控制。其参数含义与3ds Max标准的贴图含义相同。

（5）【反射插值】卷展栏

这里设置的参数只有在【基本参数】卷展栏中勾选使用反射插值选项后才发挥作用。它的所有参数都与发光图的参数含义类似，【反射插值】卷展栏如图8.5所示。

图8.5 【反射插值】卷展栏

★ 最小速率：这个参数确定原始全局照明通道的分辨率。值为0意味着使用与最终渲染图像相同的分辨率，这将使得发光图类似于直接计算全局照明的方法，值为-1意味着使用最终渲染图像一半的分辨率。通常需要设置它为负值，以便快速地计算大而平坦的区域的全局照明，这个参数类似于（尽管不完全一样）自适应细分图像采样器的最小比率参数。

★ 颜色阈值：这个参数确定发光图算法对间接光照明变化的敏感程度。较大的值意味着较小的敏感性，较小的值将使发光图对照明的变化更加敏感（因而可以得到更高品质的渲染图像）。

★ 法线阈值：这个参数确定发光图算法对表面法线变化，以及细小表面细节的敏感程度。较大的值意味着较小的敏感性，较小的值将使发光图对表面曲率以及细小细节更加敏感。

★ 最大速率：这个参数确定全局照明通道的最终分辨率，类似于（尽管不完全一样）自适应细分图像采样器的最大比率

参数。

★ 插值采样：此参数定义被用于反射插值计算的全局照明采样的数量。较大的值会趋向于模糊全局照明的细节，即使最终的效果很光滑；较小的取值会产生更光滑的细节，但是如果使用较低的半球光线细分值也可能会产生黑斑。

（6）【折射插值】卷展栏

【折射插值】卷展栏如图8.6所示。

图8.6 【折射插值】卷展栏

★ 最小速率：这个参数确定原始全局照明通道的分辨率。值为0意味着使用与最终渲染图像相同的分辨率，这将使得发光图类似于直接计算全局照明的方法，值为-1意味着使用最终渲染图像一半的分辨率。通常需要设置它为负值，以便快速地计算大而平坦的区域的全局照明，这个参数类似于（尽管不完全一样）自适应细分图像采样器的最小比率参数。

★ 颜色阈值：这个参数确定发光图算法对间接光照明变化的敏感程度。较大的值意味着较小的敏感性，较小的值将使发光图对照明的变化更加敏感（因而可以得到更高品质的渲染图像）。

★ 法线阈值：这个参数确定发光图算法对表面法线变化，以及细小表面细节的敏感程度。较大的值意味着较小的敏感性，较小的值将使发光图对表面曲率及细小细节更加敏感。

★ 最大速率：这个参数确定全局照明通道的最终分辨率，类似于（尽管不完全一样）自适应细分图像采样器的最大比率参数。

★ 插值采样：此参数定义被用于折射插值计算的全局照明采样的数量。较大的值会趋向于模糊全局照明的细节，即使最终的效果很光滑；较小的取值会产生更光滑的细节，但是如果使用较低的半球

光线细分值也可能会产生黑斑。

### 2.VR灯光材质

VR灯光材质是VRay渲染器提供的一种特殊材质，当这种材质被指定给物体时，一般用于产生自发光效果，其渲染速度要快于3ds Max提供的标准自发光材质。在使用VRay灯光材质的时候，最好使用纹理贴图来作为自发光的光源。

这部分描述【VR灯光材质】的【参数】卷展栏，如图8.7所示。

图8.7　【参数】卷展栏

★ 颜色：设置材质自发光的颜色，默认设置是纯白色。

★ 倍增：设置自发光的倍增值，默认值为1。

★ 背面发光：设置材质两面是否都产生自发光。

★ 倍增颜色的不透明度：该参数可以让贴图进行发光。

★ 置换贴图：指定贴图来作为自发光的颜色。

★ 【直接照明】选项组

● 【开】复选框：决定是否计算场景中的直接照明。

### 3.VR材质包裹器

VR材质包裹能被用于指定每个材质的额外的表面参数。这些参数也可以在【物体设置】对话框中设置。不过VR材质包裹中的设置会覆盖掉在【物体设置】对话框中的参数设置，如图8.8所示。

图8.8　【VR材质包裹器参数】卷展栏

★ 基本材质：定义包裹中将要使用的基本材质，当然用户必须选择的是VRay渲染器支持的材质类型。

★ 【附加曲面属性】选项组：这里的参数主要控制赋有包裹材质物体的接受、生成全局照明属性以及接受、生成焦散属性。

● 生成全局照明：定义使用此材质的物体产生GI的强度，它是局部参数。

● 接收全局照明：定义使用此材质的物体接收GI的强度，它也是局部参数。

● 生成焦散：如果材质无法产生焦散，则取消勾选此选项。

● 接收焦散：如果材质无法接收焦散，则取消勾选此选项。

● 焦散倍增：确定材质中焦散的影响。

★ 【无光属性】选项组

● 无光曲面：勾选此项，在进行直接观察的时候，将显示背景而不会显示基本材质，这使材质看上去类似3dx Max标准的不光滑材质。不过，对于全局照明、焦散和反射特效来说，基本材质虽然无法直接观察到，但是仍然在使用中。

● Alpha基值：确定渲染图像中物体在Alpha通道中的外观。值为1.0意味着Alpha通道将来源于基本材质的透明度，值为0，意味着物体完全不显示在Alpha通道中，在其后面显示物体自身的Alpha，值为-1则意味着基本材质的透明度将从物体Alpha通道中，在其后面显示物体影响值为-1的效果。

● 阴影：勾选此项，可以让阴影在【无光曲面】上显示。

● 影响Alpha：勾选此项，将使阴影影响【无光曲面】的Alpha基值。在理想的阴影区域，将形成白色的Alpha通道；而没有完全遮蔽的区域，则形成黑色的alpha通道。

● 颜色：设置不光滑表面阴影的可选的色彩。

● 亮度：设置不光滑表面阴影的亮度。值为0意味着阴影完全不可见，值为1.0将显示全部的阴影。

● 反射值：显示来自基本材质的反射程度。此参数仅在基本材质设置为VRay材质类型的时候才正常工作。

● 折射值：显示来自基本材质的折射程度。此参数仅在基本材质设置为VRay材质类型的时候才正常工作。

● 全局照明值：显示来自基本材质的全局照明数量。此参数仅在基本材质设置为VRay材质类型的。

### 4.VR双面材质

VR双面材质是VRay渲染器提供的一种特殊材质，此材质允许在物体背面接受灯光照明，类似于众所周知的背光。此种材质用来模拟类似纸张、纤细的窗帘，以及树叶等物体。【VR双面材质】的【参数】卷展栏如图8.9所示。

图8.9 【VR双面材质】的【参数】卷展栏

★ 正面材质：设置物体前面的材质。通过后面的材质选择按钮可选择VRay渲染器支持的所有的材质类型。

★ 背面材质：勾选该项后，可以激活此参数，用于定义物体后面的材质。通过后面的材质选择按钮可选择VRay渲染器支持的所有材质类型。

★ 半透明：设置材质的半透明度，其实质是控制前后两种材质重叠混合的程度。其后面的【None】按钮是用贴图来控制材质的半透明度。

### 5.VR覆盖材质

VR覆盖材质可以让用户更广泛地去控制场景的色彩融合、反射、折射等，它主要包括5个材质，分别是【基本材质】、【全局光材质】、【反射材质】、【折射材质】和【阴影材质】。其【VR覆盖材质】的【参数】卷展栏如图8.10所示。

图8.10 【VR覆盖材质】的【参数】卷展栏

★ 基本材质：是物体的基本材质。

★ 全局照明材质：是物体的全局光材质。当使用这个参数的时候，灯光的反弹将依照这个材质的灰度来控制，而不是基本材质。

★ 反射材质：是物体的反射材质，在反射里看到的物体的材质。

★ 折射材质：是物体的折射材质，在折射里看到的物体的材质。

★ 阴影材质：是物体的阴影材质。

### 6.VR混合材质

VR混合材质可以让多个材质以层的方式混合来模拟真实物理中的复杂材质。VR混合材质和3ds Max的覆盖材质的效果类似，但是，其渲染速度比3ds Max的快很多，【VR混合材质】的【参数】卷展栏如图8.11所示。

图8.11 【VR混合材质】的【参数】卷展栏

★ 基本材质：是最基层的材质。

★ 表层材质：是基层材质上面的材质。

★ 混合量：是表示表面材质混合多少到基层材质上。如果颜色是白色，那么这个表面材质将全部混合上去，而下面的混合材质将不起作用；如果颜色是黑色，那么这个表面材质自身就没什么效果。这个混合数量也可以由后面的贴图通道来代替。

★ 加相（虫漆）模式：一般不勾选该选项，如果勾选了，VR混合材质将和3ds Max中的【虫漆】材质效果类似。

## 8.1.2 VRay渲染器的贴图

VRay渲染器的贴图是为VRay材质提供增益效果的功能，在本节将介绍VRay渲染器贴图的使用。

### 1.VR贴图

VR贴图的主要作用就是在3ds Max标准材质或第三方材质中增加反射/折射，其用法类似于3ds Max中光影跟踪类型的贴图，VRay渲染器是不支持这种贴图类型的，需要使用的

时候应该以VR贴图代替。【VR贴图】的参数如图8.12所示。

图8.12 【VR贴图】的【参数】卷展栏

★ 反射：选择它表示【VR贴图】作为反射贴图使用，下面相应的参数控制组也被激活。

★ 折射：选择它表示【VR贴图】作为折射贴图使用，下面相应的参数控制组也被激活。

★ 环境贴图：供用户选择环境贴图用。

★ 【反射参数】选项组：在使用反射类型的时候被激活。

● 过滤颜色：用于定义反射的倍增值，白色表示完全反射，黑色表示没有反射。

● 背面反射：强制VRay在物体的两面都反射。

● 光泽度：勾选该选项复选框表示使用平滑反射效果（即反射模糊效果）。

● 光泽度：此参数设置材质的光泽度，值为0，意味着产生一种非常模糊的反射效果，较高的值将使反射显得更为锐利。

● 细分：定义场景内用于评估材质中反射模糊的光线数量。

● 最大深度：定义反射完成的最多次数。

● 中止阈值：一般情况下，对最终渲染图像影响较小的反射是不会被中止的，这个参数就是用来定义这个极限

值的。

● 退出颜色：定义在场景中光线反射达到最大深度的设定值以后，会以什么颜色被返回来，此时并不会停止跟踪光线，只是光线不再反射。

★ 【折射参数】选项组：在使用折射类型的时候被激活。

● 过滤颜色：用于定义折射的倍增值，白色表示完全折射，黑色表示没有折射。

● 光泽度：勾选该选项复选框表示使用平滑折射效果（即折射模糊效果）。

● 光泽度：此参数设置材质的光泽度，值为0，意味着产生一种非常模糊的折射效果，较高的值将使折射显得更为锐利。

● 细分：定义场景内用于评估材质中折射模糊的光线数量。

● 烟雾颜色：VRay允许用户用雾来填满折射物体，这里设置雾的颜色。

● 烟雾倍增：设置雾颜色的倍增值，取值越小，物体越透明。

● 最大深度：定义折射完成的最多次数。

● 中止阀值：一般情况下，对最终渲染图像影响较小的折射是不会被追踪的，这个参数就是用来定义这个极限值的。

● 退出颜色：定义在场景内光线折射达到最大深度的设定值以后，会以什么颜色被返回来，此时并不会停止跟踪光线，只是光线不再折射。

> **提示**
>
> 折射率是由材质控制的，不是由【VR贴图】控制的。对于3ds Max标准参数来说，折射率在材质扩展参数卷展栏中设置。

### 2.VRayHDRI

此类贴图主要用于导入高动态范围图像

（HDRI）来作为环境贴图，支持大多数标准环境的贴图类型，其参数如图8.13所示。

图8.13 【VRHRDI贴图】的【参数】卷展栏

★ 位图：显示使用的HDRI贴图的寻找路径。目前仅支持.hdr和.pic格式的文件，其他格式的贴图文件虽然可以凋用，但不能起到照明的作用。

★ 浏览：指定HDRI贴图的路径。

★ 【贴图类型】选项组：选择环境贴图的类型。有以下几种类型可供选择。

● 角式：选择【角式】贴图作为环境贴图。

● 立方体：选择【立方体】作为环境贴图。

● 球体：选择【球体】作为环境贴图，这是最常用的一种。

● 反射球：选择【反射球】作为环境贴图。

★ 水平旋转：设定环境贴图水平方向旋转的角度。

★ 水平翻转：在水平方向反向设定环境贴图。

★ 垂直旋转：设定环境贴图垂直方向旋转的角度。

★ 垂直翻转：在垂直方向反向设定环境贴图。

### 3.VR边纹理

此贴图非常简单，其效果类似于3ds Max的边纹理材质。和3ds Max的线框材质不同的是它是一种贴图，因此用户可以创建一些相当有趣的效果，其参数如图8.14所示。

图8.14 【VR线框贴图参数】卷展栏

★ 颜色：用于设置边的颜色。

★ 隐藏边：勾选此项，将渲染物体的所有边，否则仅渲染可见边。

★ 【厚度】选项组：定义边线的厚度，使用世界单位或像素来定义。

● 世界单位：以世界单位定义边的厚度。

● 像素：以像素为单位定义边的厚度。

提示

对于使用VRay置换的置换物体来说，VR线框贴图显示的是原始表面的边，而不是完成置换后形成的最终边。

### 4.VR合成纹理

VR合成纹理是VRay渲染器提供的一种特殊的贴图类型，其主要作用是透过逻辑运算的方式对两幅贴图进行合成处理，以得到需要的特殊效果。此贴图用于移动物体的动画渲染时可以大大节约渲染时间，其参数如图8.15所示。

图8.15 【VR合成纹理参数】卷展栏

★ 源A：设置第一种源贴图，可以使用VRay渲染器支持的所有贴图类型。

★ 源B：设置第二种源贴图，可以使用VRay渲染器支持的所有贴图类型。

★ 运算符：设置指定的两种源贴图进行复合的方式，系统一共提供了7种方法。

● 相加（A+B）：将两个贴图在每一个像素点进行相加混合，形成新的复合贴图。

● 相减（A-B）：将两个贴图在每一个像素点进行相减混合，形成新的复合贴图。

● 差值（|A-B|）：将两个贴图在每一个像素点进行相减，然后取其值的绝对值进行混合，形成新的复合贴图。

● 相乘（A*B）：将两个贴图在每一个像素点进行相乘混合，形成新的复合贴图。

● 相除（A/B）：将两个贴图在每一个像素点进行相除混合，形成新的复合贴图。

● 最小化（最小{A，B}）：取两个贴图中每像素点的最小值来组成新的复合贴图。

● 最大化（最大{A，B}）：取两个贴图中每像素点的最大值来组成新的复合贴图。

### 5.VR污垢

VR污垢贴图是一种用于模拟各种表面效果的纹理贴图类型，例如，使用它可以逼真表现物体裂缝周围的污垢，或者产生环境遮挡通道等。

此部分用于描述在物体表面产生污垢效果的贴图参数，如图8.16所示。

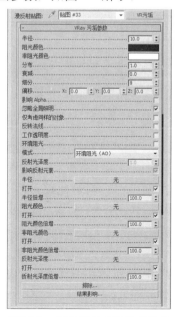

图8.16 【VR污垢参数】卷展栏

★ 半径：设置脏化效果半径。

★ 阻光颜色：污垢区域的颜色。

★ 非阻光颜色：非污垢区域的颜色。

★ 分布：用于描述污垢效果的分布状况，0表示均匀分布。

★ 衰减：用于表现污垢的衰减效果。

★ 细分：设置每个像素使用的样本数量，值越大，效果越平滑，渲染时间也越长。

★ 偏移（X、Y、Z）：设置污垢效果在X、Y、Z轴向上的偏移距离。

★ 影响Alpha：当勾选该复选框时，会影响通道效果。

★ 忽略全局照明：此项默认是勾选的，该选项决定是否让污垢效果参加全局照明计算。

★ 仅考虑同样的对象：勾选此项，污垢效果仅对场景中同样的对象起作用。

★ 反转法线：可以沿法线反转污垢效果。

### 6.VR天空

VR天空贴图是VRay渲染器提供的一种专用贴图类型，与VRay太阳光联合使用，可以真实地再现地球的太阳光和天空环境。根据规则，太阳光和天空环境的外观变化取决于VRay太阳光的方向。

此部分用于描述VR天空贴图，【VRay天空参数】卷展栏如图8.17所示。

图8.17 【VR天空参数】卷展栏

★ 指定太阳节点：勾选此项，可激活天空贴图。

★ 太阳光：用于指定太阳节点的类型。

★ 太阳浊度：设置太阳的浑浊度，即悬浮在大气中的固体和液体微粒对日光的吸收及散射程度。

★ 太阳臭氧：描述大气层中臭氧层对太阳光的影响，取值范围为0～1.0。

★ 太阳强度倍增：设置日光强度的倍增系数。

★ 太阳尺寸倍增：设置场景中目光源的尺寸倍增系数。

### 7.VR位图过滤器

VR位图过滤器对于使用外部程序（例如ZBrush）创建的置换贴图是非常有用的，对于贴图的精确放置是非常重要的。VR位图过滤器通过对位图像素进行内插值计算产生一个光滑的贴图，却不会应用任何附加的模糊或平滑。这对于3ds Max默认的纹理贴图来说是不可能的。其参数如图8.18所示。

图8.18 【参数】卷展栏

★ 位图：指定位图文件，可以是3ds Max支持的任何文件格式。

★ U向偏移：允许用户沿U向更精确地放置位图，其值以位图像素为单位。

★ V向偏移：允许用户沿V向更精确地放置位图，其值以位图像素为单位。

★ 翻转U向：水平方向翻转位图。

★ 翻转V向：垂直方向翻转位图。

★ 通道：设置从哪一个uv坐标获得贴图通道。

### 8.VR颜色

VR颜色贴图可以用来设定任何颜色，【VRay颜色参数】卷展栏如图8.19所示。

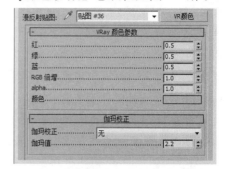

图8.19 【VR颜色参数】卷展栏

★ 红：红色通道的数值。

★ 绿：绿色通道的数值。

★ 蓝：蓝色通道的数值。

★ RGB倍增器：控制红、绿、蓝通道的倍增。

★ alpha：这个是阿尔法通道的数值。

★ 颜色：显示当前的颜色。

# 8.2 实例应用

## 8.2.1 画

本案例将讲解如何对油画添加材质，通过本案例的制作，可以掌握油画及金属材质的设置，最终渲染完成后的效果如图8.20所示。

图8.20 渲染后的油画后的效果

01 启动软件后，打开随书附带光盘中的"油画.max"素材文件，如图8.21所示。

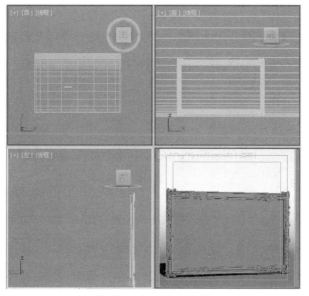

图8.21 打开素材文件

02 按M键，打开【材质编辑器】对话框，选择一个新的样本球，将名称设为【金属】，单击名称

后面的材质球类型按钮，在弹出的【材质/贴图浏览器】对话框中，选择【材质】|【V-Ray】|【VRayMtl】选项，并单击【确定】按钮，如图8.22所示。

**03** 在【基本参数】卷展栏中将【漫反射】的RGB值设为（187、104、29），将【反射】的RGB值设为（158、158、158），单击【高光光泽度】后面的L按钮，将【高光光泽度】设为0.85，【反射光泽度】设为0.8，将【细分】设为20，如图8.23所示。

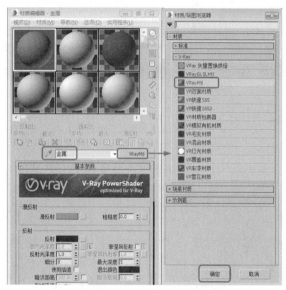

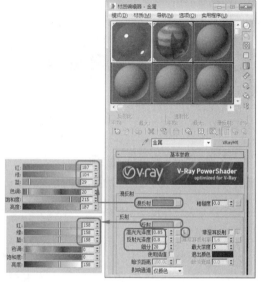

图8.22　设置材质球的类型　　　　　　　　　图8.23　设置材质参数

**04** 在【选项】卷展栏中取消勾选【雾系单位比例】复选框，并将制作好的材质指定给【边框01】和【边框02】对象，如图8.24所示。

**05** 继续选择一个空的样本球，并将其命名为【油画】，单击名称后面的材质球类型按钮，在弹出的【材质/贴图浏览器】对话框中，选择【材质】|【V-Ray】|【VRayMtl】选项，并单击【确定】按钮，如图8.25所示。

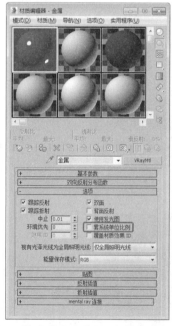

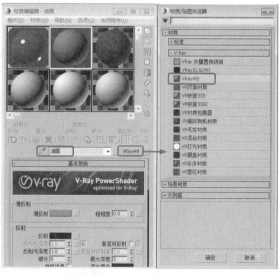

图8.24　取消对【雾系单位比例】复选框的选择　　　　图8.25　设置材质球类型

**06** 在【选项】卷展栏中取消对【雾系单位比例】复选框的选择，如图8.26所示。

**07** 在【贴图】卷展栏中，单击【漫反射】后面的【无】按钮，在弹出的【材质/贴图浏览器】对话框中，选择【贴图】|【标准】|【位图】选项，并单击【确定】按钮，在弹出的【选择位图图像文件】对话框中，选择随书附带光盘中的"Katarbinskiy.jpg"，并单击【打开】按钮，在【坐标】卷展栏中取消【使用真实世界比例】复选框的选择，将【瓷砖】下的UV设为1，如图8.27所示。

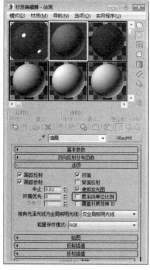
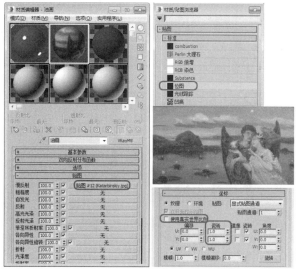

图8.26 取消选中【雾系单位比例】复选框　　　图8.27 设置【漫反射】对话框

**08** 单击【转到父对象】按钮，返回到【贴图】卷展栏中，单击【凹凸】后面的按钮，在弹出的【材质/贴图浏览器】对话框，选择【贴图】|【标准】|【位图】选项并单击【确定】按钮，在弹出的【选择位图图像文件】对话框中选择随书附带光盘中的"linen.jpg"，并单击【打开】按钮，在【坐标】卷展栏中取消【使用真实世界比例】复选框的选择，将【瓷砖】下的UV设为1，如图8.28所示。

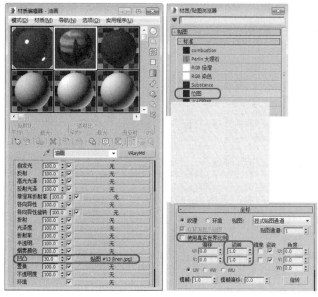

图8.28 设置贴图材质

**09** 单击【转到父对象】按钮，将制作好的材质指定给【油画】对象，对【摄影机】视图进行渲染即可。

## 8.2.2　台球

　　本章将讲解如何对台球添加材质，具体材质设置操作方法如下，渲染完成后的效果如图8.29所示。

**01** 启动软件后，打开随书附带光盘中的"台球.max"素材文件，如图8.30所示。

图8.29　台球

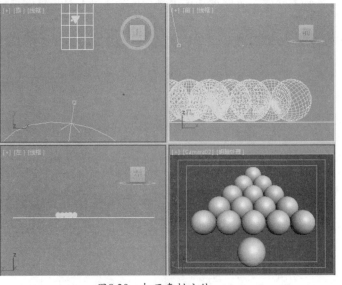

图8.30　打开素材文件

**02** 按M键打开【材质编辑器】，选择一个新的样本球，并将其命名为【白球】，然后单击名称后面的按钮，在弹出的【材质/贴图浏览器】对话框中，选择【材质】|【V-Ray】|【VRayMtl】选项，并单击【确定】按钮，如图8.31所示。

**03** 在【基本参数】卷展栏中，将【漫反射】的RGB值设为（255、255、255），在【反射】选项组中，将【反射】的RGB值设为（49、49、49），将【反射光泽度】设为0.8，如图8.32所示。

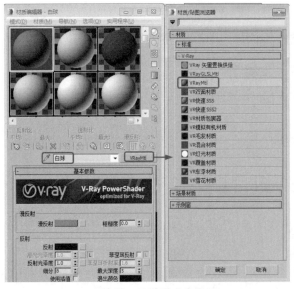

图8.31　设置材质球类型

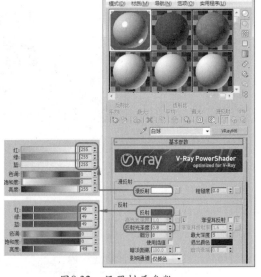

图8.32　设置材质参数

**04** 在【选项】卷展栏中，取消对【雾系统单位比例】复选框的选择，将制作好的材质指定给【白球】对象，如图8.33所示。

**05** 在场景中选择【球1】对象，按M键打开【材质编辑器】，选择一个新的样本球，并将其命名为

【01】，然后单击名称后面的按钮，在弹出的【材质/贴图浏览器】对话框中，选择【材质】|
【V-Ray】|【VRayMtl】选项，并单击【确定】按钮，如图8.34所示。

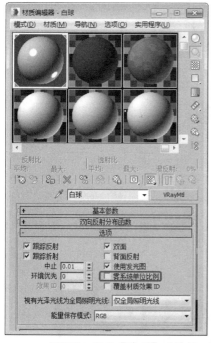

图8.33 设置【选项】卷展栏

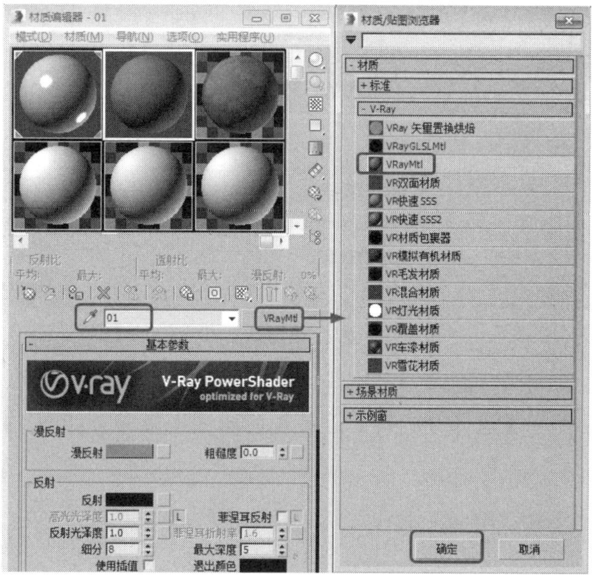

图8.34 设置材质球的类型

**06** 在【选项】卷展栏中，取消对【雾系统单位比例】复选框的选择，如图8.35所示。

**07** 切换到【贴图】卷展栏中，单击【漫反射】后面的【无】按钮，在弹出的【材质/贴图浏览器】
对话框中，选择【贴图】|【标准】|【位图】选项，单击【确定】按钮，如图8.36所示。

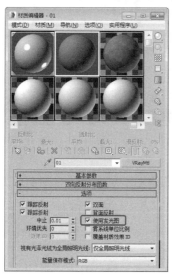

图8.35 设置【选项】卷展栏

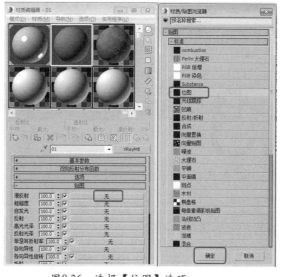

图8.36 选择【位图】选项

**08** 弹出【选择位图图像文件】对话框，选择随书附带光盘中的"B001.jpg"素材文件，单击【打
开】按钮，如图8.37所示。

**09** 在【坐标】卷展栏中取消选中【使用真实世界比例】复选框，将【瓷砖】的UV设为1，单击
【转到父对象】按钮，将制作好的材质指定给【球1】对象，如图8.38所示。

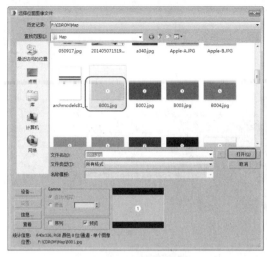

图8.37　选择位图

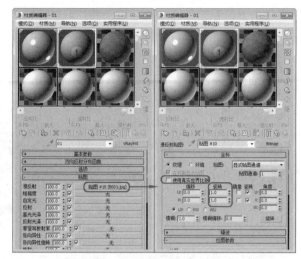

图8.38　设置贴图参数

**10** 使用同样的方法制作其他球的材质，并将其指定给相应的对象，如图8.39所示。

**11** 使用【选择并旋转】工具对台球适当旋转，如图8.40所示。

图8.39　设置材质

图8.40　旋转球体

# 8.3 拓展训练

## 8.3.1　简约沙发

简约沙发在日常生活中随处可见，本案例将讲解如何对简约沙发添加材质，其具体操作过程如下，完成后的效果如图8.41所示。

图8.41　简约沙发

01 启动软件后，打开随书附带光盘中的"简约沙发.max"素材文件，如图8.42所示。

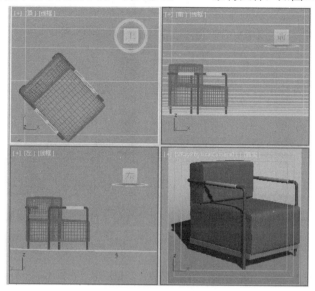

图8.42 打开素材

02 按M键打开【材质编辑器】，选择一个新的样本球，并将其命名为【皮革】，并单击名称其后的按钮，在弹出的【材质/贴图浏览器】对话框中选择【材质】|【V-Ray】|【VRayMtl】选项，并单击【确定】按钮，如图8.43所示。

03 在【基本参数】卷展栏中将【漫反射】的RGB值设为（0、0、0），在【反射】选项组中，单击【高光光泽度】后面L键，将【高光光泽度】设为0.7，【反射光泽度】设为0.7，【细分】设为30，【最大深度】设为3，如图8.44所示。

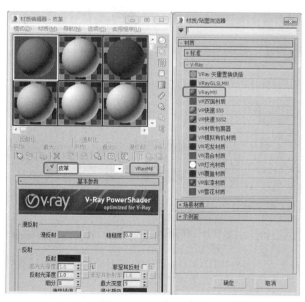

图8.43 设置材质球类型

图8.44 设置材质参数

04 切换到【选项】卷展栏中，将【雾系统单位比例】复选框取消选中，如图8.45所示。

05 在【贴图】卷展栏中单击【反射】后面的【无】按钮，在弹出的对话框中选择【贴图】|【标准】|【衰减】选项，并单击【确定】按钮，在【衰减参数】卷展栏中将【衰减类型】设为【Fresnel】，将【折射率】设为1.9，单击【转到父对象】按钮，将制作好的材质指定给【皮革】对象，如图8.46所示。

图8.45 设置【选项】

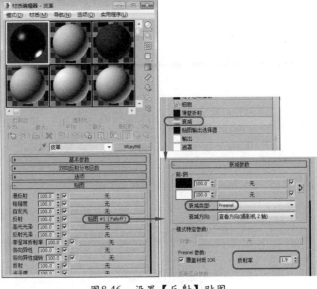

图8.46 设置【反射】贴图

**06** 继续选择一个空的样本球,并将其命名为【支架】,并单击名称后面的按钮,在弹出的【材质/贴图浏览器】对话框中选择【材质】|【V-Ray】|【VRayMtl】选项,并单击【确定】按钮,如图8.47所示。

**07** 在【基本参数】卷展栏中,将【漫反射】的RGB值设为(70、70、70),将【反射】的RGB值设为(165、162、133),并单击【高光光泽度】后面的L按钮,将【高光光泽度】设为0.85,【反射光泽度】设为0.8,将【细分】设为15,如图8.48所示。

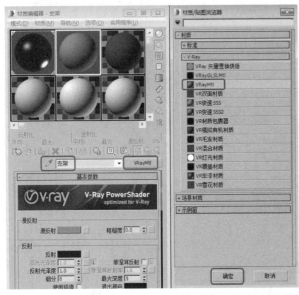

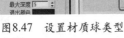

图8.47 设置材质球类型

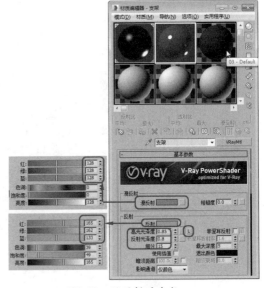

图8.48 设置材质参数

**08** 在【选项】卷展栏中,取消对【雾系统单位比例】复选框的选择,将制作好的材质指定给【支架】对象,如图8.49所示。

**09** 继续选择一个空的样本球,并将名称修改为【座底】,材质球类型设为【VRayMtl】,在【基本参数】卷展栏中将【漫反射】的RGB值设为(64、64、64),【反射】的RGB值设为(158、158、158),将【细分】设为16,【最大深度】设为4,如图8.50所示。

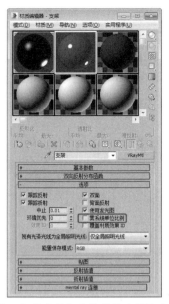

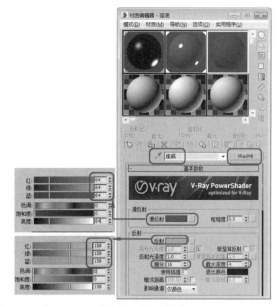

图8.49 取消对【雾系统单位比例】复选框的选择　　　图8.50 设置材质

**10** 在【选项】卷展栏中取消勾选【雾系统单位比例】复选框，在【反射插值】卷展栏中将【最小速率】设为-3，【最大速率】设为0，【折射插值】卷展栏中的【最小速率】设为-3，【最大速率】设为-1，如图8.51所示。

**11** 将制作好的材质指定给【座底】对象，激活【摄影机】视图进行渲染即可。

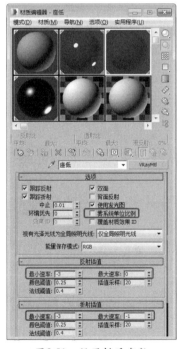

图8.51 设置材质参数

## 8.3.2 洗手池

本案例是学习如何对洗手池添加VR材质，其具体操作过程如下，完成后的效果如图8.52所示。

**01** 启动软件后，打开随书附带光盘中的"洗手池.max"素材文件，如图8.53所示。

图8.52 洗手池

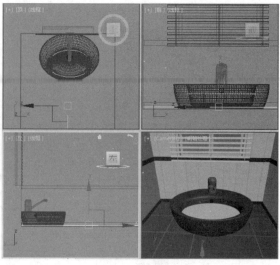

图8.53 打开素材

**02** 按M键打开【材质编辑器】，选择一个新的样本球，并将其命名为【不锈钢】，并单击名称其后的按钮，在弹出的【材质/贴图浏览器】对话框中选择【材质】|V-Ray|VRayMtl选项，并单击【确定】按钮，如图8.54所示。

**03** 在【基本参数】卷展栏中将【漫反射】的RGB值设为（128、128、128），将【反射】的RGB值设为（212、212、212），【反射光泽度】设为0.85，如图8.55所示。

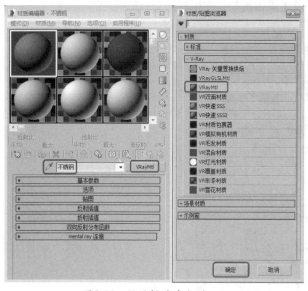

图8.54 设置材质球类型

图8.55 设置参数

**04** 在【选项】卷展栏中取消【雾系统单位比例】复选框的选择，将制作好的材质指定给【开关】选项，如图8.56所示。

**05** 继续选择一个空白的样本球，并将其名称设为【洗手池】，将材质球的类型设为【VRayMtl】，在【基本参数】卷展栏中，将【漫反射】的RGB值设为（250、250、250），单击【高光光泽度】后面的L键，将【高光光泽度】设为0.85，【反射光泽度】设为0.95，【细分】设为15，【最大深度】设为10，如图8.57所示。

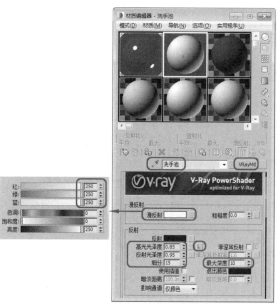

图8.56　取消选中【雾系统单位比例】选项

图8.57　设置材质参数

06 在【选项】卷展栏中取消【雾系统单位比例】复选框的选择，如图8.58所示。

07 切换到【贴图】卷展栏，单击【反射】后面的【无】按钮，在弹出【材质/贴图浏览器】对话框中选择【贴图】|【标准】|【衰减】选项，并单击【确定】按钮，在【衰减参数】卷展栏中，将【衰减类型】设为【Fresnel】，单击【转到父对象】按钮，将制作好的材质指定给【洗手池】对象，如图8.59所示。

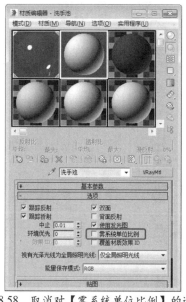

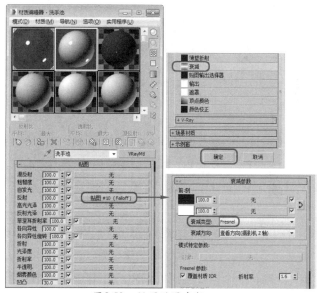

图8.58　取消对【雾系统单位比例】的选择

图8.59　设置贴图参数

08 继续选择一个空白的样本球，并将其名称设为【水材质】，将材质球的类型设为【VRayMtl】，在【基本参数】卷展栏中将【漫反射】的RGB值设为（150、200、200），将【反射】的RGB值设为（80、80、80），在【折射】选项组中将【折射】的RGB设为（180、180、180），【折射率（IOR）】设为1.3，如图8.60所示。

09 切换到【选项】卷展栏中，取消对【雾系统单位比例】复选框的选择，如图8.61所示。

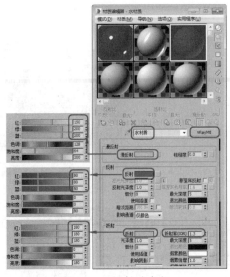

图8.60　设置材质参数　　　　　　　图8.61　取消对【雾系统单位比例】的选择

**10** 切换到【贴图】卷展栏中，单击【漫反射】后面的【无】按钮，在弹出的对话框中选择【贴图】|【标准】|【位图】选项，并单击【确定】按钮，在弹出的对话框中选择随书附带光盘中"WATER14.jpg"素材文件，在【坐标】卷展栏中取消对【使用真实世界比例】复选框的选择，如图8.62所示。

**11** 单击【转到父对象】按钮，选择【漫反射】后面的贴图，按着鼠标左键，将其拖至【凹凸】后面的【无】按钮，在弹出的对话框中选择【复制】选项，并单击【确定】按钮，并将【凹凸】设为100，并将材质指定给【水】对象，如图8.63所示。

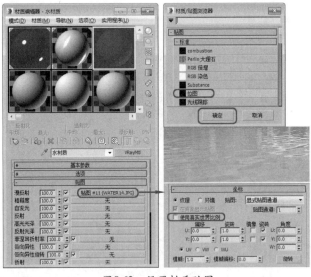

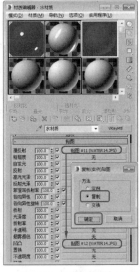

图8.62　设置材质贴图　　　　　　　图8.63　复制贴图

**12** 继续选择一个空白的样本球，并将其名称设为【金属圈】，将材质球的类型设为【VRayMtl】，在【基本参数】卷展栏中，将【漫反射】的RGB值设为（50、50、50），将【反射】的RGB值设为（159、159、159），单击【高光光泽度】后面的L键，将【高光光泽度】设为0.9，如图8.64所示。

**13** 切换到【选项】卷展栏中，取消勾选【雾系统单位比例】复选框，并将制作好的材质指定给【池底金属圈】和【金属圈】对象，如图8.65所示。

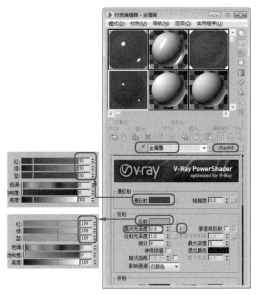

图8.64　设置材质参数

图8.65　取消对【雾系统单位比例】的选择

# 8.4　课后练习

1. VR双面材质的作用是什么？
2. VR位图过滤器的作用是什么？

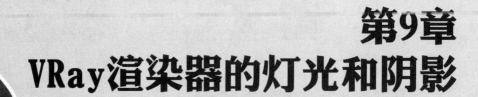

# 第9章
# VRay渲染器的灯光和阴影

VR光源分为4种类型，即平面灯光、球体灯光、穹顶灯光和网格体灯光。在与VRay渲染器专用的材质、贴图及阴影类型相结合使用的时候，其效果显然要优于使用3ds Max的标准灯光的类型。

# 9.1 VR灯光基础

## 9.1.1　VR灯光

### 1.功能概述

在本小节中将对VR灯光的功能简单概括地介绍一下。

VRay渲染器除了支持3ds Max标准的灯光类型之外，还为用户提供了一种VRay渲染器专用的灯光类型——VR灯光。VR灯光分为4种类型，即平面灯光、球体灯光、穹顶灯光和网格体灯光。在与VRay渲染器专用的材质、贴图及阴影类型相结合使用的时候，其效果显然要优于使用3ds Max的标准灯光类型。

图9.1所示为VR灯光的【参数】卷展栏。

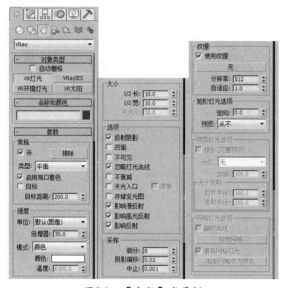

图9.1　【参数】卷展栏

### 2.参数详解

本节将介绍【VR灯光】卷展栏中各个选项参数的详细说明。

（1）常规

★　开：控制VRay灯光的使用与否。

★　排除：设置从灯光照明或投射阴影中被排除的物体。

★　类型：VRay提供了4种灯光类型供用户选择。

● 平面：将VRay灯光设置成长方形形状。

● 球体：将VRay灯光设置成球状。

● 穹顶：将VRay灯光设置成穹顶状，类似于3ds Max的天光物体，光线来自于位于光源z轴的半球状顶。

● 网格：将VRay灯光设置成网格体状。

（2）强度

★　单位：灯光的强度单位。

● 默认（图像）：VRay默认单位，依靠灯光的颜色和亮度控制灯光的强弱，若忽略曝光类型的因素，灯光色彩将是物体表面受光的最终色彩。

● 发光率（1m）：当选择这个单位时，灯光的亮度将和灯光的大小无关（100W的亮度相当于1500LM）。

● 亮度（lm/m2/sr）：当选择这个单位时，灯光的亮度和它的大小有关。

● 辐射率（W）：当选择这个单位时，灯光的亮度和灯光的大小无关。此处的瓦特和物理上的瓦特不同，这里的100W大约等于物理上的2~3瓦特。

● 辐射量（W/m2/sr）：选择这个单位时，灯光的亮度和它的大小有关。

★　倍增器：调整灯光的亮度。当倍增为10和20时不同的效果如图9.2所示。

图9.2　不同倍增的效果

★　模式：可以设置灯光的模式，包括颜色和温度。

● 颜色：可以设置灯光的颜色。将【颜色】的RGB值设置为（200、200、0）时的效果如图9.3所示。

● 温度：以温度模式设置灯光的颜色。

消，VRay灯光将不计算灯光的衰减效果，如图9.5所示。

图9.5　设置衰减不同的效果

图9.3　使用设置颜色后的效果

（3）大小

★ 1/2长：设置光源U向的尺寸。

★ 1/2宽：设置光源V向的尺寸。

★ W大小：设置光源W向的尺寸。

（4）选项

★ 投射阴影：控制是否产生光照阴影。

★ 双面：用来控制灯光的双面都产生照明效果，当灯光类型为平面时才有效，其他灯光类型无效。

★ 不可见：用来控制渲染后是否显示灯光，在设置灯光的时候一般将这个选项勾选。若不勾选该复选框后的渲染效果如图9.4所示。

图9.4　不勾选【不可见】渲染效果变暗

★ 忽略灯光法线：光源在任何方向上发射的光线都是均匀的，如果将这个选项取消，光线将依照光源的法线向外照射。

★ 不衰减：在真实的自然界中，所有的光线都是有衰减的，如果将这个选项取

★ 天光入口：如果勾选了该选项，前面设置的很多参数都将被忽略，将被VRay的天光参数代替。这时的VRay灯就变成了GI灯，失去了直接照明。

★ 存储发光图：如果使用发光贴图来计算间接照明，勾选该选项后，发光贴图会存储灯光的照明效果，有利于快速渲染场景。当渲染完光子的时候，可以把这个VRay灯关闭或者删除，它对最后的渲染效果没有影响，因为它的光照信息已经保存在发光贴图里。

★ 影响漫反射：该选项决定灯光是否影响物体材质属性的漫射。

★ 影响高光反射：该选项决定灯光是否影响物体材质属性的高光。

★ 影响反射：该选项将使灯光对物体的反射区进行光照，物体可以将灯光进行反射。

（5）采样

★ 细分：设置在计算灯光效果时使用的样本数量，较高的取值将产生平滑的效果，但会耗费更多的渲染时间。

★ 阴影偏移：设置产生阴影偏移效果的距离，一般保持默认即可。

★ 中止：设置采样的最小阀值，小于这个值采样将结束。

（6）纹理

此选项组在光源类型为穹顶状时被激活，用于设置穹顶光源的纹理贴图。

★ 使用纹理：勾选此选项，可使用纹理贴图作为穹顶光源的颜色。

★ 无：单击此贴图按钮，可选择VRay支持的所有纹理贴图。

★ 分辨率：设置使用的纹理贴图的分辨率。

★ 自适应：设置该数值后，系统将根据数值自动调整纹理贴图的分辨率。

（7）穹顶灯光选项

★ 目标半径：设置穹顶半球发射光子内部范围的半径大小。

★ 发射半径：设置穹顶半球发射光子外部范围的半径大小。

## 9.1.2　VR太阳

### 1.功能概述

在本小节中将对【VR太阳】的功能简单概括地介绍一下。

VR太阳是VRay渲染器提供的另一种专用灯光类型，它与VR光源一起联合使用，可以真实地再现地球的太阳光和天空环境。根据规则，太阳光和天空环境的外观变化取决于VRay太阳光的方向。

图9.6所示为【VRay太阳参数】卷展栏。

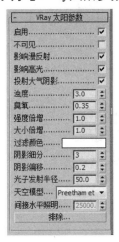

图9.6　【VRay_太阳参数】卷展栏

### 2.参数详解

本节将介绍【VRay太阳参数】卷展栏中各个选项参数的详细说明。

★ 开启：打开或关闭阳光。

★ 不可见：该参数没有什么意义。

★ 影响漫反射：该选项决定灯光是否影响物体材质属性的漫反射。

★ 影响高光：该选项决定灯光是否影响物体材质属性的高光。

★ 投射大气阴影：可以投射大气的阴影，

以得到更加真实的太阳光效果。

★ 浊度：该参数就是空气的浑浊度，能影响太阳和天空的颜色。如果小的数值，表示的是晴朗干净的空气，天空的颜色比较蓝；如果大的数值，表示的是阴天有灰尘的空气，天空的颜色呈橘黄色。

★ 臭氧：该参数是指空气中氧的含量。如果是小的数值，阳光比较黄；如果是大的数值，阳光比较蓝。

★ 强度倍增：该参数是指阳光的亮度。默认值为1，场景会出现很亮曝光的效果。一般情况下，使用标准摄影机的话，亮度设置为0.01～0.005。如果使用VR摄影机的话，亮度默认就可以了。

★ 大小倍增：该参数是指阳光亮度的大小。数值越大，阴影的边缘越模糊；数值越小，边缘越清晰。

★ 过滤颜色：自定义太阳光的颜色。

★ 阴影细分：该参数用来调整阴影的质量，数值越大，阴影质量越好，没有杂点。

★ 阴影偏移：该参数用来控制阴影与物体之间的距离。

★ 光子发射半径：该参数和发光贴图有关。

★ 天空模型：选择天空的模型，可以设置为晴天或阴天。

★ 排除：与标准灯光一样，用来排除物体的照明。

## 9.1.3　VRay阴影

当使用VRay渲染器后，使用任何3ds Max自带灯光时，都需要将阴影类型设置为【VRay阴影】。

### 1.功能概述

在本小节中将对VRay阴影的功能简单概括地介绍一下。

在大多数情况下，标准的3ds Max光影追踪阴影无法在VRay中正常工作，此时必须使用VRay阴影，才能得到更好的效果。除了支持模糊阴影外，也可以正确地表现来自VRay置换物体或者透明物体的阴影，参数面板如图9.7所示。

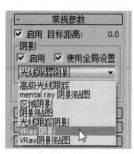

图9.7 【VRay阴影参数】面板

VRay支持面阴影，在使用VRay透明折射贴图时，VRayShadow是必须使用的。同时用VRay阴影产生的模糊阴影的计算速度要比其他类型的阴影速度快。

### 2.参数详解

本介将介绍【VRay阴影】卷展栏中各个选项参数的详细说明。

★ 透明阴影：该选项用于确定场景中透明物体投射的阴影。当物体的阴影是由一个透明物体产生时，该选项十分有用。当打开该选项时，VRay会忽略Mas的物体阴影参数。

★ 偏移：该参数用来控制物体底部与阴影偏移距离，一般保持默认即可。

★ 区域阴影：打开或关闭面阴影。

★ 长方体：计算阴影时，假定光线是由一个盒体发出的。

★ 球体：计算阴影时，假定光线是由一个球体发出的。

★ U大小：当VRay计算面积阴影的时候，它表示VRay获得的光源的U向尺寸（如果光源为球状，则相应的表示球的半径）。

★ V大小：当VRay计算面积阴影的时候，它表示VRay获得的光源的V向尺寸（如果光源为球状，则没有效果）

★ W大小：当VRay计算面积阴影的时候，它表示VRay获得的光源的W向尺寸（如果光源为球状，则没有效果）。

★ 细分：设置在某个特定点计算面积阴影效果时使用的样本数量，较高的取值将产生平滑的效果，但是会耗费更多的渲染时间。

## 9.1.4 VR天空

VR天空用于模拟天光效果。在这里所指的天空是用环境光来代替天空效果。

### 1.功能概述

VRay天空是VRay灯光系统中非常重要的照明系统。若要编辑【VR天空】，需要在【环境和效果】对话框中，将【环境贴图】设置为【VR天空】，然后将环境贴图拖入材质编辑器中进行编辑，如图9.8和图9.9所示。

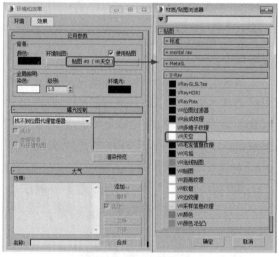

图9.8 选择【VR天空】

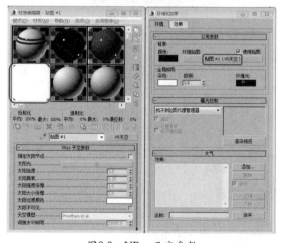

图9.9 VRay天空参数

### 2.参数详解

VRay天空参数】卷展栏中各个参数详解如下所述。

★ 指定太阳节点：勾选此选项，用户可以为场景选择不同的灯光，VRay太阳将不再控制VRay天空的效果，通过设置下面的参数来改变天光的效果。若不选择此选项，VRay天空的参数将由场景中的VRay太阳的参数自动匹配。

★ 太阳光：单击【无】按钮可以选择太阳灯光。

★ 太阳浊度：该参数就是空气的浑浊度，能影响太阳和天空的颜色。如果小的数值，表示的是晴朗干净的空气，天空的颜色比较蓝；如果大的数值，表示的是阴天有灰尘的空气，天空的颜色呈橘黄色。

★ 太阳臭氧：该参数是指空气中氧的含量。如果是小的数值，阳光比较黄；如果是大的数值，阳光比较蓝。

★ 太阳强度倍增：该参数是指阳光的亮度。默认值为1，场景会出现很亮曝光的效果。一般情况下使用标准摄影机的话，亮度设置为0.01～0.005。如果使用VR摄影机的话，亮度默认就可以了。

★ 太阳大小倍增：该参数是指阳光亮度的大小。数值越大，阴影的边缘越模糊；数值越小，边缘越清晰。

★ 太阳过滤颜色：自定义太阳光的颜色。

★ 太阳不可见：选择此选项后，在渲染的图像中将不会出现太阳的形状。

★ 天空模型：选择天空的模型，可以设置为晴天或阴天。

# 9.2 实例应用：浴室灯光

本例将介绍洗澡的浴室中灯光的创建方法，制作完成后的效果如图9.10所示。

图9.10 浴室灯光效果

01 启动软件后单击【应用程序】按钮，单击【打开】命令，如图9.11所示。

图9.11 选择【打开】命令

02 在打开的对话框中，选择随书附带光盘中的"浴室.max"素材文件，如图9.12所示。

图9.12 选择素材

**03** 单击【打开】按钮，将素材打开后，选择
【创建】 💠 |【灯光】 🔆 |【光度学】|【目标
灯光】命令，在【左】视图中创建目标灯
光，在【常规参数】卷展栏中，取消勾选
【阴影】选项组中的【启用】与【使用全局
设置】复选框，如图9.13所示。

图9.13 选择【打开】命令

**04** 在【灯光分布（类型）】选项组中选择【光度学Web】选项，在【分布（光度学Web）】卷展
栏中单击【选择光度学文件】按钮，在打开的对话框中选择【筒灯0.ies】文件，单击【打开】
按钮，在【强度/颜色/衰减】卷展栏中，单击【过滤颜色】右侧的色块，在打开的对话框中将
RGB值设置为（255、215、150），单击【确定】按钮，如图9.14所示。

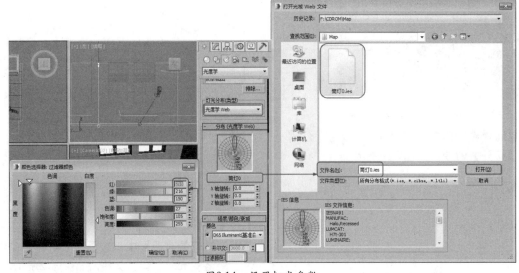

图9.14 设置灯光参数

**05** 然后在【前】视图中，使用【选择并移动工具】选择创建的目标灯光，沿X轴向右拖动，松开鼠标，在弹出的对话框中，选中【复制】单选项，将【副本数】设置为5，单击【确定】按钮，如图9.15所示。

**06** 复制完成后，在其他视图中对灯光的位置进行调整，调整后的效果如图9.16所示。

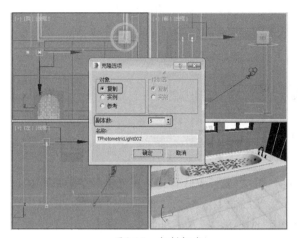

图9.15　复制灯光

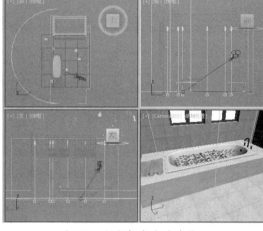

图9.16　调整灯光后的效果

**07** 选择【创建】|【灯光】|【标准】|【目标平行光】命令，在【前】视图中创建目标平行光，在【常规参数】卷展栏中，在【阴影】选项组中将阴影类型设置为【VRay阴影】，在【强度/颜色/衰减】卷展栏中，将【倍增】值设置为2.2，单击右侧的色块，在打开的对话框中将RGB的值设置为（255、215、150），单击【确定】按钮，在【平行光参数】卷展栏中，将【聚光区/光束】设置为6500，【衰减区/区域】设置为7000，单击【光锥】选项组中的【矩形】单选按钮，如图9.17所示。

**08** 设置完成后，在其他视图中调整目标平行光的位置，调整后的效果如图9.18所示。

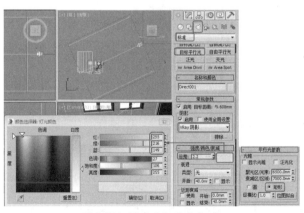

图9.17　创建目标平行灯光

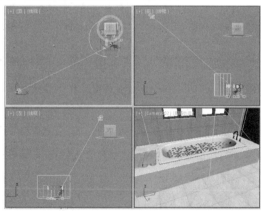

图9.18　调整目标平行灯光后的效果

**09** 选择【创建】|【灯光】|【VRay】|【VRay灯光】命令，在【左】视图中创建VRay灯光，在【参数】卷展栏中，将【强度】选项组中将【倍增器】设置为10，单击【颜色】右侧的色块，在打开的对话框中将RGB的值设置为（120、180、255），单击【确定】按钮，在【大小】组中将【1/2长】设置为1000，【1/2宽】设置为850，在【选项】选项组中，勾选【不可见】复选项，在【采样】选项组中将【细分】设置为15，如图9.19所示。

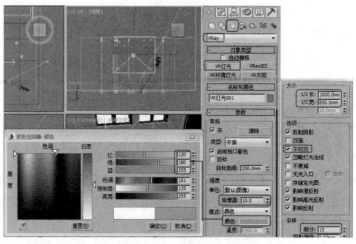

图9.19 创建VRay灯光并设置

**10** 然后调整VRay灯光的位置，并在【顶】视图中，再次创建VRay灯光，在【参数】卷展栏中，将【强度】选项组中【倍增器】设置为12，单击【颜色】右侧的色块，在打开的对话框中将RGB的值设置为（255、230、180），单击【确定】按钮，在【大小】组中将【1/2长】设置为1260，【1/2宽】设置为40，在【选项】选项组中，勾选【不可见】复选项，在【采样】选项组中将【细分】设置为15，如图9.20所示。

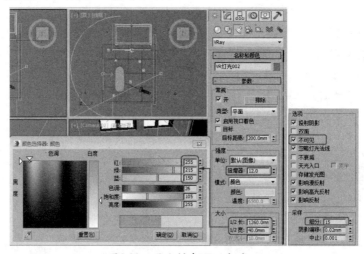

图9.20 再次创建VRay灯光

**11** 设置完成后，调整灯光的位置，激活摄影机视图，按F9键进行渲染即可，并将场景进行保存。

# 9.3 拓展训练：室外灯光

本例将介绍创建室外灯光的方法，制作完成后的效果如图9.21所示。

**01** 启动软件后，按Ctrl+O快捷键，在打开的对话框中选择素材文件【室外灯光.max】，单击【打开】命令，如图9.22所示。

**02** 选择【创建】 ◈ |【灯光】 ◁ |【标准】|【目标平行光】命令，在【顶】视图中创建目标平行光，在【常规参数】卷展栏中，将阴影类型设置为【VRay阴影】，在【强度/颜色/衰减】卷展栏中，将【倍增】设置为3，单击右侧的色块，在打开的对话框中，将RGB的值设置为（255、

240、200），单击【确定】按钮，在【平行光参数】卷展栏中，将【聚光区/光束】设置为2288，【衰减区/区域】设置为2485，如图9.23所示。

图9.21 室外灯光效果

图9.22 选择素材文件

**03** 设置完成后调整灯光的位置，对摄影机视图进行渲染即可，并对场景进行保存。

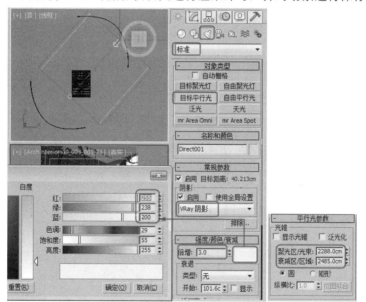

图9.23 创建并设置目标平行光

# 9.4 课后练习

如何设置VRay天空？

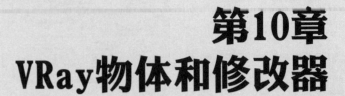

# 第10章
# VRay物体和修改器

VRay不但有单独的渲染设置控制面板，还有非常独特的VRay自带的物体类型。当VRay渲染器安装成功以后，在几何体创建命令面板中便会增加一个VRay物体创建面板，分别由VR代理、VR毛发、VR平面、VR球体组成。

# 10.1 VR毛发基础

## 10.1.1 VR毛发

### 1.功能概述

在本小节中将对【VR毛发】的功能简单概括地介绍一下。

【VR毛发】是一种简单的程序毛发插件，毛发仅在渲染时产生，实际上并不会出现在场景中。

（1）选择3ds Max场景中存在的任何几何体，打开创建面板，选择VRay类别，如图10.1所示。

图10.1　选择VRay物体类别

（2）单击【VR毛发】按钮，以当前选择的物体作为源物体产生一个毛发物体，如图10.2所示。

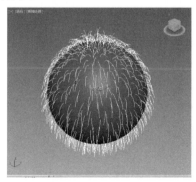

图10.2　创建VRay物体

（3）选择毛发，然后打开修改器面板修改其参数，如图10.3所示。

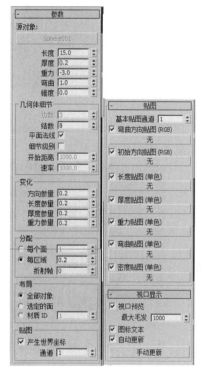

图10.3　VR毛发参数

### 2.参数详解

本节将介绍【VR毛发】卷展栏中各个选项参数的详细说明。

（1）参数

★　常规参数

●　源对象：设置生成毛发的几何体源。

●　长度：设置毛发串的长度，图10.4设置不同长度后的毛发效果。

●　厚度：设置毛发串的薄厚程度。

●　重力：设置沿z轴向下拖拉毛发串的力量大小。

●　弯曲：设置毛发的弯曲程度。

●　锥度：设置毛发的锥化程度。

★　几何体细节

●　边数：设置毛发几何形状的边数。

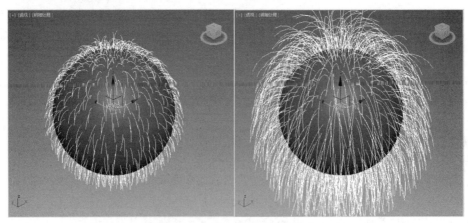

图10.4　设置不同长度后的效果

● 结数：毛发串是作为几个连接的直片段来渲染的，此参数控制片段的数量，图10.5结数为10和50的不同效果。

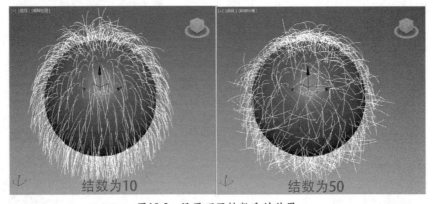

图10.5　设置不同结数后的效果

● 平面法线：勾选此项，毛发串的法线在横跨过毛发串的宽度方向时不发生变化。

虽然不是非常精确，类似于其他毛发解决方案的工作原理，但它有助于毛发的抗锯齿，也会使图像采样器的工作变得更容易。当不勾选此项时，毛发串的法线在横跨过毛发串的宽度方向时产生变化，会让人产生毛发串是圆柱状的错觉。

★ 变化

● 方向参量：为从源物体产生的毛发串的生长方向增加一些变化。任何正值都是有效的，此参数也取决于场景的比例，设置不同【方向参量】后的效果如图10.6所示。

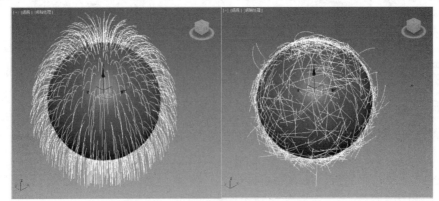

图10.6　设置不同【方向参量】后的效果

● 长度参量：为毛发长度增加一些变化，取值范围为0～1.0。

● 厚度参量：为毛发厚度增加一些变化，取值范围为0~1.0。

● 重力参量：为毛发重力增加一些变化，取值范围为0~1.0。

★ 分配：此选项组用于确定源物体上毛发串的分布密度。

● 每个面：指定源物体每个表面产生的毛发串数量，每个表面都将产生指定数量的毛发串。

● 每区域：每一个特定表面的毛发串数量取决于表面的尺寸，较小的表面毛发串数量较少，而较大的表面毛发串数量较多，每一个表面都至少有一个毛发串。

● 折射帧：指定毛发相关帧的数量。

★ 布局：确定源物体的哪一个表面产生毛发串。

● 全部对象：在物体所有表面都产生毛发。

● 选定的面：仅在选择的表面（例如，使用了网格选择修改器选择的表面）产生毛发。

● 材质ID：仅在指定了材质ID号的表面产生毛发。

★ 贴图

● 产生世界坐标：一般情况下，所有的贴图坐标都是从源物体获得的，但是，w向的贴图坐标可以被修改，用于描述毛发串的偏移，而u/v向的贴图坐标仍然来自于基本物体。

● 通道：设置哪一个通道的W向贴图坐标被修改。

（2）贴图

此卷展栏为毛发的相关参数提供了贴图控制。

★ 基本贴图通道：设置毛发的基本贴图通道，默认时为通道1。

★ 弯曲方向贴图（RGB）：使用贴图来控制毛发的弯曲方向。

★ 初始方向贴图（RGB）：使用贴图来控制毛发的初始方向。

★ 长度贴图（单色）：使用贴图来控制毛发的长度。

★ 厚度贴图（单色）：使用贴图来控制毛发的厚度。

★ 重力贴图（单色）：使用贴图来控制毛发所受到的重力影响。

★ 弯曲贴图（单色）：使用贴图来控制毛发的弯曲程度。

★ 密度贴图（单色）：使用贴图来控制毛发的密度。

（3）视口显示

此卷展栏用于控制毛发物体在视图中的显示情况。

★ 视口预览：勾选此项，可以在视图中实时预览由于毛发参数变化而导致毛发变化的情况。

★ 最大毛发数：设置在视图中实时显示的毛发数量的上限。

★ 图标文本：勾选此项，则在视口中便能看到图标及文字内容，如：VR-毛发。

★ 自动更新：勾选此项，当改变毛发的参数时，其效果会即时显示在视图中。

★ 手动更新：单击此按钮，可以即时更新场景的显示。

3.专家点拨

在本节中将对【VR毛发】重点参数进行指出。

★ 目前，毛发仅能为几何体产生单一片段的运动模糊，而忽略运动模糊的【几何体样本】选项。

★ 避免应用具有【物体XYZ】贴图坐标的纹理到毛发。如果确实需要使用3D程序纹理贴图，可以先应用一个。

★ UVW贴图修改器到源物体，转换xyz坐标到uvw坐标，并且尽可能地应用分辨率高的纹理贴图。

★ 阴影贴图不包含【VR毛发】的信息，但是其他物体可以投射阴影，甚至包括阴影贴图到毛发上。

★ VR平面物体不能作为VR毛发物体的源物体。

## 10.1.2　VR代理物体

在本小节中将对【VR代理物体】的功能简单概括地介绍一下。

VR代理物体允许用户只在渲染的时候导入外部网格物体，这个外部的几何体不会出现在3ds Max场景中，也不占用资源。利用这种方式可以渲染上百万个三角面（超出3ds Max自身的控制范围）场景。

【VR代理】只在渲染时使用，它可以代理物体在当前的场景中进行形体渲染，但并不是真正意义上地存在于这个当前场景中。其作用与3ds Max中 【参照】|【外部参照对象】命令的意义十分相似。要想使用VR代理物体命令，首先要将代理的文件格式创建为代理物体支持的格式，代理物体的文件格式是*.vrmesh。

下面来创建一个*.vrmesh文件格式的代理物体。

首先在场景中创建一个球体，确认球体处于选择状态，然后右击鼠标，在弹出的菜单中选择【V-Ray网格导出】命令，如图10.7所示。在弹出的【V-Ray网格导出】对话框中将文件指定一个路径，然后单击【确定】按钮，如图10.8所示。

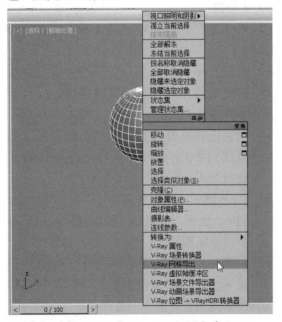

图10.7　选择【V-Ray网格导出】命令

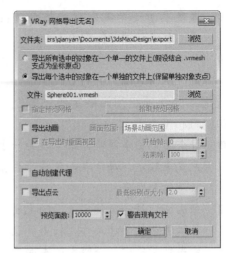

图10.8　【V-Ray网格导出】对话框

★ 文件夹：用来显示网格导出物体的保存路径，可以单击右边的 浏览 按钮更换文件的路径。

★ 导出所有选中的对象在一个单一的文件上：当选择两个或两个以上的网格导出物体时，选择这个选项，可以将多个网格导出物体当作一个网格导出物体来进行保存，其中包括该物体位置的位置信息。

★ 导出每个选中的对象在一个单独的文件上：当选择两个或两个以上的网格导出物体时，选择这个选项，可以将每个网格导出物体当作一个网格导出物体来进行保存，文件名称将无法进行自定义，它们会以导出的网格物体的名称来代替。

★ 文件：显示代理物体的名称，也可以自己重新命名。

★ 自动创建代理：当启用【自动创建代理物体】选项时，会将生成的代理文件自动代替场景中原始的网格物体，而且代理物体与原始的网格物体会在同一位置上，同时也会保持与原始物体相同的材质贴图。

当VR代理物体创建完成以后，单击【创建】 |【几何体】 | VR代理 按钮，在【网格代理参数】卷展栏中单击 浏览 按钮，如图10.9所示。在弹出的【选择外部网格文件】对话框中选择代理物体文件，单击【打开】按钮，如图10.10所示，即可将代理物体导入到当前的场景中。

图10.9　VRay物体面板

图10.10　【选择外部网格文件】对话框

★　网格文件：用来显示代理物体的保存路径和名称。

★　显示选项组

● 边界框：无论什么样的代理物体都是以一种方体的形式显示出来的，方体的大小与代理物体的外边界大小相同。

● 从文件预览：这种显示方式为默认的显示方式，它以线框的方式进行显示，同时还可以看到该代理物体的外观形态。

## ▌10.1.3　VR平面物体

### 1.功能概述

VR平面物体可以让用户创建一个无限大尺寸的平面，它没有任何参数，位于创建标准几何体面板下面的VRay分支中。

### 2.专家点拨

在本节中将对【VR平面物体】重点参数进行指出。

★　【VR平面】的位置由其在3ds Max场景中的坐标来确定。

★　可以同时创建多个无限大的平面。

★　VR平面物体可以指定材质，也可以被渲染。

★　阴影贴图不包括VR平面物体的信息，但是，其他物体可以在VR平面物体上投射正确的阴影，包括阴影贴图类型。

## ▌10.1.4　VR置换模式修改器

### 1.功能概述

贴图置换是一种为场景中几何体增加细节的技术，类似于凹凸贴图技术，但是凹凸贴图只是改变了物体表面的外观，属于一种Shading效果，而贴图置换确实真正地改变了表面的几何结构。

VR置换模式器的控制参数如图10.11所示。

图10.11　【VR置换模式修改器】参数

### 2.参数详解

本节将介绍【VR置换模式修改器】卷展栏中各个选项参数的详细说明。

（1）类型

此选项组用于设定贴图置换的方法。

★　2D贴图（景观）：这种方法是基于预先获得的纹理映射来进行置换的，置换表面在渲染的时候是根据纹理映射的高度区域来实现的，置换表面的光影追踪实际上是在纹理空间进行的，进行完后再返回到3D空间。这种方法的优点是可以保护置换映射中的所有细节。但是它需要物体具有正确的映射坐标，所以选用这种方法的时候，不能将3D程序映射或者其他使用物体或世界坐标的纹理映射作为置换映射来使用。置换映射可以使用任何值（与3D映射方式正好相反，它会忽略0~1以外的任何值）。

★ 3D贴图：这是一种常规的方法——对物体原始表面上的三角面进行细分，按照用户定义的参数把它划分成更细小的三角面，然后对这些细小的三角面进行置换。它可以使用各种映射坐标类型进行任意的置换。这种方法还可以使用在物体材质中指定的置换映射。值得注意的是，3D置换映射的范围在0~1之间，在这个范围之外的都会被忽略。

3D置换映射是通过物体几何学属性来控制的，与置换映射的关系不大。所以几何体细分程度不够的时候，置换映射的某些细节可能会丢失。

★ 细分：此方法类似于3D映射方法，不同之处在于它将运用一种细分方法到物体上，其作用类似于网格光滑修改器。对于网格的三角面，将运用循环细分方法；对于四边面，将运用Catmull-clark方法，而其他类型的多边形，将首先被转换为三角面。如果想平滑物体，可设置置换数量为0，不运用置换映射即可。

那么如何选择置换方法呢？在VRay早先的版本中，这两种方式产生的效果有很大的不同，在大多数情况下，二维映射方式非常快。但是随着动态几何学控制的引入，与二维映射方式相比，3D映射方式也变得非常快，图像品质也更好。对于有大量置换表面（如海洋或山脉）的静帧场景来说，选择二维映射方式可能会更快一点。

二维映射方式会让置换映射保持预编译状态并保存在内存中，大量的置换映射会占用更多的内存空间，在这种情况下使用3D映射方式则更为有效，因为它可以循环使用内存。

（2）公共参数

★ 纹理贴图：选择置换贴图，可以是任何类型的贴图，如一维图、程序贴图、二维或三维贴图等。注意，对于二维贴图方式，用户只能使用具有外部贴图坐标的贴图，但是对于三维贴图方式，就没有限制了，可以使用任何类型。如果【使用物体材质】选项被勾选，则这里选择的纹理贴图会被忽略。

★ 纹理通道：贴图置换将使用UVW通道，如果使用外部UVW贴图，这将与纹理贴图内建的贴图通道相匹配。但是在【使用物体材质】选项被勾选的时候，将会被忽略。

★ 过滤纹理贴图：勾选此项，将使用纹理贴图过滤。但是在【使用物体材质】选项被勾选的时候，将会被忽略。

★ 过滤模糊：此参数用来设置对模糊效果进行过滤的程度，取值越大，过滤效果越明显。

★ 数量：定义置换的数量，如果值为0，则表示物体没有变化，较大的值将产生较强烈的置换效果。这个值可以为负值，在这种情况下，物体将会被凹陷下去。

★ 移位：指定一个常数，它将被添加到置换贴图评估中，有效地沿着法线方向上下移动以置换表面。它可以是任何一个正数或负数。

★ 水平面：置换贴图评估位于某个确定值下方的时候，几何体表面置换会被限制。

★ 相对于边界框：勾选此项，置换的数量以边界盒为基础，并且置换效果相当尖锐。默认情况下该选项是被勾选的。

（3）2D贴图

★ 分辨率：确定在VRay中使用的置换映射的分辨率，如果纹理映射是位图，将会很好地按照位图的尺寸匹配。对于二维程序映射来说，分辨率要根据在置换中希望得到的品质和细节来确定。

**注意**

VRay也会自动基于置换映射产生一个法向映射，来补偿无法通过真实的表面获得的细节。

★ 精确度：此参数与置换表面的曲率相关，平坦的表面精度相对较低（对于一个极平坦的表面甚至可以使用1），崎岖的表面则需要较高的取值。在置换过程中，如果精度取值不够，可能会在物体表面产生黑斑，不过此时计算速度会很快。

★ 紧密边界：将促使VRay为置换三角形计算更精确的限制容积。

（4）3D贴图/细分

★ 边长：确定置换的品质，原始网格物体的每一个三角形被细分成大量的更细小的三角形，越多的细小三角形就意味着在置换中会产生更多的细节，占用更多的内存及更慢的渲染速度，反之亦然。它的含义取决于下面视图View—dependent参数的设置。

★ 依赖于视图：勾选此项，边长度将以像素为单位确定细小三角形边的最大长度，值为1，意味着每一个细小三角形投射到屏幕上的最长边的长度是1像素；如果不勾选此项，则是以世界单位来确定细小三角形的最长边的长度。

★ 最大细分：确定从原始网格的每一个三角面细分得到的细小三角形的最大数量，实际上产生的三角形数量是以这个参数的平方值来计算的。例如，256意味着在任何原始的三角面中最多产生256×256=65536个细小三角形。把这个参数值设置得太高是不可取的，如果确实需要得到较多的细小三角形，最好用进一步细分原始网格三角面的方法代替。

★ 紧密边界：勾选此项，VRay将试图计算来自原始网格的被置换三角形的精确限制容积。这需要对置换贴图进行预采样，如果纹理具有大量黑或者白的区域的话，渲染速度将很快；如果在纯黑和纯白之间变化很大的话，置换评估会变慢。在某些情况下，关闭它也许会加快速度，因为此时VRay将假设最差的跳跃量，并不对纹理进行预采样。

★ 使用对象材质：勾选此项，VRay会从物体材质内部获取置换贴图，而不理会这个修改器中关于获取置换贴图的设置。注意，此时应该取消3ds Max自身的置换贴图功能（位于渲染场景的常规卷展栏下面）。

★ 保持连续性：勾选此项，将在不同的光滑组或材质ID号之间产生一个没有裂缝的连接表面。不过要注意，使用材质ID号来结合置换贴图并不是一个非常好的方法，因为VRay无法保证表面总是连续的。建议使用其他的形式（顶点颜色或遮罩等）来混合置换映射。

★ 边阈值：当Keep continuity（保持连续性）被勾选时，它用于控制在不同材质ID号之间进行混合的面映射的范围。注意VRay只能保证边连续，不能保证顶点连续（换句话说，沿着边的表面之间将不会有缺口，但是沿着顶点的则可能有裂口）。基于此，用户必须将这个参数设置得小一点。

**3.专家点拨**

在本节中将对【VR置换模式修改器】重点参数进行指出。

★ 纹理贴图被运用到置换表面，因为纹理贴图具有【物体XYZ】和【世界XYZ】两种不同的贴图坐标，所以置换后的效果看上去有点不同。如果这并非用户所要的效果（例如希望置换贴图适配纹理），可以为材质纹理使用直接通道贴图，仅为置换贴图保持【物体XYZ】或【世界XYZ】贴图坐标。

★ 置换物体无法完全支持阴影贴图，阴影贴图包含了未置换的网格信息。较少的置换数量可能会得到精细的置换效果。

★ VR置换修改模式修改器对于VR平面物体、VR代理物体和VR毛发物体来说没有任何效果。

# 10.2

图10.12　毛绒玩具熊效果

实例应用：毛绒玩具熊

本例介绍，使用VR毛发修改器
制作出毛绒坑具熊，效果如图10.12所示。

**01** 按Ctrl+O快捷键，在打开的对话框中，打开
附带光盘中的"毛绒玩具熊.max"场景文
件，如图10.13所示。

图10.13　打开的场景文件

**02** 选择【创建】|【几何体】|【VRay】|【VR
平面】命令，在【顶】视图中单击，即可
在场景中创建平面，如图10.14所示。

图10.14　选择VR毛发工具

**03** 在场景中选择毛绒熊对象，选择【创建】
【几何体】【VRay】|【VR毛皮】
命令，即可为毛绒熊对象创建VR毛皮，
并在【参数】卷展栏中将【长度】设置为
0.5cm，【厚度】设置为0.3cm，【重力】设
置为1cm，【弯曲】设置为0.5cm，在【几
何细节】选项组中将【结数】设置为6，勾
选【平面法线】复选框，如图10.15所示。

图10.15　为地毯对象添加VR毛发

**04** 在【变化】选项组中将【方向参量】、
【长度参量】、【厚度参量】、【重力参
量】均设置为0.2，在【分配】选项组中选
择【每区域】单选按钮，值设置为800，在
【视口显示】卷展栏中将【最大毛发】设
置为1000，如图10.16所示。

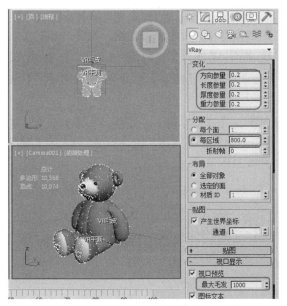

图10.16　设置毛发参数

**05** 在【名称和颜色】卷展栏中单击右侧的色块，在打开的对话框中单击【当前颜色】右侧的色块，在再次打开的【颜色选择

器：修改颜色】对话框中，将RGB的值设置为（95、60、0），如图10.17所示。

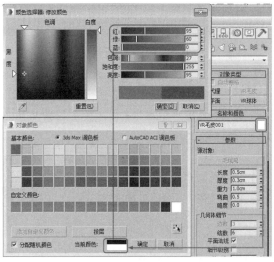

图10.17　设置环境颜色

**06** 单击【确定】按钮，返回到【对象颜色】对话框中，单击【确定】按钮，激活摄影机视图进行渲染即可，并对场景进行保存。

# 10.3 拓展训练：草地

本节将介绍通过VR毛皮制作草地效果，如图10.18所示。

图10.18　草地效果

**01** 按Ctrl+O快捷键，打开随书附带光盘中的"草地.max"，如图10.19所示。

图10.19　选择素材

**02** 单击【打开】按钮，在场景中选择【地面】对象，然后选择【创建】|【几何体】|【VRay】|
【VR毛皮】命令，即可为地面对象创建VR毛皮，切换至【修改】命令面板，在【参数】卷展
栏中将【长度】设置为100mm，【厚度】设置为2mm，【重力】设置为-18mm，【弯曲】设
置为0.89，【锥度】设置为1，在【几何体细节】选项组中将【结数】设置为8，勾选【平面法
线】复选框，如图10.20所示。

**03** 在【变化】选项组中将【方向参量】、【长度参量】、【厚度参量】、【重力参量】分别设置
为0.5、0、0.1、0，在【分配】选项组中，选择【每个面】单选按钮，值设置为350，在【视口
显示】卷展栏中将【最大毛发】设置为1000，如图10.21所示。

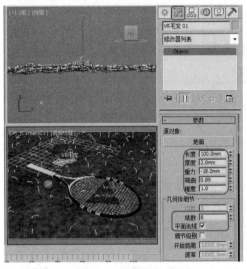
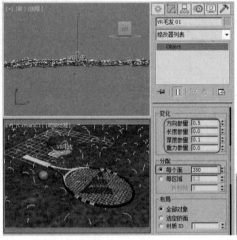

图10.20 设置毛发参数　　　　　　　　　　图10.21 继续设置毛发参数

**04** 按M键打开【材质编辑器】对话框，选择一个新的材质样本球，在反射高光选项组中将【高光
级别】设置为32，【光泽度】设置为41，单击【漫反射】右侧的 按钮，选择随书附带光盘中
的"Arch41_040_leaf.jpg"素材文件，将其打开，如图10.22所示。

**05** 打开素材之后，取消勾选【使用真实世界比例】复选项，将【瓷砖】下的U、V均设置为1，在
场景中选择VR毛皮对象，单击【将材质指定给选中对象】按钮 ，指定给VR毛皮对象，如图
10.23所示。

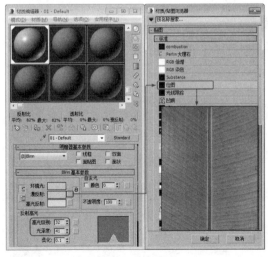
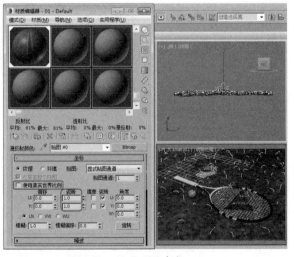

图10.22 选择贴图　　　　　　　　　　　图10.23 设置贴图参数

**06** 最后激活摄影机视图进行渲染即可，并对场景进行保存。

# 10.4

**课后练习**

1. 如何创建VR毛发？

2. VR代理物体的功能有哪些？

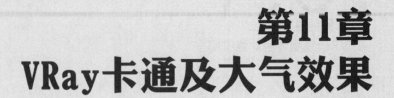

# 第11章
# VRay卡通及大气效果

VR-卡通是一种非常简单的大气插件，用于在场景中的物体上产生卡通类型的轮廓。VR-卡通的源代码可以部分作为VRay SDK（SDK是开发工具包，可以用它来开发自己的程序）使用。

# 11.1 VRay卡通基础

## 11.1.1　VRay卡通

### 1.功能概述

在本小节中将对【VRay卡通】的功能简单概括地介绍一下。

通常为3ds Max增添卡通渲染效果有两种解决方案，一种是指定一种特殊的材质（或明暗处理器），二是作为一种渲染效果来处理，这两种方案有各自的优缺点。VR-卡通作为一种大气效果工具有以下几个原因。

★ 效果实现非常简单。

★ 任何VRay支持的几何体都可以产生，包括VRay置换物体和毛发物体等。

★ 任何VRay支持的摄像机类型都可以产生，包括球状、鱼眼等。

★ 任何VRay支持的摄像机效果都可以产生，包括景深、运动模糊等。

★ 任何VRay支持的光阴追踪效果都可以产生，包括反射、折射等。

★ 对相交物体光滑和一致的轮廓有很好的表现。

创建VR-卡通大气效果：首先在菜单栏中选择【渲染】|【环境】命令，在弹出的【环境和效果】对话框中的【大气】卷展栏中添加【VRay卡通】，【VRay卡通参数】卷展栏中各参数如图11.1所示。

图11.1　【VR-卡通参数】卷展栏

### 2.参数详解

本节将介绍【VRay卡通】卷展栏中各个选项参数的详细说明。

（1）基本参数

★ 线条颜色：定义轮廓线的颜色。

★ 像素：以像素为单位设置轮廓线的宽度。

★ 世界：以当前单位来设置轮廓线的宽度。靠近摄像机的轮廓线将会较宽，反之则较细。

★ 不透明度：设置轮廓线的不透明度。

★ 法线阈值：确定对于同一物体的不同法向表面产生轮廓线的阈值。值为0意味着只有大于或等于90°的法向表面才能产生内部轮廓线，较高的值意味着更多的光滑表面也能产生轮廓线。

★ 重叠阈值：确定对于相交物体产生轮廓线的阈值。较低的取值将会减少内部相交线，较高的取值将会产生更多的内部相交线。

★ 反射/折射：在反射/折射中显示轮廓线，不过这样可能会增加渲染的时间。

★ 轨迹偏移：此参数取决于场景比例，确定在反射/折射中被追踪的轮廓线的光线偏置。

（2）贴图

★ 颜色：指定用于轮廓线颜色的纹理贴图，使用场景贴图坐标效果最好，也支持具有【世界XYZ】坐标的贴图，但是效果并不是很好。

★ 宽度：指定用于轮廓线宽度的贴图，使用场景贴图坐标效果最好，也支持具有【世界XYZ】坐标的贴图，但是效果并不是很好。

★ 失真：指定用于扭曲轮廓线的纹理贴图，工作原理类似于凹凸贴图，对于较大的扭曲值可能需要设置较高的输出值。使用场景贴图坐标效果最好，也支持具有【世界XYZ】坐标的贴图，但是效果并不是很好。

★ 不透明度：指定用于轮廓线不透明度的纹理贴图，使用场景贴图坐标效果最好，也支持具有【世界XYZ】坐标的贴图，但是效果并不是很好。

（3）包括/排除对象

此【包括/排除对象】列表列出了场景中所有使用VR-卡通大气效果的对象。

★ 增加：单击此按钮可在场景中选择对象，并将它添加到左面的【包括/排除对象】列表中。

★ 移除：单击此按钮可以删除左面的【包括/排除对象】列表中高亮显示的被选择对象，此对象在渲染中将不会被应用VRay卡通大气效果。

★ 类型：设置是排除还是包括对象到VRay卡通大气效果中。

**3.专家点拨**

在本节中将对【VRay卡通】重点参数进行指出。

★ VR-卡通大气效果仅产生轮廓线，其他的效果可能需要用户自己创建卡通类型的材质（例如使用衰减贴图或第三方的材质插件等）。

★ VR-卡通大气效果对于透明物体可能并不理想，对于折射率为1.0的折射物体效果更好。

★ 没有单一的物体设置时，VR-卡通大气效果将为场景中的所有对象创建轮廓线。VRay卡通大气效果不支持投射阴影属性关闭的物体。

★ 轮廓线的品质取决于当前图像采样器的设置。

## ▋▋ 11.1.2　VRay球形褪光 ───○

### 1.功能概述

在本小节中将对【VRay球形褪光】的功能简单概括地介绍一下。

【VRay球形褪光】是VRay渲染器提供的一种简单的大气插件，其早先只是一个简单的脚本文件，现在已经集成到VRay渲染器中。使用此插件之前，场景中必须首先存在3ds Max的球形线框帮助物体，在渲染中VRay仅渲染球形Gizmos范围之内的场景，范围之外的场景全部以指定的颜色来代替。使用这种功能可以在渲染动画的过程中有效地节约渲染时间。其参数面板如图11.2所示。

图11.2　【VRay球形褪光参数】卷展栏

### 2.参数详解

本节将介绍【VRay球形褪光】卷展栏中各个选项参数的详细说明。

★ 线框：此列表中列出了全部用于球形褪光大气效果的球形线框帮助物体。

★ 拾取：单击此按钮，可以使用鼠标在场景中选取球形线框帮助物体，以将其添加到线框列表中。

★ 移除：单击此按钮，可以删除列表中选择的球形线框帮助物体。

★ 相对衰减：VRay球形褪光大气效果自身设置衰减效果，取值范围为0~1，默认值为0.2。

★ 空颜色：此颜色样本用于设置球形线框区域之外的场景颜色。

# 11.2 实例应用：室外房子

本例中我们将学习如何利用【VRay卡通】大气效果，制作出卡通效果，其具体操作方法如下，完成后的效果如图11.3所示。

**01** 启动软件后，打开随书附带光盘中的"室外房子.max"素材文件，如图11.4所示。

图11.3　室外房子

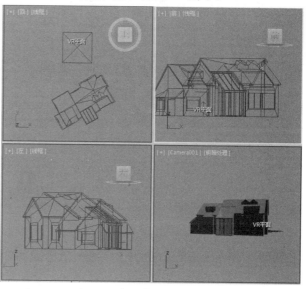

图11.4　打开素材文件

**02** 选择【创建】 ✳ |【灯光】 ◀ |【标准】|【目标聚光灯】工具，在【顶】视图中创建一盏目标聚光灯，切换至【修改】命令面板，在【常规参数】卷展栏下选中【阴影】范围下的【启用】复选框，将阴影模式定义为【VRay阴影】；在【强度/颜色/衰减】卷展栏中将【倍增】值设置为0.7，在【聚光灯参数】卷展栏中将【聚光区/光束】和【衰减区/区域】的值分别设置为100和102，然后在其他视图中调整其位置，如图11.5所示。

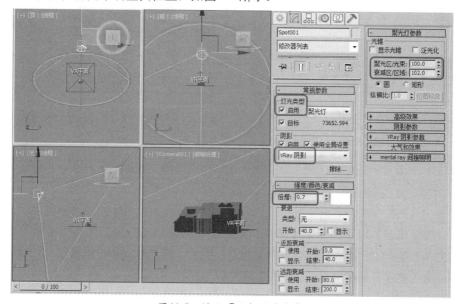

图11.5　添加【目标聚光灯】

**03** 选择【创建】 ✳ |【灯光】 ◀ |【标准】|【泛光】工具，在【顶】视图中创建一盏泛光灯，这时切换到【修改】命令面板，在【常规参数】卷展栏下选中【阴影】范围下的【启用】复选框，

将阴影模式定义为【VRay阴影】；在【强度/颜色/衰减】卷展栏中将【倍增】值设置为0.5，然后在其他视图中调整其位置，如图11.6所示。

**04** 按键盘上的8键，弹出【环境和效果】对话框，在【公用参数】卷展栏中，单击【环境贴图】下的【无】按钮，弹出【材质/贴图浏览器】对话框，选择【贴图】|【标准】|【位图】选项，并单击【确定】按钮，如图11.7所示。

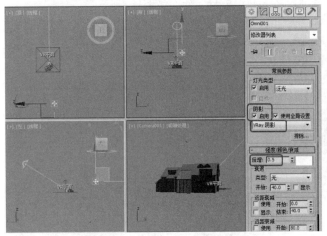

图11.6　创建【泛光灯】

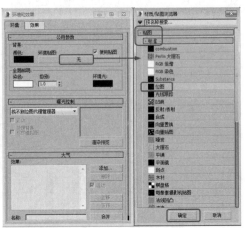

图11.7　选择【VRay卡通】特效

**05** 弹出【选择位图图像文件】对话框，选择随书附带光盘中的"329.jpg"素材文件，并单击【打开】按钮，如图11.8所示。

**06** 按M键，打开【材质编辑器】对话框，选择上一步添加的贴图，按着鼠标左键将其拖至一个空的样本球，弹出【实例（副本）贴图】对话框，选择【实例】单选按钮，并单击【确定】按钮，在【坐标】卷展栏中将【贴图】设为【屏幕】，如图11.9所示。

图11.8　选择位图

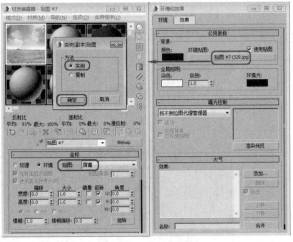

图11.9　复制贴图

**07** 关闭【材质编辑器】对话框，在【环境和效果】对话框的【大气】卷展栏中单击【添加】按钮，在弹出的对话框中选择【VRay卡通】特效，单击【确定】按钮，如图11.10所示。

**08** 在【VRay卡通参数】卷展栏中将【像素】设为1，如图11.11所示。

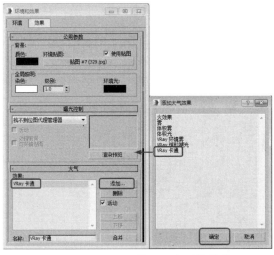

图11.10 添加【VRay卡通】特效

图11.11 设置特效参数参数

**09** 按F10键，弹出【渲染设置】对话框，切换到【公用】选项卡，在【公用参数】卷展栏中的【渲染输出】选项组中单击【文件】按钮，如图11.12所示。

**10** 弹出【渲染输出文件】对话框，设置正确的文件名，将【保存类型】设为【JPEG文件】，并单击【保存】按钮，如图11.13所示。

图11.12 单击【文件】按钮

图11.13 设置保存类型

**11** 弹出【JPEG图像控制】对话框，将滑块拖动到【最佳】位置，并单击【确定】按钮，如图11.14所示。

图11.14 设置文件品质

**12** 弹出【渲染设置】对话框，单击【渲染】按钮，进行渲染，如图11.15所示。

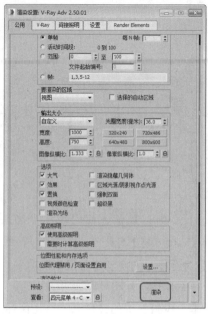

图11.15　单击【渲染】按钮

# 11.3 拓展训练：手绘卡通

本案例将讲解利用VRay特效，将卡通模型制作出手绘效果，具体操作方法如下，完成后的效果如图11.16所示。

图11.16　创建【泛光灯】

**01** 启动软件后，打开随书附带光盘"手绘卡通玩具.max"素材文件，如图11.17所示。

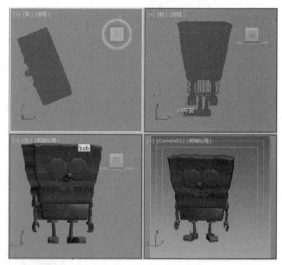

图11.17　打开素材文件

**02** 按8键打开【环境和效果】对话框，在【大气】卷展栏中单击【添加】按钮，在弹出的【添加大气效果】对话框中选择【VRay卡通】特效，并单击【确定】按钮，如图11.18所示。

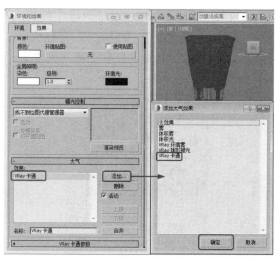

图11.18 添加【VRay卡通】特效

**03** 在【VRay卡通参数】卷展栏中将【像素】的数值设置为1；在【贴图】选项组中单击【宽度】右侧的【无】按钮，在弹出的【材质/贴图浏览器】对话框中，选择【细胞】贴图，如图11.19所示。

图11.19 设置贴图选项

**04** 按M键打开【材质编辑器】对话框，选择上一步添加的材质，按着鼠标左键，将其拖动到一个空的样本球，在弹出【实例（副本）贴图】对话框中，选择【实例】单选按钮，并单击【确定】按钮，如图11.20所示。

**05** 在【细胞参数】卷展栏的【细胞特性】选项组中，勾选【分形】复选框，将【大小】设置为1，【迭代次数】设置为1.4，如图11.21所示。

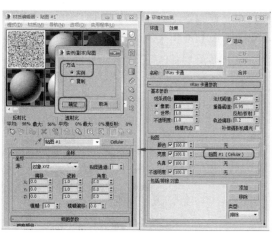

图11.21 复制贴图

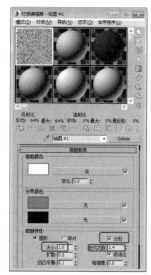

图11.21 设置贴图参数

**06** 在【材质编辑器】对话框中选择一个新的样本球，名称设为【材质】，单击【名称】后面的按钮，在弹出的【材质/贴图浏览器】对话框中选择【材质】|【标准】|【标准】选项，并单击【确定】按钮，如图11.22所示。

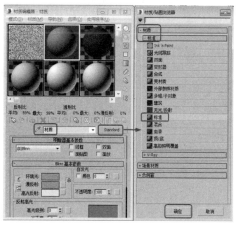

图11.22 设置材质球的类型

**07** 在【明暗器基本参数】卷展栏中将【明暗器类型】设为【Blinn】，将【Blinn基本参数】卷展栏中将【环境光】和【漫反射】的RGB值设为（255、255、255），将【高光级别】设置为50，如图11.23所示。

图11.23　设置材质参数

**08** 切换到【贴图】卷展栏中，单击【漫反射】后面的【无】按钮，在弹出的【材质/贴图浏览器】对话框中，选择【贴图】|【标准】|【衰减】选项，并单击【确定】按钮，如图11.24所示。

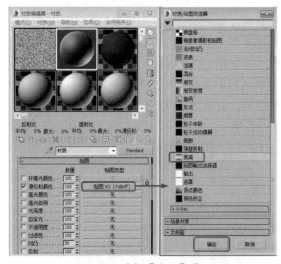

图11.24　选择【衰减】选项

**09** 在【衰减】设置面板的【混合曲线】卷展栏中，单击【添加点】按钮，为控制线增加两个控制点，并调整它们所在的位置，如图11.25所示。

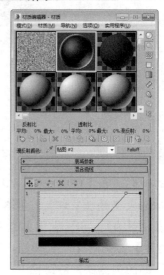

图11.25　调整控制点

**10** 切换到【衰减参数】卷展栏中，单击黑色色块后面的【无】按钮，在弹出的【材质/贴图浏览器】对话框中选择【贴图】|【标准】|【位图】选项，并单击【确定】按钮，如图11.26所示。

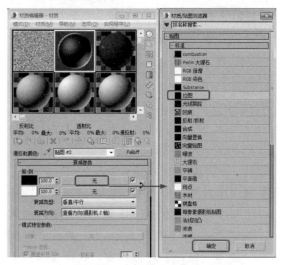

图11.26　选择【位图】选项

**11** 弹出【选择位图图像文件】对话框，选择【灰度.tif】素材文件，并单击【打开】按钮，如图11.27所示。

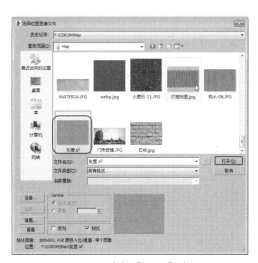

图11.27 选择【位图】选项

**12** 在【坐标】卷展栏中取消勾选【使用真实世界比例】复选框素材文件，在【输出】卷展栏中将【输出量】设为1.2，如图11.28所示。

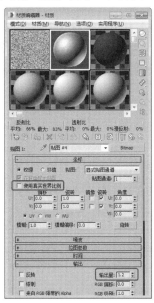

图11.28 设置材质参数

**13** 单击两次【转到父对象】按钮，将制作好的材质指定给【bob】对象，如图11.29所示。

图11.29 将材质指定给对象

**14** 激活【摄影机】视图，按F10键弹出【渲染设置】对话框，切换到【公用】选项卡下，在【公用参数】卷展栏中在【渲染输出】选项组中单击【文件】按钮，如图11.30所示。

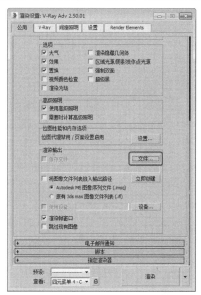

图11.30 单击【文件】按钮

**15** 弹出【渲染输出文件】对话框，将【文件名】设为【手绘卡通】，【保存类型】设为【JPEG文件】，并单击【保存】按钮，如图11.31所示。

图11.31 设置保存类型

**16** 弹出【JPEG图像控制】对话框，将滑块拖动到【最佳】位置，并单击【确定】按钮，如图11.32所示。

**17** 弹出【渲染设置】对话框，单击【渲染】按钮，进行渲染，如图11.33所示。

图11.30 设置图片品质

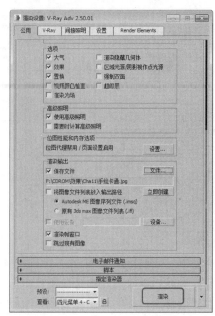

图11.31 单击【渲染】按钮

# 11.4 课后练习 ———○

VRay卡通效果的渲染有哪两种方法？

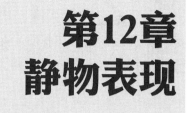

# 第12章
# 静物表现

本章节主要讲解如何利用摄影机和材质
来表现对象组的状态，通过本章节的学习，
读者将对摄影机和材质有一定的了解。

# 12.1

桌上静物

本例中学习如何利用VR渲染器来表现桌面上的静物，重点是讲解VR摄影机、VR材质，具体操作方法如下，完成后的效果如图12.1所示。

**01** 启动软件后，打开随书附带光盘中的"桌上静物.max"素材文件，如图12.2所示。

图12.1　桌上静物

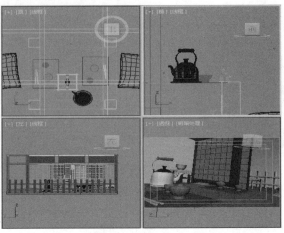

图12.2　打开素材文件

**02** 选择【创建】 ※ |【摄影机】 ② |【VRay】|【VR物理摄影机】选项，在【顶】视图中创建，激活【透视】视图，按C键，将其转换为【摄影机】视图，在【基本参数】卷展栏中将【焦距】设为27，并对摄影机进行调整，完成后的效果如图12.3所示。

**03** 按M键打开【材质编辑器】，选择一个新的样本球，将其命名为【桌面】，并将材质球的类型设为【VRayMtl】，将【反射】的RGB值设为（45、45、45）。在【基本参数】卷展栏中将【反射光泽度】设为0.8，【细分】设为20，如图12.4所示。

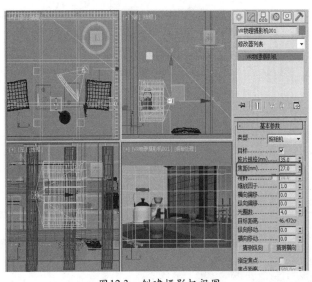

图12.3　创建摄影机视图

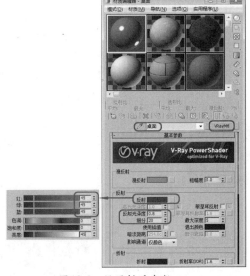

图12.4　设置材质参数

**04** 在【选项】卷展栏中取消对【雾系统单位比例】复选框的选择，在【反射插值】卷展栏中将【最小速率】设为﹣3，【最大速率】设为0，在【折射插值】卷展栏中将【最小速率】设为﹣3，【最大速率】设为0，如图12.5所示。

**05** 切换到【贴图】卷展栏中，单击【漫反射】后面的【无】按钮，弹出【材质/贴图浏览器】对话框，选择【贴图】|【标准】|【位图】选项，单击【确定】按钮，在弹出的对话框中选择随书附带光盘中"archinteriors_vol6_001_wood1.jpg"素材文件，单击【打开】按钮，在【坐标】卷展栏中取消对【使用真实世界比例】复选框的选择，如图12.6所示。

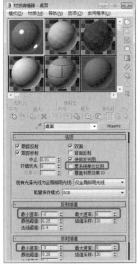

图12.5　设置材质参数

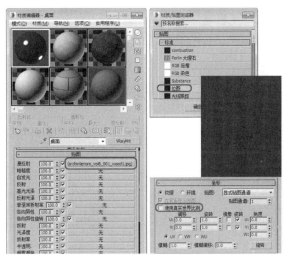

图12.6　设置材质参数

**06** 单击【转到父对象】按钮，选择【漫反射】后面的贴图，按着鼠标左键将其拖至【凹凸】后面的【无】按钮上，在弹出的对话框中选择【复制】单选按钮，单击【确定】按钮，将制作好的材质指定给【桌面】对象，如图12.7所示。

**07** 继续选择一个空的样本球，将其命名为【杯子001】，将材质球的类型设为【VRayMtl】，在【基本参数】卷展栏中将【漫反射】的RGB值设为（190、223、194），将【反射】的RGB值设为（60、60、60），将【反射光泽度】设为0.85，【细分】设为16，如图12.8所示。

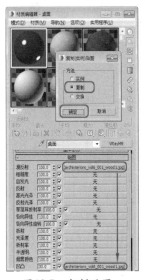

图12.7　复制贴图

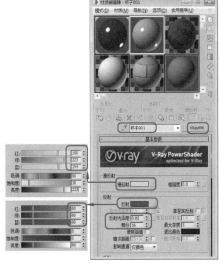

图12.8　设置材质参数

**08** 在【选项】卷展栏中取消对【雾系统单位比例】复选框的选择，在【反射插值】卷展栏中将【最小速率】设为-3，【最大速率】设为0，在【折射插值】卷展栏中将【最小速率】设为-3，【最大速率】设为0，将制作好的材质指定给【杯子001】对象，如图12.9所示。

**09** 继续选择一个空的样本球，将其命名为【杯子002】，并单击名称后面的按钮，在弹出的【材质

/贴图浏览器】对话框中，选择【材质】|【标准】|【多维/子对象】选项，单击【确定】按钮，如图12.10所示。

图12.9 设置材质参数

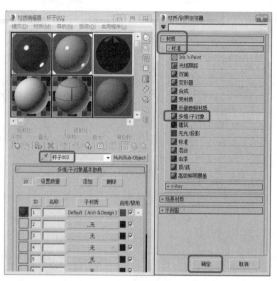

图12.10 设置材质球的类型

**10** 在【多维/子对象基本参数】卷展栏中单击【设置数量】按钮，在弹出的对话框中将【材质数量】设为2，单击【确定】按钮，如图12.11所示。

**11** 在【多维/子对象基本参数】卷展栏中，单击【ID1】后面的【子材质】按钮，进入子材质对象，将材质球的类型设为【混合材质】，如图12.12所示。

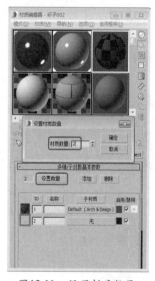

图12.11 设置材质数量

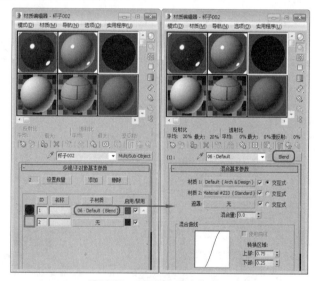

图12.12 设置材质的类型

**12** 单击【材质1】后面的按钮，进入其子材质，将材质球的类型设为【VRayMtl】，在【基本参数】卷展栏中将【漫反射】的RGB值设为（160、0、0），将【反射】的RGB值设为（40、40、40），【反射光泽度】设为0.8，【细分】设为20，如图12.13所示。

**13** 在【选项】卷展栏中取消对【雾系统单位比例】复选框的选择，在【反射插值】卷展栏中将【最小速率】设为－3，【最大速率】设为0，在【折射插值】卷展栏中将【最小速率】设为－3，【最大速率】设为0，如图12.14所示。

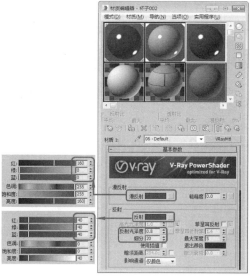

图12.13 设置材质参数　　　　　　图12.14 设置材质参数

**14** 单击【转到父对象】按钮 ，单击【材质2】后面的按钮，进入子材质中，将材质球的类型设为【VRayMtl】，在【基本参数】卷展栏中将【漫反射】的RGB值设为（160、0、0），【反射】的RGB值设为（40、40、40）。【反射光泽度】设为0.8，【细分】设为20，如图12.15所示。

**15** 在【选项】卷展栏中取消对【雾系统单位比例】复选框的选择，在【反射插值】卷展栏中将【最小速率】设为－3，【最大速率】设为0，在【折射插值】卷展栏中将【最小速率】设为－3，【最大速率】设为0，如图12.16所示。

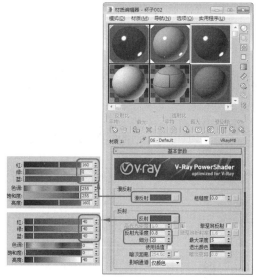
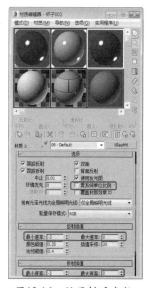

图12.15 设置材质参数　　　　　　图12.16 设置材质参数

**16** 单击【转到父对象】按钮，转到【混合材质】中，单击【遮罩】后面的【无】按钮，弹出【材质/贴图浏览器】对话框，选择【贴图】|【标准】|【位图】选项，单击【确定】按钮，在弹出的对话框中选择随书附带光盘中的"archinteriors_vol6_001_dishes_patern.jpg"素材文件，在【坐标】卷展栏中取消勾选【使用真实世界比例】复选框，如图12.17所示。

**17** 单击【转到父对象】按钮，返回到【混合材质】，选择遮罩后的【交互式】单选项，如图12.18所示。

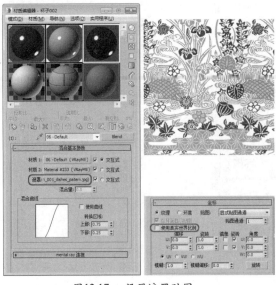

图12.17　设置遮罩贴图　　　　　　　　　　图12.18　选择【交互】选项

18　再次单击【转到父对象】按钮，单击【ID2】后面的【无】按钮，在弹出的对话框中选择
　　【VRayMtl】选项，单击【确定】按钮，进入子材质，将【漫反射】的RGB值设为（5、5、
　　5），将【反射】的RGB值设为（40、40、40），将【反射光泽度】设为0.8，【细分】设为
　　20，如图12.19所示。

19　在【选项】卷展栏中取消对【雾系统单位比例】复选框的选择，在【反射插值】卷展栏中将
　　【最小速率】设为-3，【最大速率】设为0，在【折射插值】卷展栏中将【最小速率】设为-3，
　　【最大速率】设为0，单击【转到父对象】按钮，将制作好的材质指定给【杯子002】、【筷子
　　001】和【筷子002】对象，如图12.20所示。

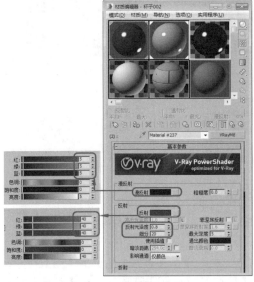

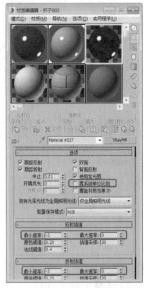

图12.19　设置材质参数　　　　　　　　　　图12.20　设置材质参数

20　继续选择一个空的样本球，将其命名为【底座】，并单击名称后面的按钮，在弹出的【材质/贴
　　图浏览器】对话框中，选择【材质】|【标准】|【多维/子对象】选项，单击【确定】按钮，如
　　图12.21所示。

21　在【多维/子对象基本参数】卷展栏中单击【设置数量】按钮，在弹出的对话框中将【材质数
　　量】设为2，单击【确定】按钮，如图12.22所示。

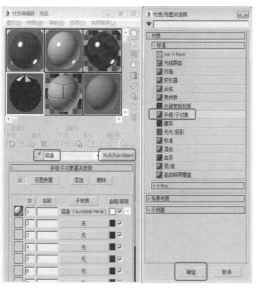

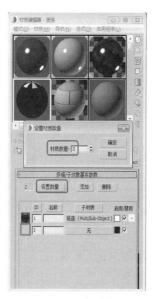

图12.21 设置材质球的类型　　　　　图12.22 设置材质数量

**22** 单击【ID1】后面的【子材质】按钮，在弹出的子材质球中，将材质球的类型设为【VRayMtl】，将【漫反射】的RGB值设为（5、5、5），将【反射】的RGB值设为（35、35、35），将【反射光泽度】设为0.8，【细分】设为20，如图12.23所示。

**23** 在【选项】卷展栏中取消对【雾系统单位比例】复选框的选择，在【反射插值】卷展栏中将【最小速率】设为－3，【最大速率】设为0，在【折射插值】卷展栏中将【最小速率】设为－3，【最大速率】设为0，如图12.24所示。

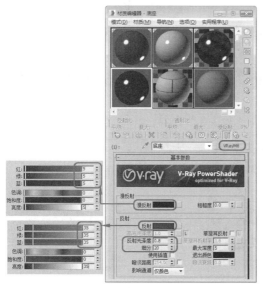

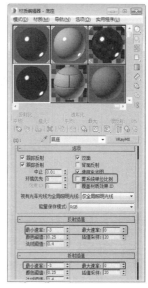

图12.23 创建材质　　　　　　　图12.24 设置材质参数

**24** 切换到【贴图】卷展栏，单击【凹凸】后面【无】按钮，在弹出的对话框中选择【贴图】|【标准】|【位图】选项，并单击【确定】按钮，在弹出的对话框中选择随书附带光盘中的"archinteriors_vol6_001_wood2.jpg"素材文件，并单击【打开】按钮，在【坐标】卷展栏中取消对【使用真实世界比例】复选框的选择，如图12.25所示。

**25** 单击【转到父对象】按钮，单击【ID2】后面的【无】按钮，在弹出的对话框中选择【材质】|【V-Ray】|【VRayMtl】选项，单击【确定】按钮，如图12.26所示。

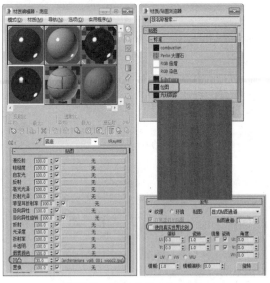

图12.25 设置【凹凸】贴图  图12.26 设置材质球的类型

**26** 在【基本参数】卷展栏中，将【漫反射】的RGB值设为（126、117、99），将【反射】的RGB值设为（35、35、35），将【反射光泽度】设为0.8，【细分】设为20，如题12.27所示。

**27** 【选项】卷展栏中取消对【雾系统单位比例】复选框的选择，在【反射插值】卷展栏中将【最小速率】设为－3，【最大速率】设为0，在【折射插值】卷展栏中将【最小速率】设为－3，【最大速率】设为0，如图12.28所示。

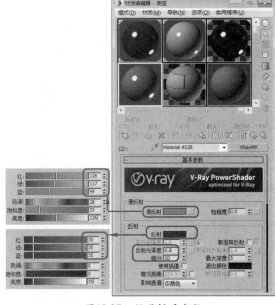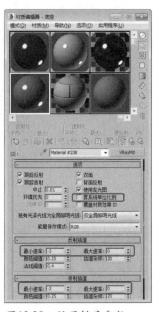

图12.27 设置材质参数  图12.28 设置材质参数

**28** 切换到【贴图】卷展栏，单击【凹凸】后面【无】按钮，在弹出的对话框中选择【贴图】|【标准】|【位图】选项，单击【确定】按钮，在弹出的对话框中选择随书附带光盘中的 "archinteriors_vol6_001_wood2.jpg" 素材文件，单击【打开】按钮，在【坐标】卷展栏中取消对【使用真实世界比例】复选框的选择，如图12.29所示。

**29** 单击【转到父对象】按钮，将制作好的材质指定给【底座】对象。

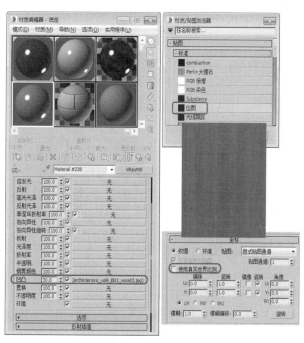

图12.29 设置【凹凸】贴图

# 12.2 摆件

摆件在日常生活中随处可见，本案例将重点介绍如何对摆件设置材质，并通过摄影机加以表现，具体操作方法如下，完成后的效果如图12.30所示。

01 启动软件后，打开随书附带光盘中的"摆件.max"素材文件，如图12.31所示。

图12.30 摆件

图12.31 设置材质数量

02 选择【创建】||【摄影机】||【标准】|【目标】选项，在【顶】视图中创建一个【目标】

摄影机，将【镜头】设为44mm，将【透视】视图转换为【摄影机】视图，并在视图中进行调整，如图12.32所示。

**03** 按Shift+C快捷键，隐藏摄影机，按M键打开【材质编辑器】，选择一个新的样本球，将其命名为【外饰】，单击名称后的按钮，在弹出的【材质/贴图浏览器】对话框中选择【材质】|【V-Ray】|【VRayMtl】选项，单击【确定】按钮，如图12.33所示。

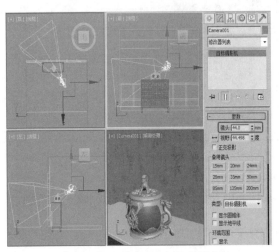

图12.32　创建【目标】摄影机　　　　图12.33　设置材质球的类型

**04** 在【基本参数】卷展栏中将【漫反射】的RGB值设为（0、0、0），将【反射】的RGB值设为（255、255、255），【反射光泽度】设为0.75，【细分】设为25，在【折射】选项组中将【折射率（IOR）】设为20，如图12.34所示。

**05** 在【选项】卷展栏中，取消勾选【雾系统单位比例】复选框，如图12.35所示。

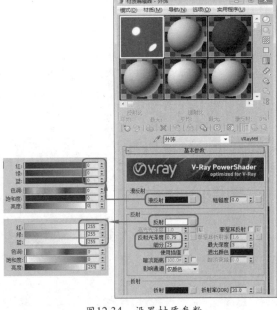

图12.34　设置材质参数　　　　图12.35　取消对【雾系统单位比例】的选择

**06** 切换到【贴图】卷展栏中，单击【漫反射】后面的【无】按钮，在弹出的对话框中选择【贴图】|【标准】|【位图】选项，单击【确定】按钮，在弹出的【选择位图图像文件】对话框中，选择随书附带光盘中的"Archmodels_64_006_color_01.jpg"素材文件，单击【打开】按钮，在

【坐标】卷展栏中取消勾选【使用真实世界比例】复选框，如图12.36所示。

**07** 单击【转到父对象】按钮，将【漫反射】后面的贴图复制到【反射光泽度】后面的【无】按钮，在弹出的对话框中选择【复制】单选按钮，单击【确定】按钮，并将【反射光泽】设为10，如图12.37所示。

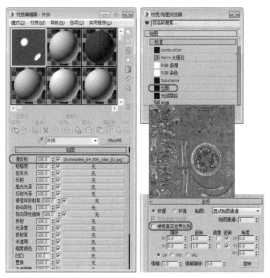

图12.36 设置【漫反射】贴图　　　　　图12.37 设置材质参数

**08** 单击【反射】后面的【无】按钮，在弹出的对话框中选择【衰减】选项，单击【确定】按钮，如图12.38所示。

**09** 进入【衰减】材质球中，单击黑色色块后面的【无】按钮，在弹出的对话框中选择【位图】选项，单击【确定】按钮，在弹出的【选择位图图像文件】对话框中选择随书附带光盘中的"Archmodels_64_006_color_01.jpg"素材文件，单击【打开】按钮，在【坐标】卷展栏中取消勾选【使用真实世界比例】复选框，如图12.39所示。

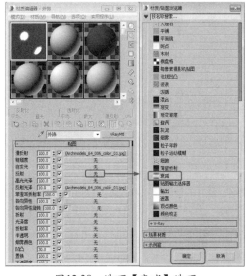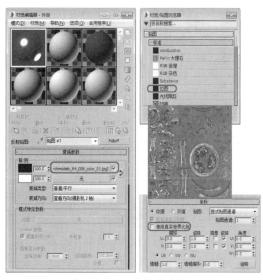

图12.38 选项【衰减】选项　　　　　图12.39 设置材质参数

**10** 选择上一步创建的黑色色块后面的贴图，将其复制到白色色块后面的【无】按钮上，并将【衰减类型】设为【Fresnel】，将【折射率】设为20，如图12.40所示。

**11** 单击【转到父对象】按钮，在【贴图】卷展栏中单击【凹凸】后面的【无】按钮，在弹出的对话框中选择【贴图】|【标准】|【法线凹凸】选项，单击【确定】按钮，如图12.41所示。

图12.40　进行复制并设置

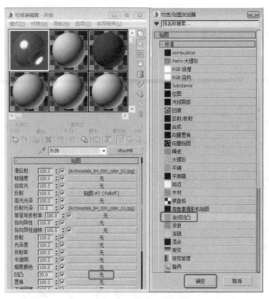

图12.41　选项【法线凹凸】选项

**12** 进入【法线凹凸】材质球，将【法线】后面的数值设为4，单击【法线】后面的【无】按钮，在弹出的对话框中选择【位图】选项，单击【确定】按钮，在弹出的【选择位图图像文件】对话框中选择随书附带光盘中的"Archmodels_64_006_normalbump.jpg"素材文件，单击【打开】按钮，在【坐标】卷展栏中取消勾选【使用真实世界比例】复选框，如图12.42所示。

**13** 单击【附加凹凸】后面的【无】按钮，在弹出的【材质/贴图浏览器】对话框中选择【贴图】|【标准】|【噪波】选项，单击【确定】按钮，如图12.43所示。

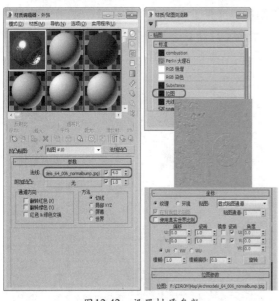

图12.42　设置材质参数

图12.43　选择【噪波】选项

**14** 进入【噪波】材质球中，在【坐标】卷展栏中将【瓷砖】下的X、Y、Z都设为39.37，在【噪波参数】卷展栏中将【噪波类型】设为【分形】，【大小】设为9.9，如图12.44所示。

**15** 单击两次【转到父对象】按钮，将制作好的材质指定给【Archmodels_64_006_01】对象。

**16** 继续选择一个空的样本球，将其名称设为【内饰】，将材质球的类型设为【VRayMtl】，在【基本参数】卷展栏中将【反射】的RGB值设为（255、255、255），将【反射光泽度】设为0.95，在【折射】选项组中将【光泽度】设为0.4，如图12.45所示。

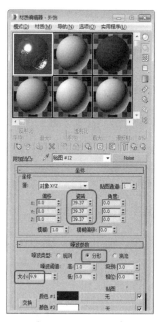

图12.44 设置噪波

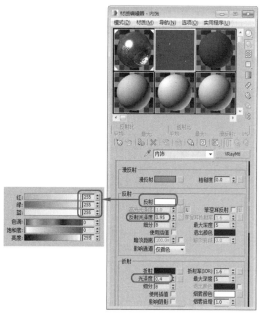

图12.45 设置材质参数

**17** 在【选项】卷展栏中，取消勾选【雾系统单位比例】复选框，如图12.46所示。

**18** 切换到【贴图】卷展栏中，单击【漫反射】后面的【无】按钮，在弹出的【材质/贴图浏览器】对话框中，选择【贴图】|【标准】|【衰减】选项，单击【确定】按钮，如图12.47所示。

图12.46 取消选择【雾系统单位比例】选项

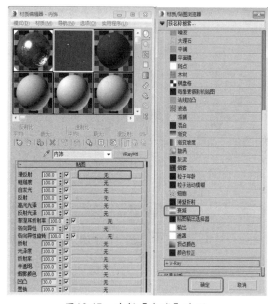

图12.47 选择【衰减】选项

**19** 进入【衰减】材质球中，单击黑色色块后面的【无】按钮，在弹出的【材质/贴图浏览器】对话框中，选择【贴图】|【标准】|【位图】选项，单击【确定】按钮，在弹出【选择位图图像文件】对话框中选择随书附带光盘中的"Archmodels_64_006_color_02.jpg"素材文件，在【坐标】卷展栏中取消对【使用真实世界比例】复选框的选择，将【模糊】设为0.54，如图12.48所示。

**20** 单击【转到父对象】按钮 ，选择黑色色块后面的贴图，将其复制到白色色块的【无】按钮上，在弹出的对话框中选择【复制】选项，如图12.49所示。

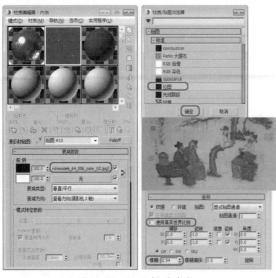

图12.48 设置材质参数

图12.49 选择【复制】选项

**21** 单击【转到父对象】按钮，单击【反射】后面的【无】按钮，在弹出的对话框中选择【衰减】选项，在【衰减参数】卷展栏中将【侧】的RGB值设为（168、168、168），并单击其后的【无】按钮，在弹出的对话框中选择【位图】选项，在弹出的对话框中选择随书附带光盘中的"Archmodels_64_006_glassreflect.jpg"素材文件，在【坐标】卷展栏中取消对【使用真实世界比例】复选框的选择，将【瓷砖】的UV都设为0.2，将【模糊】设为0.01，如图12.50所示。

**22** 单击【转到父对象】按钮，将【衰减类型】设为【Fresenl】，将【折射率】设为1.33，如图12.51所示。

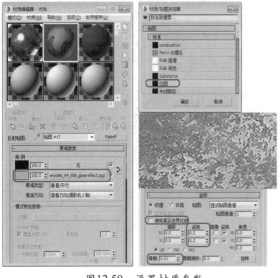

图12.50 设置材质参数

图12.51 设置材质参数

**23** 在【混合曲线】卷展栏中单击【添加点】按钮，并对顶点进行调整，调整后的效果如图12.52所示。

**24** 单击【转到父对象】按钮，将【凹凸】值设为4，单击【凹凸】后面的【无】按钮，在弹出的对话框中选择【位图】选项，单击【确定】按钮，在弹出【选择位图图像文件】对话框中选择随书附带光盘中的"Archmodels_64_006_glassreflect.jpg"素材文件，在【坐标】卷展栏中取消勾选【使用真实世界比例】复选框，将【瓷砖】下的UV设为0.2，【模糊】设为5，如图12.53所示。

**25** 单击【转到父对象】按钮 ，将制作好的材质指定给【Archmodels_64_006_00】对象。

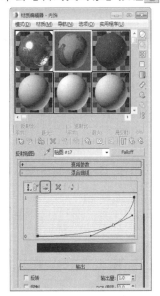

图12.52　调整曲线

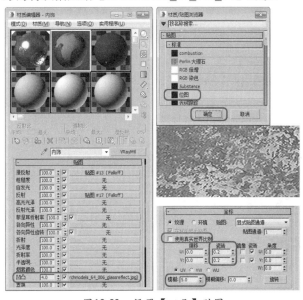

图12.53　设置【凹凸】贴图

# 第13章
# 家装效果图表现

　　家装效果图就是在家庭、装饰施工之前，通过施工图纸，把施工后的实际效果用真实和直观的视图表现出来。家装效果图泛指家庭装饰工程制作的效果表现图，本章将介绍如何制作家装效果图，最终效果如图13.1所示。通过本章的学习，不仅可以使读者巩固前面所学的知识，还可以了解制作家装效果图的流程。

图13.1　效果图

## 13.1 框架的制作

在制作室内框架之前，首先要导入CAD图纸，然后使用线工具绘制墙体轮廓，再通过为线添加挤出等修改器来对框架进行调整，其具体操作步骤如下。

**01** 新建一个空白场景，单击应用程序按钮，在弹出的下拉列表中选择【导入】|【导入】命令，如图13.2所示。

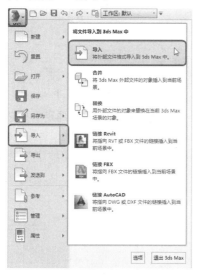

图13.2 选择【导入】命令

**02** 在弹出的对话框中选择随书附带光盘中的"客餐厅.DWG"素材文件，如图13.3所示。

图13.3 选择素材文件

**03** 单击【打开】按钮，在弹出的对话框中勾选【几何体选项】选项组中的【焊接附近顶点】复选框，如图13.4所示。

图13.4 勾选【焊接附近顶点】复选框

**04** 单击【确定】按钮，按Ctrl+A快捷键，选中所有对象，在菜单栏中选择【组】|【成组】命令，如图13.5所示。

图13.5 选择【组】命令

**05** 在弹出的对话框中将【组名】设置为【图纸】，单击【确定】按钮，在成组后的对象上右击鼠标，在弹出的快捷菜单中选择【冻结当前选择】命令，如图13.6所示。

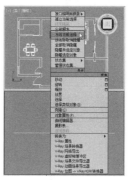

图13.6 选择【冻结当前选择】命令

**06** 在菜单栏中单击【自定义】按钮,在弹出的下拉列表中选择【自定义用户界面】命令,如图13.7所示。

图13.7 选择【自定义用户界面】命令

**07** 在弹出的对话框中选择【颜色】选项卡,将【元素】定义为【几何体】,在其下方的列表框中选择【冻结】选项,将其【颜色】的RGB值设为(245、136、154),如图13.8所示。

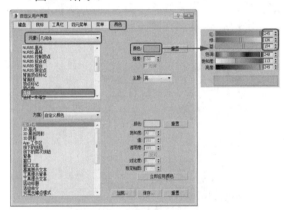

图13.8 设置冻结颜色

**08** 设置完成后,单击【立即应用颜色】按钮,然后将该对话框关闭,再在菜单栏中选择【自定义】|【单位设置】命令,如图13.9所示。

图13.9 选择【单位设置】命令

**09** 在弹出的对话框中单击【公制】单选按钮,

将其下方的选项设置为【毫米】,单击【系统单位设置】按钮,在弹出的对话框中将【单位】设置为【毫米】,如图13.10所示。

图13.10 设置系统单位

**10** 设置完成后,单击两次【确定】按钮完成设置,打开2.5维捕捉开关 ,右击该按钮,在弹出的对话框中选择【捕捉】选项卡,仅勾选【顶点】复选框,将其他复选框都取消勾选,如图13.11所示。

图13.11 勾选【顶点】复选框

**11** 再在该对话框中选择【选项】选项卡,在【百分比】选项组中勾选【捕捉到冻结对象】复选框,在【平移】选项组中勾选【使用轴约束】复选框,如图13.12所示。

图13.12 设置捕捉选项

**12** 设置完成后,将该对话框关闭,选择【创建】 |【图形】 |【线】工具,在【顶】视图中绘制墙体封闭图形,将其命名为【墙体】,并为其指定一种颜色,如图13.13所示。

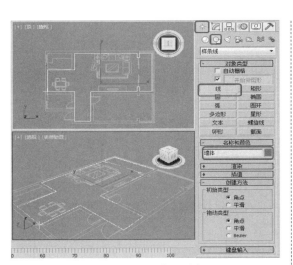

图13.13 绘制闭合的样条线

13 按S键关闭捕捉开关，确认该对象处于选中状态，切换至【修改】命令面板 [图] 中，在修改器下拉列表中选择【挤出】修改器，在【参数】卷展栏中将【数量】设置为2700，如图13.14所示。

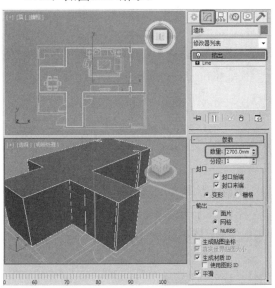

图13.14 添加【挤出】修改器

14 继续选中该对象，右击，在弹出的快捷菜单中选择【转换为】|【转换为可编辑多边形】命令，如图13.15所示。

15 将当前选择集定义为【元素】，在视图中选择整个元素，在【编辑元素】卷展栏中单击【翻转】按钮，如图13.16所示。

16 翻转完成后，关闭当前选择集，再在该对象上右击，在弹出的快捷菜单中选择【对象属性】命令，如图13.17所示。

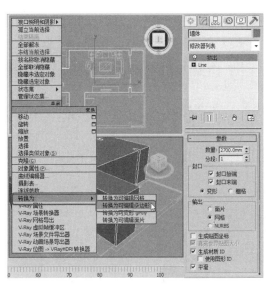

图13.15 选择【转换为可编辑多边形】命令

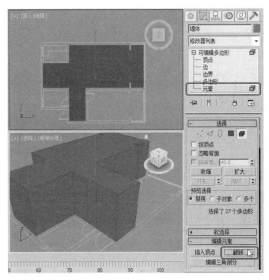

图13.16 翻转元素

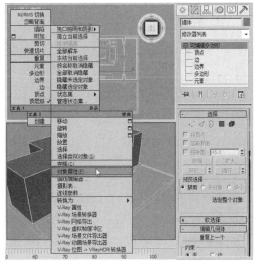

图13.17 选择【对象属性】命令

**17** 在弹出的对话框中选择【常规】选项卡，在【显示属性】选项组中单击【按层】按钮，勾选【背面消隐】复选框，如图13.18所示。

图13.18 设置对象属性

**18** 设置完成后，单击【确定】按钮，按S键打开捕捉开关，选择【创建】|【图形】|【矩形】工具，在【左】视图中捕捉顶点绘制一个矩形，如图13.19所示。

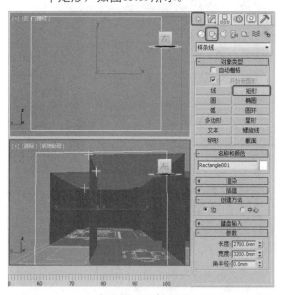

图13.19 绘制矩形

**19** 确认该对象处于选中状态，右击，在弹出的快捷菜单中选择【转换为】|【转换为可编辑多边形】命令，如图13.20所示。

**20** 使用【选择并移动】工具在视图中调整该对象的位置，调整后的效果如图13.21所示。

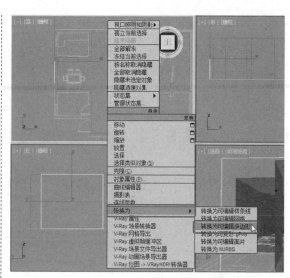

图13.20 选择【转换为可编辑多边形】命令

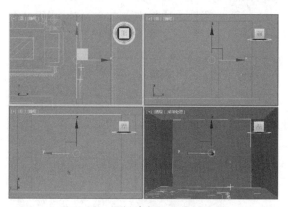

图13.21 调整对象位置后的效果

**21** 继续选中该对象，按Alt+Q快捷键将其孤立显示，切换至【修改】命令面板中，将当前选择集定义为【边】，在视图中选择图13.22所示的两条边。

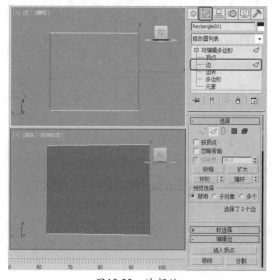

图13.22 选择边

**22** 在【编辑边】卷展栏中单击【连接】右侧的【设置】按钮□，将【分段】设置为1，如图13.23所示。

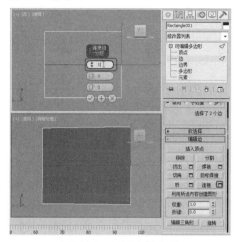

图13.23 设置连接分段

**23** 设置完成后，单击【确定】按钮，将当前选择集定义为【多边形】，在视图中选择图13.24所示的多边形。

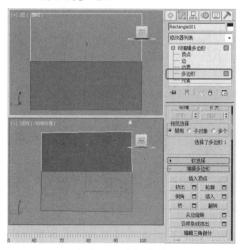

图13.24 选择多边形

**24** 在【编辑多边形】卷展栏中单击【挤出】右侧的【设置】按钮，将【高度】设置为-240，如图13.25所示。

**25** 设置完成后，单击【确定】按钮，将当前选择集定义为【顶点】，在视图中选择要进行移动的顶点，右击【选择并移动】工具，在弹出的对话框中将【绝对：世界】下的【Z】值设置为2200，如图13.26所示。

**26** 调整完成后，关闭该对话框，将当前选择集定义为【多边形】，在【顶】视图中选择图13.27所示的多边形。

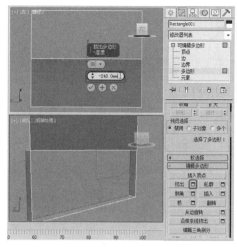

图13.25 设置挤出参数

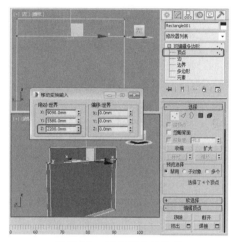

图13.26 调整顶点的位置

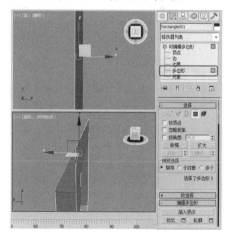

图13.27 选择多边形

**27** 在【编辑多边形】卷展栏中单击【挤出】右侧的【设置】按钮□，将【高度】设置为-500，如图13.28所示。

**28** 设置完成后，单击【确定】按钮，再在视图中选择图13.29所示的多边形。

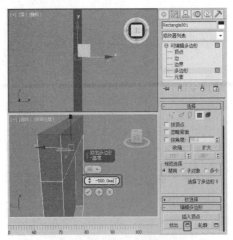

图13.28　设置挤出高度

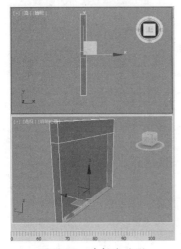

图13.29　选择多边形

**29** 按Delete键将选中的多边形删除，然后在视图中选择图13.30所示的多边形。

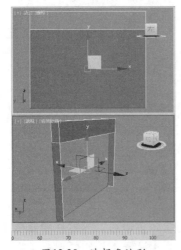

图13.30　选择多边形

**30** 在【编辑几何体】卷展栏中单击【分离】按钮，在弹出的对话框中将其命名为【推拉门】，如图13.31所示。

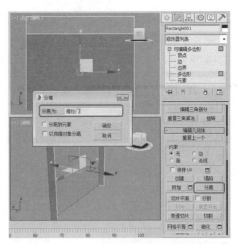

图13.31　分离对象

**31** 设置完成后，单击【确定】按钮，关闭当前选择集，在视图中选择分离后的对象，为其指定一种颜色，将当前选择集定义为【边】，在视图中选择图13.32所示的边。

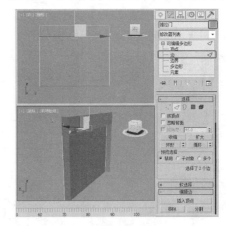

图13.32　选择边

**32** 在【编辑边】卷展栏中单击【连接】右侧的【设置】按钮□，将【分段】设置为3，如图13.33所示。

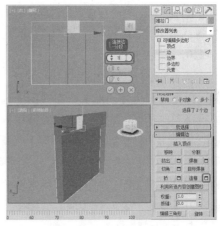

图13.33　设置连接分段

**33** 设置完成后，单击【确定】按钮 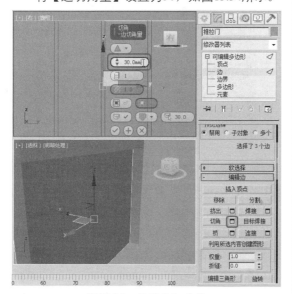，确认连接后的边处于选中状态，在【编辑边】卷展栏中单击【切角】右侧的【设置】按钮 □，将【边切角量】设置为30，如图13.34所示。

图13.34 设置边切角量

**34** 设置完成后，单击【确定】按钮 ⊘，在【右】视图中选择左右两侧的边，在【编辑边】卷展栏中单击【切角】右侧的【设置】按钮 □，将【边切角量】设置为60，如图13.35所示。

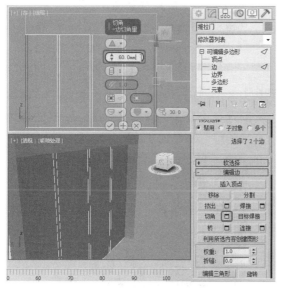

图13.35 将边切角量设置为60

**35** 设置完成后，单击【确定】按钮 ⊘，使用同样的方法将上下的边切角，并将【边切角量】设置为60，如图13.36所示。

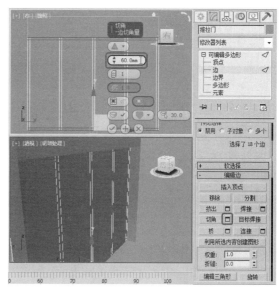

图13.36 对其他边进行切角

**36** 将当前选择集定义为【多边形】，在视图中选择图13.37所示的4个多边形，在【编辑多边形】卷展栏中单击【挤出】右侧的【设置】按钮，将【高度】设置为-60，如图13.37所示。

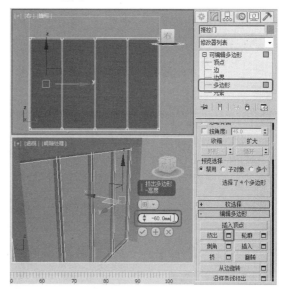

图13.37 选择多边形并设置挤出高度

**37** 设置完成后，单击【确定】按钮 ⊘，按Delete键将选中的4个多边形删除，关闭当前选择集，如图13.38所示。

**38** 单击 ⊘ 按钮退出孤立模式，在视图中选择【墙体】对象，在【编辑几何体】卷展栏中单击【附加】按钮，在视图中拾取【Rectangle001】对象，如图13.39所示。

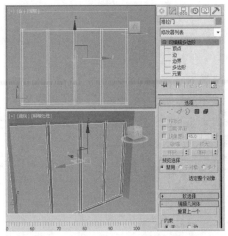

图13.38 删除多边形并关闭当前选择集

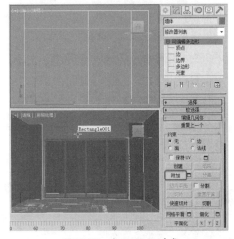

图13.39 拾取附加对象

**39** 附加完成后，使用【选择并移动】工具在视图中调整【推拉门】对象的位置，调整后的效果如图13.40所示。

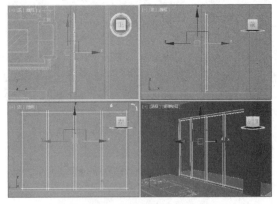

图13.40 调整推拉门的位置

**40** 在视图中选择【墙体】，按Alt+Q快捷键将其孤立显示，切换至【修改】命令面板中，将当前选择集定义为【边】，在视图中选择图13.41所示的3条边。

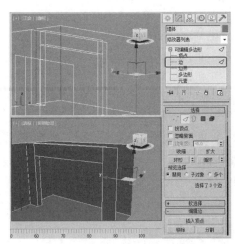

图13.41 选择边

**41** 在【编辑边】卷展栏中单击【连接】右侧的【设置】按钮，将【分段】设置为2，如图13.42所示。

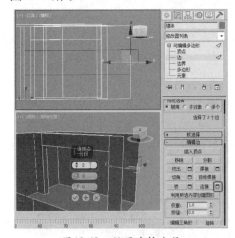

图13.42 设置连接分段

**42** 设置完成后，单击【确定】按钮，将当前选择集定义为【多边形】，在视图中选择图13.43所示的多边形。

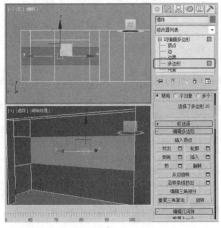

图13.43 选择多边形

**43** 在【编辑多边形】卷展栏中单击【挤出】右侧的【设置】按钮□，将【高度】设置为-240，如图13.44所示。

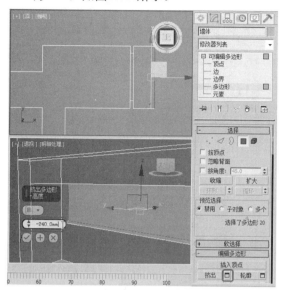

图13.44 设置挤出高度

**44** 设置完成后，单击【应用并继续】按钮➕，使用同样的方法挤出其他多边形，效果如图13.45所示。

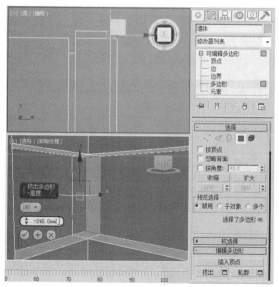

图13.45 挤出其他多边形

**45** 设置完成后，单击【确定】按钮☑，在视图中选择图13.46所示的多边形。

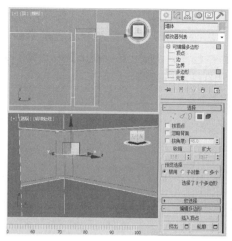

图13.46 选择多边形

**46** 按Delete键将选中的多边形删除，删除后的效果如图13.47所示。

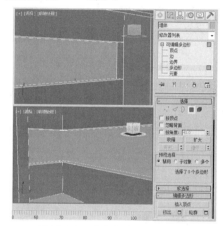

图13.47 删除多边形后的效果

**47** 将当前选择集定义为【顶点】，在【前】视图中选择图13.48所示的顶点，右击【选择并移动】工具✛，在弹出的对话框中将【绝对：世界】选项组中的【Z】设置为600，如图13.48所示。

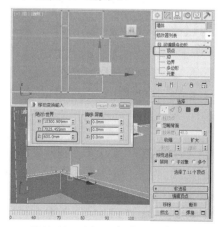

图13.48 选择顶点并调整其位置

**48** 再在【前】视图中选择图13.49所示的顶点，在【移动变换输入】对话框中的【绝对：世界】选项组中将【Z】设置为2400，如图13.49所示。

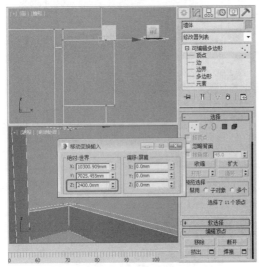

图13.49　调整顶点的位置

**49** 设置完成后，关闭当前选择集和【移动变换输入】对话框，选择【创建】 ※ |【图形】 ⚙ |【矩形】工具，在【左】视图中绘制一个矩形，在【参数】卷展栏中将【长度】、【宽度】分别设置为1800、4290，如图13.50所示。

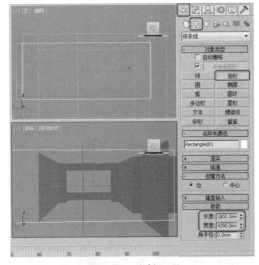

图13.50　绘制矩形

**50** 使用【选择并移动】工具在视图中调整该对象的位置，调整后的效果如图13.51所示。

**51** 继续选中该矩形，右击，在弹出的快捷菜单中选择【转换为】|【转换为可编辑多边形】命令，如图13.52所示。

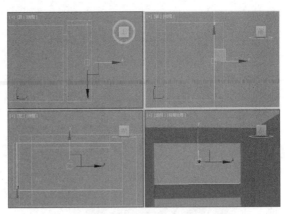

图13.51　调整对象位置后的效果

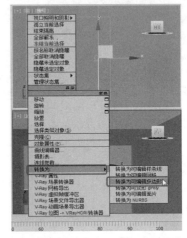

图13.52　选择【转换为可编辑多边形】命令

**52** 切换至【修改】命令面板 中，将当前选择集定义为【边】，在【左】视图中选择左右两侧的边，在【编辑边】卷展栏中单击【连接】右侧的【设置】按钮 ，将【分段】设置为2，如图13.53所示。

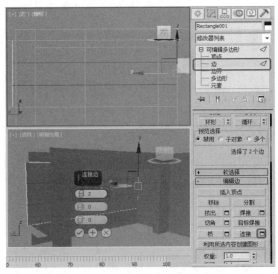

图13.53　设置连接分段

53 设置完成后，单击【确定】按钮☑，使用【选择并移动】工具选择图13.54所示的边，右击【选择并移动】工具✥，在弹出的对话框中将【绝对：世界】选项组中的【Z】设置为2360，如图13.54所示。

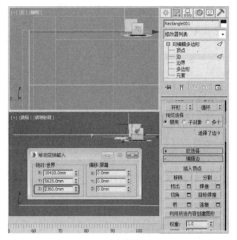

图13.54 调整边的位置

54 再在视图中选择图13.55所示的边，在【移动变换输入】对话框中，将【绝对：世界】选项组中的【Z】设置为640，如图13.55所示。

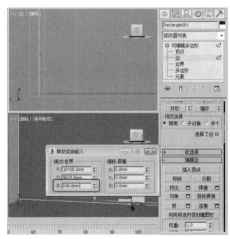

图13.55 将边的位置设置为640

55 关闭【移动变换输入】对话框，在视图中按住Ctrl键，在【左】视图中选择上下的边，如图13.56所示。

56 在【编辑边】卷展栏中单击【连接】右侧的【设置】按钮□，将【分段】设置为2，如图13.57所示。

57 设置完成后，单击【确定】按钮☑，按住Alt键减去右侧选中的边，右击【选择并

移动】工具✥，在弹出的对话框中将【绝对：世界】选项组中的【Y】设置为7730，如图13.58所示。

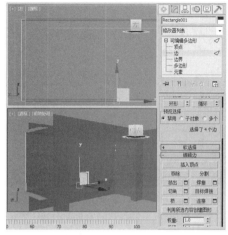

图13.56 选择边

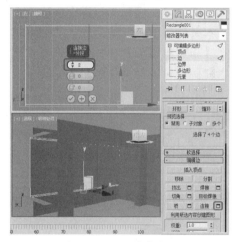

图13.57 设置连接分段

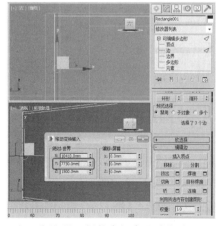

图13.58 调整左侧直线的位置

58 在视图中选择右侧的边，在【移动变换输入】对话框中的【绝对：世界】选项组中将【Y】设置为3520，如图13.59所示。

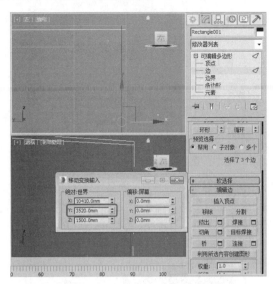

图13.59 调整右侧直线的位置

59 调整完成后，关闭【移动变换输入】对话框，将当前选择集定义为【多边形】，在【左】视图中选择图13.60所示的多边形，在【编辑多边形】卷展栏中单击【挤出】右侧的【设置】按钮□，将【高度】设置为-80，如图13.60所示。

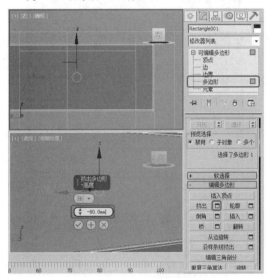

图13.60 设置挤出高度

60 设置完成后，单击【确定】按钮◯，继续选中该多边形，按Delete键将选中的多边形删除，效果如图13.61所示。

61 选择【创建】|【图形】|【矩形】工具，在【左】视图中创建一个矩形，在【参数】卷展栏中将【长度】、【宽度】分别设置为1720、1052.5，如图13.62所示。

62 使用【选择并移动】工具✛在视图中调整该

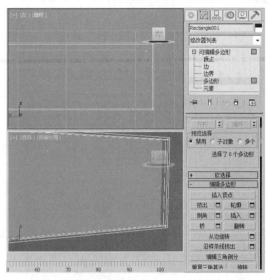

图13.61 删除选中的多边形

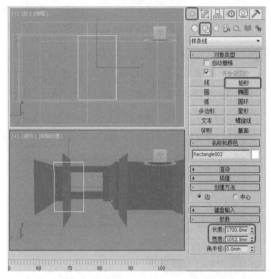

图13.62 绘制矩形

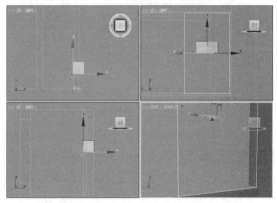

图13.63 调整矩形位置后的效果

矩形的位置，调整后的效果如图13.63所示。

63 为其指定一种颜色，在修改器下拉列表中选择【挤出】修改器，在【参数】卷展栏中将【数量】设置为-40，如图13.64所示。

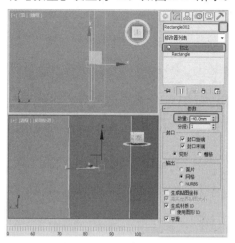

图13.64　设置挤出数量

64 继续选中该对象，右击，在弹出的快捷菜单中选择【转换为】|【转换为可编辑多边形】命令，如图13.65所示。

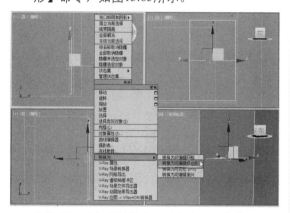

图13.65　选择【转换为可编辑多边形】命令

65 切换至【修改】命令面板 中，将当前选择集定义为【边】，在【左】视图中选择图13.66所示的边。

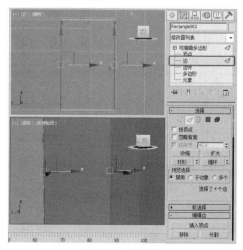

图13.66　选择边

66 在【编辑边】卷展栏中单击【连接】右侧的【设置】按钮 ，将【分段】设置为2，如图13.67所示。

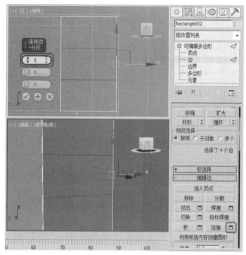

图13.67　设置连接分段

67 按住Alt键减去下方选择的直线，右击【选择并移动】工具 ，在弹出的对话框中将【绝对：世界】下的【Z】设置为2320，如图13.68所示。

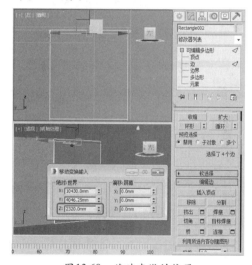

图13.68　移动直线的位置

68 在视图中选择图13.69所示的直线，在【移动变换输入】对话框中将【绝对：世界】下的【Z】设置为680，如图13.69所示。

69 调整完成后，根据相同的方法连接上下直线，并调整连接后的线段的位置，效果如图13.70所示。

70 将当前选择集定义为【多边形】，在【左】视图中选择图13.71所示的多边形。

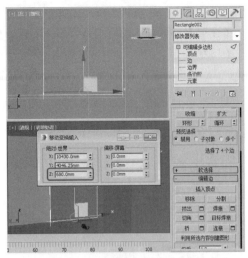

图13.69 将直线位置设置为680

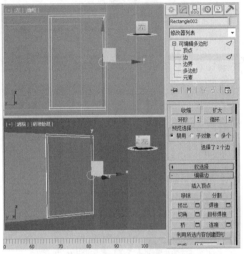

图13.70 连接直线并调整其位置

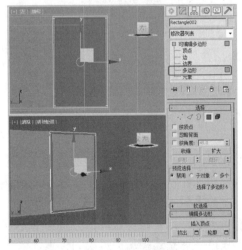

图13.71 选择多边形

**71** 在【编辑多边形】卷展栏中单击【挤出】右侧的【设置】按钮 ▢，将【高度】设置为-40，如图13.72所示。

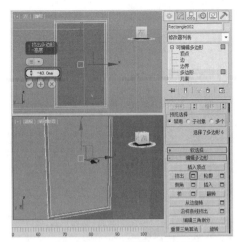

图13.72 设置挤出高度

**72** 设置完成后，单击【确定】按钮 ⊘，确认该多边形处于选中状态，按住Ctrl键，在【右】视图中选择图13.73所示的多边形，按Delete键将其删除，效果如图13.73所示。

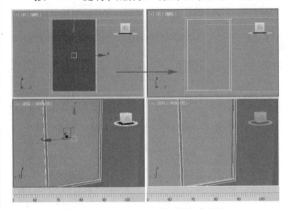

图13.73 选中多边形并将其删除

**73** 关闭当前选择集，继续选中该对象，使用【选择并移动】工具在【左】视图中按住Shift键沿X轴向左移动，在弹出的对话框中单击【复制】单选按钮，将【副本数】设置为3，如图13.74所示。

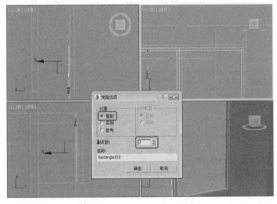

图13.74 设置克隆参数

**74** 设置完成后，单击【确定】按钮，在视图中
调整复制对象的位置，调整后的效果如图
13.75所示。

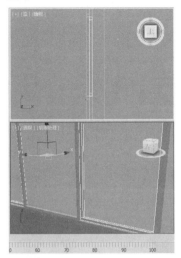

图13.75 调整克隆对象的位置

**75** 退出孤立模式，使用同样的方法制作另一侧
的窗框，并在视图中调整窗框的位置，如图
13.76所示。

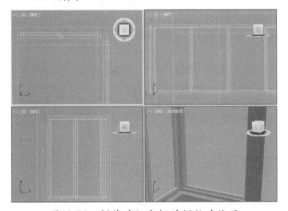

图13.76 制作其他窗框并调整其位置

**76** 在视图中选中所有窗框，在菜单栏中单击
【组】按钮，在弹出的下拉列表中选择
【成组】命令，在弹出的对话框中将【组
名】设置为【窗框】，如图13.77所示。

**77** 设置完成后，单击【确定】按钮，在视图中
选择【墙体】对象，切换至【修改】命令
面板 中，将当前选择集定义为【边】，
在视图中选择图13.78所示的边。

**78** 在【编辑边】卷展栏中单击【连接】右侧的
【设置】按钮，将【分段】设置为1，如图
13.79所示。

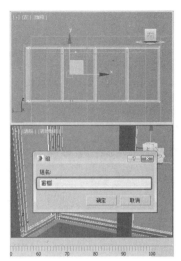

图13.77 设置组名

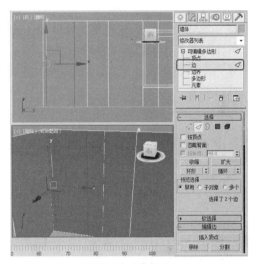

图13.78 选择边

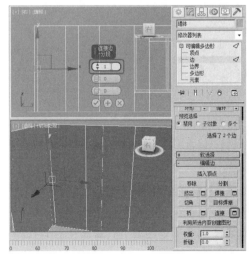

图13.79 设置分段

**79** 设置完成后，单击【确定】按钮 ，再在
视图中选择图13.80所示的边。

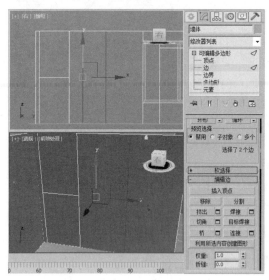

图13.80　选择边

**80** 在【编辑边】卷展栏中单击【连接】右侧的【设置】按钮，将【分段】设置为1，设置完成后，单击【确定】按钮 ◯，将当前选择集定义为【顶点】，在视图中选择图13.81所示的顶点。

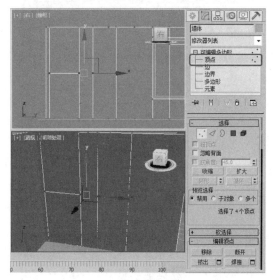

图13.81　选择顶点

**81** 在工具栏中右击【选择并移动】工具 ✛，在弹出的对话框中将【绝对：世界】下的【Z】设置为2000，如图13.82所示。

**82** 调整完成后，关闭该对话框，将当前选择集定义为【多边形】，在视图中选择图13.83所示的多边形。

**83** 在【编辑多边形】卷展栏中单击【挤出】右侧的【设置】按钮 ▫，将【高度】设置为-240，如图13.84所示。

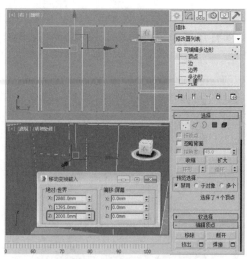

图13.82　调整顶点的位置

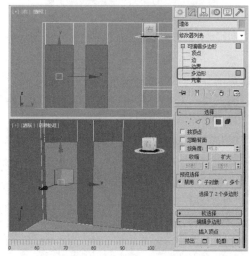

图13.83　选择多边形

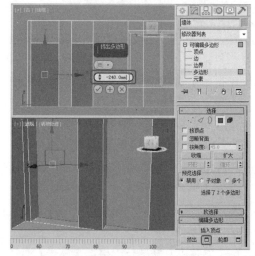

图13.84　设置挤出高度

**84** 设置完成后，单击【确定】按钮 ◯，按住Ctrl键，在视图中选择图13.85所示的多边形。

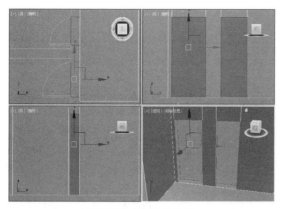

图13.85 选择多边形

**85** 按Delete键将选中的多边形删除，删除后的效果如图13.86所示。

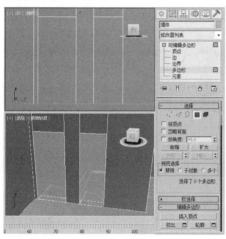

图13.86 删除多边形后的效果

**86** 关闭当前选择集，选择【创建】 ▓ |【图形】 ▣ |【矩形】工具，在【顶】视图中绘制一个矩形，在【参数】卷展栏中将【长度】、【宽度】分别设置为256、79，如图13.87所示。

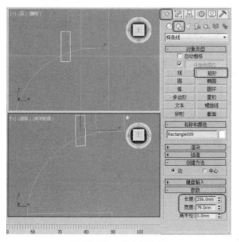

图13.87 绘制矩形

**87** 继续选中该对象，切换至【修改】 ☑ 命令面板中，在修改器下拉列表中选择【编辑样条线】修改器，将当前选择集定义为【顶点】，按Ctrl+A快捷键选中所有顶点，右击，在弹出的快捷菜单中选择【角点】命令，如图13.88所示。

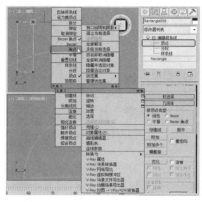

图13.88 选择【角点】命令

**88** 在【几何体】卷展栏中单击【优化】按钮，在视图中对矩形进行优化，并调整优化后的顶点，效果如图13.89所示。

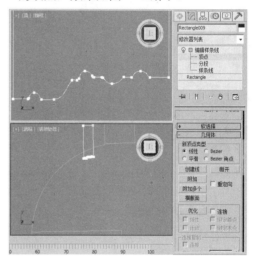

图13.89 对顶点进行优化并调整

**89** 选择【创建】 ▓ |【图形】 ▣ |【线】工具，在【左】视图中捕捉门洞顶点绘制一条样条线，将其命名为【门框001】，为其指定一种颜色，如图13.90所示。

**90** 切换至【修改】命令面板 ☑ 中，在修改器下拉列表中选择【倒角剖面】修改器，在【参数】卷展栏中单击【拾取剖面】按钮，在视图中拾取前面所绘制的矩形作为剖面对象，如图13.91所示。

辑多边形】修改器，将当前选择集定义为
【顶点】，在视图调整顶点的位置，效果
如图13.94所示，调整完成后，关闭当前选
择集。

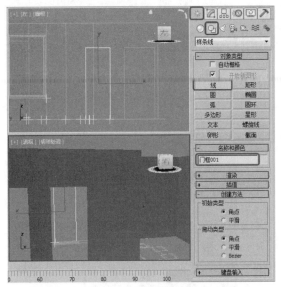

图13.90 绘制样条线

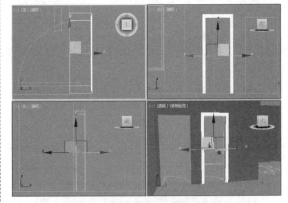

图13.92 调整门框位置后的效果

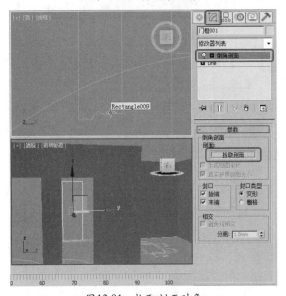

图13.91 拾取剖面对象

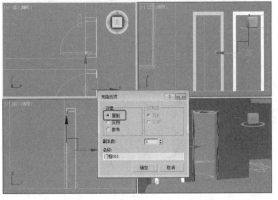

图13.93 设置克隆参数

**91** 在视图中使用【选择并移动】工具 ✛ 在视
图中调整门框的位置，调整后的效果如图
13.92所示。

**92** 使用【选择并移动】工具在【顶】视图中按
住Shift键沿【Y】轴向下移动，在弹出的对
话框中单击【复制】单选按钮，如图13.93
所示。

**93** 设置完成后，单击【确定】按钮，在视图中
调整该对象的位置，切换至【修改】命令
面板 中，在修改器下拉列表中选择【编

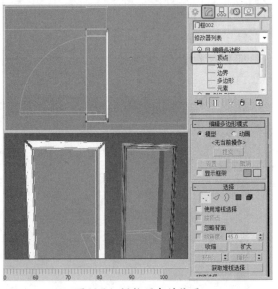

图13.94 调整顶点的位置

# 13.2 制作电视墙

室内框架制作完成后，接下来介绍如何制作电视背景墙，具体操作步骤如下。

**01** 选择【创建】◆|【几何体】○|【平面】工具，在【前】视图中捕捉顶点绘制一个平面，如图13.95所示。

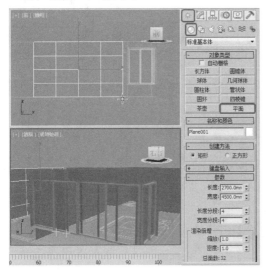

图13.95 绘制平面

**02** 继续选中该对象，切换至【修改】命令面板◢中，将其命名为【电视墙】，为其指定一个颜色，在【参数】卷展栏中将【长度】、【宽度】、【长度分段】、【宽度分段】分别设置为2380、4150、5、8，在视图中调整该对象的位置，效果如图13.96所示。

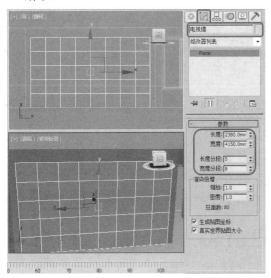

图13.96 修改平面参数

**03** 再在该对象上右击，在弹出的快捷菜单中选择【转换为】|【转换为可编辑多边形】命令，如图13.97所示。

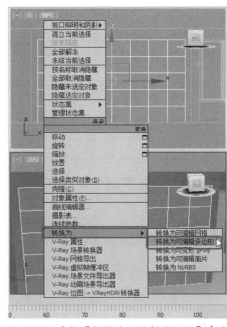

图13.97 选择【转换为可编辑多边形】命令

**04** 将当前选择集定义为【元素】，在视图中选择整个元素，在【编辑元素】卷展栏中单击【翻转】按钮，如图13.98所示。

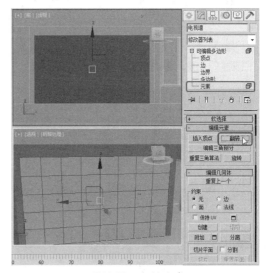

图13.98 翻转元素

**05** 翻转完成后，将当前选择集定义为【边】，在视图中选中如图13.99所示的边。

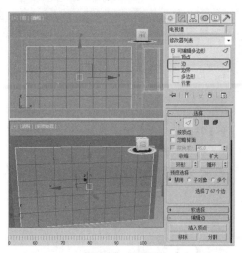

图13.99　选择边

**06** 在【编辑边】卷展栏中单击【切角】右侧的【设置】按钮□，将【边切角量】设置为5，如图13.100所示。

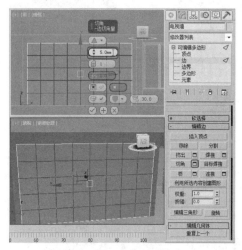

图13.100　设置边切角量

**07** 将当前选择集定义为【多边形】，在视图中按住Ctrl键，选择图13.101所示的多边形。

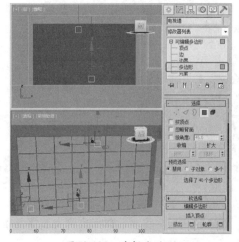

图13.101　选择多边形

**08** 在【编辑多边形】卷展栏中单击【倒角】右侧的【设置】按钮□，将【高度】设置为10，将【轮廓】设置为0，如图13.102所示。

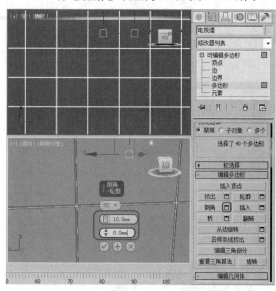

图13.102　设置倒角值

**09** 单击【应用并继续】按钮⊕，然后将【高度】设置为5，将【轮廓】设置为﹣5，如13.103所示。

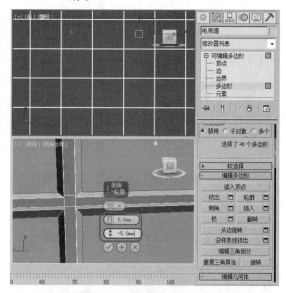

图13.103　应用并继续设置倒角参数

**10** 设置完成后，单击【确定】按钮⊘，关闭当前选择集，选择【创建】|【图形】|【矩形】工具，在【顶】视图中捕捉顶点绘制一个矩形，为其指定一种颜色，在【参数】卷展栏中将【长度】、【宽度】分别设置为136、175，并在视图中调整其位置，如图13.104所示。

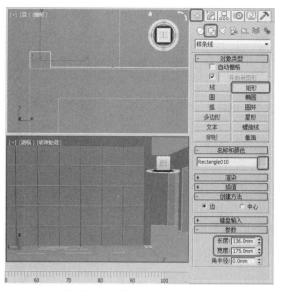

图13.104　绘制矩形并调整其参数

**11** 确定该对象处于选中状态，切换至【修改】命令面板中，在修改器下拉列表中选择【编辑样条线】修改器，将当前选择集定义为【顶点】，按Ctrl+A快捷键选中所有顶点，右击，在弹出的快捷菜单中选择【角点】命令，如图13.105所示。

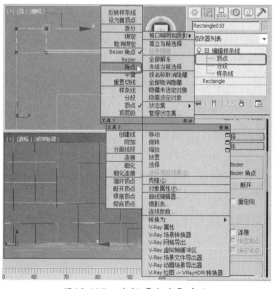

图13.105　选择【角点】命令

**12** 在【几何体】卷展栏中单击【优化】按钮，在视图中对矩形进行优化，并使用【选择并移动】工具对顶点进行调整，效果如图13.106所示。

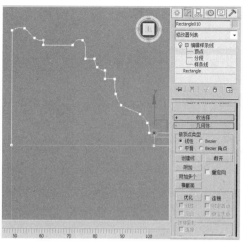

图13.106　对矩形优化并对顶点进行调整

**13** 关闭当前选择集，选择【创建】　｜【图形】　｜【线】工具，在【前】视图中捕捉电视墙的轮廓绘制一条样条线，将其命名为【电视装饰线】，为其指定一种颜色，如图13.107所示。

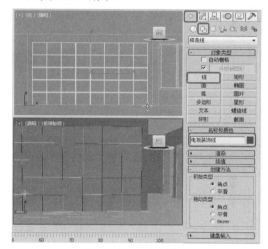

图13.107　绘制样条线

**14** 继续选中该对象，切换至【修改】命令面板　中，在修改器下拉列表中选择【倒角剖面】修改器，在【参数】卷展栏中单击【拾取剖面】按钮，在【顶】视图中拾取前面所调整的矩形，如图13.108所示。

**15** 确认该对象处于选中状态，激活【顶】视图，在工具栏中单击【镜像】按钮，在弹出的对话框中单击【Y】单选按钮，如图13.109所示。

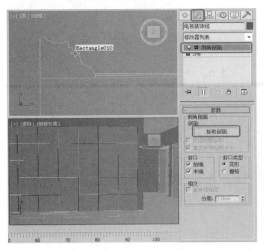

图13.108　拾取剖面对象

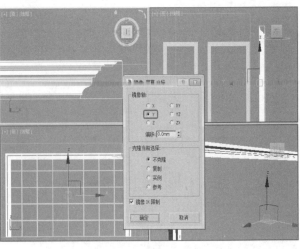

图13.109　选择镜像轴

**16** 单击【确定】按钮，在视图中调整该对象的位置，切换至【修改】命令面板 中，在修改器下拉列表中选择【编辑多边形】修改器，将当前选择集定义为【顶点】，在视图中调整顶点的位置，效果如图13.110所示。调整完成后，关闭当前选择集。

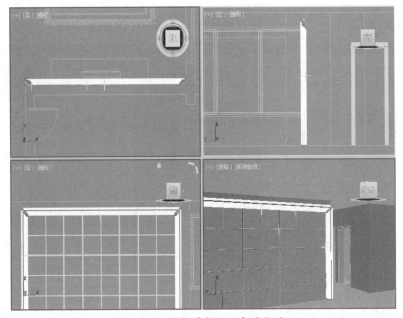

图13.110　调整对象及顶点的位置

# 13.3 制作天花板

下面介绍如何制作天花板，具体操作步骤如下所述。

**01** 选择【创建】 【图形】 【线】工具，在【顶】视图中捕捉墙体的顶点绘制一条闭合的样条线，将其命名为【天花板】，为其指定一种颜色，如图13.111所示。

**02** 选择【创建】 【图形】 【矩形】工具，取消勾选【开始新图形】复选框，在【顶】视图中绘制一个矩形，如图13.112所示。

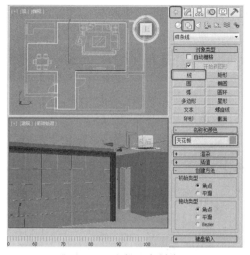

图13.111 绘制闭合样条线

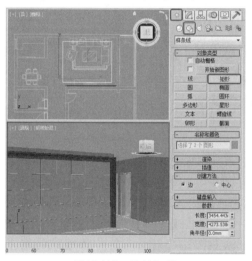

图13.112 绘制矩形

**03** 继续选中该对象,切换至【修改】命令面板中,将当前选择集定义为【顶点】,在【顶】视图中调整顶点的位置,调整后的效果如图13.113所示。

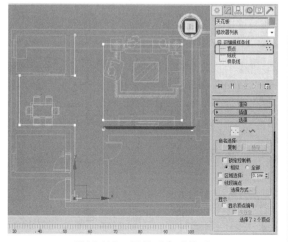

图13.113 调整顶点的位置

**04** 关闭当前选择集,在修改器下拉列表中选择【挤出】修改器,在【参数】卷展栏中将【数量】设置为60,在视图中调整该对象的位置,如图13.114所示。

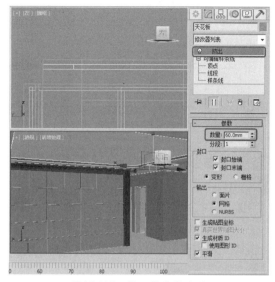

图13.114 添加挤出修改器

**05** 选择【创建】|【图形】|【矩形】工具,在【右】视图中创建一个矩形,在【参数】卷展栏中将【长度】、【宽度】都设置为33,如图13.115所示。

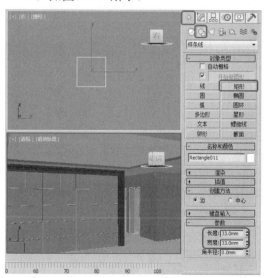

图13.115 绘制矩形

**06** 确认该对象处于选中状态,切换至【修改】命令面板中,在修改器下拉列表中选择【编辑样条线】修改器,将当前选择集定义为【顶点】,按Ctrl+A快捷键,选中所有顶点,右击鼠标,在弹出的快捷菜单中选择【角点】命令,如图13.116所示。

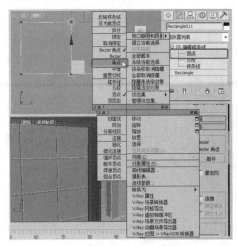

图13.116 选择【角点】命令

**07** 在【几何体】卷展栏中单击【优化】按钮，在视图中对矩形进行优化，并调整顶点的位置，效果如图13.117所示。

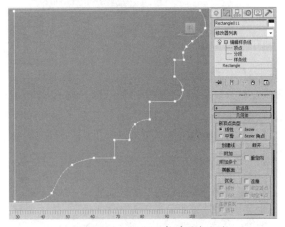

图13.117 优化顶点并进行调整

**08** 选择【创建】|【图形】|【矩形】工具，在【顶】视图中捕捉天花板中间矩形的顶点，绘制一个矩形，如图13.118所示。

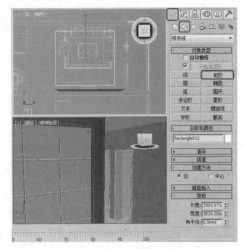

图13.118 绘制矩形

**09** 确认该矩形处于选中状态，切换至【修改】命令面板中，将其命名为【天花板装饰线001】，在修改器下拉列表中选择【倒角剖面】修改器，在【参数】卷展栏中单击【拾取剖面】按钮，在视图中拾取图13.117中所调整的矩形，如图13.119所示。

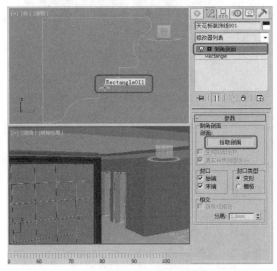

图13.119 拾取剖面对象

**10** 选中剖面对象，切换至【修改】命令面板中，将当前选择集定义为【样条线】，在视图中选择样条线，在【几何体】卷展栏中单击【水平镜像】按钮，单击【镜像】按钮，对选中的样条线进行水平镜像，效果如图13.120所示。

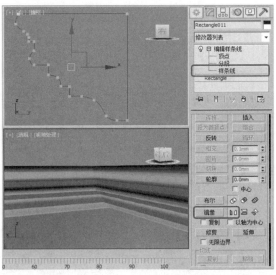

图13.120 水平镜像样条线

**11** 关闭当前选择集，在视图中调整【天花板装饰线001】对象的位置，然后选择天花板装

饰线的剖面对象，并将当前选择集定义为
【样条线】，使用【选择并均匀缩放】工
具在视图中对样条线进行缩放，效果如图
13.121所示。

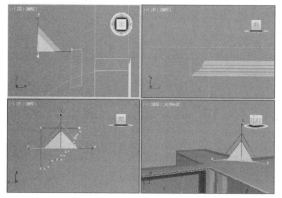

图13.121　调整后的效果

12 关闭当前选择集，在视图中选择【天花板
装饰线001】对象，在修改器下拉列表中选
择【编辑多边形】修改器，将当前选择集
定义为【顶点】，在视图中调整顶点的位
置，调整后的效果如图13.122所示。

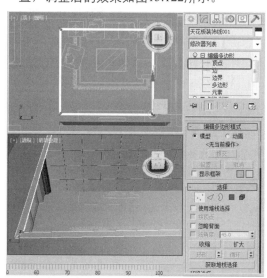

图13.122　调整顶点的位置

13 选择【创建】|【图形】|【线】工具，
在【顶】视图中捕捉天花板外轮廓的顶
点，绘制一条闭合的样条线，将其命名为
【天花板装饰线002】，如图13.123所示。

14 选中该图形，切换至【修改】命令面板中，
在修改器下拉列表中选择【倒角剖面】修改
器，在【参数】卷展栏中单击【拾取剖面】
按钮，在视图中拾取图13.124所示的对象。

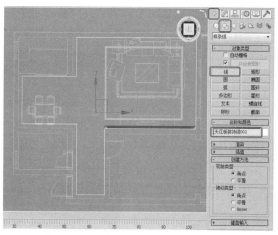

图13.123　绘制闭合样条线

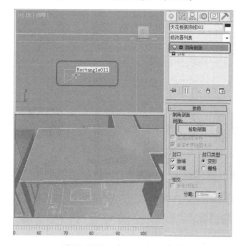

图13.124　拾取剖面对象

15 在视图中调整【天花板装饰线002】对象的
位置，在修改器下拉列表中选择【编辑多
边形】修改器，将当前选择集定义为【顶
点】，在视图中调整顶点的位置，效果如
图13.125所示。

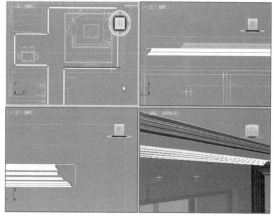

图13.125　调整对象及顶点的位置

16 关闭当前选择集，在视图中选择【电视装饰

线】对象，将当前选择集定义为【顶点】，在【前】视图中调整顶点的位置，调整后的效果如图13.126所示，调整完成后，关闭当前选择集即可。

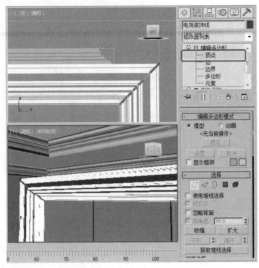

图13.126　调整顶点的位置

# 13.4　制作踢脚线

下面介绍如何为墙体添加踢脚线，具体操作步骤如下所述。

**01** 在视图中选择【墙体】对象，按Alt+Q快捷键将其孤立显示，切换至【修改】命令面板中，将当前选择集定义为【多边形】，按Ctrl+A快捷键选中所有多边形，如图13.127所示。

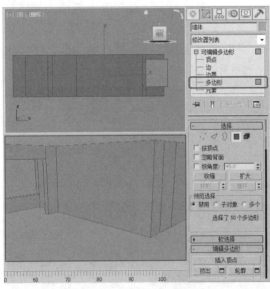

图13.127　选择多边形

**02** 在【编辑几何体】卷展栏中单击【切片平面】按钮，在工具栏中右击【选择并移

动】工具 ，在弹出的对话框中将【绝对：世界】下的【Z】设置为100，如图13.128所示。

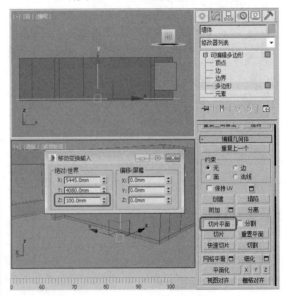

图13.128　设置切片位置

**03** 单击【切片】按钮，再次单击【切片平面】按钮，将其关闭，关闭【移动变换输入】对话框，在视图中选择如图13.29所示的多边形。

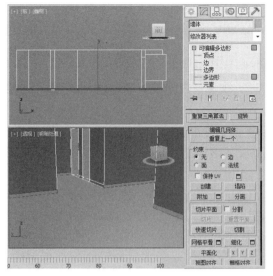

图13.129 选择多边形

**04** 在【编辑多边形】卷展栏中单击【挤出】右侧的【设置】按钮■，将挤出类型设置为

【按多边形】，将【高度】设置为8，如图13.130所示。

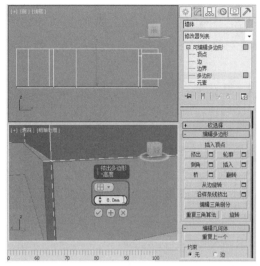

图13.130 设置挤出参数

**05** 单击【应用并继续】按钮，在视图中挤出墙体所有拐角处的缺口，效果如图13.131所示。

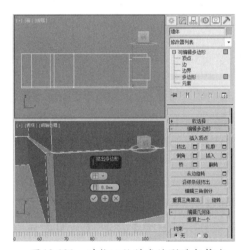

图13.131 对缺口处的多边形进行挤出

**06** 挤出完成后，在视图中查看挤出效果，如图13.132所示，关闭当前选择集。

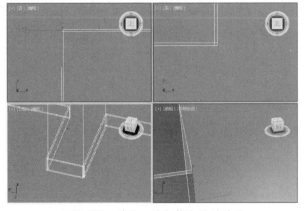

图13.132 对缺口进行挤出后的效果

# 13.5 为对象添加材质

材质可以看成是材料和质感的结合。在渲染程式中，它是表面各可视属性的结合，这些可视属性是指表面的色彩、纹理、光滑度、透明度、反射率、折射率、发光度等。为对象添加材质的具体操作步骤如下。

**01** 按F10键，在弹出的对话框中选择【公用】选项卡，在【指定渲染器】卷展栏中单击【产品级】右侧的【选择渲染器】按钮 ，在弹出的对话框中选择【V-Ray Adv 2.50.01】选项，如图13.133所示。

**02** 单击【确定】按钮，将【渲染设置】对话框关闭，继续选中【墙体】对象，按M键，在弹出的对话框中选择一个材质样本球，将其命名为【白色乳胶漆】，单击【Arch&Design】按钮，在弹出的对话框中选择【VRayMtl】选项，如图13.134所示。

图13.133　选择渲染器

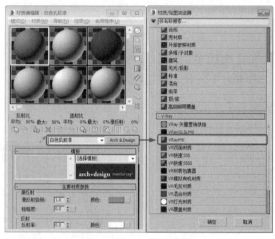

图13.134　选择【VRayMtl】选项

**03** 单击【确定】按钮，在【基本参数】卷展栏中将【漫反射】选项组中的【漫反射】颜色的RGB值设为（245、245、245），将【反射】选项组中的【反射】的RGB值设为（25、25、25），单击【高光光泽度】右侧的 L 按钮，将【高光光泽度】设为0.25，在【选项】卷展栏中取消勾选【跟踪反射】复选框，如图13.135所示。

**04** 单击【将材质指定给选定对象】按钮 和【视口中显示明暗处理材质】按钮 ，指定材质后的效果如图13.136所示。

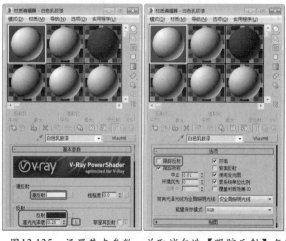

图13.135　设置基本参数，并取消勾选【跟踪反射】复选框

图13.136　指定材质后的效果

**05** 选择【白色乳胶漆】材质球，按住鼠标将其拖曳至第二个材质样本球上，将复制后的材质命名为【壁纸】，在【贴图】卷展栏中单击【漫反射】右侧的【无】按钮，在弹出的对话框中选择【位图】选项，如图13.137所示。

**06** 单击【确定】按钮，在弹出的对话框中选择随书附带光盘中的"壁纸.jpg"位图文件，如图13.138所示。

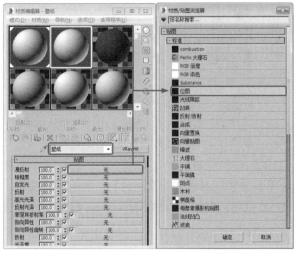

图13.137 选择【位图】选项　　　　　　图13.138 选择贴图文件

**07** 单击【打开】按钮，在【坐标】卷展栏中取消勾选【使用真实世界比例】复选框，将【模糊】设置为0.5，单击【转到父对象】按钮，选择【漫反射】右侧的材质，按住鼠标将其拖曳至【凹凸】右侧的材质按钮上，在弹出的对话框中单击【实例】单选按钮，如图13.139所示。

**08** 设置完成后，单击【确定】按钮，确认【墙体】处于选中状态，将当前选择集定义为【多边形】，在视图中选择图13.140所示的多边形。

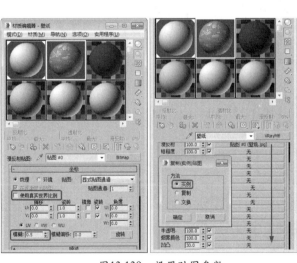

图13.139 设置贴图参数

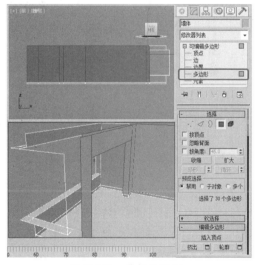

图13.140 选择多边形

**09** 在【材质编辑器】对话框中单击【将材质指定给选定对象】按钮，然后在修改器下拉列表中选择【UVW贴图】修改器，在【参数】卷展栏中单击【长方体】单选按钮，取消勾选【真实世界贴图大小】复选框，将【长度】、【宽度】、【高度】都设置为600，如图13.141所示。

**10** 在选中的多边形上右击鼠标，在弹出的快捷菜单中选择【转换为】|【转换为可编辑多边形】命令，如图13.142所示。

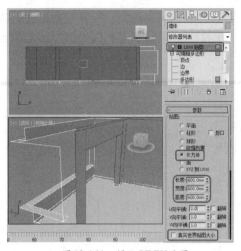

图13.141 添加UVW贴图

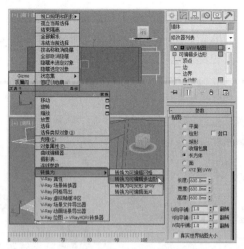

图13.142 选择【转换为可编辑多边形】命令

**11** 在【材质编辑器】对话框中选择【壁纸】材质球，按住鼠标将其拖曳至一个新的材质样本球上，将复制后的材质命名为【地板】，在【贴图】卷展栏中单击【漫反射】右侧的材质按钮，在【位图参数】卷展栏中单击【位图】右侧的材质按钮，在弹出的对话框中选择【地砖.jpg】位图图像文件，如图13.143所示。

**12** 单击【打开】按钮，在【位图参数】卷展栏中勾选【裁剪/放置】选项组中的【应用】复选框，将【W】、【H】分别设置为0.334、0.332，单击【转到父对象】按钮，在【贴图】卷展栏中将【凹凸】右侧的【数量】设置为20，如图13.144所示。

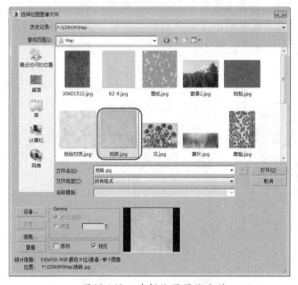

图13.143 选择位图图像文件

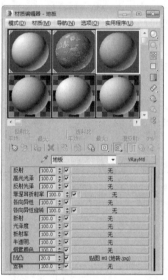

图13.144 设置凹凸数量

**13** 在【贴图】卷展栏中单击【反射】右侧的【无】按钮，在弹出的对话框中选择【衰减】选项，如图13.145所示。

**14** 单击【确定】按钮，在【衰减参数】卷展栏中将【侧】的RGB值设为（190、194、215），将【衰减类型】设置为【Fresnel】，如图13.146所示。

**15** 单击【转到父对象】按钮，在【选项】卷展栏中勾选【跟踪反射】复选框，在【基本参数】卷展栏中将【高光光泽度】、【反射光泽度】都设置为0.85，如图13.147所示。

**16** 在视图中选择【墙体】对象，切换至【修改】命令面板中，将当前选择集定义为【多边形】，在视图中选择图13.148所示的多边形。

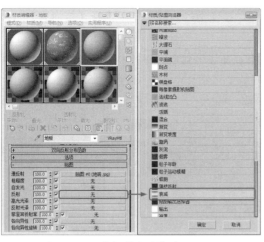

图13.145 选择【衰减】选项

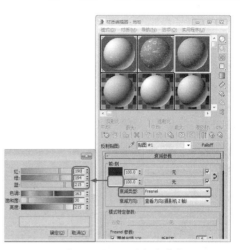

图13.146 设置衰减参数

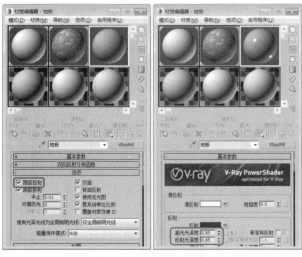

图13.147 设置基本参数

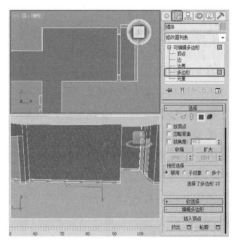

图13.148 选择多边形

17 在【材质编辑器】对话框中单击【将材质指定给选定对象】按钮，在修改器下拉列表中选择【UVW贴图】修改器，在【参数】卷展栏中取消勾选【真实世界贴图大小】复选框，将【长度】、【宽度】都设置为800，如图13.149所示。

18 将当前选择集定义为【Gizmo】，在【顶】视图中调整Gizmo的位置，调整后的效果如图13.150所示。

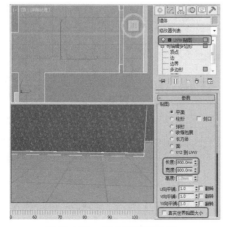

图13.149 添加UVW贴图

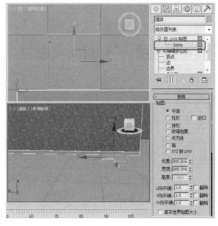

图13.150 调整Gizmo的位置

417

**19** 关闭当前选择集，在选中的多边形上右击鼠标，在弹出的快捷菜单中选择【转换为】|【转换为可编辑多边形】命令，如图13.151所示。

**20** 退出孤立模式，在视图中选中天花板、天花板装饰线等对象，在【材质编辑器】对话框中选择【白色乳胶漆】，单击【将材质指定给选定对象】按钮，效果如图13.152所示。

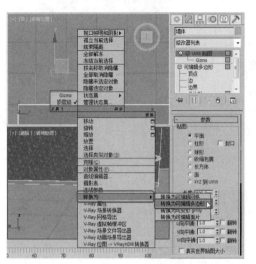
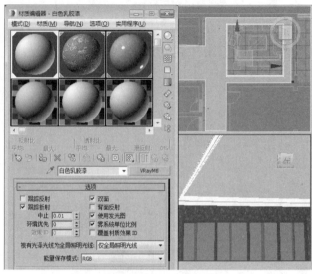

图13.151　选择【转换为可编辑多边形】命令　　　　图13.152　指定材质后的效果

**21** 在视图中选择【电视墙】对象，按Alt+Q快捷键将其孤立显示，在【材质编辑器】对话框中选择【壁纸】材质样本球，按住鼠标将其拖曳至一个新的材质样本球上，将复制后的材质命名为【电视墙背景】，在【贴图】卷展栏中单击【漫反射】右侧的材质按钮，在【位图参数】卷展栏中单击【位图】右侧的材质按钮，在弹出的对话框中选择随书附带光盘中的"文化石.jpg"位图图像文件，如图13.153所示。

**22** 单击【打开】按钮，单击【转到父对象】按钮，在【贴图】卷展栏中将【凹凸】右侧的【数量】设置为50，在【基本参数】卷展栏中将【漫反射】选项组中的【漫反射】的RGB值设为（254、248、230），在【反射】选项组中将【反射】的RGB值设为（0、0、0），将【高光光泽度】设为1，并单击其右侧的 L 按钮，如图13.154所示。

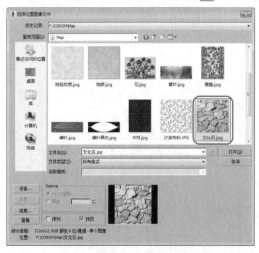
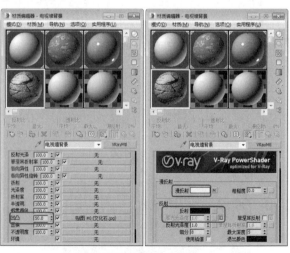

图13.153　选择位图图像文件　　　　　　　图13.154　设置基本参数

**23** 在【双向反射分布函数】卷展栏中将类型设置为【多面】，在【选项】卷展栏中勾选【跟踪反射】复选框，取消勾选【雾系统单位比例】复选框，如图13.155所示。

**24** 单击【将材质指定给选定对象】按钮，在修改器下拉列表中选择【UVW贴图】修改器，在【参数】卷展栏中取消勾选【真实世界贴图大小】复选框，单击【长方体】单选按钮，将【长度】、【宽度】、【高度】都设为700，如图13.156所示。

图13.155　设置双向反射分布函数类型及选项

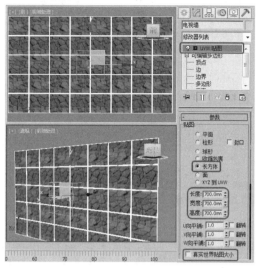

图13.156　添加UVW贴图

**25** 在选中的对象上右击鼠标，在弹出的快捷菜单中选择【转换为】|【转换为可编辑多边形】命令，如图13.157所示。

**26** 再在【材质编辑器】对话框中选择【电视墙背景】材质样本球，按住鼠标将其拖曳至一个新的材质样本球上，将其命名为【镜子】，在【贴图】卷展栏中右击【漫反射】右侧的材质按钮，在弹出的快捷菜单中选择【清除】命令，并使用同样的方法清除【凹凸】右侧的材质，如图13.158所示。

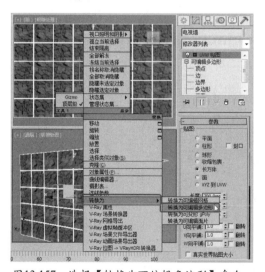

图13.157　选择【转换为可编辑多边形】命令

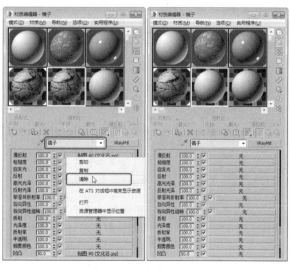

图13.158　清除贴图

**27** 在【基本参数】卷展栏中将【漫反射】选项组中的【漫反射】的RGB值设为（71、83、104），在【反射】选项组中将【反射】的RGB值设为（255、255、255），将【最大深度】设置为3，在【折射】选项组中将【细分】、【最大深度】分别设为5、3，在【双向反射分布函数】卷展栏中将类型设为【反射】，图13.159所示。

**28** 确认【电视墙】处于选中状态，将当前选择集定义为【多边形】，在视图中选择图13.160所示的多边形。

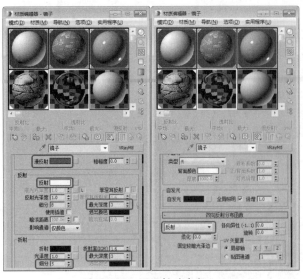

图13.159 设置材质参数

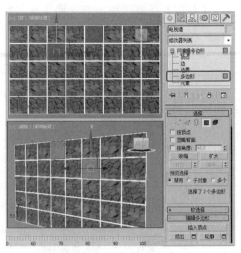

图13.160 选择多边形

**29** 单击【将材质指定给选定对象】按钮，关闭当前选择集，在【材质编辑器】对话框中选择【镜子】材质样本球，按住鼠标将其拖曳至一个新的材质样本球上，将其命名为【烤漆玻璃】，在【基本参数】卷展栏中将【漫反射】选项组中的【漫反射】的RGB设为（29、29、29），将【反射】选项组中【反射】的RGB值设为（122、122、122），单击【高光光泽度】右侧的【L】按钮，将【高光光泽度】、【细分】、【最大深度】分别设为0.9、3、2，在【折射】选项组中将【细分】、【最大深度】分别设为8、5，如图13.161所示。

**30** 将当前选择集定义为【多边形】，在视图中选择图13.162所示的多边形。

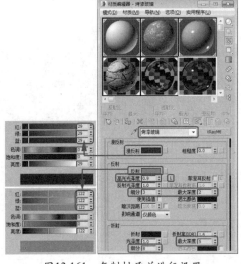

图13.161 复制材质并进行设置

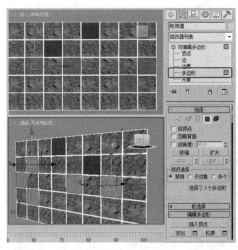

图13.162 选择多边形

**31** 单击【将材质指定给选定对象】按钮，关闭当前选择集，在【材质编辑器】对话框中选择一个新的材质样本球，将其命名为【白油】，单击【Arch&Design】按钮，在弹出的对话框中选择【VRayMtl】选项，如图13.163所示。

**32** 单击【确定】按钮，在【基本参数】卷展栏中将【漫反射】选项组中【漫反射】的RGB值设为（246、246、246），在【反射】选项组中将【反射】的RGB值设为（20、20、20），将【反射光泽度】设为0.95，将【反射插值】、【折射插值】卷展栏中的【最小速率】都设为-3，将【最大速率】都设置为0，如图13.164所示。

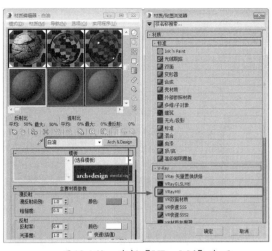 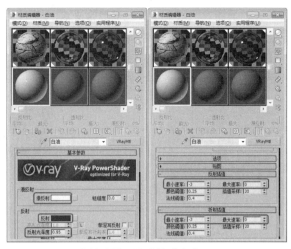

图13.163 选择【VRayMtl】选项　　　　　图13.164 设置材质参数

**33** 退出当前孤立模式，在视图中选择电视装饰线、推拉门、窗框对象，单击【将材质指定给选定对象】按钮，如图13.165所示。

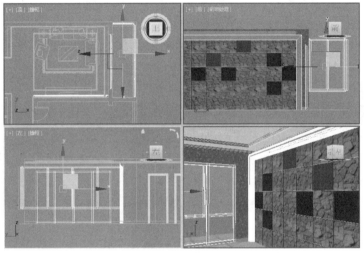

图13.165 指定材质

**34** 使用同样的方法为墙体中的踢脚线和门框指定【白油】材质，指定完成后，将【材质编辑器】对话框关闭。单击应用程序按钮，在弹出的下拉列表中选择【导入】|【合并】命令，如图13.166所示。

图13.166 选择【合并】命令

**35** 在弹出的对话框中选择随书附带光盘中的"家具.max"素材文件，如图13.167所示。

**36** 单击【打开】按钮，在弹出的对话框中单击【全部】按钮，如图13.168所示。

图13.167　选择素材文件

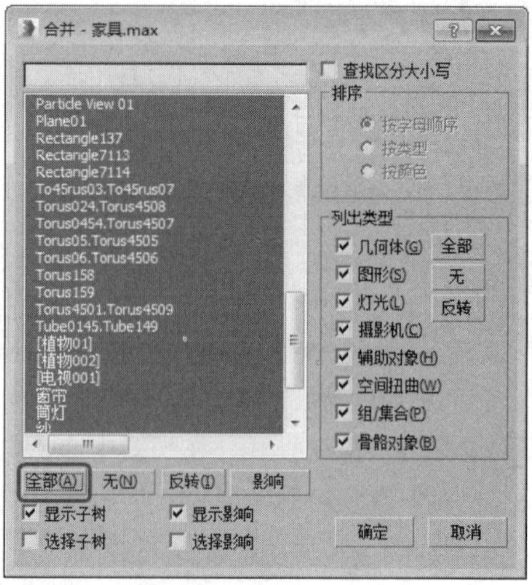

图13.168　选择全部对象

**37** 单击【确定】按钮，在视图中调整导入对象的位置，调整后的效果如图13.169所示。

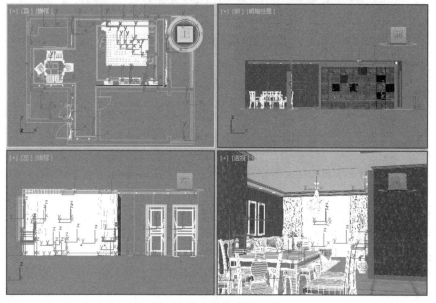

图13.169　调整对象位置

# 13.6　添加摄影机及灯光

下面介绍如何为场景添加摄影机及灯光，具体操作步骤如下。

**01** 选择【创建】|【摄影机】|【标准】|【目标】工具，在【顶】视图中创建一架摄影机，在【参数】卷展栏中将【镜头】设置为26.38，在【剪切平面】选项组中勾选【手动剪切】复选

框，将【近距剪切】、【远距剪切】分别设置为1200、8800，如图13.170所示。

**02** 激活【透视】视图，按C键将其转换为摄影机视图，在其他视图中调整摄影机的位置，效果如图13.171所示。

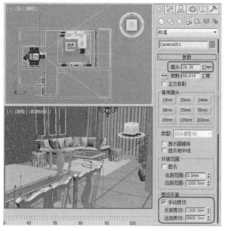
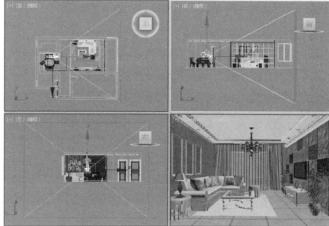

图13.170 创建摄影机并进行设置　　　　　图13.171 调整摄影机位置后的效果

**03** 选择【创建】｜【摄影机】｜【标准】｜【目标】工具，在【顶】视图中创建一架摄影机，在【参数】卷展栏中将【镜头】设置为28，取消勾选【剪切平面】选项组中的【手动剪切】复选框，如图13.172所示。

**04** 激活任意视图，按C键将其转换为摄影机视图，在其他视图中调整摄影机的位置，效果如图13.173所示。

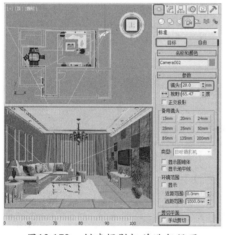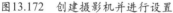
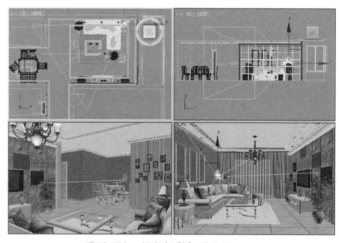

图13.172 创建摄影机并进行设置　　　　　图13.173 调整摄影机的位置

**05** 按Shift+C快捷键，将摄影机进行隐藏，选择【创建】｜【灯光】｜【标准】｜【目标平行光】工具，在【顶】视图中创建一束目标平行光，如图13.174所示。

**06** 切换至【修改】命令面板中，在【常规参数】卷展栏中勾选【阴影】选项组中的【启用】复选框，取消勾选【使用全局设置】复选框，将阴影类型设置为【VRay阴影】，在【强度/颜色/衰减】卷展栏中将【倍增】设置为3，将阴影颜色的RGB值设置为（255、245、225），在【平行光参数】卷展栏中将【聚光区/光束】设置为4000，单击【矩形】单选按钮，在【VRay阴影参数】卷展栏中勾选【区域阴影】复选框，单击【长方体】单选按钮，将【U大小】、【V大小】、【W大小】都设置为1000，如图13.175所示。

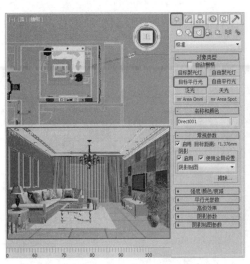

图13.174 创建目标平行光

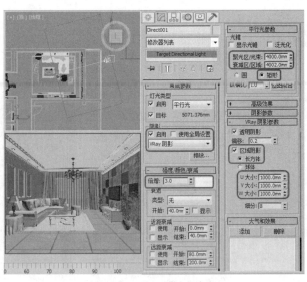

图13.175 设置灯光参数

**07** 使用【选择并移动】工具在视图中调整灯光的位置，调整后的效果如图13.176所示。

**提示**

为了方便灯光的调整，首先将Camera002转换为【左】视图。

**08** 选择【创建】 ✷ |【灯光】 ⚙ |【VRay】|【VR灯光】工具，在【左】视图中创建一束VR灯光，在【参数】卷展栏中【强度】选项组中的【倍增器】设置为5，将【颜色】的RGB值设置为（170、205、249），在【大小】选项组中将【1/2长】、【1/2宽】分别设置为1600、1100，勾选【选项】选项组中的【不可见】复选框，在【采样】选项组中将【细分】设置为20，如图13.177所示。

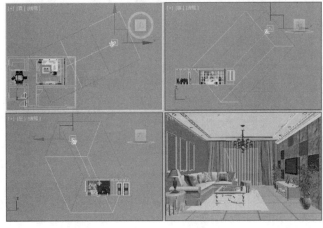

图13.176 调整灯光的位置

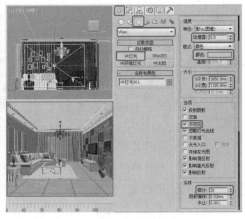

图13.177 创建VR灯光并进行设置

**09** 选中该灯光对象，激活【顶】视图，在工具栏中单击【镜像】按钮 ◄◄，在弹出的对话框中单击【X】单选按钮，如图13.178所示。

**10** 单击【确定】按钮，使用【选择并移动】工具在视图中调整其位置，效果如图13.179所示。

**11** 选择【创建】 ✷ |【灯光】 ⚙ |【VRay】|【VR灯光】工具，在【顶】视图中创建一盏VR灯光，在【参数】卷展栏中将【强度】选项组中的【倍增器】设置为4，将【颜色】的RGB值设置为（253、245、228），在【大小】选项组中将【1/2长】、【1/2宽】分别设置为1857、1640，如图13.180所示。

**12** 使用【选择并移动】工具在视图中调整该灯光的位置，调整后的效果如图13.181所示。

图13.178 选择镜像轴

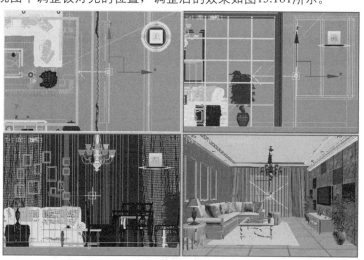

图13.179 调整灯光的位置

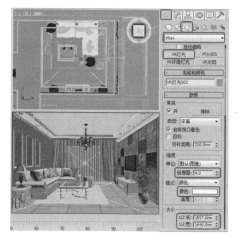

图13.180 创建VR灯光并进行设置

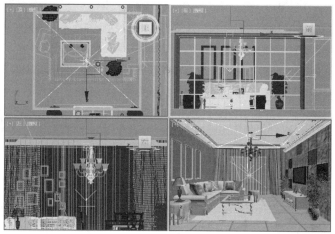

图13.181 调整灯光位置后的效果

**13** 继续选中该灯光，在【顶】视图中按住Shift键沿X轴向左进行移动，在弹出的对话框中单击【复制】单选按钮，如图13.182所示。

**14** 设置完成后，单击【确定】按钮，选中复制后的灯光，切换至【修改】命令面板中，在【参数】卷展栏中将【大小】选项组中的【1/2长】、【1/2宽】分别设置为1270、1005，并在视图中调整其位置，效果如图13.183所示。

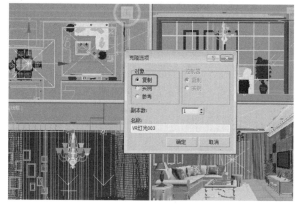

图13.182 设置克隆选项

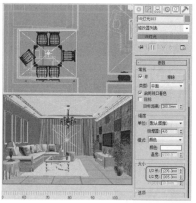

图13.183 调整复制后的灯光的参数及位置

15 使用同样的方法复制VR灯光，并调整其参数及位置，效果如图13.184所示。

16 选择【创建】|【灯光】|【光度学】|【自由灯光】工具，在【顶】视图中创建一束自由灯光，切换至【修改】命令面板中，在【常规参数】卷展栏中将【目光距离】设置为2006，取消勾选【阴影】选项组中的【使用全局设置】复选框，将阴影类型设置为【VRay阴影】，将【灯光分布（类型）】设置为【光度学Web】，单击【选择光度学文件】按钮，如图13.185所示。

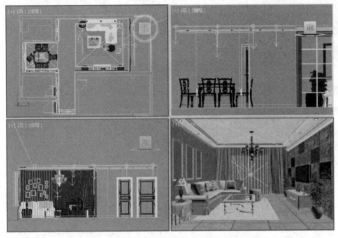

图13.184 复制灯光并调整后的效果

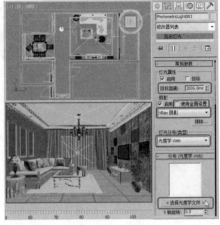

图13.185 单击【选择光度学文件】按钮

17 在弹出的对话框中选择随书附带光盘中的"TD-2.IES"光度学文件，如图13.186所示。

18 单击【打开】按钮，在【强度/颜色/衰减】卷展栏中将【过滤颜色】的RGB值设置为（252、233、181），在【强度】选项组中单击【cd】单选按钮，将其参数设置为34000，在【VR阴影参数】卷展栏中勾选【区域阴影】复选框，单击【长方体】单选按钮，将【细分】设置为10，如图13.187所示。

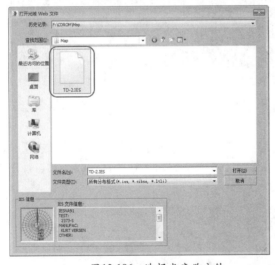

图13.186 选择光度学文件

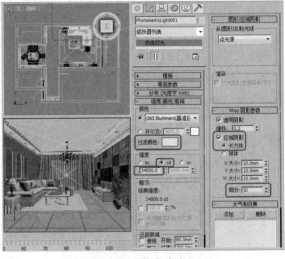

图13.187 设置灯光参数

19 使用【选择并移动】工具在视图中调整该灯光的位置，调整后的效果如图13.188所示。

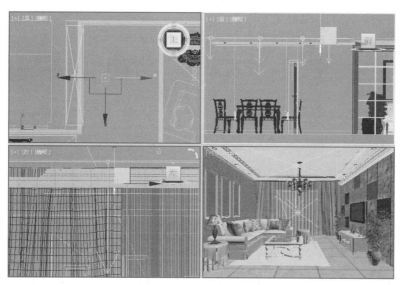

图13.188　调整灯光的位置

**20** 对该灯光进行复制，并调整其位置及参数，并将【左】视图转换为摄影机视图，如图13.189所示。

图13.189　复制并调整灯光后的效果

# 13.7　渲染输出

至此，客餐厅效果就制作完成了，接下来介绍如何将制作完成的场景进行渲染输出，具体操作步骤如下。

**01** 按Shift+L快捷键隐藏灯光，按8键，在弹出的对话框中选择【环境】选项卡，在【公用参数】卷展栏中单击【环境贴图】下的材质按钮，在弹出的对话框中选择【位图】选项，如图13.190所示。

**02** 单击【确定】按钮，在弹出的对话框中选择随书附带光盘中的"户外景色.jpg"位图图像文件，如图13.191所示。

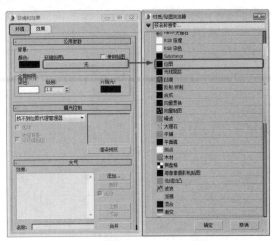

图13.190 选择【位图】选项

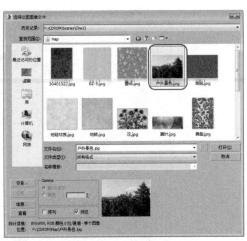

图13.191 选择位图图像文件

**03** 单击【打开】按钮，按M键，打开【材质编辑器】对话框，按住鼠标将环境贴图拖曳至一个新的材质样本球上，在弹出的对话框中单击【实例】单选按钮，如图13.192所示。

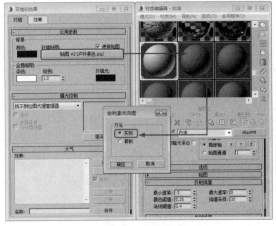

图13.192 复制材质

**04** 单击【确定】按钮，在【坐标】卷展栏中【贴图】设置为【屏幕】，如图13.193所示。

图13.193 设置贴图

**05** 将【环境和背景】与【材质编辑器】对话框关闭，激活【Camera001】视图，在菜单栏中单击【视图】按钮，在弹出的下拉列表中选择【视口背景】|【环境背景】命令，如图13.194所示。

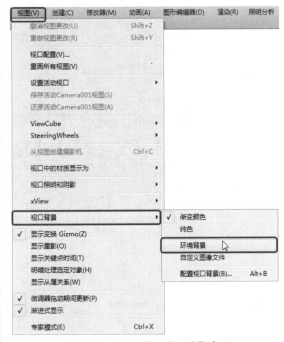

图13.194 选择【环境背景】命令

**06** 按F10键，在弹出的对话框中选择【V-Ray】选项卡，在【V-Ray::图像采样器（抗锯齿）】卷展栏中将抗锯齿类型设置为【Mitchell-Netravali】，在【V-Ray::颜色贴图】卷展栏中将【类型】设置为【指数】，将【伽玛值】设置为1，如图13.195所示。

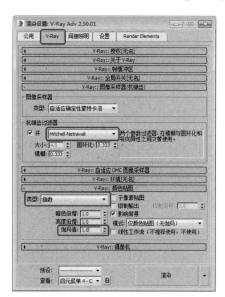

图13.195 设置抗锯齿类型及颜色贴图类型

**07** 再在该对话框中选择【间接照明】选项卡,在【V-Ray::间接照明(GI)】卷展栏中勾选【开】复选框,将【二次反弹】选项组中的【全局照明引擎】设置为【灯光缓存】,在【V-Ray::发光图(无名)】卷展栏中将【当前预置】设置为【低】,在【V-Ray::灯光缓存】卷展栏中勾选【显示计算机相位】复选框,如图13.196所示。

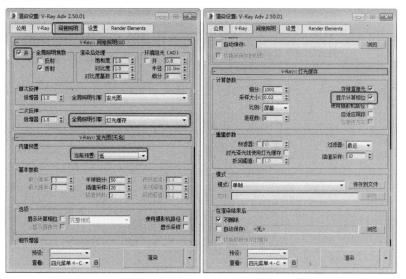

图13.196 设置间接照明参数

**08** 设置完成后,分别对两个摄影机视图进行渲染,并保存完成后的场景。

# 第14章
# 公共卫生间表现

　　工装效果图就是指营业场所、店铺、公共卫生间、酒吧、KTV、企业单位、餐饮店、卖场、大型商场、医院等的装修，本章将通过一个公共卫生间的实际案例重点介绍如何制作工装效果图，效果如图14.1所示，通过本章的学习，不仅可以使读者对前面所学的知识进行巩固，还可以使读者了解制作工装效果图的流程。本章节将重点讲解如何制作公共卫生间的效果图，首先讲解建模过程，然后在讲解如何利用Photoshop软件对其进行后期处理，通过本章节的学习可以工装效果图的制作有一定的了解。

图14.1　效果图

# 14.1 框架的制作

在制作室内框架之前，首先要导入CAD图纸，然后使用线工具绘制墙体轮廓，再通过为线添加挤出等修改器对框架进行调整，具体操作步骤如下。

**01** 新建一个空白场景，单击应用程序按钮，在弹出的下拉列表中选择【导入】|【导入】命令，如图14.2所示。

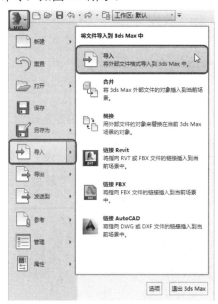

图14.2 选择【导入】命令

**02** 在弹出的对话框中选择随书附带光盘中的"卫生间图纸.DWG"素材文件，如图14.3所示。

图14.3 选择素材文件

**03** 单击【打开】按钮，在弹出的对话框中勾选【几何体选项】选项组中的【焊接附近顶点】复选框，如图14.4所示。

图14.4 勾选【焊接附近顶点】复选框

**04** 单击【确定】按钮，按Ctrl+A快捷键，选中所有对象，在菜单栏中选择【组】|【成组】命令，如图14.5所示。

图14.5 选择【组】命令

**05** 在弹出的对话框中将【组名】设置为【图纸】，单击【确定】按钮，在成组后的对象上右击鼠标，在弹出的快捷菜单中选择【冻结当前选择】命令，如图14.6所示。

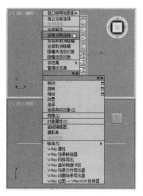

图14.6 选择【冻结当前选择】命令

**06** 在菜单栏中选择【自定义】|【自定义用户界面】命令，如图14.7所示。

图14.7　选择【自定义用户界面】命令

**07** 在弹出的对话框中选择【颜色】选项卡，将【元素】定义为【几何体】，在其下方的列表框中选择【冻结】选项，将其【颜色】的RGB值设置为（245、136、154），如图14.8所示。

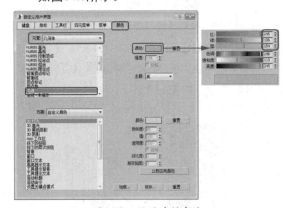

图14.8　设置冻结颜色

**08** 设置完成后，单击【立即应用颜色】按钮，然后将该对话框关闭，再在菜单栏中单击【自定义】按钮，在弹出的下拉列表中选择【单位设置】命令，如图14.9所示。

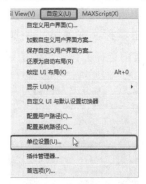

图14.9　选择【单位设置】命令

**09** 在弹出的对话框中单击【公制】单选按钮，将其下方的选项设置为【毫米】，单击【系统单位设置】按钮，在弹出的对话框

中将【单位】设置为【毫米】，如图14.10所示。

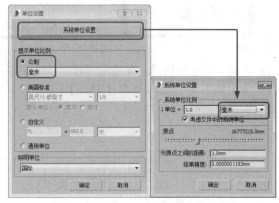

图14.10　设置系统单位

**10** 设置完成后，单击两次【确定】按钮完成设置，打开2.5维捕捉开关，右击该按钮，在弹出的对话框中选择【捕捉】选项卡，仅勾选【顶点】复选框，将其他复选框都取消勾选，如图14.11所示。

图14.11　勾选【顶点】复选框

**11** 再在该对话框中选择【选项】选项卡，在【百分比】选项组中勾选【捕捉到冻结对象】复选框，在【平移】选项组中勾选【启用轴约束】复选框，如图14.12所示。

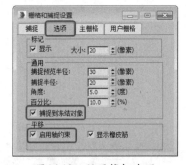

图14.12　设置捕捉选项

**12** 设置完成后，关闭该对话框，选择【创建】|【图形】|【线】工具，在【顶】视图中绘制左侧墙体，将其命名为【墙体】，如图14.13所示。

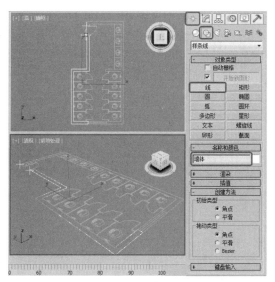

图14.13　绘制闭合的样条线

13 选择【创建】 ◈|【图形】 ◎|【线】工
具，取消勾选【开始新图形】复选框，在
【顶】视图中绘制右侧墙体，效果如图
14.14所示。

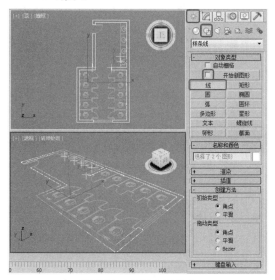

图14.14　绘制右侧墙体

14 继续选中该对象，切换至【修改】命令面
板 ◢ 中，在修改器下拉列表中选择【挤
出】修改器，在【参数】卷展栏中将【数
量】、【分段】分别设置为2900、3，如图
14.15所示。

15 在该对象上右击鼠标，在弹出的快捷菜单中
选择【转换为】|【转换为可编辑多边形】
命令，如图14.16所示。

16 将当前选择集定义为【顶点】，在【前】视
图中选择图14.17所示的顶点。

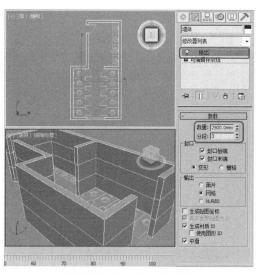

图14.15　添加挤出修改器

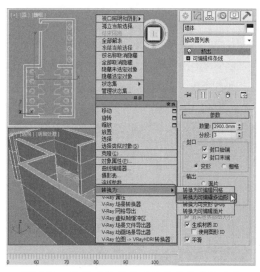

图14.16　选择【转换为可编辑多边形】命令

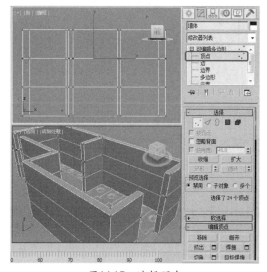

图14.17　选择顶点

17 在工具栏中右击【选择并移动】工具 ✥，

在弹出的对话框中将【绝对：世界】下的
【Z】设置为2200，如图14.18所示。 的多边形。

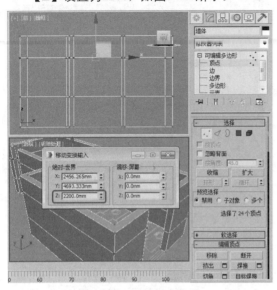

图14.18　调整顶点位置

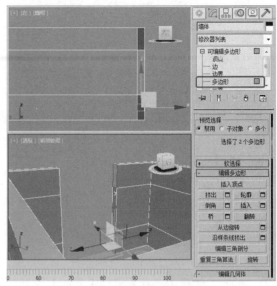

图14.20　选择多边形

**18** 再在视图中选择图14.19所示的顶点，在【移
动变换输入】对话框中将【绝对：世界】下
的【Z】设置为800，如图14.19所示。

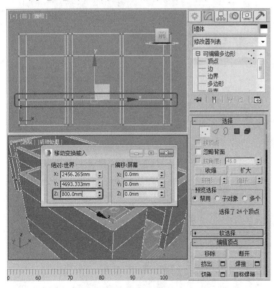

图14.19　设置位置参数

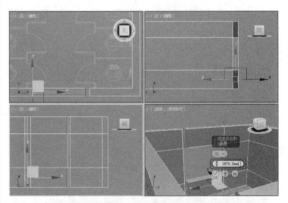

图14.21　设置挤出参数

**19** 调整完成后，将【移动变换输入】对话框关
闭，将当前选择集定义为【多边形】，在
视图中选择图14.20所示的多边形。

**20** 在【编辑多边形】卷展栏中单击【挤出】
右侧的【设置】按钮，将【高度】设置为
1670，如图14.21所示。

**21** 单击【确定】按钮，按Delete键将选中的
多边形删除，再在视图中选择图14.22所示

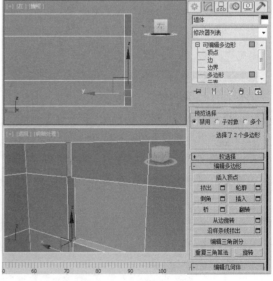

图14.22　选择多边形

**22** 按Delete键将选中的对象删除，将当前选择

集定义为【边】，在【编辑边】卷展栏中单击【目标焊接】按钮，在视图中对图14.23所示的两条边进行焊接。

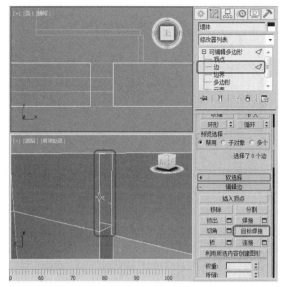

图14.23 对边进行焊接

**23** 使用同样的方法焊接其他边，焊接后的效果如图14.24所示。

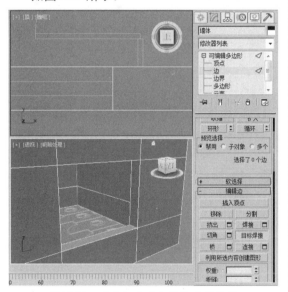

图14.24 对其他边进行焊接后的效果

**24** 将当前选择集定义为【多边形】，在视图中选择图14.25所示的多边形。

**25** 在【编辑多边形】卷展栏中单击【挤出】右侧的【设置】按钮，将【高度】设置为700，如图14.26所示。

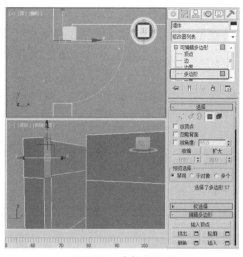

图14.25 选择多边形

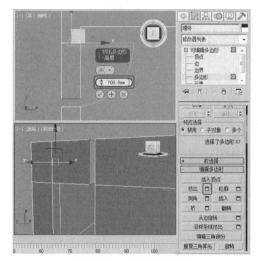

图14.26 设置挤出高度

**26** 设置完成后，单击【确定】按钮，按Delete键将选中的多边形删除，再在视图中选择图14.27所示的多边形。

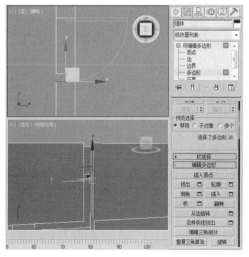

图14.27 选择多边形

**27** 按Delete键将其删除，将当前选择集定义为【边】，在【编辑边】卷展栏中单击【目标焊接】按钮，在视图中对图14.28所示的边进行焊接。

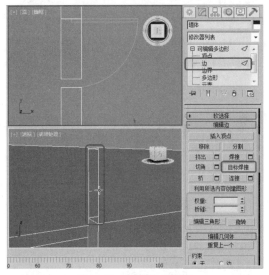

图14.28 对边进行焊接

**28** 使用同样的方法焊接其他边，焊接后的效果如图14.29所示。

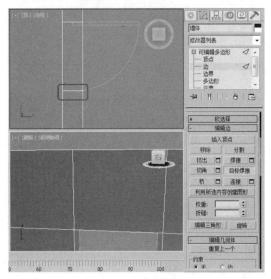

图14.29 焊接边后的效果

**29** 关闭当前选择集，选择【创建】 |【图形】 |【矩形】工具，在【前】视图中捕捉窗洞绘制一个矩形，如图14.30所示。

**30** 切换至【修改】命令面板 中，在修改器下拉列表中选择【编辑样条线】修改器，将当前选择集定义为【样条线】，在视图中选择样条线，在【几何体】卷展栏中将【轮廓】设置为60，如图14.31所示。

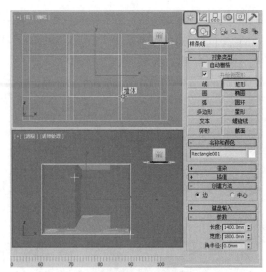

图14.30 绘制矩形

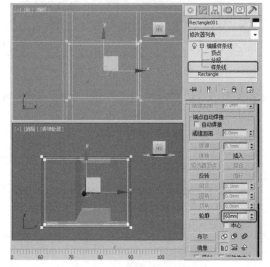

图14.31 为样条线添加轮廓

**31** 将当前选择集定义为【顶点】，在视图中调整顶点的位置，调整后的效果如图14.32所示。

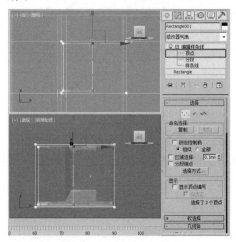

图14.32 调整顶点的位置

**32** 将当前选择集定义为【样条线】，在视图中选择图14.33所示的样条线。

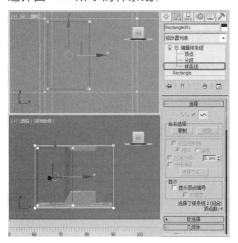

图14.33 选择样条线

**33** 使用【选择并移动】工具 ，在【前】视图中按住Shift键沿X轴向右移动，对该样条线进行复制，效果如图14.34所示。

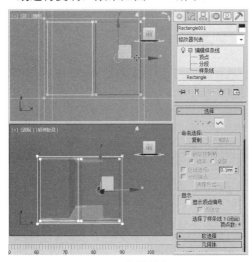

图14.34 复制样条线

**34** 关闭当前选择集，在修改器下拉列表中选择【挤出】修改器，在【参数】卷展栏中将【数量】、【分段】分别设置为60、1，将该对象命名为【窗框】，为其指定一种颜色，并在视图中调整其位置，效果如图14.35所示。

**35** 选择【创建】 |【图形】 |【线】工具，在【顶】视图中捕捉隔板绘制一条闭合的样条线，如图14.36所示。

**36** 选择【创建】 |【图形】 |【线】工具，取消勾选【开始新图形】复选框，在

【顶】视图中绘制多条闭合样条线，如图14.37所示。

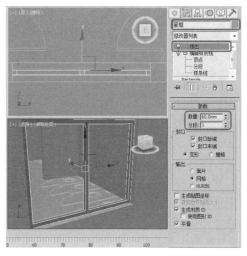

图14.35 添加挤出修改器

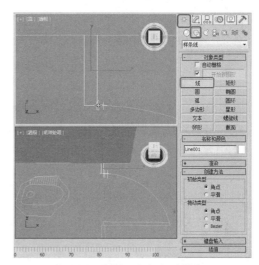

图14.36 绘制一条闭合的样条线

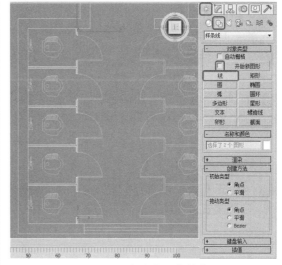

图14.37 绘制多条闭合样条线

**37** 继续选中该对象，切换至【修改】命令面板 中，在修改器下拉列表中选择【挤出】 修改器，在【参数】卷展栏中将【数量】 设置为1680，将其命名为【隔板001】，为 其指定一种颜色，效果如图14.38所示。

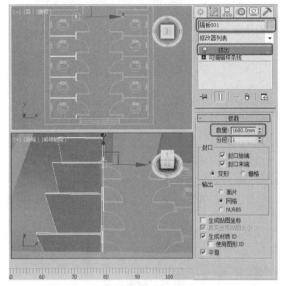

图14.38 添加挤出修改器

**38** 在工具栏中右击【选择并移动】工具 ，在弹出的对话框中将【绝对：世界】下的 【Z】设置为360，如图14.39所示。

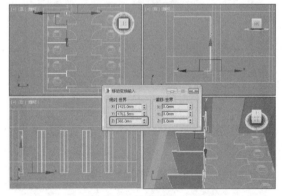

图14.39 调整对象位置

**39** 调整完成后，将该对话框关闭，选择【创 建】 ｜【几何体】 ｜【长方体】工具， 在【顶】视图中创建一个长方体，在【参 数】卷展栏中将【长度】、【宽度】、 【高度】分别设置为4600、1258、120， 将其命名为【地台】，并为其指定一种颜 色，如图14.40所示。

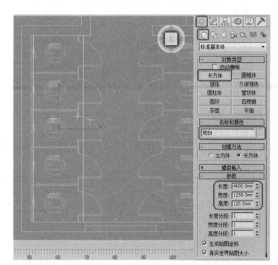

图14.40 创建长方体

**40** 继续选中该对象，在视图中调整该对象的 位置，在该对象上右击，在弹出的快捷菜 单中选择【转换为】｜【转换为可编辑多边 形】命令，如图14.41所示。

图14.41 选择【转换为可编辑多边形】命令

**41** 将当前选择集定义为【边】，在视图中选择 图14.42所示的边。

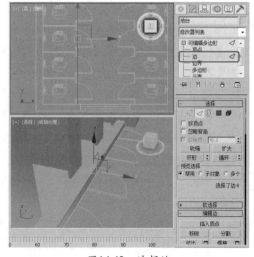

图14.42 选择边

**42** 在【编辑边】卷展栏中单击【切角】右侧的【设置】按钮□，将【边切角量】设置为5，如图14.43所示。

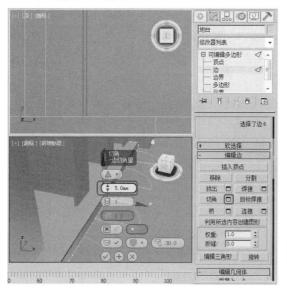

图14.43 设置边切角量

**43** 设置完成后，单击【确定】按钮☑，关闭当前选择集，选择【创建】|【几何体】|【长方体】工具，在【左】视图中绘制一个长方体，在【参数】卷展栏中将【长度】、【宽度】、【高度】分别设置为1680、600、30，如图14.44所示。

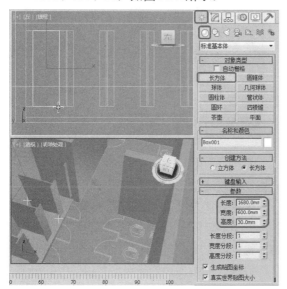

图14.44 绘制一个长方体

**44** 选中该长方体，使用【选择并移动】工具

，在【左】视图中按住Shift键沿X轴向右进行移动，在弹出的对话框中单击【复制】单选按钮，将【副本数】设置为4，如图14.45所示。

图14.45 设置克隆参数

**45** 设置完成后，单击【确定】按钮，在视图中调整复制后的长方体的位置，在视图中选择【Box001】对象，右击，在弹出的快捷菜单中选择【转换为】|【转换为可编辑多边形】命令，如图14.46所示。

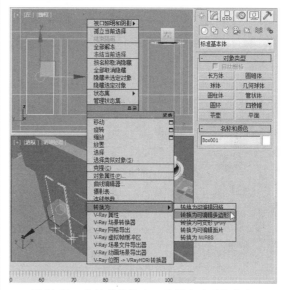

图14.46 选择【转换为可编辑多边形】命令

**46** 切换至【修改】命令面板中，在【编辑几何体】卷展栏中单击【附加】按钮，在视图中拾取前面所复制的长方体，如图14.47所示。

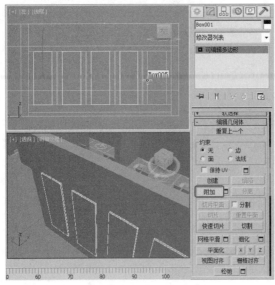

图14.47　拾取附加对象

**47** 再次单击【附加】按钮，将其关闭，将其命名为【门板001】，为其指定一种颜色，在视图中调整该对象的位置，效果如图14.48所示。

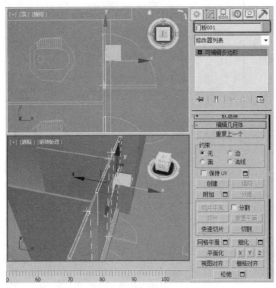

图14.48　调整对象的位置

**48** 选择【创建】 ◆ |【几何体】 ○ |【圆柱体】工具，在【左】视图中创建一个圆柱体，在【参数】卷展栏中将【半径】、【高度】、【高度分段】、【端面分段】、【边数】分别设置为15、80、3、1、12，如图14.49所示。

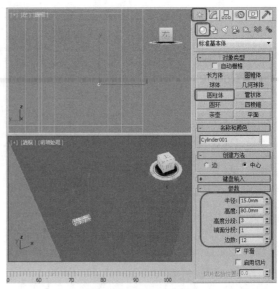

图14.49　绘制圆柱体

**49** 在视图中调整圆柱体的位置，在该对象上右击鼠标，在弹出的快捷菜单中选择【转换为】|【转换为可编辑多边形】命令，如图14.50所示。

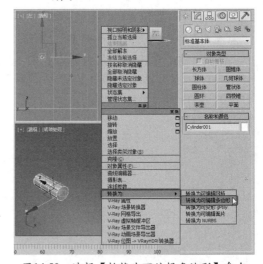

图14.50　选择【转换为可编辑多边形】命令

**50** 切换至【修改】命令面板 ☑ 中，将当前选择集定义为【顶点】，在视图中对圆柱体的顶点进行调整，效果如图14.51所示。

**51** 将当前选择集定义为【多边形】，在视图中选择图14.52所示的多边形。

**52** 在【编辑多边形】卷展栏中单击【倒角】右侧的【设置】按钮，将【高度】、【轮廓】分别设置为27.7、-1.9，如图14.53所示。

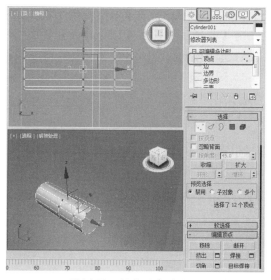

图14.51　调整顶点的位置

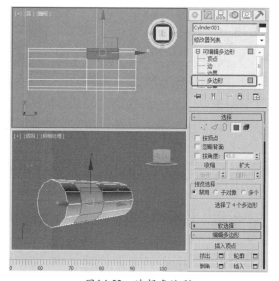

图14.52　选择多边形

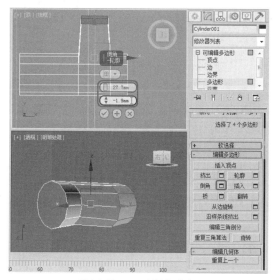

图14.53　设置倒角参数

**53** 设置完成后，单击【应用并继续】按钮，将【高度】设置为17.7，如图14.54所示。

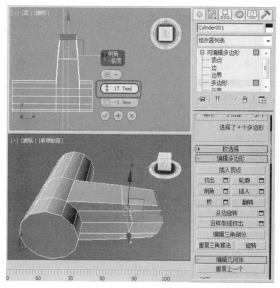

图14.54　设置高度参数

**54** 单击【应用并继续】按钮，再单击【确定】按钮，在视图中选择图14.55所示的多边形。

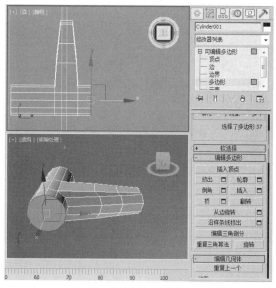

图14.55　选择多边形

**55** 在【编辑多边形】卷展栏中单击【倒角】右侧的【设置】按钮，将【高度】、【轮廓】分别设置为2.2、-2.2，如图14.56所示。

**56** 设置完成后，单击【应用并继续】按钮，将【高度】、【轮廓】分别设置为1.4、-3，如图14.57所示。

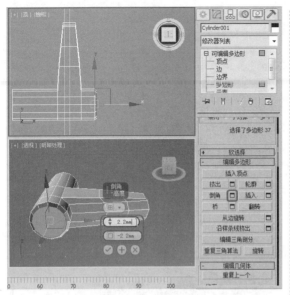

图14.56　设置倒角高度及轮廓

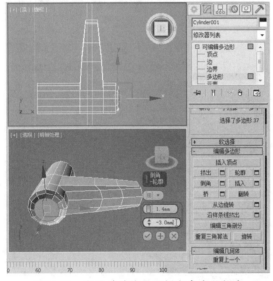

图14.57　应用并继续设置倒角高度及轮廓

**57** 设置完成后，单击【确定】按钮，将当前选择集定义为【顶点】，在视图中对顶点进行调整，效果如图14.58所示。

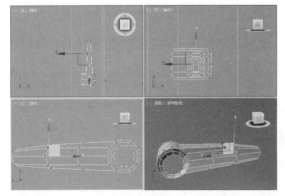

图14.58　调整顶点的位置

**58** 调整完成后，关闭当前选择集，将其命名为【门把手】，在【细分曲面】卷展栏中勾选【使用NURMS细分】复选框，如图14.59所示。

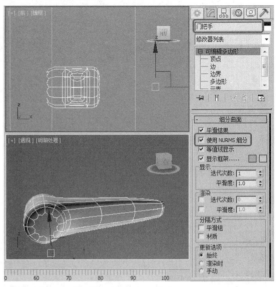

图14.59　细分曲面

**59** 在视图中对该对象进行复制，调整复制后的对象的位置，并将所有门把手成组，效果如图14.60所示。

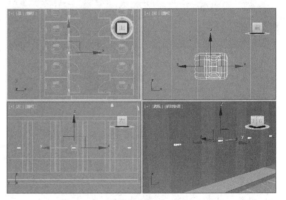

图14.60　复制并调整对象的位置

**60** 选择【创建】▓|【几何体】◯|【圆柱体】工具，在【前】视图中绘制一个圆柱体，在【参数】卷展栏中将【半径】、【高度】、【高度分度】、【端面分段】、【边数】分别设置为49、12.7、1、1、16，为其指定一种颜色，如图14.61所示。

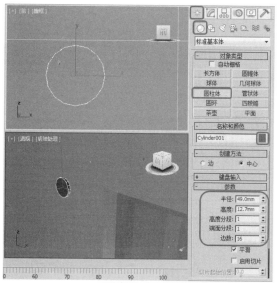

图14.61 创建圆柱体

**61** 使用【选择并移动】工具在视图中调整该对象的位置，调整后的效果如图14.62所示。

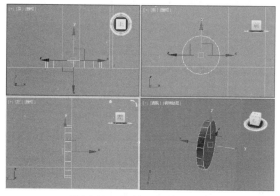

图14.62 调整圆柱体的位置

**62** 继续选中该对象，在【顶】视图中对该圆柱体进行复制，并调整其位置，选中复制后的对象，切换至【修改】命令面板 中，在【参数】卷展栏中将【半径】设置为40，如图14.63所示。

**63** 再次对复制的圆柱形进行复制，在【参数】卷展栏中将【半径】、【高度】分别设置为33、4575，然后在视图中调整该对象的位置，如图14.64所示。

**64** 再在视图中选择较短的两个圆柱体，激活【顶】视图，在工具栏中单击【镜像】按钮 ，在弹出的对话框中单击【Y】单选按钮，将【偏移】设置为4574.6，单击【复制】单选按钮，如图14.65所示。

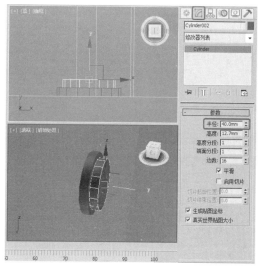

图14.63 复制对象并设置半径参数

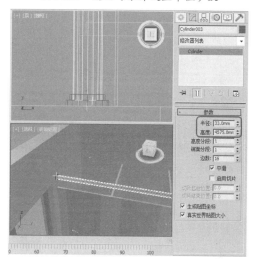

图14.64 复制圆柱

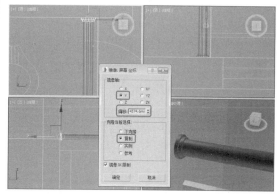

图14.65 设置镜像参数

**65** 设置完成后，单击【确定】按钮，选择【创建】 【几何体】 【圆柱体】工具，捕捉前面所创建的圆柱体的轴心，在【前】视图中创建一个圆柱体，在【参数】卷展栏中将【半径】、【高度】分别设置为

42、97.6，如图14.66所示。

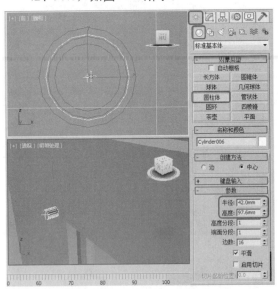

图14.66 创建圆柱体

**66** 使用【选择并移动】工具 ⊕在视图中调整该对象的位置，调整后的效果如图14.67所示。

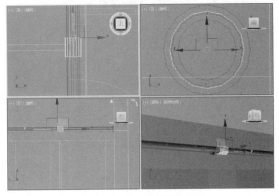

图14.67 调整对象的位置

**67** 继续选中该对象，使用【选择并移动】工具 ⊕在【顶】视图中按住Shift键沿Y轴向上移动，在弹出的对话框中单击【复制】单选按钮，将【副本数】设置为3，如图14.68所示。

**68** 设置完成后，单击【确定】按钮，在视图中调整复制后的对象的位置，效果如图14.69所示。

**69** 选择【创建】 ✱ |【几何体】 ◯ |【圆柱体】工具，在【顶】视图中创建一个圆柱体，在【参数】卷展栏中将【半径】、【高度】分别设置为37、8，如图14.70所示。

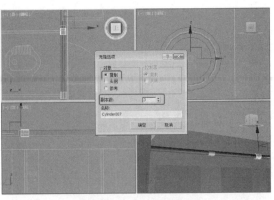

图14.68 设置克隆参数

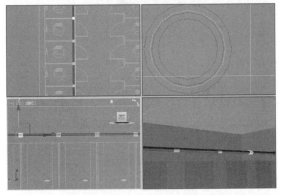

图14.69 调整复制后对象的位置

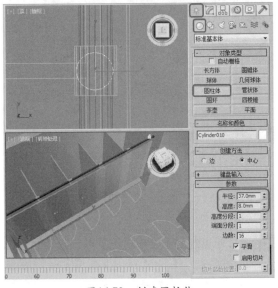

图14.70 创建圆柱体

**70** 在视图中调整该对象的位置，在【左】视图中对其进行复制，选中复制后的对象，在【参数】卷展栏中将【半径】、【高度】分别设置为24、126，如图14.71所示。

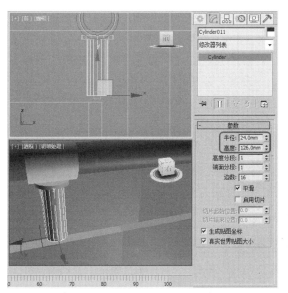

图14.71 复制圆柱体并进行设置

**71** 使用【选择并移动】工具 ✛ 在视图中选择图14.72所示的对象。

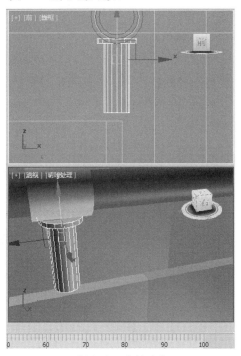

图14.72 选择对象

**72** 激活【前】视图，在工具栏中单击【镜像】按钮 ⎆，在弹出的对话框中单击【Y】单选按钮，将【偏移】设置为-1994，单击【复制】单选按钮，如图14.73所示。

**73** 设置完成后，单击【确定】按钮，选择【创建】 ☀ │【图形】 ◯ │【线】工具，在【左】视图中绘制一条闭合的样条线，如图14.74所示。

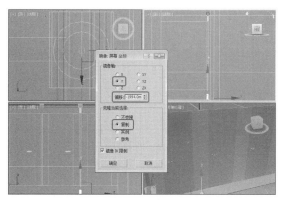

图14.73 设置镜像参数

图14.74 绘制样条线

**74** 继续选中绘制的样条线，切换至【修改】命令面板 ⌕ 中，在修改器下拉列表中选择【挤出】修改器，在【参数】卷展栏中将【数量】设置50，在视图中调整该对象的位置，并为其指定一种颜色，如图14.75所示。

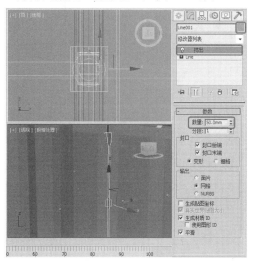

图14.75 添加挤出修改器并调整对象的位置

**75** 使用【选择并移动】工具  在视图中选择图14.76所示的对象。

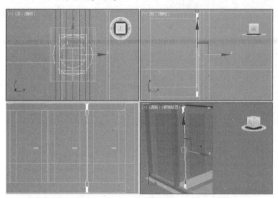

图14.76 选择对象

**76** 在【左】视图中对选中的对象进行复制，并调整复制后的对象的位置，如图14.77所示。

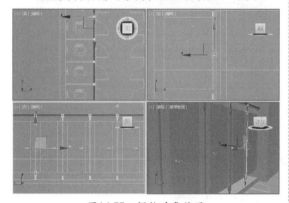

图14.77 调整对象位置

**77** 选择【创建】 |【图形】 |【圆】工具，在【左】视图中绘制一个圆形，在【参数】卷展栏中将【半径】设置为10，如图14.78所示。

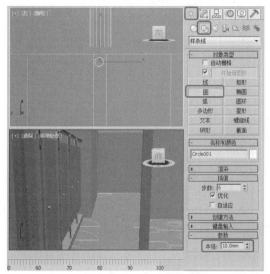

图14.78 绘制圆形并设置其参数

**78** 继续选中该对象，切换至【修改】命令面板 中，在修改器下拉列表中选择【挤出】修改器，在【参数】卷展栏中将【数量】设置为4，如图14.79所示。

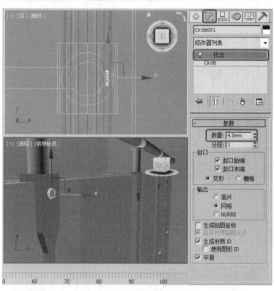

图14.79 添加挤出修改器

**79** 设置完成后，单击【确定】按钮，在视图中对该对象进行复制，并调整复制后的对象的位置，效果如图14.80所示。

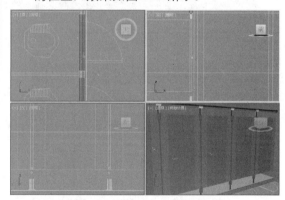

图14.80 复制并调整对象的位置

**80** 再在视图中选择图14.81所示的对象，在菜单栏中选择【组】|【成组】命令，如图14.81所示。

**81** 在弹出的对话框中将【组名】设置为【金属架001】，设置完成后，单击【确定】按钮，再在视图中选择图14.82所示的对象。

**82** 激活【顶】视图，在工具栏中单击【镜像】按钮 ，在弹出的对话框中单击【X】单选按钮，将【偏移】设置为2171.8，单击【复制】单选按钮，如图14.83所示。

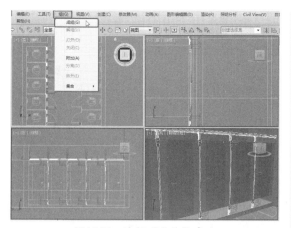

图14.81　选择【成组】命令

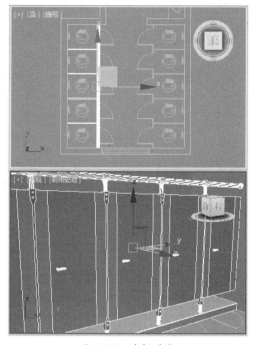

图14.82　选择对象

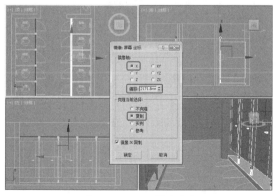

图14.83　设置镜像参数

**83** 设置完成后，单击【确定】按钮，在视图中选择【墙体】对象，切换至【修改】命令面板中，将当前选择集定义为【多边

形】，按Ctrl+A快捷键选中所有多边形，在【编辑几何体】卷展栏中单击【切片平面】按钮，在工具栏中右击【选择并移动】工具，在弹出的对话框中将【绝对：世界】下的【Z】设置为200，如图14.84所示。

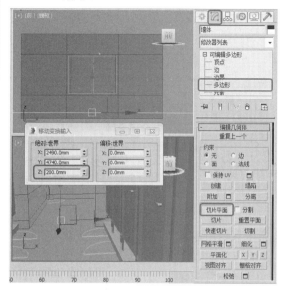

图14.84　设置切片位置

**84** 在【编辑几何体】卷展栏中单击【切片】按钮，关闭【移动变换输入】对话框，再次单击【切片平面】按钮，完成切片，在视图中选择图14.85示的多边形，在【编辑多边形】卷展栏中单击【挤出】右侧的【设置】按钮，将挤出类型设置为【按多边形】，将【高度】设置为8，如图14.85所示。

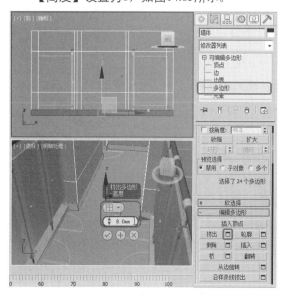

图14.85　设置挤出多边形高度

447

**85** 使用同样的方法对墙体的拐角进行挤出，效果如图14.86所示。

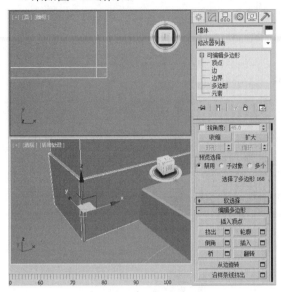

图14.86 挤出多边形后的效果

**86** 关闭当前选择集，按Ctrl+A快捷键，在选中的对象上右击鼠标，在弹出的快捷菜单中选择【隐藏选定对象】命令，如图14.87所示。

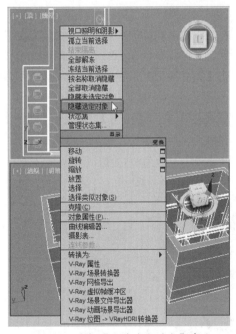

图14.87 选择【隐藏选定对象】命令

**87** 选择【创建】 【图形】 【线】工具，在【顶】视图中捕捉图形顶点绘制一条闭合样条线，将其命名为【地板】，为其指定一种颜色，如图14.88所示。

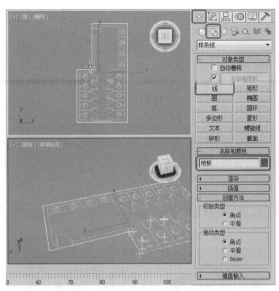

图14.88 绘制一条闭合样条线

**88** 选中该样条线，切换至【修改】命令面板中 ，在修改器下拉列表中选择【挤出】修改器，在【参数】卷展栏中将【数量】设置为30，并在视图中调整该对象的位置，如图14.89所示。

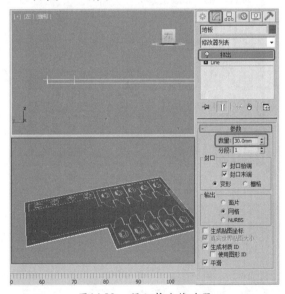

图14.89 添加挤出修改器

**89** 右击，在弹出的快捷菜单中选择【全部取消隐藏】命令，如图14.90所示。

**90** 对【地板】对象进行复制，将复制后的对象命名为【天花板】，为其指定一种颜色，在【参数】卷展栏中将【数量】设置为60，效果如图14.91所示。

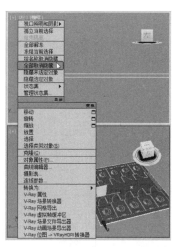

图14.90 选择【全部取消隐藏】命令

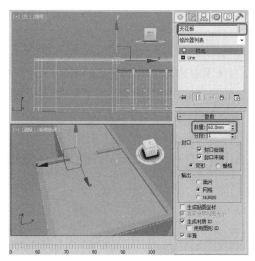

图14.91 复制对象并设置挤出数量

**91** 继续选中该对象，右击，在弹出的快捷菜单中选择【转换为】|【转换为可编辑多边形】命令，如图14.92所示。

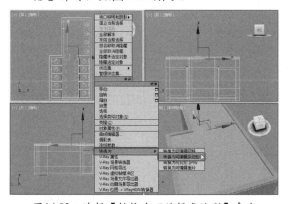

图14.92 选择【转换为可编辑多边形】命令

**92** 切换至【修改】命令面板中，将当前选择集定义为【顶点】，在视图中调整顶点的位置，效果如图14.93所示。

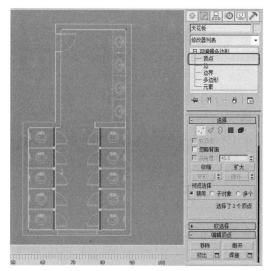

图14.93 调整顶点的位置

**93** 将当前选择集定义为【多边形】，按Ctrl+A快捷键选中所有多边形，在【编辑几何体】卷展栏中单击【快速切片】按钮，在视图中对选中的多边形进行切片，如图14.94所示。

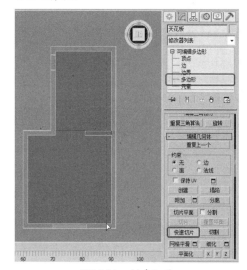

图14.94 创建切片

**94** 创建完成后，将当前选择集定义为【顶点】，在视图中调整顶点的位置，效果如图14.95所示。

**95** 将当前选择集定义为【多边形】，在【顶】视图中选择图14.96所示的多边形。

**96** 按Delete键将选中的多边形删除，然后在视图中选择图14.97所示的多边形。

**97** 在【编辑多边形】卷展栏中单击【挤出】右侧的【设置】按钮，将【高度】设置为-120，如图14.98所示。

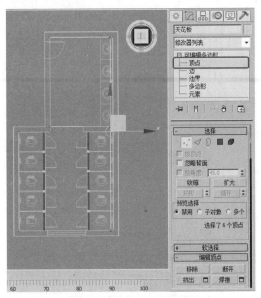

图14.95　调整顶点的位置

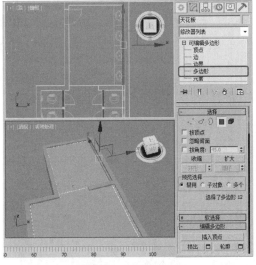

图14.96　选择多边形

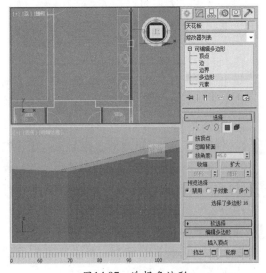

图14.97　选择多边形

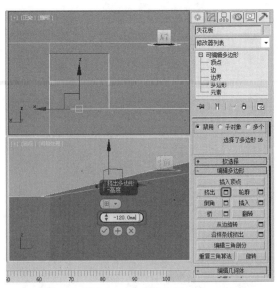

图14.98　设置挤出高度

**98** 设置完成后，单击【确定】按钮，然后在视图中选择图14.99所示的多边形。

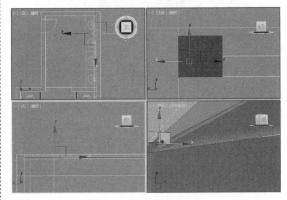

图14.99　选择多边形

**99** 按Delete键将选中的多边形删除，关闭当前选择集，在视图中调整该对象的位置，如图14.100所示。

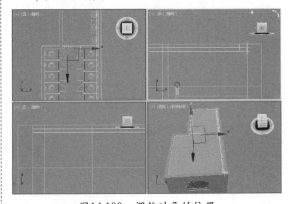

图14.100　调整对象的位置

# 14.2 为对象添加材质

框架制作完成后，接下来介绍如何为框架添加材质，具体操作步骤如下。

**01** 按F10键，在弹出的对话框中选择【公用】选项卡，在【指定渲染器】卷展栏中单击【产品级】右侧的【选择渲染器】按钮 **…**，在弹出的对话框中选择【V-Ray Adv 2.50.01】选项，如图14.101所示。

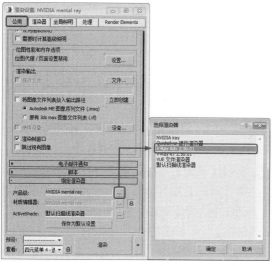

图14.101　选择渲染器

**02** 单击【确定】按钮，关闭【渲染设置】对话框，按M键，在弹出的对话框中选择一个材质样本球，将其命名为【墙砖】，单击【Arch&Design】按钮，在弹出的对话框中选择【VRayMtl】选项，如图14.102所示。

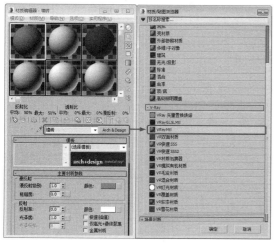

图14.102　选择【VRayMtl】选项

**03** 单击【确定】按钮，在【基本参数】卷展栏中【反射】选项组中单击【高光光泽度】右侧的 L 按钮，将【高光光泽度】、【反射光泽度】、【细分】分别设置为0.85、0.95、15，在【选项】卷展栏中取消勾选【雾系统单位比例】复选框，如图14.103所示。

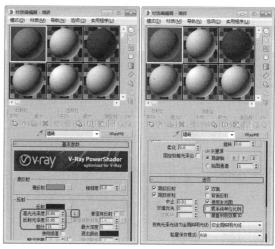

图14.103　设置材质参数

**04** 在【贴图】卷展栏中单击【漫反射】右侧的【无】按钮，在弹出的对话框中选择【位图】选项，如图14.104所示。

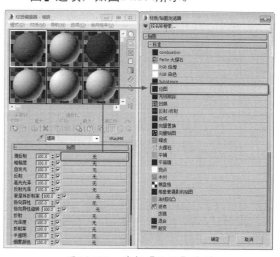

图14.104　选择【位图】选项

**05** 单击【确定】按钮，在弹出的对话框中选择随书附带光盘中的"墙砖.jpg"位图图像文件，如图14.105所示。

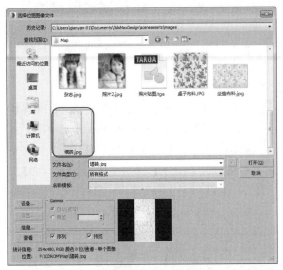

图14.105 选择位图图像文件

06 单击【打开】按钮，在【坐标】卷展栏中取消勾选【使用真实世界比例】复选框，将【模糊】设置为0.5，如图14.106所示。

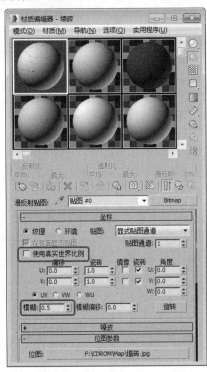

图14.106 设置位图参数

07 单击【转到父对象】按钮，在【贴图】卷展栏中将【凹凸】右侧的【数量】设置为20，选择【漫反射】右侧的材质，按住鼠标将其拖曳至【凹凸】右侧的材质按钮上，在弹出的对话框中单击【实例】单选按钮，如图14.107所示。

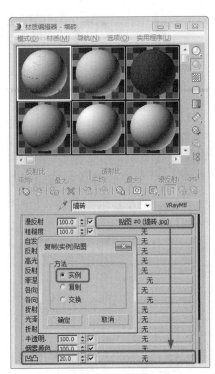

图14.107 复制贴图文件

08 单击【确定】按钮，在【贴图】卷展栏中单击【反射】右侧的【无】按钮，在弹出的对话框中选择【衰减】选项，如图14.108所示。

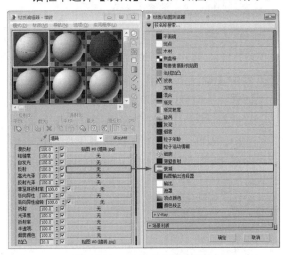

图14.108 选择【衰减】选项

09 单击【确定】按钮，在【衰减参数】卷展栏中将【侧】的RGB值设置为（217、217、217），将【衰减类型】设置为【Fresnel】，如图14.109所示。

10 设置完成后，单击【转到父对象】按钮，在【贴图】卷展栏中单击【环境】右侧的【无】按钮，在弹出的对话框中选择【输出】选项，如图14.110所示。

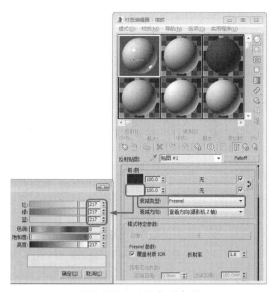

图14.109 设置衰减参数

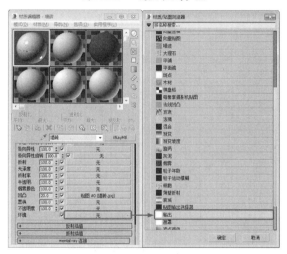

图14.110 选择【输出】选项

**11** 单击【确定】按钮，在【输出参数】卷展栏中将【输出量】设置为3，如图14.111所示。

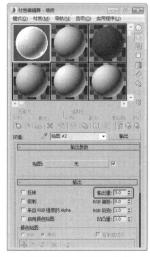

图14.111 设置输出量

**12** 在视图中选择【墙体】对象，将材质指定给选定对象，并在视图中显示明暗处理材质，在修改器下拉列表中选择【UVW贴图】修改器，在【参数】卷展栏中取消勾选【真实世界贴图大小】复选框，单击【长方体】单选按钮，将【长度】、【宽度】、【高度】都设置为500，如图14.112所示。

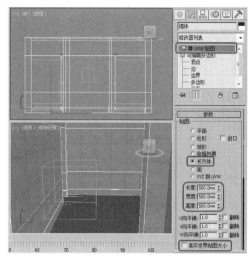

图14.112 添加【UVW贴图】修改器

**13** 在选中的对象上右击鼠标，在弹出的快捷菜单中选择【转换为】|【转换为可编辑多边形】命令，如图14.113所示。

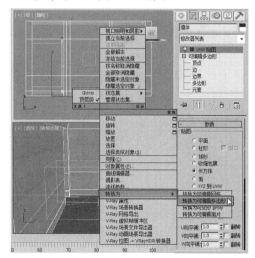

图14.113 选择【转换为可编辑多边形】命令

**14** 再在【材质编辑器】对话框中选择【墙砖】材质样本球，按住鼠标将其拖曳至一个新的材质样本球上，将其命名为【踢脚线】，在【贴图】卷展栏中单击【漫反射】右侧的材质按钮，在【坐标】卷展栏中将【模糊】设置为1，如图14.114所示。

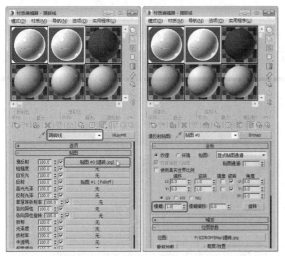

图14.114 复制材质并设置其参数

**15** 在【位图参数】卷展栏中单击【位图】右侧的材质按钮，在弹出的对话框中选中随书附带光盘中的"啡网纹02.jpg"位图图像文件，如图14.115所示。

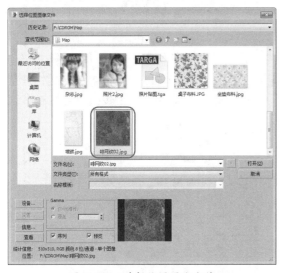

图14.115 选择位图图像文件

**16** 单击【打开】按钮，单击【转到父对象】按钮，在【贴图】卷展栏中右击【凹凸】右侧的材质按钮，在弹出的快捷菜单中选择【清除】命令，如图14.116所示。

**17** 确认【墙体】对象处于选中状态，将当前选择集定义为【多边形】，在视图中选择图14.117所示的多边形。

**18** 将设置完成后的材质指定给选定对象，在修改器下拉列表中选择【UVW贴图】，在【参数】卷展栏中取消勾选【真实世界贴图大小】复选框，单击【长方体】单选按

钮，将【长度】、【宽度】、【高度】都设置为300，如图14.118所示。

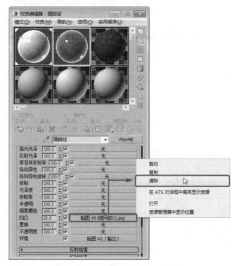

图14.116 选择【清除】命令

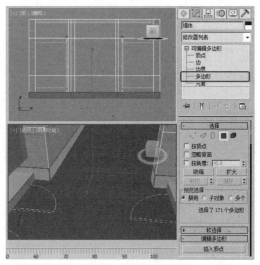

图14.117 选择多边形

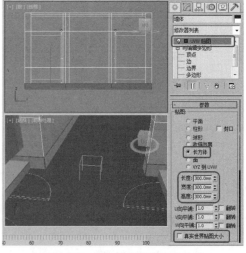

图14.118 添加UVW贴图修改器

**19** 在选中的多边形上右击，在弹出的快捷菜单中选择【转换为】|【转换为可编辑多边形】命令，如图14.119所示。

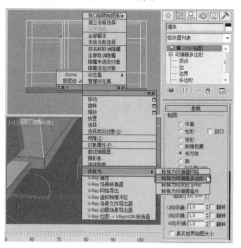

图14.119 选择【转换为可编辑多边形】命令

**20** 在【材质编辑器】对话框中选择【墙砖】材质样本球，按住鼠标将其拖曳至一个新的材质样本球上，将其命名为【地砖】，在【贴图】卷展栏中单击【漫反射】右侧的材质按钮，在【位图参数】卷展栏中单击【位图】右侧的材质按钮，在弹出的对话框中选择【瓷砖.jpg】图像文件，如图14.120所示。

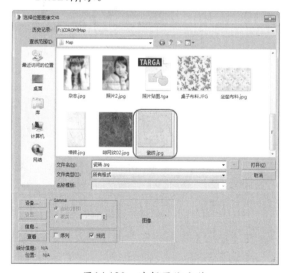

图14.120 选择图像文件

**21** 单击【打开】按钮，单击【转到父对象】按钮，在【贴图】卷展栏中单击【反射】右侧的材质按钮，在【衰减参数】卷展栏中将【侧】的RGB值设置为（183、183、183），如图14.121所示。

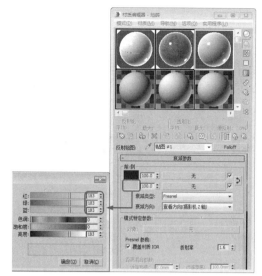

图14.121 设置衰减参数

**22** 在视图中选择【地板】对象，将设置完成后的材质指定给选定对象，在修改器下拉列表中选择【UVW贴图】修改器，在【参数】卷展栏中取消勾选【真实世界贴图大小】复选框，单击【长方体】单选按钮，将【长度】、【宽度】、【高度】分别设置为600、600、30，如图14.122所示。

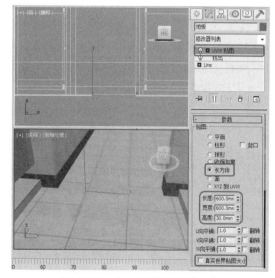

图14.122 添加UVW贴图修改器

**23** 在视图中选择两个地台，将【地砖】材质指定给选定对象，在修改器下拉列表中选择【UVW贴图】修改器，在【参数】卷展栏中取消勾选【真实世界贴图大小】复选框，单击【长方体】单选按钮，将【长度】、【宽度】、【高度】分别设置为600、600、120，如图14.123所示。

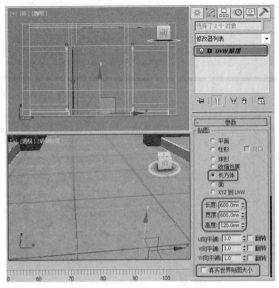

图14.123　添加UVW贴图修改器

**24** 在【材质编辑器】对话框中选择一个新的材质样本球，为其指定VRayMtl材质，将其命名为【金属支架】，在【漫反射】选项组中将【漫反射】的RGB值设置为（82、82、82），在【反射】选项组中将【反射】的RGB值设置为（180、180、180），单击【高光光泽度】右侧的 L 按钮，将【高光光泽度】、【反射光泽度】、【细分】分别设置为0.85、0.85、15，在【双向反射分布函数】卷展栏中将反射类型设置为【沃德】，如图14.124所示。

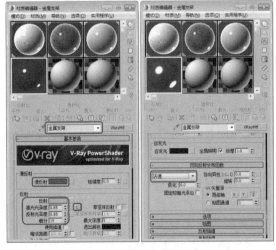

图14.124　设置材质基本参数

**25** 在视图中选择所有的金属架及门把手，将设置完成后的材质指定给选定对象，如图14.125所示。

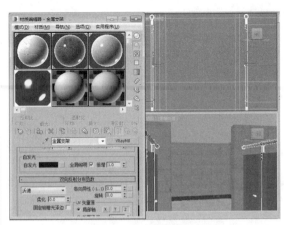

图14.125　指定材质

**26** 在【材质编辑器】对话框中选择一个新的材质样本球，为其指定VRayMtl材质，将其命名为【木质】，在【反射】选项组中将【反射】的RGB值设置为（128、128、128），单击【高光光泽度】右侧的 L 按钮，将【高光光泽度】、【反射光泽度】、【细分】分别设置为0.75、0.85、25，如图14.126所示。

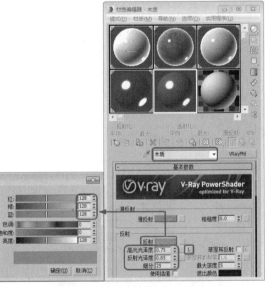

图14.126　设置材质基本参数

**27** 在【贴图】卷展栏中单击【漫反射】右侧的【无】按钮，在弹出的对话框中选择【位图】选项，如图14.127所示。

**28** 单击【确定】按钮，在弹出的对话框中选择随书附带光盘中的"木纹.jpg"位图图像文件，如图14.128所示。

**29** 单击【打开】按钮，在【坐标】卷展栏中取消勾选【使用真实世界比例】复选框，在

【位图参数】卷展栏中勾选【裁剪/放置】
选项组中的【应用】复选框，将【U】、
【V】、【W】、【H】分别设置为0.728、
0.481、0.272、0.519，如图14.129所示。

**30** 单击【转到父对象】按钮，在【贴图】
卷展栏中选择【漫反射】右侧的材质，按
住鼠标将其拖曳至【凹凸】右侧的材质按
钮上，在弹出的对话框中单击【实例】单
选按钮，如图14.130所示。

**31** 单击【确定】按钮，单击【反射】右侧的
【无】按钮，在弹出的对话框中选择【衰
减】选项，如图14.131所示。

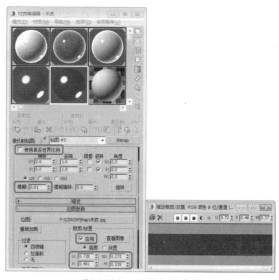

图14.129　设置位图参数

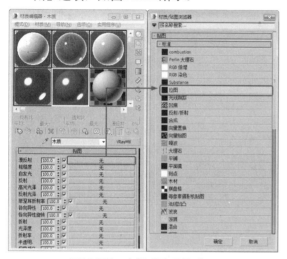

图14.127　选择【位图】选项

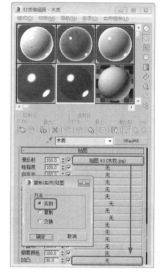

图14.130　复制材质

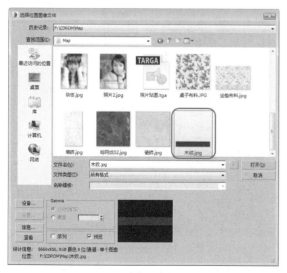

图14.128　选择位图图像文件

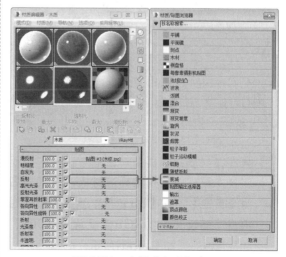

图14.131　选择【衰减】选项

**32** 单击【确定】按钮，在【衰减参数】卷
展栏中将【侧】的RGB值设置为（215、
229、255），将【衰减类型】设置为
【Fresnel】，将【折射率】设置为2，如图
14.132所示。

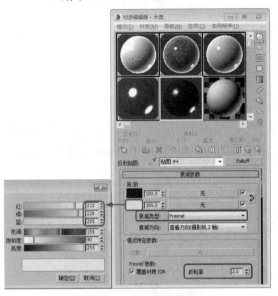

图14.132 设置衰减参数

**33** 在视图中选中所有的门板及隔板对象，将设
置完成后的材质指定给选定对象，并在视图
中显示明暗处理材质，效果如图14.133所示。

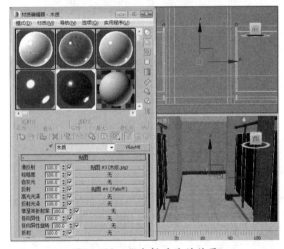

图14.133 指定材质后的效果

**34** 再在【材质编辑器】对话框中选择一个材
质样本球，为其指定标准材质，将其命名
为【窗框】，在【Blinn基本参数】卷展栏
中将【环境光】的RGB值设置为（201、
201、201），如图14.134所示。

**35** 在视图中选择【窗框】对象，将设置完成

后的材质指定给选定对象，再在【材质编
辑器】对话框中选择一个新的材质样本
球，为其指定【VRayMtl】材质，将其命名
为【天花板】，在【基本参数】卷展栏中
的【漫反射】选项组中，将【漫反射】的
RGB值设置为（241、241、241），在【反
射】选项组中将【反射】的RGB值设置为
（15、15、15），单击【高光光泽度】右
侧的 L 按钮，将【高光光泽度】设置为
0.25，在【选项】卷展栏中取消勾选【跟踪
反射】复选框，如图14.135所示。

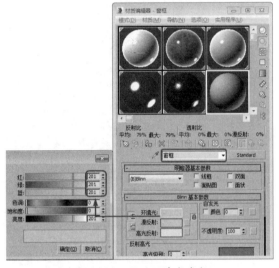

图14.134 设置环境光参数

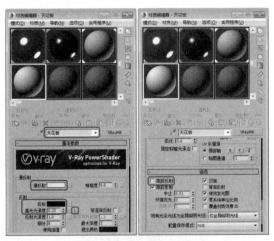

图14.135 设置材质参数

**36** 设置完成后，在视图中选择【天花板】对
象，将设置完成后的材质指定给该对象，
关闭【材质编辑器】对话框，将【卫生间
对象.max】场景文件合并至该场景中，效果
如图14.136所示。

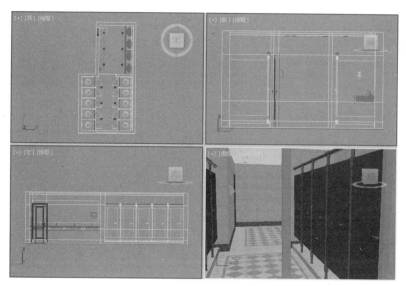

图14.136　合并对象后的效果

# 14.3 添加摄影机与灯光

下面介绍如何为场景添加摄影机与灯光，具体操作步骤如下。

**01** 选择【创建】❋|【摄影机】📷|【标准】|【目标】工具，在【左】视图中创建一架摄影机，在【参数】卷展栏中将【镜头】设置为24，在【剪切平面】选项组中勾选【手动剪切】复选框，将【近距剪切】、【远距剪切】分别设置为1357、12000，如图14.137所示。

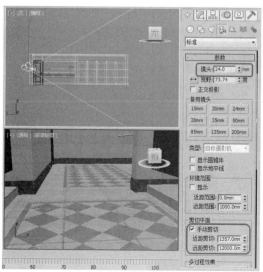

图14.137　创建摄影机

**02** 激活【透视】视图，按C键将其转换为摄影机视图，在其他视图中调整摄影机的位置，效果如图14.138所示。

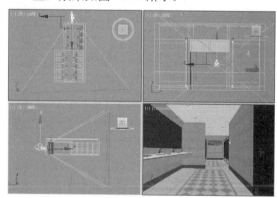

图14.138　调整摄影机的位置

**03** 选择【创建】❋|【摄影机】📷|【标准】|【目标】工具，在【顶】视图中创建一架摄影机，在【参数】卷展栏中将【镜头】设置为35，在【剪切平面】选项组中将【近距剪切】、【远距剪切】分别设置为1858.4、12000，如图14.139所示。

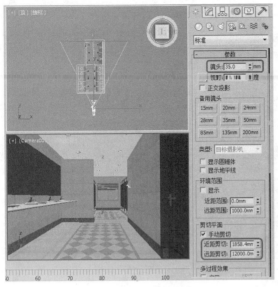

图14.139　创建摄影机

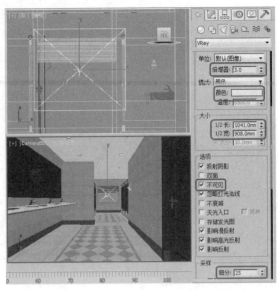

图14.141　创建VR灯光

**04** 激活任意视图，按C键将其转换为摄影机视图，在其他视图中调整摄影机的位置，效果如图14.140所示。

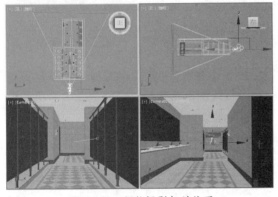

图14.140　调整摄影机的位置

**05** 按Shift+C快捷键，隐藏摄影机，选择【创建】|【灯光】|【VRay】|【VR灯光】工具，在【前】视图中创建一束VR灯光，在【参数】卷展栏中【强度】选项组中的【倍增器】设置为3，将【颜色】的RGB值设置为（253、223、196），在【大小】选项组中将【1/2长】、【1/2宽】分别设置为1041、908，勾选【选项】选项组中的【不可见】复选框，在【采样】选项组中将【细分】设置为25，如图14.141所示。

**06** 使用【选择并移动】工具在视图中调整VR灯光的位置，效果如图14.142所示。

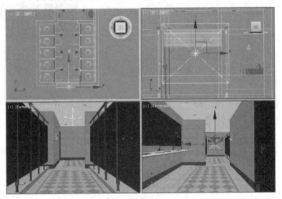

图14.142　调整灯光的位置

**07** 使用同样的方法创建其他VR灯光，并调整其位置，效果如图14.143所示。

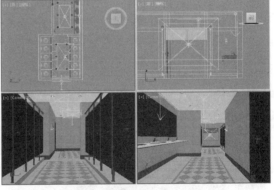

图14.143　创建其他VR灯光并调整灯光的位置

**08** 选择【创建】|【灯光】|【光度学】|【目标灯光】工具，在【前】视图中创建一束目标灯光，切换至【修改】命令面板中，在【常规参数】卷展栏中取消勾选【阴影】选项组中的【使用全局设置】复选框，将阴影类型设置为【VRay阴影】，将【灯光分布（类型）】设置为【光度学Web】，单击【选择光度学文件】按钮，如图14.144所示。

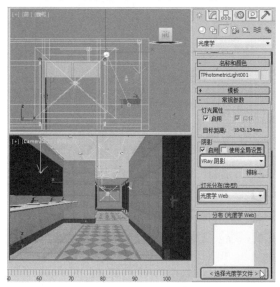

图14.144 目标灯光

**09** 在弹出的对话框中选择随书附带光盘中的"筒灯0.ies"光度学文件，如图14.145所示。

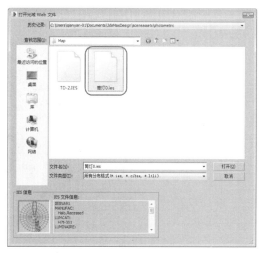

图14.145 选择光度学文件

**10** 单击【打开】按钮，在视图中对该灯光进行复制，并调整灯光的位置，效果如图14.146所示。

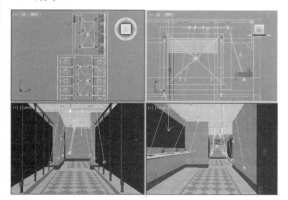

图14.146 复制灯光并调整灯光的位置

# 14.4 设置渲染参数

制作完成后，下面介绍如何设置渲染参数，具体操作步骤如下所述。

**01** 按Shift+L快捷键隐藏灯光，按8键，在弹出的对话框中选择【环境】选项卡，在【背景】选项组中将【颜色】的RGB值设置为（241、247、254），如图14.147所示。

**02** 关闭【环境和背景】对话框，按F10键，在弹出的对话框中选择【V-Ray】选项卡，在【V-Ray::图像采样器（抗锯齿）】卷展栏中将抗锯齿类型设置为【Mitchell-Netravali】，在【V-Ray::颜色贴图】卷展栏中将【亮度倍增】设置为0.75，将【伽玛值】设置为1，勾选【子像素贴图】、【钳制输出】复选框，如图14.148所示。

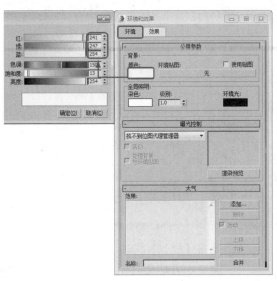

图14.147 设置背景颜色

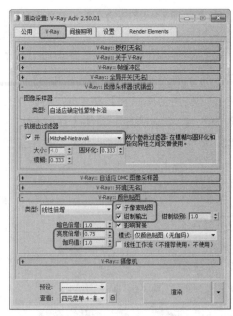

图14.148 设置V-Ray参数

**03** 再在该对话框中选择【间接照明】选项卡，在【V-Ray::间接照明（GI）】卷展栏中勾选【开】复选框，将【二次反弹】选项组中的【全局照明引擎】设置为【灯光缓存】，在【V-Ray::发光图（无名）】卷展栏中将【当前预置】设置为【低】，如图14.149所示。

**04** 在【V-Ray::灯光缓存】卷展栏中勾选【显示计算机相位】复选框，将【进程数】设置为4，如图14.150所示。

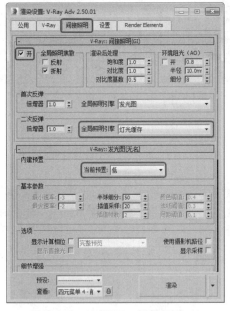

图14.149 设置V-Ray间接照明

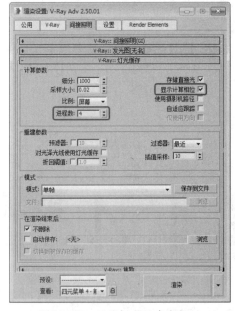

图14.150 设置灯光缓存参数

**05** 再在该对话框中选择【设置】选项卡，在【V-Ray::系统】卷展栏中将【光线计算参数】选项组中的【最大树形深度】、【面/级别系数】、【动态内存限制】分别设置为60、2、400，将【默认几何体】设置为【静态】，在【渲染区域分割】选项组中将【区域排序】设置为【上->下】，如图14.151所示。

**06** 再在该对话框中选择【公用】选项卡，在【公用参数】卷展栏中将【宽度】、【高度】分别设置为

800、541，如图14.152所示。

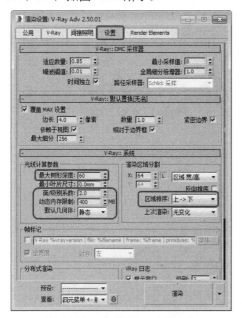

图14.151　设置V-Ray系统参数

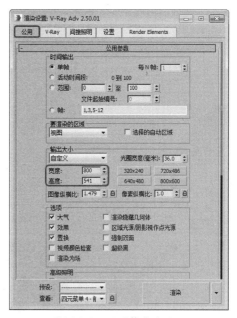

图14.152　设置输出大小

**07** 设置完成后对两个摄影机视图进行渲染，然后对完成后的场景进行保存。

# 第15章
# 室外效果图表现

室外效果图是最近比较热门的一个专业，本章节将重点讲解如何制作室外效果图，首先讲解住宅楼的建模过程，然后讲解如何利用Photoshop软件对其进行后期处理，通过本章节的学习可以对室外效果图的制作有一定的了解，还可以试着举一反三尝试其他楼型的制作，其最终完成效果如图15.1所示。

图15.1　住宅楼表现效果

# 15.1 建筑模型的制作

建筑模型是住宅楼表现的最重要的部分，本小节将重点讲解如何制作建筑楼的模型。

本小节将重点讲解如何制作楼层，楼层的搭建是非常复杂的，用户可以通过本小节的学习，对户外建筑物的创建有一定的了解，具体操作方法如下。

**01** 运行Max 2015，选择【创建】 ☀ |【图形】 ◎ |【样条线】|【线】工具，在【顶】视图中创建一条闭合的样条线，并将其命名为【玻璃-门市基墙】，作为基墙的截面图形，如图15.2所示。

**02** 进入【修改】命令面板 ☑ ，在【几何体】卷展栏中选择【附加】按钮，将视图中的两条样条线附加在一起，如图15.3所示。

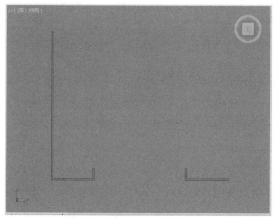

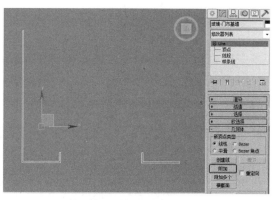

图15.2 创建基墙截面图形　　　　　　图15.3 将线段进行附加

**03** 关闭【附加】按钮，在【修改器列表】中为【玻璃-门市基墙】对象指定一个【挤出】修改器，在【参数】卷展栏中将【数量】值设置为10000，如图15.4所示。

**04** 为【玻璃-门市基墙】对象指定一个【UVW 贴图】修改器，在【参数】卷展栏中【贴图】区域下选择【长方体】，取消【真实世界贴图大小】复选框的选择，在【对齐】区域中选择【适配】按钮，如图15.5所示。

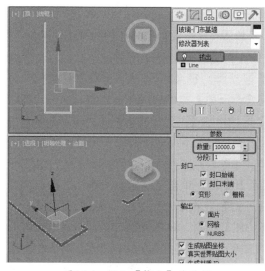

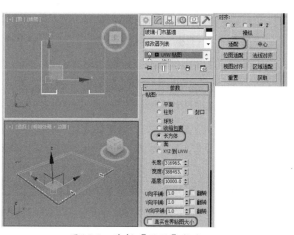

图15.4 添加【挤出】修改器　　　　　　图15.5 选择【适配】按钮

**05** 按M键，打开【材质编辑器】，激活一个新的材质样本球，并将其重新命名为【门市基墙】，

将材质球的类型设为【标准（Standard）】，在【明暗器基本参数】卷展栏中将阴影模式定义为【Blinn】。打开【贴图】卷展栏，单击【漫反射颜色】通道后的【无】贴图按钮，在打开的【材质贴图浏览器】中选择【位图】|【标准】|【位图】贴图，单击【确定】按钮，再在打开的对话框中选择随书附带光盘中的"石块.jpg"文件，单击【打开】按钮。进入位图面板中，然后在【坐标】卷展栏中取消对【使用真实世界比例】复选框的选择，将【瓷砖】区域下的UV值设置为8、1，在【位图参数】卷展栏中选择【裁减/放置】区域下的【应用】选项，并单击【查看图像】按钮，在打开的【指定裁剪/放置】对话框中依照图15.6所示设置裁减的区域。

**06** 单击【转到父对象】按扭 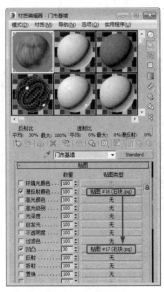，选择【漫反射颜色】后面的贴图，按着鼠标右键，将其拖至【凹凸】后面的贴图上，在弹出的对话框中选择【复制】单选按钮，单击【确定】按钮，如图15.7所示。

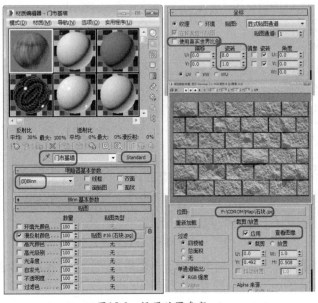

图15.6 设置贴图参数　　　　　　　　　图15.7 复制贴图按钮

**07** 选择【创建】|【图形】|【样条线】|【线】工具，在【顶】视图中创建一条图15.8所示的样条线，将其命名为【玻璃-门市】。

**08** 切换到【修改】命令面板，在【修改器列表】中为【玻璃-门市】对象施加【挤出】修改器，在【参数】卷展栏中将【数量】设置为107400，并将其调整其位置，如图15.9所示。

**09** 按M键打开【材质编辑器】，选择一个新的样本球并将其名称设为【门市玻璃】，将材质球的类型设为【标准（Standard）】，勾选【双面】复选框。在【Blinn基本参数】卷展栏中将【环境光】的RGB颜色设置为（23、16、46），将【漫反射】的RGB颜色设置为（246、209、157），将【不透明度】设置为80。在【反射高光】区域中将【高光级别】和【光泽度】设置为57和31，如图15.10所示。

**10** 打开【贴图】卷展栏，单击【漫反射颜色】通道后的【无】贴图按钮，在打开的【材质/贴图浏览器】对话框中选择【贴图】|【标准】|【RGB染色】贴图，单击【确定】按钮，进入RGB染色面板中，在【RGB染色参数】卷展栏中，选择【贴图】下的【无】按钮，再在打开的【材质/贴图浏览器】对话框中选择【贴图】|【标准】|【位图】选项，单击【确定】按扭，再在打开的对话框中选择随书附带光盘中的"门市玻璃.jpg"文件，单击【打开】按扭。然后进入位图面板，在【坐标】卷展栏中取消【使用真实世界比例】复选框，将【模糊偏移】设置为0.056，如图15.11所示，最后将制作好的材质指定给【玻璃-门市】对象。

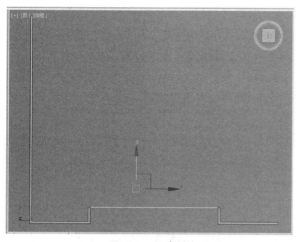

图15.8　创建样条线

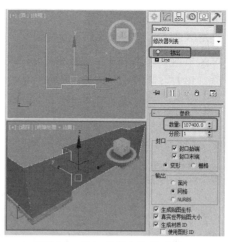

图15.9　添加【挤出】修改器

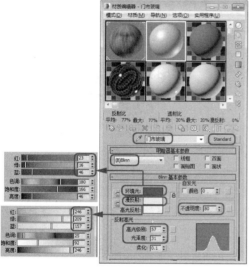

图15.10　【材质编辑器】设置

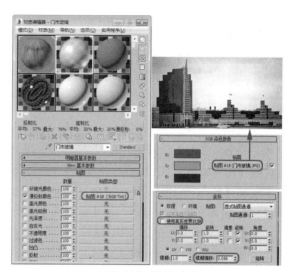

图15.11　设置贴图

**11** 选择【创建】　|【图形】　|【样条线】|【矩形】工具，在【前】视图中【玻璃-门市】对象的中间创建一个【长度】和【宽度】分别为100000和156000的矩形，并将其重新命名为【一层门框】，如图15.12所示。

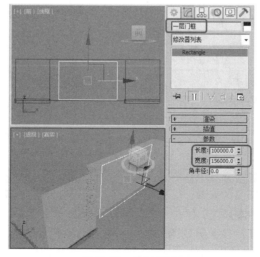

图15.12　绘制矩形

**12** 切换到【修改】命令面板，在【修改器列表】中选择【编辑样条线】修改器进行添加，将当前选择定义为【分段】，选择【一层门框】下方的线段，按下Delete键，将其删除，如图15.13所示。

**13** 定义当前选择集为【样条线】，在【几何体】卷展栏中将【轮廓】参数设置为3676，设置【一层门框】的截面，如图15.14所示。

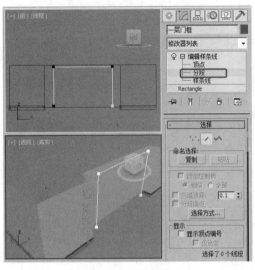

图15.13 删除多余的线段

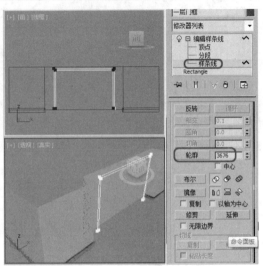

图15.14 设置【轮廓】

**14** 关闭当前选择集，在【修改器列表】中选择【挤出】修改器，并对其进行添加，在【参数】卷展栏中将【数量】设置为20320，挤出【一层门框】的厚度，如图15.15所示。

**15** 打开【材质编辑器】，激活一个新的材质样本球，并将其重新命名为【门框】，将其材质球的类型设为【标准（Standard）】，在【明暗器基本参数】卷展栏中将阴影模式定义为【Blinn】。在【Blinn基本参数】卷展栏中将【环境光】的RGB颜色设置为（46、17、17），将【漫反射】的RGB颜色设置为（201、181、181）。在【反射高光】区域中将【高光级别】和【光泽度】分别设置为5和25。设置完材质后将材质指定给【一层门框】对象，如图15.16所示。

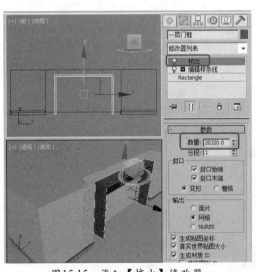

图15.15 添加【挤出】修改器

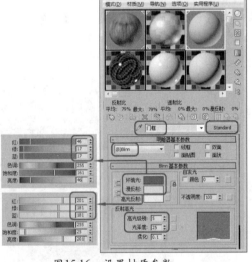

图15.16 设置材质参数

**16** 选择【创建】 |【几何体】 |【标准基本体】|【长方体】工具，在【前】视图中创建一个【长度】、【宽度】和【高度】分别为75000、945和1270的长方体，并将其重新命名为【一层门框001】，并在【左】视图中调整【一层门框001】的位置，如图15.17所示。

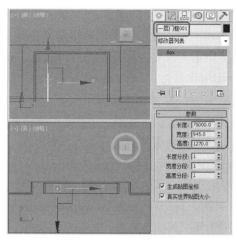

图15.17 创建长方体

**17** 利用【选择并移动】工具，按Shift键，对上一创建的长方体进行复制，复制出4个长方体并调整位置，如图15.18所示。

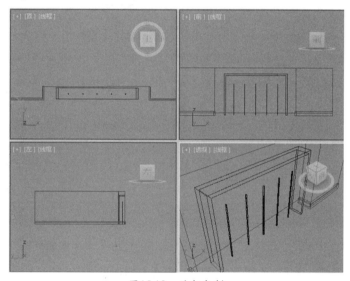

图15.18 进行复制

**18** 利用【长方体】工具，在【前】视图中创建一个【长度】、【宽度】和【高度】分别为1300、150000和1270的长方体，并将其命名为【一层门框上】，如图15.19所示。

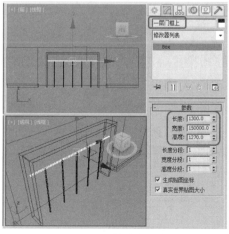

图15.19 创建长方体

**19** 打开【材质编辑器】，激活一个新的材质样本球，并将其重新命名为【门框金属】，将材质球的类型设为【标准（Standard）】，在【明暗器基本参数】卷展栏中将阴影模式定义为【金属】。在【金属基本参数】卷展栏中将锁定的【环境光】的RGB值设置为（182、195、195），将【漫反射】的RGB值设置为（255、255、255），将【反射高光】区域中的【高光级别】和【光泽度】分别设置为46和58，如图15.20所示。

**20** 打开【贴图】卷展栏，首先将【反射】通道后的【数量】值设置为50，单击通道后的【无】贴图按钮，在打开的【材质贴图浏览器】对话框中选择【贴图】|【标准】|【位图】贴图，单击【确定】按钮，再在打开的对话框中选择随书附带光盘中的"House.jpg"文件，单击【打开】按钮。在【坐标】卷展栏中选中【纹理】单选按钮，取消对【使用真实世界比例】复选框的选择，将【瓷砖】下的UV都设置为1，完成设置后在场景中选择【一层门框】，单击【将材质指定给选定对象】按钮🔲，指定给一层门框对象，如图15.21所示。

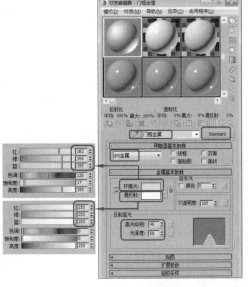

图15.20　设置材质参数

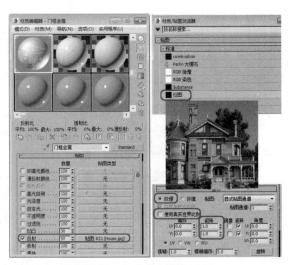

图15.21　设置【反射】贴图

**21** 利用【长方体】工具，在【前】视图中【玻璃-门市】的左边创建一个【长度】、【宽度】和【高度】分别为106650、6620和17800的长方体，并将其命名为【一层立柱001】，如图15.22所示。

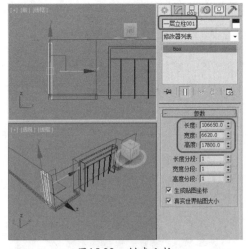

图15.22　创建立柱

**22** 选择上一步创建的立柱对象，在【顶】视图中按着Shift键进行移动，在弹出的对话框中选择

【复制】命令，复制出3个立柱并调整位置，如图15.23所示。

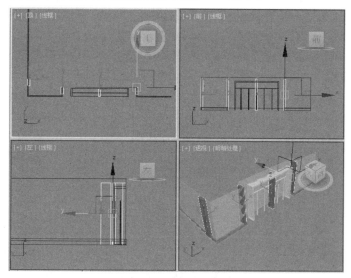

图15.23 将线段进行附加

23 打开材质编辑器，激活一个新的材质样本球，并将其重新命名为【立柱】，将材质球的类型设为【标准（Standard）】，在【明暗器基本参数】卷展栏中将阴影模式定义为【Blinn】。在【Blinn基本参数】卷展栏中将锁定的【环境光】的RGB值设置为（46、17、17），将【漫反射】的RGB值设置为（228、219、211）。将【反射高光】区域中的【高光级别】和【光泽度】分别设置为5和25，如图15.24所示。

24 打开【贴图】卷展栏，选择【漫反射颜色】通道后的【无】贴图按钮，在打开的【材质贴图浏览器】中选择【贴图】|【标准】|【噪波】贴图，单击【确定】按钮，进入噪波面板，在【坐标】卷展栏中将【瓷砖】的X、Y、Z设置为（0.039、0.039、0.039）。在【噪波参数】卷展栏中将【大小】设置为16.4，然后选择【颜色 #1】后面的【无】按钮，在打开的【材质/贴图浏览器】中选择【贴图】|【标准】|【位图】选项，单击【确定】按钮，弹出【选择位图图像文件】对话框，将其关闭即可，如图15.25所示。

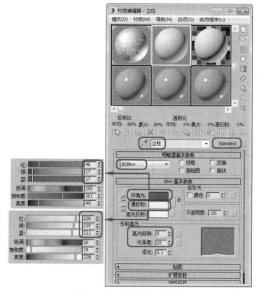

图15.24 设置材质参数

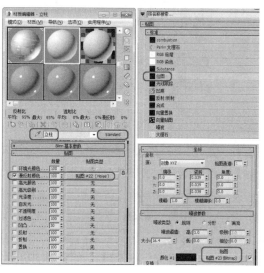

图15.25 设置【漫反射颜色】贴图

471

**25** 单击【转到父对象】按钮 两次，将【漫反射颜色】后面的贴图拖至【凹凸】后面的【无】按钮上，在弹出的对话框中选择【复制】单选项，并单击【确定】按钮，如图15.26所示。

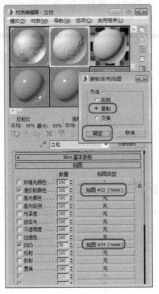

图15.26 复制【贴图】

**26** 用【长方体】工具，在【前】视图中【一层门框】的中心位置创建一个【长度】、【宽度】和【高度】分别为25800、22400和3300的长方体，并将其命名为【门框装饰块】，如图15.27所示。

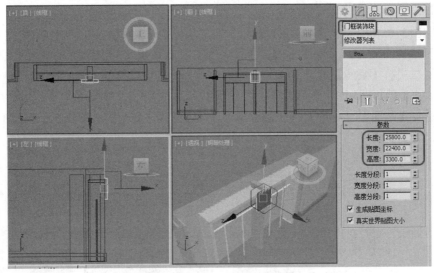

图15.27 创建【门框装饰块】

**27** 打开【材质编辑器】，选择【立柱】材质，将其拖至一个空的样本球上，并将其命名为【装饰块】，在【Blinn基本参数】卷展栏中将【环境光】的RGB值设为（16、26、26），将【漫反射】的RGB值设为（184、146、121），如图15.28所示。

**28** 修改贴图参数，分别将【漫反射颜色】的【噪波参数】卷展栏中的大小修改为47.5，如图15.29所示，最后将制作好的材质指定给【门框装饰块】对象。

**29** 为了便于操作将多余的对象进行隐藏，利用【线】工具，在【顶】视图中绘制样条线，并将其命名为【一层装饰栏杆001】，如图15.30所示。

**30** 切换到【修改】命令面板中，对其添加【挤出】修改器，在【参数】卷展栏中将【数量】设置为3000，挤出【一层装饰栏杆001】的厚度，如图15.31所示。

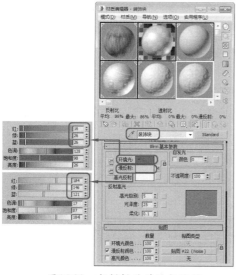

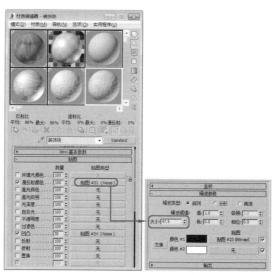

图15.28 复制材质并进行设置　　　　　　　　图15.29 调整【噪波】参数

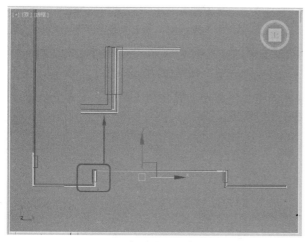

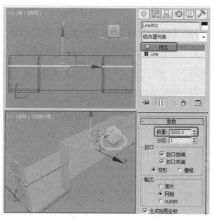

图15.30 创建【一层装饰栏杆001】　　　　　　图15.31 添加【挤出】修改器

**31** 继续利用【线】工具绘制直线，参考【一层装饰栏杆001】绘制其略宽的直线，并将其命名为【一层装饰栏杆002】，如图15.32所示。

**32** 对上一步创建的线添加【挤出】修改器，并将【挤出数量】设为1016，如图15.33所示。

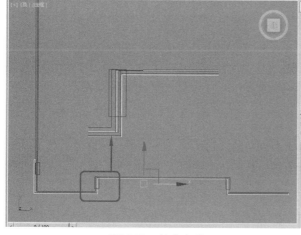

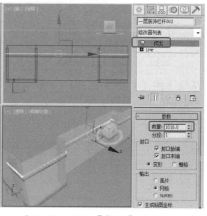

图15.32 创建直线　　　　　　　　　　　　　　图15.33 添加【挤出】修改器

**33** 选择【一层装饰栏杆002】，在【前】视图中按着Shift键沿Y轴进行拖曳，在弹出的对话框中选择【复制】单选按钮，将复制的对象命名为【一层装饰栏杆003】，并调整其位置，如图15.34所示。

**34** 选择上一步创建的装饰栏杆，进行编组，将其命名为【装饰栏杆】，并对其复制出3个对象调整位置，并对其赋予【门框金属】材质，如图15.35所示。

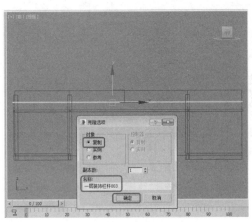

图15.34 进行复制

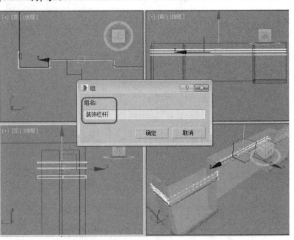

图15.35 编组并赋予材质

**35** 利用【矩形】工具，激活【左】视图，在【玻璃-门市】位置处创建一个【长度】和【宽度】分别为111500和329300的矩形，并将其命名为【墙体左侧-下】，如图15.36所示。

**36** 利用【矩形】工具，在【左】视图中楼体的中心位置处创建一个【长度】和【宽度】分别为15320和102960的矩形，并调整位置，如图15.37所示。

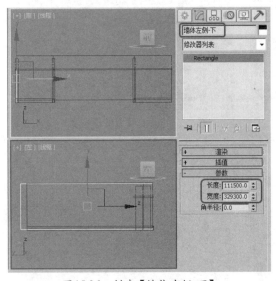

图15.36 创建【墙体左侧-下】

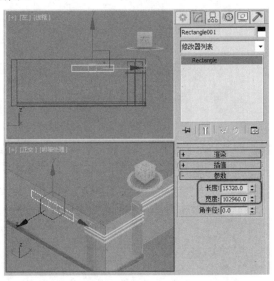

图15.37 创建【矩形】

**37** 继续使用【矩形】工具，在【左】视图中楼体的左侧创建一个【长度】和【宽度】分别为97500和32750的矩形，如图15.38所示。

**38** 选择【墙体左侧-下】对象，切换到【修改】命令面板，在【修改器列表】中选择【编辑样条线】命令，在【几何体】卷展栏中单击【附加】按钮，在视图中选择两个矩形，将它们附加在一起，如图15.39所示。

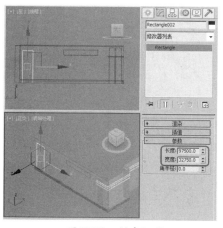

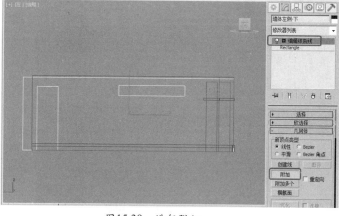

图15.38 创建矩形　　　　　　　　　　　　图15.39 进行附加

**39** 继续对【墙体左侧-下】对象添加【挤出】修改器，在【参数】卷展栏中将【数量】设置为2500，并将其调整到【玻璃-门市】的左侧，如图15.40所示。

**40** 按M键，打开材质编辑器，选择一个空的样本球，将材质球的类型设为【标准（Standard）】，将名称设为【墙体左侧】，将【明暗器类型】设为【Blinn】，在【Blinn参数】卷展栏中将【高光级别】设为32，将【光泽度】设为28，如图15.41所示。

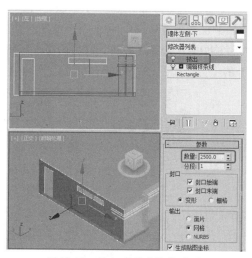

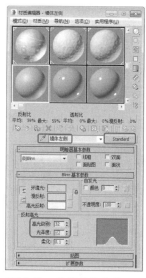

图15.40 添加【挤出】修改器　　　　　图15.41 设置材质参数

**41** 切换到【贴图】卷展栏，单击【漫反射颜色】后面的【无】按钮，在弹出的【材质/贴图浏览器】对话框，选择【贴图】|【标准】|【平铺】选项，并单击【确定】按钮，在【坐标】卷展栏中取消选中【使用真实世界比例】复选框，并将【瓷砖】下的UV设为1.5，在【标准控制】卷展栏中将【预设类型】设为【连续砌合】，在【高级控制】卷展栏中将【平铺设置】选项组中的【纹理】后的颜色的RGB值设为（165，180，190），将【水平数】和【垂直数】分别设为3、6，将【淡出变化】设为0，将【砖缝设置】选项组下的【纹理】后面的色块的RGB设为（0，0，0），将【水平间距】和【垂直间距】分别设为0、0.3，在【杂项】选项组中将【随机种子】设为23202，如图15.42所示。

**42** 单击【转到父对象】按钮🔲，选择【漫反射颜色】后面的贴图，将其拖至【高级颜色】后面的【无】按钮，在弹出的对话框中选择【复制】单选按钮，单击【确定】，将【高光颜色】值设为90，如图15.43所示。

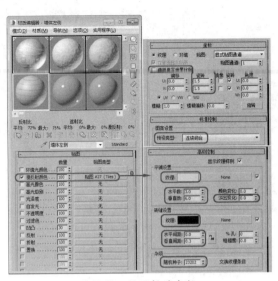

图15.42 设置材质参数

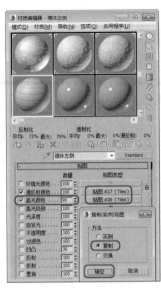

图15.43 复制贴图

**43** 在【贴图】卷展栏中单击【凹凸】后面的【无】按钮，弹出【材质/贴图浏览器】对话框选择【贴图】|【标准】|【噪波】选项，单击【确定】按钮，在【噪波参数】卷展栏中将【大小】设为15，如图15.44所示。

**44** 单击【转到父对象】按钮 ，将制作好的材质指定给【墙体左侧-下】对象，在场景中将所有对象进行冻结，选择【长方体】工具，在【顶】视图中【玻璃-门市】下方创建一个【长度】、【宽度】和【高度】分别为127000、400000和5080的长方体，并将其命名为【二层底板001】，并在【前】视图中将其调整到【玻璃-门市】的上方，如图15.45所示。

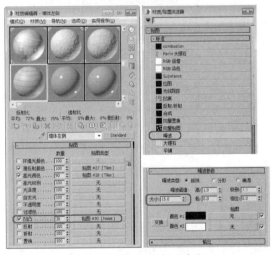

图15.26 设置材质参数

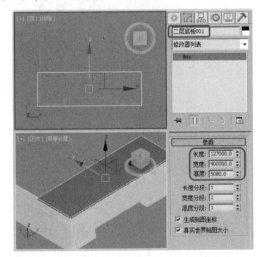

图15.45 创建【二层底板001】

**45** 打开【材质编辑器】，激活一个新的材质样本球，并将其重新命名为【底板】，将材质球的类型设为【标准（Standard）】，在【明暗器基本参数】卷展栏中将阴影模式定义为【Blinn】。在【Blinn基本参数】卷展栏中将锁定的【环境光】的RGB值设置为（103、103、113），将【漫反射】的RGB值设置为（165、191、218）。将【反射高光】区域中的【高光级别】和【光泽度】分别设置为5和25。完成设置后，在场景中选择【二层底板001】对象，将制作好的材质指定给该对象，如图15.46所示。

**46** 利用【矩形】工具，在【顶】视图中二层地板上创建一个【长度】和【宽度】分别为55888和

258000的矩形，并将其命名为【一层雨棚】，如图15.47所示。

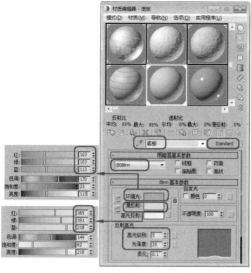

图15.46 设置材质参数

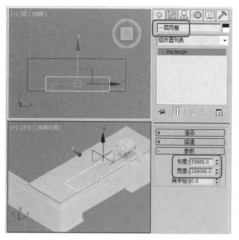

图15.47 创建【矩形】

**47** 切换到【修改】命令面板，在【修改器列表】中选择【编辑样条线】修改器进行添加，定义当前选择集为【顶点】，对【顶点】进行调整，将【一层雨棚】调整至图15.48所示的形状。

**48** 在【修改器列表】中选择【挤出】命令，在【参数】卷展栏中将【数量】设置为5080，挤出【一层雨棚】的厚度，并将其调整到【玻璃-门市】的上方，并给予【底板】材质，如图15.49所示。

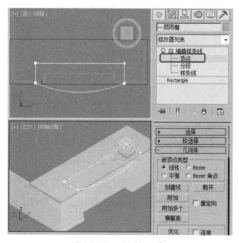

图15.48 调整顶点

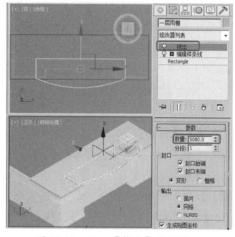

图15.49 添加【挤出】修改器

**49** 利用【矩形】工具，在【顶】视图中【一层雨棚】的上方创建一个【长度】和【宽度】分别为61300和266776的矩形，并将其命名为【一层雨棚001】，如图15.50所示。

**50** 切换到【修改】命令面板，在【修改器列表】中选择【编辑样条线】，将当前选择集定义当前选择为【顶点】，将【一层雨棚001】调整至图15.51所示的形状。

**51** 关闭当前选择集，在【修改器列表】中选择【挤出】修改器，在【参数】卷展栏中将【数量】设置为2700，挤出【一层雨棚001】的厚度，并对【雨棚】对象赋予【底板】材质，如图15.52所示。

**52** 利用【长方体】工具，在【前】视图中【一层雨棚001】的上方创建一个【长度】、【宽度】和【高度】分别为37818、229280和5080的长方体，并将其命名为【二层墙体001】，然后在【左】视图中将其调整到图15.53所示的位置。

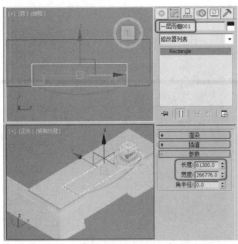

图15.50 创建【一层雨棚001】

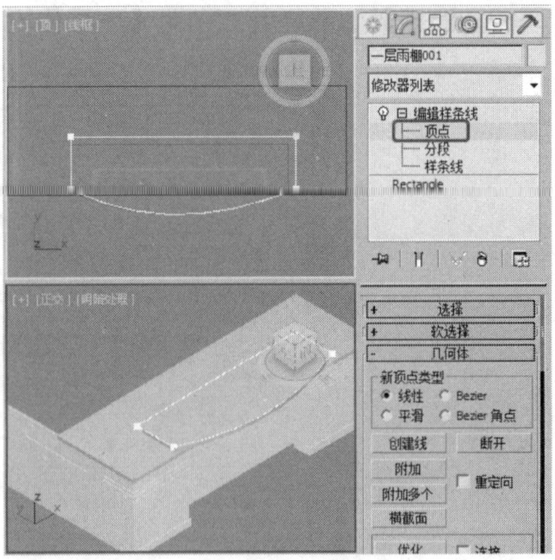

图15.51 调整【顶点】

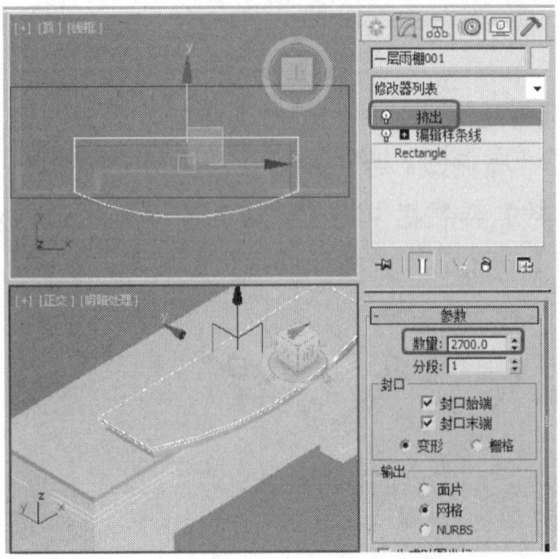

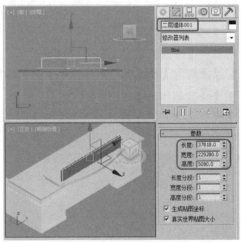

图15.52 设置挤出参数

图15.53 创建【二层墙体001】

53 利用【长方体】工具，在【顶】视图中【二层墙体001】上创建一个【长度】、【宽度】和【高度】分别为32660、208400和2520的长方体，并将其命名为【阳台基座001】，如图15.54所示。

54 利用【长方体】工具，在【顶】视图中【阳台基座001】上创建一个【长度】、【宽度】和【高度】分别为30000、203000和7360的长方体，并将其命名为【阳台基座-中001】，如图15.55所示。

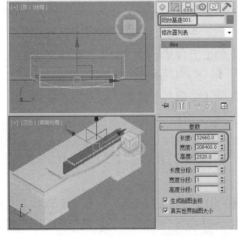

图15.54 创建【阳台基座001】

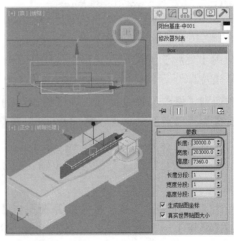

图15.55 创建【阳台基座-中001】

55 在【左】视图中按住键盘上的Shift键，沿Y轴对【阳台基座-中001】复制【阳台基座-中002】，并将其调整到【阳台基座001】的上方，如图15.56所示。

56 利用【矩形】工具，在【顶】视图中【阳台基座002】对象的左边，创建一个【长度】和【宽度】分别为30000和55475的矩形，并将其命名为【阳台前-单元-001】如图15.57所示。

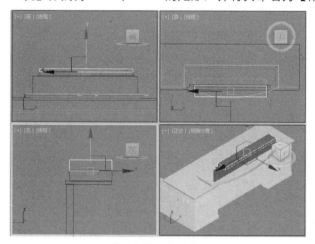

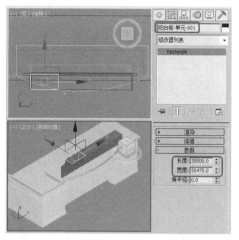

图15.56　复制对象　　　　　　　　　　图15.57　创建【阳台前-单元-001】对象

57 进入【修改】命令面板，在【修改器列表】选择【编辑样条线】修改器，并将当前选择集定义为【顶点】，并对其进行调整到图15.58所示的形状。

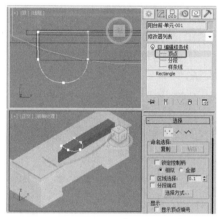

图15.58　调整顶点

58 在【修改器列表】中选择【挤出】修改器，在【参数】卷展栏中将【数量】设置为2794，挤出【阳台前-单元-001】的厚度，并将其位置调整到【阳台基座001】的左边，如图15.59所示的位置。

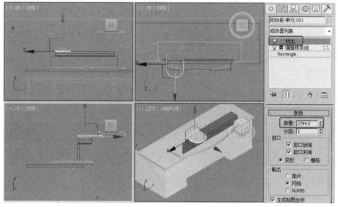

图15.59　添加【挤出】修改器

**59** 【矩形】工具,在【顶】视图中【阳台前-单元-001】对象的中间位置处,创建一个【长度】和【宽度】分别为28211和52341的矩形,并将其命名为【阳台前-单元-002】,对其添加【编辑样条线】修改器,选择【顶点】,进行调整,如图15.60所示。

**60** 在【修改器列表】中选择【挤出】修改器进行添加,在【参数】卷展栏中将【数量】设置为7700,并将其位置调整到【阳台前-单元-001】对象的上方,如图15.61所示。

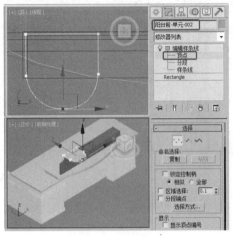
图15.60 调整顶点

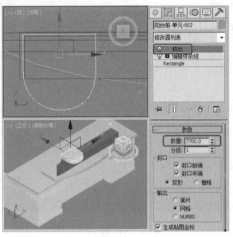
图15.61 添加【挤出】修改器

**61** 在【前】视图中选择【阳台前-单元-001】对象,在工具栏中选择【选择并移动】工具,并按住键盘上的Shift键,沿着Y轴复制【阳台前-单元-003】,并将其放置【阳台前-单元-002】对象的上方,如图15.62所示。

**62** 选择上一步创建的阳台对象,在【前】视图中选择创建阳台前-单元对象,按着Shift键,沿X轴进行复制,调整位置,如图15.63所示。

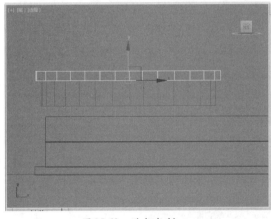
图15.62 进行复制

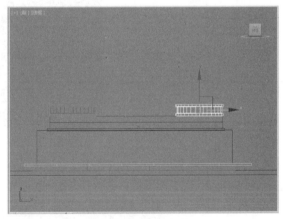
图15.63 进行复制

**63** 打开材质编辑器,激活一个新的材质样本球,并将其重新命名为【阳台前-单元】,将材质球的类型设为【标准(Standard)】,在【明暗器基本参数】卷展栏中将阴影模式定义为【Blinn】, 在【Blinn基本参数】卷展栏中将锁定的【环境光】的RGB值设置为(47、17、17),将【漫反射】的RGB值设置为(228、219、219)。将【反射高光】区域中的【高光级别】和【光泽度】分别设置为5和25。选择【二层墙体001】、【阳台基座001】、【阳台基座-中002】、【阳台前-单元-002】和【阳台前-单元-006】,赋予【阳台前-单元】材质,其他阳台部分赋予【底板】材质,如图15.64所示。

**64** 利用【线】工具,在【顶】视图中创建一条图15.65所示的样条线,并将其命名为【阳台前-单元栅栏001】。在【渲染】卷展栏中勾选【在渲染中启用】和【在视口中启用】复选项，再将【厚度】设置为1100，并将其调整至阳台前-单元的上方，如图15.65所示。

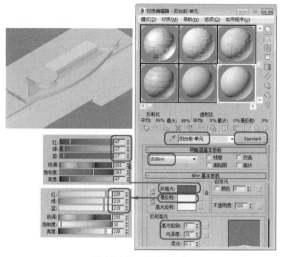

图15.64 创建材质

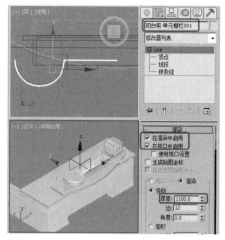

图15.65 创建【阳台前-单元栅栏001】对象

**65** 在工具栏中选择【选择并移动】工具，按住键盘上的Shift键，在【前】视图中沿着Y轴对【阳台前-单元栅栏001】对象进行复制，在弹出的对话框中将【副本数】设置为6，单击【确定】按钮，并调整栅栏的位置，如图15.66所示。

**66** 在视图中选择复制的【阳台前-单元栅栏007】，在【渲染】卷展栏中将【厚度】重新设置为2000，如图15.67所示。

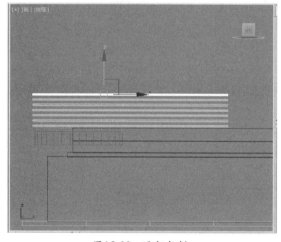

图15.66 进行复制

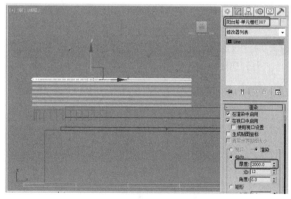

图15.67 调整【厚度】

**67** 激活【前】视图，选择【阳台前-栅栏】对象，在工具栏中选择【镜像】工具，在弹出的对话框中选择【镜像轴】区域中的X轴，将【偏移】参数设置为116835，在【克隆当前选择】区域中选择【复制】单选项，如图15.68所示。

**68** 对上一步镜像的栅栏对象应用【门框金属】材质，选择栅栏对象，对其进行【编组】，将其命名为【阳台前-单元栅栏001】，如图15.69所示。

**69** 选择上一步组【阳台前-单元栅栏001】，在【前】视图，按住键盘上的Shift键，沿Y轴进行移动，对其进行复制，在弹出的对话框中将【副本数】设置为14，完成后的效果如图15.70所示。

**70** 使用【线】工具，在【前】视图中进行绘制，将名称设为【墙体主体左】，如图15.71所示。

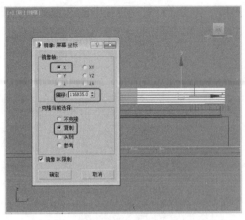

图15.68 进行镜像

图15.69 赋予材质并进行编组

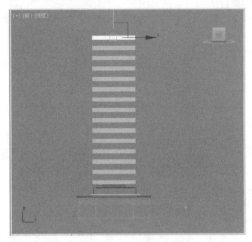

图15.70 进行复制

图15.71 创建【墙体主体左】

**71** 对上一步创建的【墙体主体左】添加【挤出】修改器，在【参数】卷展栏中将【数量】值设置为5100，并在视图中将调整该对象的位置，如图15.72所示。

**72** 激活【前】视图，在工具栏中选择【镜像】工具，在弹出的对话框中选择【镜像轴】区域中的X轴，设置合适的【偏移】参数，在【克隆当前选择】区域中选择【复制】对象，最后单击【确定】按钮，镜像出【墙体主体右】，如图15.73所示。

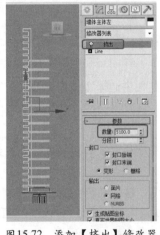

图15.72 添加【挤出】修改器

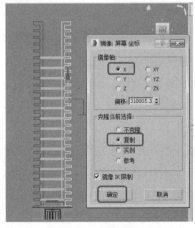

图15.73 进行镜像

**73** 按M键打开【材质编辑器】，选择一个新的样本球，将材质的名称设为【墙体主体】，将材质球的类型设为【标准（Standard）】，将明暗器的类型设为【Blinn】，在【Blinn基本参数】卷展栏中将【环境光】和【漫反射】颜色的RGB值设为（238，230，213），将【高光级别】设为23，将【光泽度】设为44，如图15.74所示。

**74** 利用【长方体】工具，在【前】视图中【二层墙体001】对象的上方，在两侧墙体的中间处创建一个【长度】、【宽度】分别为87797、202787的长方体，高度根据单元栅栏的高度适当调整，并将其重新命名为【前玻璃001】，如图15.75所示。

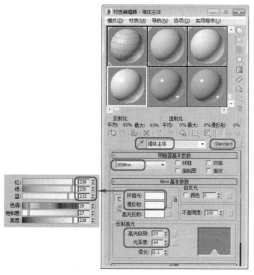
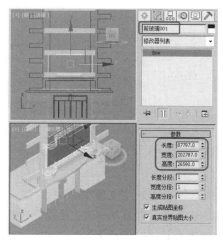

图15.74　创建【墙体主体】材质　　　　　　　图15.75　创建【前玻璃001】

**75** 打开【材质编辑器】，激活一个新的材质样本球，并将其重新命名为【玻璃】。将材质球的类型设为【标准（Standard）】，在【明暗器基本参数】卷展栏中将明暗器类型定义为【Phong】，并勾选【双面】复选框。在【Phong基本参数】卷展栏中将锁定的【环境光】的RGB值设置为（23、16、46），将【漫反射】的RGB值设置为（151、173、192），将【不透明度】设置为60。将【反射高光】区域中的【高光级别】和【光泽度】分别设置为31和36，如图15.76所示。

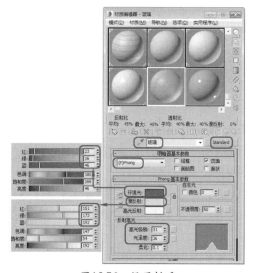

图15.76　设置材质

**76** 在【贴图】卷展栏中选择【反射】，将【数量】设置为30，然后单击后面的【无】按钮，在弹出的【材质/贴图浏览器】对话框中选择【贴图】|【标准】|【位图】选项，单击【确定】按钮，在

打开的对话框中选择随书附带光盘中的"Ref.jpg"文件。在【坐标】卷展栏中选择【纹理】单选按钮，取消对【使用真实世界比例】复选框的选择，将【瓷砖】下的UV都设为1，完成设置后在场景中选择【前玻璃001】对象，将材质指定给该对象，如图15.77所示。

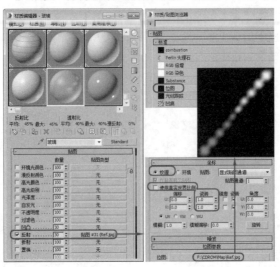

图15.77 设置贴图参数

**77** 选择上一步创建【前玻璃001】对象，在【前】视图中按着Shift键复制14个，并参照图15.78所示的位置进行调整，并对阳台单元对象进行复制。

**78** 利用【线】工具，在【左】视图中【前玻璃】对象的右侧创建一条图15.79所示的样条线，并将其重新命名为【金属横段】。

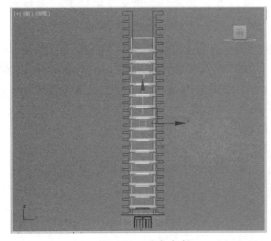

图15.78 进行复制

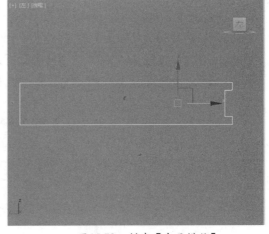

图15.79 创建【金属横段】

**79** 进入【修改】命令面板，在【修改器列表】中选择【挤出】修改器，在【参数】卷展栏中将【数量】设置为-205500，如图15.80所示。

**80** 选择上一步创建的【金属横段】，在视图中调整位置，选择【选择并移动】工具，选择【金属横段】，按住键盘上的Shift键，在【前】视图中沿着Y轴对金属横段进行多次复制，调整到图15.81所示效果。

**81** 利用【长方体】工具，在【前】视图中创建一个【长度】、【宽度】和【高度】分别为1484940、1700和1700的长方体，并将其重新命名为【金属隔断-竖001】，如图15.82所示。

**82** 激活【前】视图，使用【选择并移动】工具对【金属隔断-竖001】进行选择，按住键盘上的Shift键复制【金属隔断-竖001】，对复制多个并调整位置，将【门框金属】材质指定给【金属隔断-竖】和【金属横段】，效果如图15.83所示。

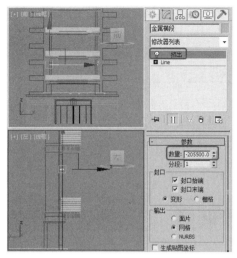

图15.80 添加【挤出】修改器

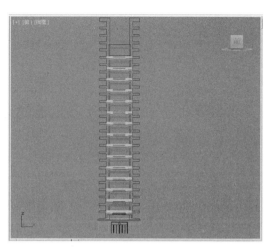

图15.81 进行复制

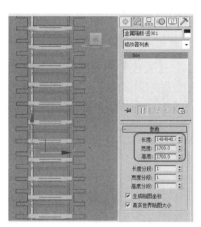

图15.82 创建【金属横断-竖001】对象

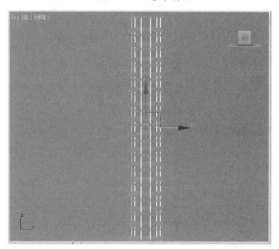

图15.83 进行复制

**83** 利用【长方体】工具，在【顶】视图中创建一个【长度】、【宽度】和【高度】分别为38933、259464和3000的长方体，并将其重新命名为【阳台基座001】，并将其调整到【前玻璃015】的上方，如图15.84所示。

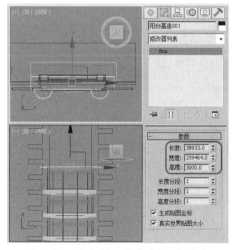

图15.84 创建【阳台基座001】对象

84 利用【长方体】工具，在【顶】视图中创建一个【长度】、【宽度】和【高度】分别为36000、254000和4700的长方体，并将其命名为【阳台基座002】，并将其调整到【阳台基座001】的上方，如图15.85所示。

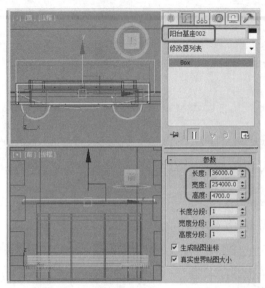

图15.85 创建【阳台基座002】对象

85 利用【长方体】工具，在【顶】视图中创建一个【长度】、【宽度】和【高度】分别为38500、259000和5050的长方体，并将其命名为【阳台基座003】，并将其调整到【阳台基座002】的上方，如图15.86所示。

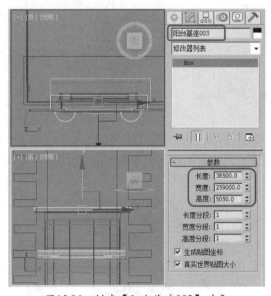

图15.86 创建【阳台基座003】对象

86 调整【六层阳台基座】的位置，打开质编辑器，将【底板】材质指定给【阳台基座001】和【阳台基座003】对象，再将【阳台前-单元】材质指定给【阳台基座002】，并调整其位置，如图15.87所示。

87 利用【长方体】工具，在【前】视图中创建9个图15.88所示的长方体，然后进入【修改】命令面板，在【修改器列表】中选择【编辑网格】修改器，在【编辑几何体】卷展栏中选择【附加】按钮，并将其命名为【顶阳台栅栏001】，并在视图中将其调整到六层阳台基座的左侧，如图15.88所示。

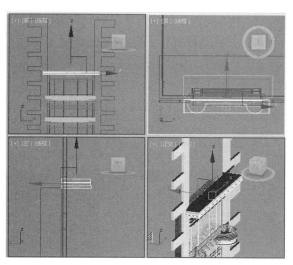

图15.87 给对象添加材质

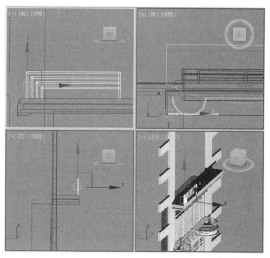

图15.88 创建【顶阳台栅栏001】

**88** 激活【前】视图，在工具栏中选择【镜像】工具，在弹出的对话框中选择【镜像轴】区域下的X轴，设置合适的【偏移】数值，在【克隆当前选择】区域中选择【复制】选项，完成后的效果如图15.89所示。

**89** 激活【左】视图，再在工具栏中选择【选择并旋转】工具，并单击【角度捕捉切换】按钮，打开角度捕捉，在视图中选择【顶阳台栅拦001】选项，按住键盘上是Shift键，沿着Y轴旋转90度左右后松开鼠标，复制【顶阳台栅栏003】，如图15.90所示。

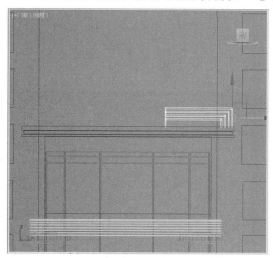

图15.89 进行镜像

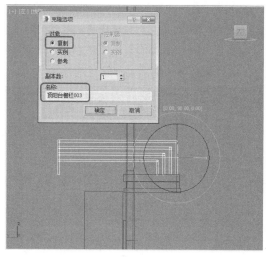

图15.90 进行旋转复制

**90** 在工具栏中选择【选择并移动】工具，选择【顶阳台栅栏003】，按住键盘上的Shift键，在【顶】视图中沿着X轴对【顶阳台栅栏003】进行复制，调整到阳台的右侧，如图15.91所示。

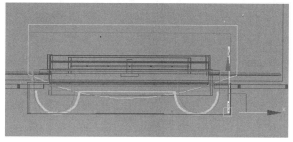

图15.91 进行镜像

**91** 利用【长方体】工具，在【前】视图中阳台栅栏的中间位置创建一个【长度】、【宽度】和【高度】分别为22830、94700和2600的【长方体】，并将其命名为【阳台基座上板】，最后打开材质编辑器，将【底板】材质指定给场景中的【阳台基座上板】对象，如图15.92所示。

**92** 利用【长方体】工具，在【前】视图中【顶阳台栅栏001】对象的上方，创建一个【长度】、【宽度】和【高度】分别为3040、3398和1530的长方体，并将其命名为【顶阳台栅栏005】，如图15.93所示。

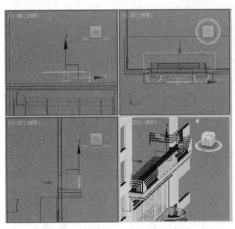
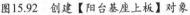

图15.92　创建【阳台基座上板】对象

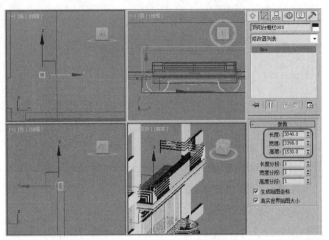

图15.93　创建【顶阳台栅栏005】对象

**93** 在工具栏中选择【选择并移动】工具，选择上一步创建的【顶阳台栅栏005】，在【前】视图中按住Shift键，沿着X轴对其复制3个，如图15.94所示。

**94** 打开【材质编辑器】，选择【门框金属】材质，将其指定给所有的【顶阳台栅栏】对象，利用【线】工具，在【顶】视图中创建一条闭合的样条线，并将其命名为【阳台基座上栏杆】，为了便于观察将其他部分冻结，如图15.95所示。

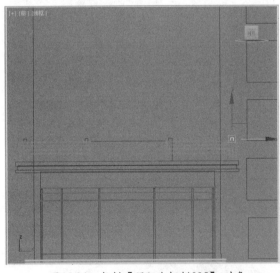

图15.94　复制【顶阳台栅栏005】对象

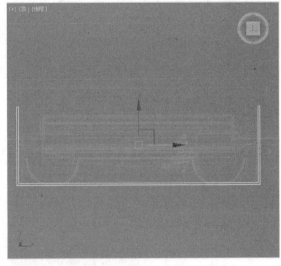

图15.95　创建【阳台基座上栏杆】

**95** 对【阳台基座上栏杆】对象添加【挤出】修改器，在【参数】卷展栏中将【数量】设置为2030，如图15.96所示。

**96** 工具栏中选择【选择并移动】工具，在视图中选择【前玻璃015】，按住键盘上的Shift键对其进行复制，并将其【长度】修改为161739，并将其调整到图15.97所示的位置。

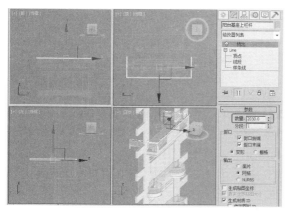

图15.96 添加【挤出】修改器

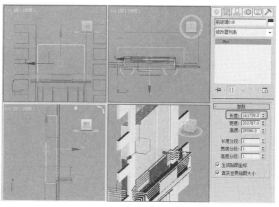

图15.97 复制【前玻璃015】

**97** 激活【前】视图，选择金属横段，进行复制，并调整到【前玻璃016】的上侧图15.98所示的位置。

**98** 利用【长方体】工具，在【前】视图中创建一个【长度】、【宽度】和【高度】分别为234000、7250和36500的长方体，并将其命名为【顶中左墙001】，调整其位置，如图15.99所示。

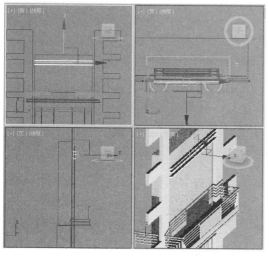

图15.98 复制金属横段

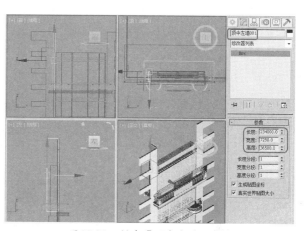

图15.99 创建【顶中左墙001】

**99** 在【前】视图中，对上一步创建的【顶中左墙001】按着Shift键进行复制，调整到【前玻璃016】的右侧，并命名为【顶中右墙001】，如图15.100所示。

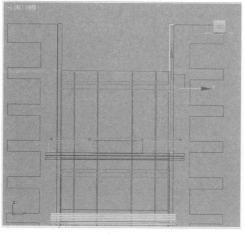

图15.100 创建【顶中右墙001】对象

**100** 利用【长方体】工具，在【前】视图中【前玻璃016】对象的上方创建一个【长度】、【宽度】和【高度】分别为84324.0、77100和5100的长方体，并将其命名为【顶左板】，如图15.101所示。

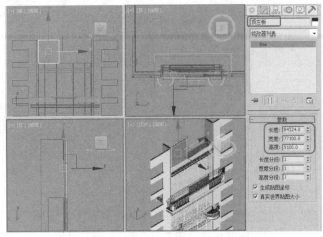

图15.101创建【顶左板】对象

**101** 对上一步创建的对象，在【前】视图中沿X轴进行复制，如图15.102所示。

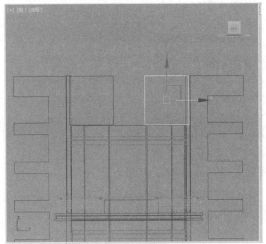

图15.102 进行复制

**102** 利用【矩形】工具，在【左】视图中【阳台基座】对象的上方创建一个【长度】和【宽度】分别为154354和100955的矩形，并将其命名为【单元墙体顶】，如图15.103所示的位置。

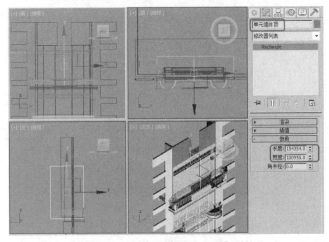

图15.103 创建【单元墙体顶】对象

**103** 选择【单元墙体顶】对象，切换到【修改】命令面板，在【修改器列表】中选择【编辑样条线】修改器，定义当前选择集为【顶点】，在【几何体】卷展栏中选择【优化】按钮，在视图中添加控制点，并调整它的形状，如图15.104所示。

**104** 在【修改器列表】中选择【挤出】修改器进行添加，在【参数】卷展栏中将【数量】设置为5080，并在视图中调整它的位置，如图15.105所示。

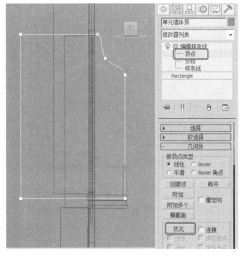

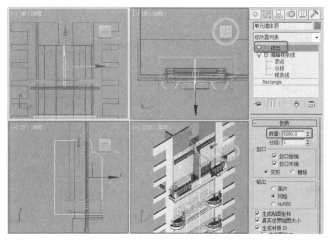

图15.104　调整控制点　　　　　　　图15.105　添加【挤出】修改器

**105** 利用【长方体】工具，在【前】视图中【前玻璃016】的上方创建一个【长度】、【宽度】和【高度】分别为84324、25200和5100的长方体，并将其命名为【顶中板】，如图15.106所示。

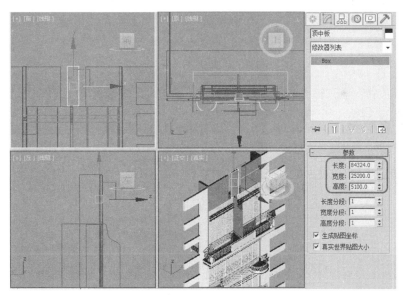

图15.106　创建【顶中板】对象

**106** 按M键打开材质编辑器，选择【墙体主体】材质，并将材质指定给【顶中左墙001】、【顶中右墙001】、【顶左板】、【顶左板001】、【顶中板】和【单元墙体】对象，如图15.107所示。

**107** 利用【长方体】工具，在【前】视图中创建一个【长度】、【宽度】和【高度】分别为1582616、5100和101714的长方体，并将其命名为【单元墙体】，对其赋予【墙体主体】材质，如图15.108所示的位置。

图15.107 为材质指定对象

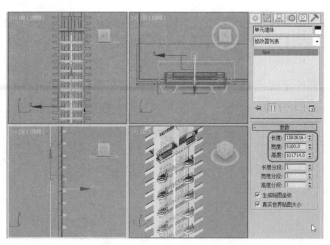

图15.108 创建【单选墙体】对象

**108** 利用【长方体】工具，在【前】视图中创建一个【长度】、【宽度】和【高度】分别为2040、16100和47500的长方体，并将其命名为【顶左横板001】，如图15.109所示的位置。

**109** 在工具栏中选择【选择并移动】工具，按住键盘上的Shift键复制两个顶左横板，如图15.110所示。

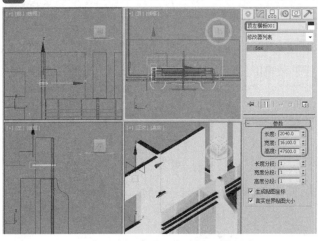

图15.109 创建【顶左横板001】对象

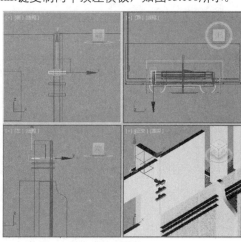

图15.110 进行复制

**110** 选择上一步创建的3个横左板，将其复制到右侧，并对横板添加【装饰块】材质，如图15.111所示。

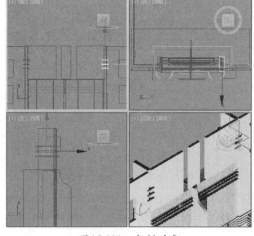

图15.111 复制对象

**111** 使用【管状体】工具，在【前】视图中【顶中板】的中部，【单元墙体】的上方创建一个【半径1】、【半径2】和【高度】分别为4418、3228和26315的圆环，将它命名为【装饰外圈】，并在【左】视图中调整其位置，打如图15.112所示。

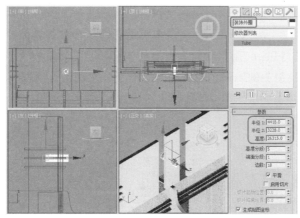

图15.112 创建【装饰外圈】

**112** 使用【圆柱体】工具，在【前】视图中【装饰外圈】的中部，创建一个【半径】和【高度】分别为2370和12700的圆柱体，将它命名为【装饰内圈】，并在【左】视图中调整其位置，打开材质编辑器，将【墙体主体】的材质指定给【装饰外圈】和【装饰内圈】对象，如图15.113所示。

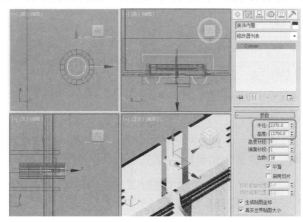

图15.113 创建【装饰内圈】

**113** 选择一个【金属横段】，按住键盘上的Shift键对其进行复制到图15.114所示的位置。

**114** 用同样的方法再次复制【金属横段】，并进行调整，进入【修改】命令面板，将【挤出】修改器【参数】区域中的【数量】设置为-70000，然后调整至图15.115所示的位置。

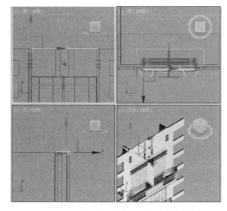

图15.114 复制【金属横段】对象

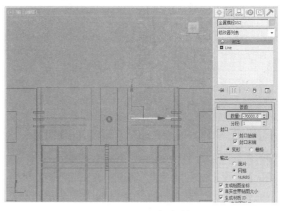

图15.115 进行复制

**115** 对上一步创建的5个金属横段添加【装饰块】材质，利用【长方体】工具，在【顶】视图中【左侧墙体】处创建一个【长度】、【宽度】和【高度】分别为38188、74500和2540的长方体，并将其命名为【窗台前-左001】，最后在【前】视图中调整它的位置，如图15.116所示。

**116** 打开【材质编辑器】，激活 个新的材质样本球，并将其重新命名为【阳台栅栏】，将材质球的类型设为【标准（Standard）】，在【明暗器基本参数】卷展栏中将【明暗器类型】定义为【Phong】。在【Phong基本参数】卷展栏中将锁定的【环境光】的RGB值设置为（36、47、35），将【漫反射】的RGB值设置为（248、248、248），将【反射高光】区域中的【高光级别】和【光泽度】分别设置为5和25。将设置完成后将材质指定给场景中的【窗台前-左001】，如图15.117所示。

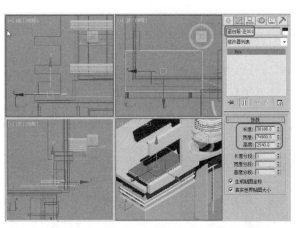

图15.116　创建【窗台前-左001】对象

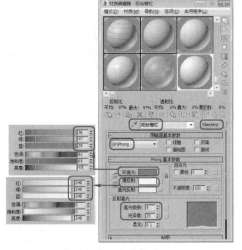

图15.117　设置材质

**117** 选择【长方体】工具，在【前】视图中【主题侧框架左001】的上方创建一个【长度】、【宽度】和【高度】分别为46816、936和650的长方体。并将其命名为【主体侧框架左001】，并在【左】视图中调整好它的位置，如图15.118所示。

**118** 在【前】视图中，按住Shift键，沿着X轴对其进行复制，并将其命名为【窗台前-左侧板001】，然后在视图调整它的位置，如图15.119所示。

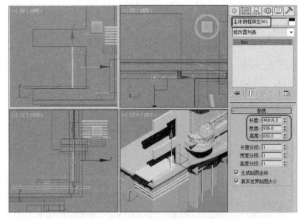

图15.118　创建【主体侧框架左001】对象

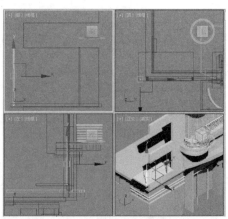

图15.119　进行复制

**119** 利用【长方体】按钮，在【前】视图中【窗台前-左001】的上方创建一个【长度】、【宽度】和【高度】分别为790、72950和790的长方体，并将其命名为【主体侧框架左002】，并在视图中调整位置，如图15.120所示。

**120** 在工具栏中选择【选择并移动】工具，选择上一步创建的长方体，在【前】视图中按住Shift
键对其进行复制，并调整它的位置，如图15.121所示。

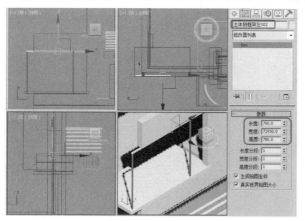
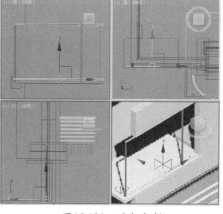

图15.120　创建【主体侧框架左002】　　　　　　图15.121　进行复制

**121** 利用【长方体】工具，在【前】视图中【窗台前-左001】的左边创建一个【长度】、【宽度】
和【高度】分别为790、19800和790的长方体，并将其命名为【主体侧框架左004】，然后在视
图中调整好它的位置，如图15.122所示。

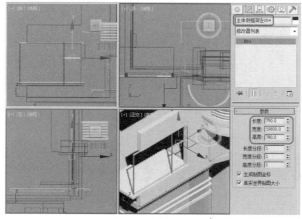

图15.122　创建【主体侧框架左004】对象

**122** 利用【长方体】按钮，在【左】视图中【窗台前-左001】的上方创建一个【长度】、【宽度】
和【高度】分别为756、36500和756的长方体，并将其命名为【主体侧框架左005】，然后在视
图中调整好它的位置，如图15.123所示。

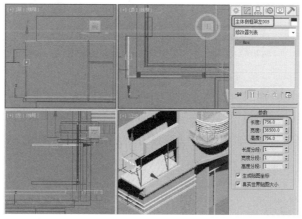

图15.123　创建【主体侧框架左005】对象

**123** 在工具栏中选择【选择并移动】工具，在【前】视图中，按住Shift键，沿着Y轴对【主体侧框架左005】进行复制到【窗台前-左001】的上方，复制【主体侧框架左006】，如图15.124所示。

**124** 选择【窗台前-左001】，在工具栏中选择【选择并移动】工具，在【前】视图中，按住Shift键，沿着Y轴对其进行复制，位置如图15.125所示。

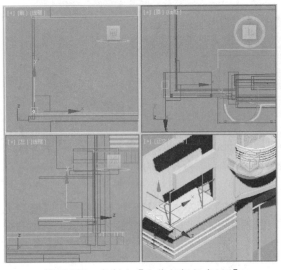
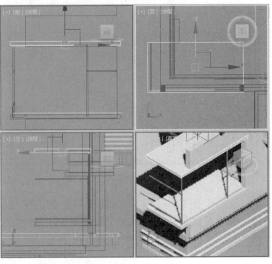

图15.124 复制出【主体侧框架左006】　　　　　图15.125 进行复制

**125** 利用【线】工具，在【顶】视图中【窗台前-左002】上创建一条封闭的样条线，并将其命名为【阳台前-栅栏-左001】，为了便于观察，将其他对象冻结，位置和形状如图15.126所示。

**126** 切换【修改】命令面板，在【修改器列表】中选择【挤出】修改器进行添加，在【参数】卷展栏中将【数量】设置为1000，如图15.127所示。

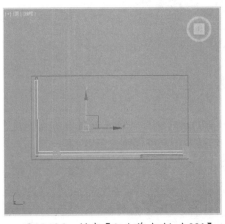
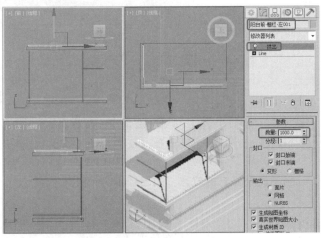

图15.126 创建【阳台前-栅栏-左001】　　　　　图15.127 添加【挤出】修改器

**127** 在工具栏中选择【选择并移动】工具，选择上一步创建的图形，在【前】视图中，按住Shift键，沿着X轴对其进行复制，复制出4个，如图15.128所示。

**128** 选择【窗台前-左002】对象，在工具栏中选择【选择并移动】工具，然后激活【前】视图中，按住Shift键，沿着Y轴对其进行复制【窗台前-左003】，调整其所在的位置如图15.129所示。

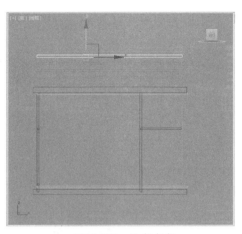

图15.128 进行复制

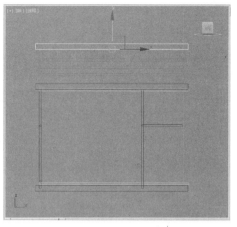

图15.129 复制出【窗台前-左003】

**129** 利用【长方体】工具，在【前】视图中创建一个【长度】、【宽度】和【高度】分别为21302、12714和2550的长方体，并将其命名为【窗台前-左侧后板】，然后在【左】视图中调整好它的位置，如图15.130所示。

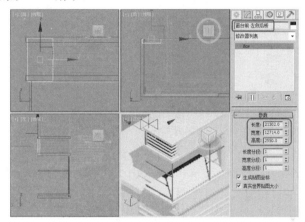

图15.130 创建【窗台前-左侧后板】对象

**130** 利用【长方体】工具，在【前】视图中创建一个【长度】、【宽度】和【高度】分别为22698、2563和12700的长方体，并将其命名为【阳台左板001】，然后【左】视图中调整好它的位置，如图15.131所示。

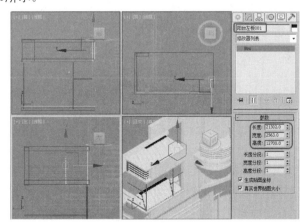

图15.131 创建【阳台左板001】对象

**131** 打开【材质编辑器】，将【阳台栅栏】材质指定给窗台对象，利用【长方体】工具，在【前】视图中【阳台左板001】的右侧创建一个【长度】、【宽度】和【高度】分别为20097、64597

和25800的长方体，并将其命名为【阳台前-栅栏-后板001】，然后在【左】视图中调整好它的位置，如图15.132所示。

**132** 打开【材质编辑器】，激活一个新的材质样本球，并将其重新命名为【厚板】，将材质球的类型设为【标准（Standard）】，在【明暗器基本参数】卷展栏中将阴影模式定义为【Blinn】。在【Blinn基本参数】卷展栏中将锁定的【环境光】的RGB值设置为（47、17、17），将【漫反射】的RGB值设置为（186、193、203），将【反射高光】区域中的【高光级别】和【光泽度】分别设置为5和25。设置完成后将材质指定给场景中的【阳台前-栅栏-后板001】，效果如图15.133所示。

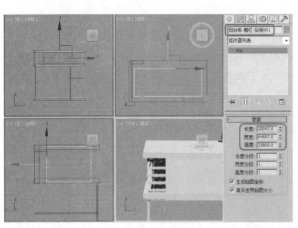

图15.132　创建【阳台前-栅栏-后板001】对象

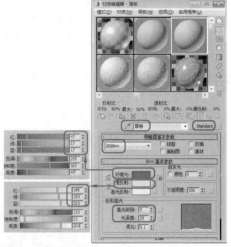

图15.133　创建材质

**133** 利用【长方体】工具，在【前】视图中【阳台左001】的位置处创建一个【长度】、【宽度】和【高度】分别为43870、71880和34300的长方体，并将其命名为【左墙玻璃001】，并在【左】视图中调整好它的位置，如图15.134所示。

**134** 将【玻璃】材质指定给【左墙玻璃001】对象，在视图中选择组创建的阳台对象和【左墙玻璃001】，对其进行编组，将组名设为【左阳台】，如图15.135所示的位置。

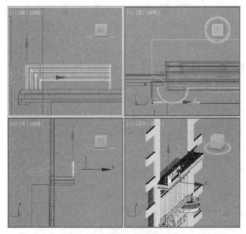

图15.134　创建【左墙玻璃001】对象

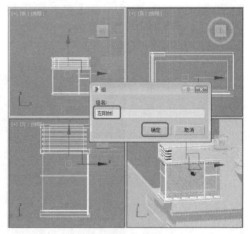

图15.135　进行编组

**135** 选择创建的【左阳台】对象，在工具栏中选择【选择并移动】工具，在【前】视图中，按住Shift键，沿着Y轴对其进行复制，复制出26个，如图15.136所示的位置。

**136** 选择最顶部的一组窗台，在菜单栏中选择【组】|【解组】命令，并将用不到的一部分删除，调整位置，如图15.137所示的形状。

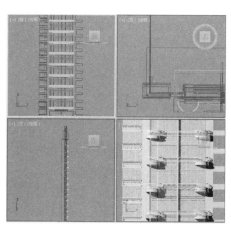

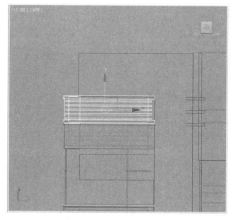

图15.136 进行复制　　　　　　　　　　图15.137 调整位置

**137** 选择左侧的所有组【左窗台】对象，然后在工具栏中选择【镜像】工具，在弹出的对话框中【镜像轴】区域中选择X轴，设置合适的【偏移】参数，在【克隆当前选择】区域中选择【复制】命令，最后单击【确定】按钮，复制后的效果如图15.138所示。

**138** 利用【线】工具，在【左】视图中创建线框，并将其命名为【左侧墙体】，如图15.139所示的位置。

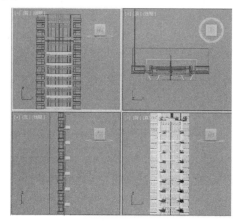

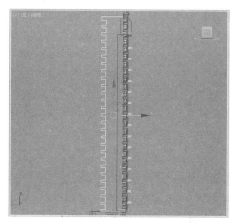

图15.138 进行复制　　　　　　　　　　图15.139 创建线框

**139** 在【修改器列表】中选择【挤出】命令，在【参数】卷展栏中将【数量】设置为5100，挤出【左墙体】的厚度，打开材质编辑器，将【墙体左侧】的材质指定给【左侧墙体】，如图15.140所示的效果。

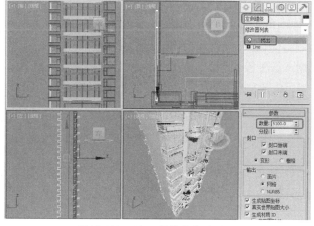

图15.140 添加【挤出】修改器

**140** 利用【长方体】工具，在【左】视图中【左侧墙体】处创建一个【长度】、【宽度】和【高度】分别为2540、40800和74500的长方体，并将其命名为【窗台-后窗台001】，如图15.141所示。

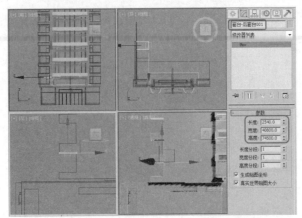

图15.141 创建【窗台-后窗台001】对象

**141** 在工具栏中选择【选择并移动】工具，按着Shift键，在【左】视图中沿着Y轴对【窗台-后窗台001】进行复制，如图15.142所示的位置。

**142** 利用【长方体】工具，在【左】视图中【窗台-后窗台002】对象的下方创建一个【长度】、【宽度】和【高度】分别为1060、37120和1060的长方体，并将其命名为【窗户后001】，并在【顶】视图中调整好它的位置，如图15.143所示。

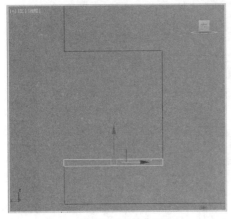

图15.142 进行复制

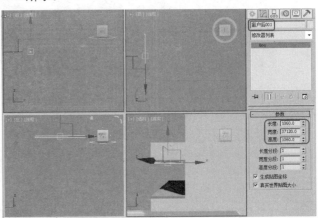

图15.143 创建【窗户后001】对象

**143** 选择【窗户后001】对象，在工具栏中选择【选择并移动】工具，在【左】视图中，按住Shift键，沿着Y轴对其进行复制，在弹出的对话框中将【副本数】设置为2，单击【确定】按钮，复制对象的位置如图15.144所示。

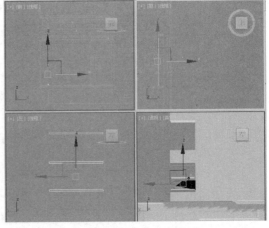

图15.144 进行复制

**144** 利用【长方体】工具，在【左】视图中创建一个【长度】、【宽度】和【高度】分别为42100、900和1200的长方体，并将其命名为【窗户后004】，并在【顶】视图中调整好它的位置，如图15.145所示。

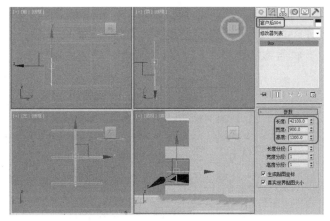

图15.145 创建【窗户后004】对象

**145** 利用【长方体】工具，在【左】视图中创建一个【长度】、【宽度】和【高度】分别为43000、1100和1200的长方体，并将其命名为【窗户后005】，并在【顶】视图中调整好它的位置，如图15.146所示。

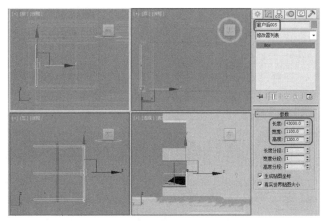

图15.146 创建【窗户后005】对象

**146** 利用【长方体】工具，在【左】视图中【窗户后001】对象的右侧创建一个【长度】、【宽度】和【高度】分别为1060、1060和72000的长方体，并将其命名为【窗户后006】，然后在【顶】视图中调整好它的位置，如图15.147所示。

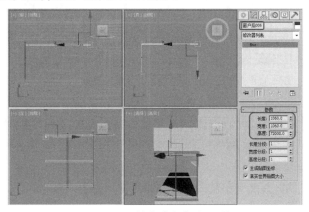

图15.147 创建【窗户后006】

**147** 选择【窗户后006】对象，在工具栏中选择【选择并移动】工具，在【左】视图中，按住Shift键，沿着Y轴对其进行复制，在弹出的对话框中将【副本数】设置为2，复制的对象的位置如图15.148所示打开材质编辑器，并将【阳台栅栏】材质指定给场景中的【窗台后】所对应的对象。

**148** 利用【长方体】工具，在【左】视图中创建一个【长度】、【宽度】和【高度】分别为43400、37100和68800的长方体，并将其命名为【左墙玻璃001】，并在【顶】视图中调整好它的位置，最后打开材质编辑器，将【玻璃】材质指定给【左墙玻璃001】对象，如图15.149所示的效果。

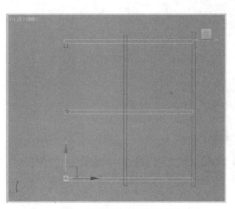

图15.148　进行复制

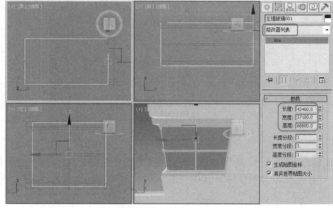

图15.149　创建长方体

**149** 选择所有做窗户的对象，在菜单中选择【组】|【成组】命令，并将其命名为【左墙窗户001】，如图15.150所示。

**150** 在工具栏中选择【选择并移动】工具，在【左】视图中，按住Shift键，沿着Y轴对其进行复制，在弹出的对话框中将【副本数】设置为25，并调整位置，如图15.151所示的位置。

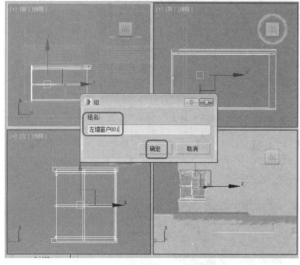

图15.150　进行编组

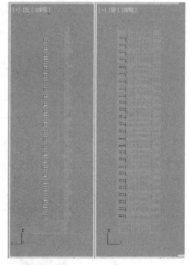

图15.151　进行复制

**151** 利用【长方体】工具，在【左】视图中【左侧墙体】上创建一个【长度】、【宽度】和【高度】分别为5800、195000和20的长方体，并将其命名为【左侧墙体结构柱001】，然后在【顶】视图中将其调整到【左侧墙体】的左侧，并对其赋予【装饰块】材质，如图15.152所示。

**152** 在工具栏中选择【选择并移动】工具，在【左】视图中，按住Shift键，沿着Y轴对【左侧墙体结构柱001】进行复制，并在弹出的对话框中将【副本数】设置为24，如图15.153所示。

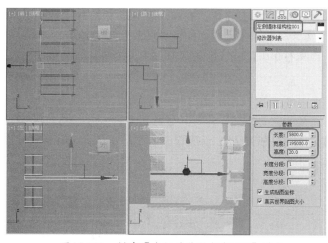

图15.152 创建【左侧墙体结构柱001】对象 图15.153 进行复制

**153** 利用【长方体】工具，在【前】视图中【左侧墙体】的左边创建一个【长度】、【宽度】和【高度】分别为1717187、49130和5050的长方体，并将其命名为【左-侧面挡板001】，然后在【左】视图中调整好它的位置，如图15.154所示。

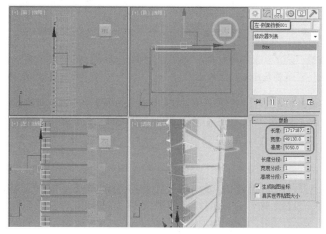

图15.154 创建【左-侧面挡板001】对象

**154** 利用【长方体】工具，在【前】视图中【左侧墙体】对象的左侧创建一个【长度】、【宽度】和【高度】分别为34860、49553和5050的长方体，并将其命名为【左-侧面挡板002】，然后在【左】视图中调整好它的位置，如图15.155所示。

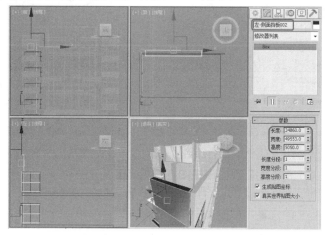

图15.155 创建【左-侧面挡板002】对象

**155** 将创建的【立柱】材质指定给【左-侧面挡板】对象，利用【长方体】工具，在【左】视图中【左-侧面挡板】的左边创建一个【长度】、【宽度】和【高度】分别为8579、100000和8700的长方体，并将其命名为【后-结构柱001】，然后在【顶】视图中调整好它的位置，如图15.156所示。

**156** 利用【长方体】工具，在【顶】视图中【后-结构柱001】的上方创建一个【长度】、【宽度】和【高度】分别为86330、72540和2620的长方体，并将其命名为【后-结构柱板材001】，然后在【左】视图中调整好它的位置，将【阳光栅栏】材质指定给【后-结构柱001】和【后-结构柱板材001】对象，如图15.157所示。

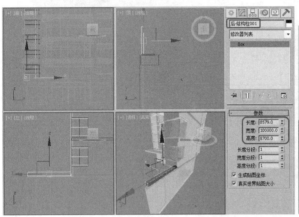
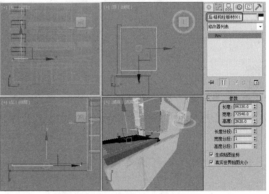

图15.156 创建【后-结构柱001】对象　　　　图15.157 创建【后-结构柱板材001】对象

**157** 利用【长方体】工具，在【左】视图中【后-结构板材001】的左边创建9个图15.160所示的长方体。并切换到【修改】命令面板，在【修改器列表】中选择【编辑网格】修改器，在【编辑几何体】卷展栏中选择【附加】按钮，将几何体附加在一起，并名命名为【阳台栅栏后001】，如图15.158所示。

**158** 激活【左】视图，选择上一步创建的栅栏，在工具栏中选择【镜像】工具，在弹出的对话框中在【镜像轴】区域中选择X轴，在【偏移】参数设置为-31780，在【克隆当前选择】区域中选择【复制】单选项，最后单击【确定】按钮，镜像出【阳台栅栏后002】，如图15.159所示。

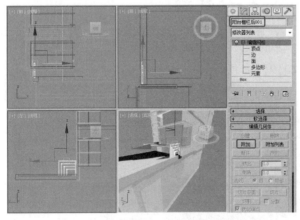
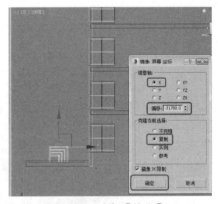

图15.158 进行编组　　　　　　　　　图15.159 进行【镜像】

**159** 利用【长方体】工具，在【左】视图中【阳台栅栏后】的上方创建一个【长度】、【宽度】和【高度】分别为2051、62310和1500的长方体，并将其命名为【阳台栅栏扶手001】，然后在【顶】视图中调整好它的位置，如图15.160所示。

**160** 选择所有的栅栏对象，然后在菜单栏中选择【组】|【成组】命令将它们成组，并将组名命名

为【栅栏后001】，单击【确定】按钮，并对其添加【阳台栅栏】材质，如图15.161所示。

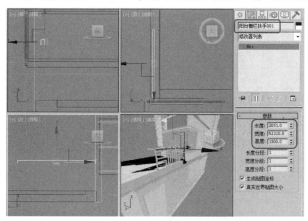

图15.160 创建【阳台栅栏扶手001】对象

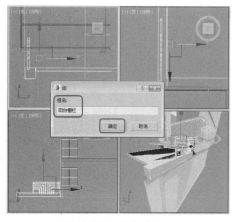

图15.161 进行编组

**161** 在工具栏中选择【选择并移动】工具，在【左】视图中，按住Shift键，沿着Y轴对场景中的对象进行复制，在弹出的对话框中将【副本数】设置为25，复制对象的位置如图15.162所示。

**162** 选择最上方的一组栅栏后对象，在菜单栏中选择【组】|【解组】命令将其解组，选择【后-结构柱】和【后结构板材】两个对象，在工具栏中选择【选择并移动】工具，按住键盘上的Shift键，对其进行复制，并调整其位置，如图15.163所示。

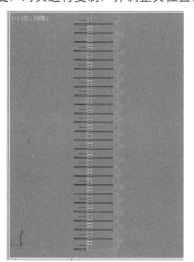

图15.162 进行复制

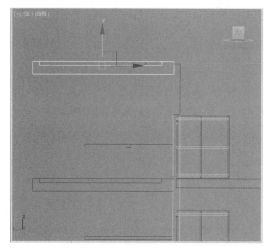

图15.163 取消编组并对其进行复制

**163** 利用【长方体】工具，在【左】视图中【栅栏后】对象的左边创建一个【长度】、【宽度】和【高度】分别为1755670、32007和6300的长方体，并将其命名为【主体侧后立柱】，最后在【顶】视图中调整好它的位置，并将其赋予【立柱】材质，如图15.164所示。

**164** 激活【右】视图，利用【长方体】工具，创建一个【长度】、【宽度】和【高度】分别为1870944、300379和6174的长方体，将其名称为【右侧墙体】，并给予【墙体左侧】材质，如图15.165所示。

**165** 激活【后】视图，利用【长方体】工具，绘制【长度】、【宽度】和【高度】分别为1870944、398395和6174的长方体，将其名称为【后侧墙体】，并给予【墙体主体】材质，如图15.166所示。

**166** 激活【顶】视图，利用【长方体】工具，绘制【长度】、【宽度】和【高度】分别为300579、403847和6174的长方体，将其名称为【顶层楼板】，并给予【墙体主体】材质，如图15.167所示。

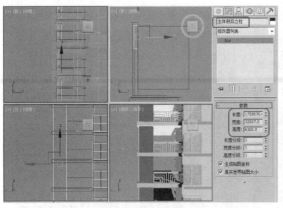

图15.164　创建【主体侧后立柱】对象

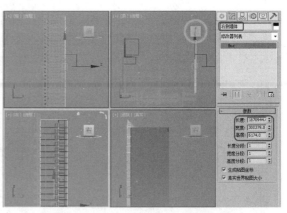

图15.165　创建【右侧墙体】对象

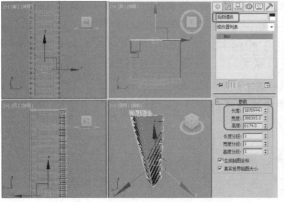

图15.166　创建【后侧墙体】对象

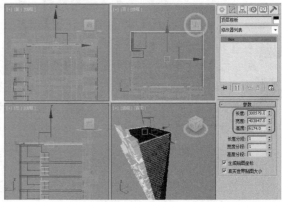

图15.167　创建【顶层楼板】对象

**167** 利用【线】工具在【顶】视图中进行绘制，将其命名为【顶楼挡板】，如图15.168所示。

**168** 对上一步创建的【顶楼挡板】对象，对其添加【挤出】修改器，将【数量】设为23800，并对其添加【墙体主体】材质，如图15.169所示。

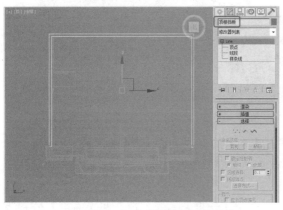

图15.168　创建【顶楼挡板】对象

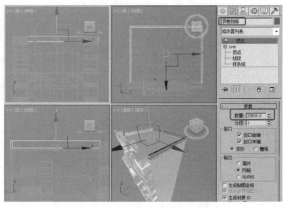

图15.169　添加【挤出】修改器

**169** 利用【长方体】工具，在【顶】视图中创建一个【长度】、【宽度】和【高度】分别为67702、87624和87586的长方体，并将其命名为【电梯厅】，并对其添加【墙体主体】材质，如图15.170所示。

**170** 利用【长方体】工具，在【顶】视图中创建一个【长度】、【宽度】和【高度】分别为17389、108502和33333的长方体，并将其命名为【支柱】，并对其添加【墙体主体】材质，如图15.171所示。

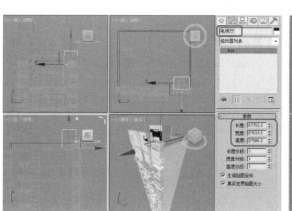

图15.170 绘制【电梯厅】对象

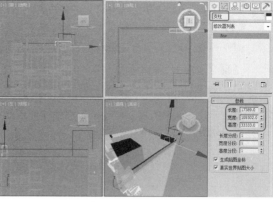

图15.171 创建【支柱】对象

**171** 利用【弧】工具，在【左】视图中进行绘制，将其名称设为【遮阳棚001】，将【半径】设为200175，将【从】、【到】设为67、138，如图15.172所示。

**172** 进入【修改】命令面板，在【修改器列表】中选择【编辑样条线】命令，定义当前选择集为【样条线】，选择视图中的弧线，在【几何体】卷展栏中，将【轮廓】的参数设置为800，如图15.173所示。

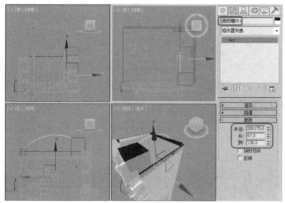

图15.172 绘制【遮阳棚001】对象

图15.173 设置【轮廓】

**173** 在【修改器列表】中选择【挤出】修改器，在【参数】卷展栏中将【数量】设置为8000，并在【左】视图中调整它的位置，如图15.174所示。

**174** 在【顶】视图中，按着Shift键沿X键进行复制，复制出3个，如图15.175所示。

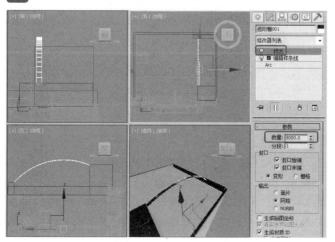

图15.174 添加【挤出】修改器

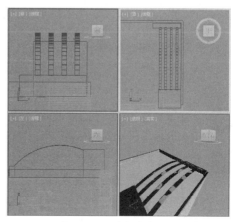

图15.175 进行复制

**175** 按M键打开【材质编辑器】，将材质球的类型设为【标准（Standard）】，将名称设为【遮阳棚】，将【明暗器类型】设为【金属】，在【金属基本参数】卷展栏中将【环境光】的RGB值设为（0，0，0），将【漫反射】的RGB值设为（188，203，219），勾选【颜色】复选框，将【颜色】的RGB值设为（0，0，0），将【高光级别】设为60，将【光泽度】设为65，将制作好的材质指定给【遮阳棚】对象，如图15.176所示。

**176** 取消所有对象的冻结，选择所有对象，并菜单栏中执行【组】|【成组】命令，将名称设为【建筑001】，如图15.177所示。

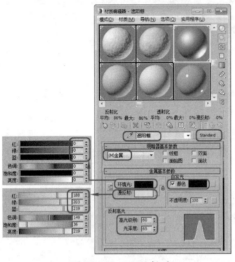

图15.176 设置材质

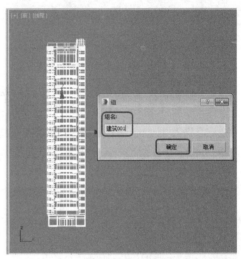

图15.177 进行编组

**177** 选择【建筑001】对象，激活【前】视图，在工具栏中单击【镜像】按钮 ，弹出【镜像：屏幕坐标】对话框，将【镜像轴】设为X，设置合适的【偏移】数值，选择【复制】单选按钮，并单击【确定】按钮，如图15.178所示。

**178** 选择【建筑001】和【建筑002】对象，进行复制，并调整位置，如图15.179所示。

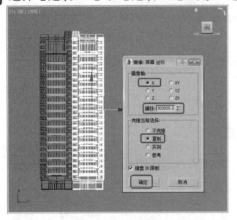

图15.178 进行镜像

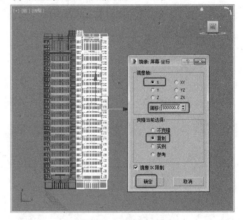

图15.179 进行复制

**179** 选择【创建】 【摄影机】 【标准】|【目标】命令，在【顶】视图中创建【目标】摄影机，激活【透视】图，按C键，将其改变为【摄影机】视图，如图15.180所示。

**180** 按F10键，弹出【渲染设置】对话框，将指定渲染器为【默认扫描线】，在【公用】选项组中，在【公用参数】卷展栏中将【输出大小】的【宽度】和【高度】设为5000，3750，单击【渲染输出】后面的【文件】按钮，弹出【渲染输出文件】对话框，设置正确的文件名，将【保存类型】设为【PNG图像文件（*.png）】，并单击【保存】按钮，如图15.181所示。

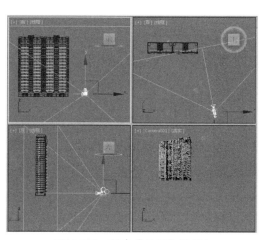

图15.180 创建【目标】摄影机

图15.181 进行渲染设置

**181** 弹出【PNG配置】对话框，保持默认值，单击【确定】按钮，如图15.182所示。

**182** 返回到【指定渲染器】对话框，将【产品级】和【ActiveShade】设为【默认扫描线渲染器】，并单击【渲染】按钮，如图15.183所示。

图15.182 【PNG】对话框

图15.183 设置【渲染器】

# 15.2 后期处理

模型制作完成后，需要使用Photoshop软件对其进行后期处理，本小节将重点讲解如何对其进行后期处理。

**01** 启动Photoshop软件，分别打开输出的【住宅楼.png】文件，如图15.184所示。

**02** 在菜单栏中执行【图像】|【调整】|【色调均化】命令，如图15.185所示。

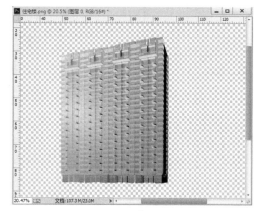

图15.184 打开文件

图15.185 选择【色调均化】命令

**03** 设置【色调均化】后的效果如图15.186所示。

图15.186 调整后的效果

**04** 在【图层】面板中单击【创建新的填充或调整图层】按钮 ◑，在弹出的下拉列表中选择【色相/饱和度】命令，在【属性】面板中，将【色相】、【饱和度】和【明度】分别设为-10、5、8，如图15.187所示。

图15.187 调整【色相/饱和度】属性

**05** 在【图层】面板中单击【创建新的填充或调整图层】按钮 ◑，在弹出的下拉列表中选择【色彩平衡】命令，在【属性】面板中，选择【中间调】选项，并将值分别设

为-5、-5、6，如图15.188所示。

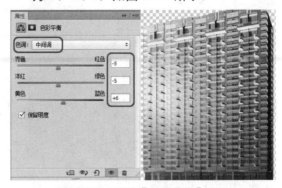

图15.188 设置【色彩平衡】属性

**06** 在【图层】面板中单击【创建新的填充或调整图层】按钮 ◑，在弹出的下拉列表中选择【曲线】命令，在【属性】面板中，对【曲线】进行调整，如图15.189所示。

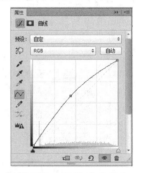

图15.189 调整【曲线】

**07** 在【图层】面板中选择【曲线】图层的图层蒙板，使用【画笔】工具，将【前景色】设为黑色，在图中部分上进行涂抹，如图15.190所示。

图15.190 选择【曲线】图层蒙板

**08** 按Shift+Ctrl+Alt+E快捷组合键盖印图层，最后对场景文件进行保存。按Ctrl+N快捷键弹出【新建】对话框，将【名称】设为

【室外效果图】，【宽度】和【高度】分别设为2665像素、1915像素，【分辨率】设为72像素/英寸，并单击【确定】按钮，如图15.191所示。

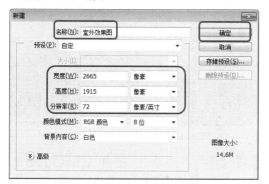

图15.191 新建文件

09 打开【天空.png】素材文件，并将其拖至【室外效果图】中，并调整位置，如图15.192所示。

图15.192 添加素材

10 打开【草地01.png】素材文件，添加至【室外效果图】中，如图15.193所示。

图15.193 添加素材

11 继续打开【草地02】素材文件，并拖至【室外效果】中，如图15.194所示。

图15.194 添加素材文件

12 将修改好的住宅楼效果图添加到场景中，按Ctrl+T快捷键适当缩小，并对其进行复制，按Ctrl+T快捷键适当缩小并调整位置，如图15.195所示。

图15.195 进行复制并调整位置

13 继续添加素材【楼01.png】到添加的【图层4】下方，并将【不透明度】设为56%，如图15.196所示。

图15.496 添加素材文件

14 在【图层】面板中选择【图层5】，按Ctrl+J快捷键进行复制，选择复制的图层，按Ctrl+T快捷键将复制的图层适当缩小，并将【不透明度】设为82%，如图15.197所示。

图15.197 复制并调整

15 继续打开【草地03】对象，添加到【图层5拷贝】图层的上方，如图15.198所示。

图15.198　添加素材文件

16 将【草地04】素材文件添加到场景中，并放置到图层的最上方，调整位置，如图15.199所示。

图15.199　进行复制并调整

17 将【草地05.png】素材文件，添加到图层的最上方，并调整位置，如图15.200所示。

图15.200　添加素材文件

18 将【人.png】素材文件，添加到场景中，放置到场景中的最上方，如图15.201所示。

图15.201　添加素材文件

19 在【图层】面板中，选择【图层4】命令和【图层4拷贝】图层，单击鼠标右键，在弹出的快捷菜单中选择【转换为智能对象】命令，如图15.202所示。

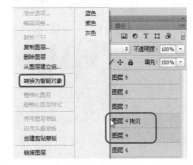

图15.202　选择【转换为职能对象】命令

20 双击转换为智能对象，进入智能对象中，选择两个图层，按Ctrl+E快捷键进行合并，如图15.203所示。

图15.203　进行合并

21 打开【楼02.png】素材文件，在智能对象场景中，在菜单栏中选择【图像】|【调整】|【匹配颜色】命令，如图15.204所示。

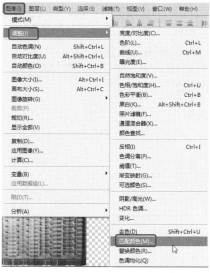

图15.204 选择【匹配颜色】命令

**22** 弹出【匹配颜色】对话框，在【图像选项】选项组将【渐隐】设为29，并勾选【中和】复选框，在【图像统计】选项组中，将【源】设为【楼02.png】，将【图层】设为【图层0】，并单击【确定】按钮，如图15.205所示。

图15.205 进行【匹配颜色】

**23** 在菜单栏中选择【图像】|【亮度/对比度】命令，弹出【亮度/对比度】对话框，将【亮度】设为15，将【对比度】设为-27，单击【确定】按钮，如图15.206所示。

图15.206 调整【亮度/对比度】选项

**24** 按Ctrl+S快捷键进行保存，关闭智能对象文件，查看效果如图15.207所示。

图15.207 查看效果

**25** 在【图层】面板中选择【图层9】，按Shift+Ctrl+Alt+E快捷组合键盖印图层，选择盖印的图层，在菜单栏中选择【图像】|【调整】|【亮度/对比度】命令，弹出【亮度/对比度】对话框，将【亮度】设为9，将【对比度】设为-12，并单击【确定】按钮，如图15.208所示。

图15.208 调整【亮度/对比度】

**26** 在菜单栏中选择【文件】|【存储为】命令，如图15.209所示。

图15.209 选择【存储为】命令

27 弹出【另存为】对话框，将【保存类型】设 为【JPEG】，并单击【保存】按钮，如图 15.210所示。

图15.210 另存文件

28 弹出【JPEG选项】对话框，将【品质】设为 12，单击【确定】按钮，如图15.211所示。

图15.2 11 设置【JPEG选项】